Basic Western Cuisine

전문조리사가 되기 위해 꼭 알아야 할

기초서양조리 이론과 실기

염진철·오석태·경영일·고기철·권오천·임성빈
박진수·배인호·류정열·장명하·채현석·김정수

백산출판사

BASIC WESTERN CUISINE

전문조리사가 되기 위해 꼭 알아야 할

기초서양조리

– 이론과 실기 –

2006년 9월 15일 초 판 1쇄 발행
2020년 2월 25일 개정6판 1쇄 발행

저자 염진철 · 오석태 · 경영일 · 고기철 · 권오천 · 임성빈
박진수 · 배인호 · 류정열 · 장명하 · 채현석 · 김정수
발행인 진욱상

발행처 백산출판사
등록 1974. 1. 9 제406-1974-000001호
경기도 파주시 회동길 370(백산빌딩 3층)
전화 02-914-1621(代)
팩스 031-955-9911

http://www.ibaeksan.kr
edit@ibaeksan.kr

값 38,000원

ISBN 979-11-5763-691-4(13590)

Copyright ⓒ 2006 by Baek-san Publishing Co.
All right reserved to the editors.
written Yom Jin-Chul
photo artist Youn Jong-Shang
food coordinator Jang Mi-Jeong, Jeon Hak-Jeong

BASIC
WESTERN
CUISINE

저/자/소/개

•염진철

현) 배화여자대학교 전통조리과 교수
경기대학교 대학원 외식조리관리전공 관광학 박사
경희대학교 경영대학원 관광경영학과 경영학 석사
조리기능장
Italian Culinary Institute for Foreigner 연수
Swiss Rosan School 연수/France Le Cordon Bleu 연수
호주 Northern Sydney Tafe, Burrawang Gourmet Wine Shcool 연수
뉴질랜드 Auckland University of Technology 연수
Canada Internationl Culinary & Techonology 연수
Canada Tourism Training Institute 연수
메리어트 호텔 조리연수 / 호텔 리츠칼튼 서울 조리과장
기능경기대회 출제위원 및 검토위원
조리기능사·조리산업기사·조리기능장 심사위원
한국조리학회 부회장, 외식경영학회 이사
식음료경영학회 이사, 기능올림픽대회 요리부분 3위
서울국제요리경진대회 금상/보건복지부장관 표창, 서울시장 표창
2005, 2006 서울세계음식박람회 추진위원 및 심사위원
2006, 2007 서울국제음식산업박람회 추진위원 및 심사위원
2006, 2007 대한민국 향토음식문화대전 심사위원

[저서]

서양조리학개론, 신광출판사, 1998
외식산업관리론, 현학사, 2003
전문조리용어, 백산출판사, 2003
고급서양요리, 백산출판사, 2004
호텔·외식 식음료서비스, 도서출판 효일, 2005
조리대회 전략과 실제, 신광출판사, 2007
기초조리이론과 조리용어, 백산출판사, 2007
기초조리실습과 서양조리, 백산출판사, 2007
사진으로 보는 전문조리용어해설, 백산출판사, 2008

•오석태

현) 우송대학교 외식조리학부 교수
미래한국 조리기술 연구소 소장
존슨 앤 웨일즈 대학교 1년간 교환교수
경영학 박사
서울프라자호텔 근무
스위스그랜드호텔 근무
리츠칼튼호텔 조리과장
지방 및 전국기능경기대회 심사위원
1990년 서울 국제요리대회 금상수상
1992년 싱가포르 국제 요리대회 금메달과 은메달 수상
1996년 세계요리올림픽 국가대표출전(독일개최) 은상 수상

[저서 및 연구논문]

에피타이저와 샐러드, 지구문화사
수프와 주요리, 지구문화사
서양조리학개론, 신광출판사
데빌은 커피로 인간을…, 신광출판사
양식조리실기, 한국산업인력공단
관광호텔조리부문 종사원들의 사회적 인식평가에 관한 연구 외 다수

•경영일

현) 동부산대학 호텔외식조리과 교수
경기대학교 대학원 외식조리관리전공 관광학 박사
경기대학교 대학원 외식서비스경영전공 관광학 석사
조리기능사 실기시험 심사위원
조리산업기사 실기시험 심사위원
호텔 리츠칼튼 서울 근무
서울올림픽 프레스센터 근무
호텔미란다 근무

[저서 및 연구논문]

서양조리개론(백산출판사) 외 다수
조리종사자의 직무인지도에 따른 특성요인 연구 외 다수

•고기철

현) 부산과학기술대학교 호텔외식조리과 교수
동의대학교(전공 : 호텔·관광·외식산업) 경영학 박사
신라호텔 근무
경주 조선호텔 근무
서울 힐튼호텔 근무
경주 힐튼호텔 근무(조리팀장)
마르코폴로호텔 근무(경영기획 차장)
경주 조선호텔 근무(조리부장)
㈜호텔 농심 근무(조리부장)
㈜부산코모도 호텔 근무(조리부장)
한국 국제요리대회 은메달 입상
서울 국제요리경연대회 은메달 입상
문화체육관광부장관 표창
한국 관광의 날 부산시장 표창
조리 우수지도자상
공인 컨설턴트 자격취득(Culinary Art)
경북 지방기능경기대회 심사위원
경북 도지사 표창(조리분과 지도자 표창 3회)

[연구논문]

"호텔주방 장비속성과 배치관리가 조리사의 직무성과에 미치는 영향" 외 다수

•권오천

현) 경남도립남해대학교 호텔조리제빵과 교수
경기대학교 관광전문대학원 외식산업경영전공 관광학박사
국가공인 조리기능장
2014 인천아시아경기대회 급식전문위원
Italian Culinary Institute for Foreigner 연수
France Le Cordon Bleu 연수
Greece Athene 조리학교 연수
Turkey Bolu 요리전문학교 연수
서울프라자호텔 조리과장
대한민국국제요리경연대회 대상·보건복지부장관상·교육부장관상·서울시장상 수상
기능경기대회 출제위원 및 검토위원
조리기능사·조리산업기사·조리기능장 심사위원
(사)한국조리학회 수석이사
한국조리기능장회 부회장
소상공인진흥원 비법전수전문가
대한민국국제요리경연대회 심사위원팀장

[저서 및 연구논문]

최신서양조리입문, 형설출판사, 2000
호텔서양조리실무개론, 백산출판사, 2001
메뉴실무, 도서출판 효일, 2005
흥미롭고 다양한 세계의 음식문화, 광문각, 2012
"마늘의 첨가가 저염멸치젓 숙성에 미치는 영향" 외 다수

•임성빈

현) 백석예술대학교 외식산업학부 교수
대한민국NO1조리기능장
경영기술지도사
WACS JURY "A" LEVEL
미국, 이태리, 프랑스, 일본, 중국 연수
조리기능장회 회장 / 음식평론가협회 회장 역임
호텔신라, 이태리·프랑스레스토랑 총주방장 역임
한국관광대학교 교수 역임
대통령·서울시장·보건복지부장관·농림수산식품부장관·식약처장·경찰청장 표창
요리국가대표 단장·감독/영쉐프감독
조리기능장 시험감독
요리기능올림픽 심사위원
독일요리올림픽/룩셈부르크요리월드컵 금·은·동 수상 감독

[저서]

서양조리개론(백산출판사) 외 다수

• 박진수

현) 부산여자대학교 호텔외식조리과 교수
조리기능장
동아대학교 대학원 식품영양학 전공(이학박사)
조리기능사, 조리산업기사, 조리기능장 심사위원
  역임
지방기능경기대회 심사장(울산, 부산) 역임
대한민국국제요리경연대회 심사위원 역임
부산광역시장 3년 연속 표창 수상
태국국제요리대회 단체팀 동메달 수상
2003 대구하계유니버시아드대회 선수촌 급식사업
  단 참여
동아대학교, 영산대학교, 경남정보대학교 외래교
  수 역임
동원과학기술대학교, 동의과학대학교 겸임교수
  역임

[저서 및 연구논문]
서양조리, 조리산업기사(양식)
곤약 글루코만난을 첨가한 식빵이 고지방식이로
  유도한 비만 흰쥐의 혈청지질 및 항산화계 효
  소에 미치는 영향 외 다수

• 배인호

현) 청운대학교 호텔조리식당경영학과 교수
경기대학교 대학원 외식산업경영전공 관광학 박사
대한민국 명인(서양조리부문)
밀레니엄서울힐튼호텔 블란서레스토랑 근무 부주방장
농식품 파워브랜드대전 종합평가위원
조리기능장려협회 상임이사
향토식물문화대전/서울국제푸드그랑프리 요리대회
  심사위원
신세대신지식인으로 선정(1999년 10월)
충주방짤들이 추천하는 "차세대쉐프" 선정(2003년)
KBS2-VJ특공대 출연-요리대회 비법전수(2007년)/
  생생정보통 출연(2017)
1998 호주요리경연대회 금메달
2016 서울국제푸드앤테이블웨어박람회 대상 교육부
  장관상/향토식물문화대전 금상 농촌진흥청장상
2017 서울국제푸드앤테이블웨어박람회 환경부장관
  상/향토음식문화대전 중소벤처기업부장관상

[저서]
(한권으로 끝내는)양식조리기능사, 효일출판사, 2013

• 류정열

현) 한국관광대학교 호텔조리과 교수
관광경영학 박사
조리기능장
The Ritz Cariton Seoul, Ramada Plaza Hotel,
  Ramada Seoul Hotel 조리팀 근무
WACS International Championship 금상, 동상
대한민국 국제요리경연대회 라이브, 전시 금상
서울 세계음식박람회 금상
국회의원, 시의회의장, 수원시장 표창
Asociatia Culturala EuroEst Alternativ 감사장
Mayorof Cluj Napoca 감사장
KICC 국제요리경연대회 심사위원
해외음식홍보대사 동유럽 순방
경기도 요리대회팀, 한국조리기능인협회
한국조리학회, 한국외식경영학회

[저서 및 연구논문]
기초서양조리(에듀팩토리) 외 다수
An Effect of Trainning & Education for Hotel
  Kitchen Attendant on the Job Satisfaction &
  Business Performance, 2011.2

• 장명하

현) 대림대학교 호텔조리과 교수
고용노동부 산업현장 교수
대한민국 조리기능장
조리기능사·조리산업기사·조리기능장 실기시험
  채점 및 감독위원
서울시장, 문화체육관광부장관, 노동부장관, 식약
  처장 표창
한국국제요리대회 금메달 수상
2009 한국국제요리경연대회 전통음식전시 대상 수상
2009 푸드 디자인 올림픽요리경연대회 금메달 수상
대전 WACS 세계요리대회 한국 최초 고멧국가대
  표 금메달 수상
2013 WACS 세계영쉐프요리대회 63조리 고메팀장
  금메달 수상
제3회 한식의날 세계한식요리대회 식약처장상 수상

• 채현석

현) 한국관광대학교 호텔조리과 교수
경기대학교 외식산업경영전공 관광학 박사
대한민국 조리기능장
호텔리츠칼튼서울 조리장
Hotel Riviera
한국산업인력공단 심사위원
사)한국외식경영학회 부회장
사)한국전통주진흥학회 부회장/총무이사
사)한국조리협회 상임이사
2016년 제51회 전국기능경기대회 심사위원
2016년 대한민국 국제요리(제과)경연대회 심사위원

[저서]
한국조리, 백산출판사
주방관리, 백산출판사
외식사업론, 대왕사
서양조리, 퍼시픽북
가르드망제, 백산출판사
기초서양조리, 현문사
기초서양조리, 백산출판사

• 김정수

현) 배재대학교 외식경영학과 교수
대덕대학교 호텔외식조리과 교수
호텔 리츠칼튼서울 Garden Kit(이탈리안 레스토
  랑) 근무
세종대학교 일반대학원 조리외식경영학과 박사
세종대학교 일반대학원 조리외식경영학과 석사
한국산업인력공단 심사위원
대한민국 조리기능장

머리말

우리나라는 경제의 성장에 따른 소득수준향상과 생활패턴의 변화로 인해 외식산업이 급격하게 성장함에 따라 서양요리가 우리 식생활에 매우 중요한 부분으로 자리매김함으로써 양질의 전문조리인 양성이 필요한 실정이다.

상업적인 측면에서 볼 때 서양요리는 과거에 비해 많이 이용되고 다양한 고객의 기호에 맞추어 발전하여 왔으나 교육적인 면에서는 아직도 서양조리 이론이나 실무의 기초를 체계적으로 정립한 기초조리서가 흔하지 않다고 생각되어 그간 호텔현장에서 익힌 기술과 기능을 바탕으로 하여 대학에서 강의하면서 필요하다고 느낀 부분들을 체계적으로 정리하여 보았다.

본서는 1부, 2부, 3부로 나누어 구성되어 있다.

제1부는 서양조리에 필요한 이론적인 부분을 다루었다. 서양요리의 개요와 조리인의 자세, 안전 위생, 조리 공간, 조리기기 등의 내용을 독자들의 이해를 돕기 위해 사진과 함께 자세한 설명을 하였고, 서양음식 조리시에 꼭 필요한 식재료인 향신료, 치즈, 육류, 가금류, 어패류, 채소, 과일 등을 각 재료별로 사진과 사용용도, 사용방법, 조리법 등을 자세히 설명하였다. 또한 조리용어를 식재료별, 메뉴별로 나누어 정리하였다.

제2부에서는 서양조리에 필요한 기초실기 부분을 다루었다. 조리를 하기 위해 기본적으로 알아야 하는 위생복 착용방법, 숫돌에 칼날 갈기, 기본재료준비를 다루었으며, 기본적인 채소와 과일 썰기, 기본조리방법, 서양 조식, 육류손질, 가금류 손질, 어패류 손질 등의 손질법과 만드는 방법, 순서, 조리방법 등을 사진을 통해 이해할 수 있게 하였다. 서양요리 맛의 기본이 되는 육수, 소스, 수프, 샐러드의 만드는 방법과 순서, 용도 등을 다루었다. 또한 전시요리의 기본이라 할 수 있는 테린(Terrine) 및 빠테(Pate), 갈란틴(Galatine)의 기본 구성요소와 재료, 만드는 방법, 순서, 사용용도 등을 사진과 함께 자세히 설명하였다.

　제3부에서는 서양(양식)조리 실기 시험문제를 다루었다. 서양(양식)조리기능사 실기시험 30가지 문제의 재료분량, 시험시간, 만드는 방법, 요구사항, 유의사항, 시험 전에 준비해야 할 사항 등을 자세히 기록하여 서양(양식)조리기능사 실기 자격시험 합격률을 높이기 위해 노력하였다.

　본 〈기초서양조리〉는 조리에 필요한 이론적인 지식과 기본적인 조리방법과 조리과정 등을 체계적으로 정립한 기초조리서로 전문조리사가 되기 위해서는 반드시 공부해야 할 내용들이며, 조리를 처음 시작하는 분들뿐 아니라 조리를 하고 계시는 분들에게도 유익한 조리 지침서로서 의미가 있을 것이다.

　집필을 위해 오랜 시간 동안 준비하고 정리하여 정성들여 만들었으나 미흡하고 부족한 부분이 있으리라 사료된다. 앞으로 수정 보완을 거쳐가며 더욱 완성도 있는 모습을 갖추도록 노력하겠으며, 이 책의 발간으로 인해 우리나라 조리발전에 조금이라도 기여하였으면 하고 바라는 마음이 간절하다.

　끝으로 이 책이 나오기까지 자료 수집과 정리를 도와준 여러분들과 스타일링과 사진촬영으로 함께 고생해 주신 전학정, 장미정, 윤종상 선생님과 조리복 모델과 조리과정을 돕느라 고생하신 정세정, 류훈덕 님께 감사의 말을 전한다. 좋은 책을 만들기 위해 아낌없는 지원을 해주신 백산출판사 진욱상 사장님과 편집 및 제작에 심혈을 기울여 주신 관계자 모든 분들께 감사의 마음을 표하며, 이 책의 시작에서 끝까지 출간을 주관하신 하나님께 감사와 영광을 돌린다.

저자 일동

Contents
차례

1부 서양요리의 기초이론

2부 서양조리 기초실기

3부 서양요리 조리기능사 실기

1부
서양요리의 기초이론

Chapter 1

서양요리(Western Cooking)의 개요

··· **학습목표**
서양요리(Western Cooking)의 역사와 발전과정과 각 시대별 특징을 학습하여 서양요리의 개념을 확립하고, 한국
에서의 서양요리 발전과정(History of Western Cooking in Korea)을 학습하는 데 있다.

1

서양요리의 개요
Summery of Western Cooking

일반적으로 서양요리라 함은 세계를 동양과 서양으로 구분하였을 때 구미를 비롯하여 유럽을 포함하는 나라들의 요리를 일컫는다. 즉, 서양요리란 아세아 여러 나라의 요리를 제외한 유럽과 미국에서 발달한 요리의 총칭이다. 물론, 구미와 유럽에는 많은 나라들이 있지만 이 모든 나라들의 요리가 우리나라에서 서양요리로서 알려진 것은 아니다. 요리라고 하는 것은 그 지역의 문화를 포함하고 있고, 그 지역국가들의 국력이나 지리적인 여건, 풍습, 민족의 분포도 등 다양한 요인에 의하여 번성·발전되기도 하고 때로는 퇴색되기도 한다.

따라서 서양요리는 문화적으로나 경제적으로 발전이 비교적 빨랐던 그리스, 이태리, 프랑스를 중심으로 발전된 요리를 일컬으며, 제2차 세계대전 이후 급속한 경제력과 군사대국인 미국의 세력에 의하여 전세계에 빠른 속도로 전파되었으며, 미국의 상업주의적인 문화가 가미되어 변형된 부분도 여러 곳에서 발견되고 있다.

동양요리가 농경문화에 바탕을 두고 있다면 서양요리는 목축문화에 그 뿌리를 두고 있다고 할 수 있다.

농경문화에 바탕을 둔 요리는 가공단계가 단순하고 요리의 성격이 섬세하다. 흔히들 젓가락 문화라고도 하지만, 그것은 일부분에 지나지 않는다. 반면, 서양요리는 농사를 짓지 않는 것은 아니나 동양과 비교하면 상대적으로 목축 즉 육류에 기반을 둔 요리가 많다.

이렇게 목축에서 생성된 요리는 가공단계를 거치지 않으면 부패를 가져오기 때문에 여러 공정에 걸쳐 가공함으로써 다양한 부산물이 생겨나고, 이것들이 다시 새로운 요리의 재료로 제공되기도 한다.

서양요리의 일반적인 특징은 한국음식과는 달리 아침, 저녁메뉴로 구분되어 있고 식사를 할 때는 와인을 함께 마시며, 개인용 그릇·스푼·나이프 등이 음식에 따라서 다르므로 위생적이며 식사예법이 동양과 다른 점이 많다.

조리의 식품재료로는 수, 조, 육류가 많이 쓰이며, 우유, 유제품, 유지가 많이 이용된다. 조미료로서는 식품의 맛을 그대로 유지시킬 수 있도록 소금을 사용하고, 또한 여러 가지 향신료와 주류를 사용하여 음식의 향미를 좋게 하며, 재료와 조리법에 어울리는 많은 소스가 개발되었다. 서양요리는 비교적 재료, 즉 식품의 선택이 광범위하고 재료의 분량과 배합이 체계적이고

합리적이다. 오븐을 사용하는 조리가 발달하여 간접적인 조리방법으로 식품의 맛과 향미, 색상을 살려 조리하는 것도 독특하다. 특히, 식사의 방법과 조리법에 있어서 다음과 같은 특징이 있다.

식품재료 사용이 광범위하고 배합이 용이하며, 식품조리에 따른 음식의 색, 맛의 변화, 담기 등이 합리적이다. 맛과 영양을 보충하기 위하여 소스를 사용한다. 조미료는 요리를 만든 후에 개인의 식성에 따라 조절할 수 있도록 테이블 위에 소스, 소금, 후추, 버터 등이 제공된다.

서양요리와 동양요리가 어느 쪽이 더 과학적이냐는 질문은 별로 의미가 없다. 이 두 분야는 서로 개성을 가지고 있고 우위를 가릴 성질의 것이 아니므로 문화의 차이로 이해하는 것이 바람직하다. 동·서양을 막론하고 요리의 발전은 여러 가지 이유에서 설명될 수 있지만, 다음과 같은 몇 가지 공통된 요인에 의하여 발전되어 왔다.

1) 불의 발견

불의 발견은 인간이 가지고 있는 능력을 무한대로 발전시키는 계기를 마련하였고, 조리에 있어서는 날것으로 먹던 것이 익혀서 먹는 기술확장을 가져왔다. 불의 발견을 조리에 혁명이라 하여도 과언이 아닐 정도로 요리에 대한 전반적인 변화를 가져왔다.

2) 잉여생산

신석기 시대의 농업기술발달은 인간생계를 위한 농업생산을 앞지르게 되었다. 특히, 나일 삼각주를 중심으로 한 비옥한 토지는 부의 축척을 가능하게 하였다. 이 때, 인간들은 잉여농산물을 화폐가치로 이용하기도 하고, 배를 불리는 음식의 차원을 떠나서 즐기기 위한 요리의 차원으로 만들어 나갔다.

3) 자연극복

인간은 본능적으로 자연에 대한 극복의 의지를 지니고 있다. 그것은 살아남기 위한 수단인 동시에 종족의 보존, 새로운 세계에 대한 도전의 형태로 나타난다.

사람들은 혹독한 겨울과 전쟁, 경조사 등을 대비하여 음식을 저장하게 되는데, 이렇게 하는 과정에서 마리네이드(절임법), 스모크(훈연법), 드라이(말림방법)하는 방법이 개발되어 현대에 와서 널리 사용되고 있다.

4) 부와 권력의 상징

인간은 본능적으로 무리를 이루어 살아가고, 무리들 중에서는 언제나 그 무리에서 질서가 요구된다. 질서는 곧 권력을 낳게 되면서 권력은 다시 부의 상징으로 발전되어 왔다. 권력과 부에 의하여 요리가 발전된 것은 그리스와 로마를 거쳐서 프랑스로 이어진 요리에 역사이기도 하다.

2
서양요리의 역사
History of Western Cooking

서양요리가 언제부터 시작되었는지 정확하게 알 수는 없다. 그러나 그것은 인간의 역사만큼이나 길고 오랜 역사를 지니고 있다고 해도 과언이 아니다. 인간의 식생활 변화는 불의 발견과 더불어 더욱 급속하게 발전하였다고 볼 수 있다. 우연한 기회에 불을 접하게 된 인간은 몸을 따뜻하게 하기 위하여 불을 사용하였으며, 불에 익힌 고기가 날것보다 연하고 맛있다는 것을 알게 되면서 이 맛을 즐기게 되어 조리법으로 불이 이용되기 시작하였고, 비단 육류뿐만 아니라 곡류에 이르기까지 불의 쓰임은 다양해져 갔다. 이렇듯 불의 발견으로 최초의 요리방법은 구이였다고 볼 수 있다. 뜨거운 불 위나, 타다 남은 숯 위에서 덩어리 또는 꼬지에 끼워 구웠을 것이다. 또한 원시시대에 사용했던 요리방법 중의 하나가 삶는 것인데, 이 방법은 옹기가 발명된 후 사용했을 것으로 추측된다. 그런가 하면 동물의 가죽과 내장 등에 뜨거운 조약돌, 음식 등을 같이 넣고 물을 가득 채우고 온도유지를 위하여 구덩이에 뜨거운 조약돌을 채워 넣는 방법도 사용되었다고 한다.

프랑스나 유럽 전역에 존재하고 있는 동굴벽화나 이집트의 피라미드에서 발견되고 있는 요리에 대한 흔적은 고대 이전에 인간들은 이미 대단히 발전된 요리를 즐기고 있었던 것으로 추정된다.

이집트 피라미드에서는 와인의 생성과정이나 빵을 만드는 과정이 현대에서도 사용하고 있는 기술들을 순서대로 나열하고 있다. 그것이 주술적인 의미이든 망자로 하여금 저승에서도 훌륭한 요리를 즐길 수 있도록 배려한 것이든 간에 당시에 이미 많은 분야에 요리들이 발전되어 있었다는 것은 놀라운 일이 아닐 수 없다.

1) 고대 그리스

고대 그리스인들은 하루에 네 끼의 식사를 하며, 이들이 즐겨 먹은 것은 돼지고기와 양고기에 오레가노와 큐민 같은 향이 독특한 허브를 곁들어 사용한 것으로 전해지고 있다. 특히, 주위에서 생산되는 올리브 오일과, 꿀, 산양의 젖, 호두와 같은 넛을 가미한 케이크가 이미 이 당시에 식탁에 올려졌다.

고대 그리스는 건조한 기후 때문에 이런 환경에서도 잘 자라는 양배추나 렌틸과 같은 야채를 식이요법으로 사용하였고, 해안가 주변에서 자생하는 휀넬이나 마쉬맬로우를 병을 퇴치하는 치료요법과 생활요법을 병행하여 이용했다. 지정학적으로 바다에 둘러싸여 있는 관계로 참치와 가자미, 문어, 도미 등 풍부한

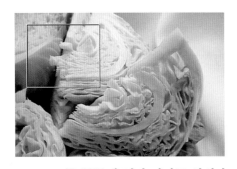

해산물을 이용한 요리가 많고, 이것들을 저장하기 위한 방법으로 소금에 절이는 염장법을 흔히 사용하고 있었다. 육류로는 사육되는 돼지나 양 외에도 야생에 서식하는 여우, 사슴, 토끼, 심지어는 고양이까지도 식용으로 사용하였다.

고대 그리스인들이 즐겨 마신 음료로는 "하이드로멜"(Hydromel)이라는 발효되지 않은 벌꿀을 가미한 물로서 언제 어디서나 마실 수 있도록 물통에 넣어 다니곤 하였다. 그렇지만 B.C. 2000경서부터는 이것이 와인으로 대체되었다. 이 당시에 와인은 대단히 강한 것으로 항상 물을 희석하여 마시고 때에 따라서는 바닷물도 사용했다고 전해지고 있다.

고대 그리스가 이처럼 요리발전을 이룰 수 있었던 것은 지형적으로 온화한 기후와 귀족사회에 바탕을 둔 노예제도가 성립되어 있었으므로 요리를 전적으로 담당하는 분업이 이루어질 수 있었기에 가능했을 것이다.

2) 로마 시대

로마 시대야말로 서양요리의 전성시대라 할 수 있다. 로마의 거대한 국력에 권력을 바탕으로 한 부의 발전은 상류층의 요리에 관심을 극적으로 불러일으켰다. 로마 시대에는 요리에서 필수적 3요소인 미식가와 요리사, 풍부한 재료가 갖추어져 있었다. 그 결과, 현대에 와서도 로마 시대의 요리법이 전수되어 이태리는 물론이고 프랑스 등 유럽 곳곳에서 로마 시대 래스피를 바탕으로 하는 유명한 레스토랑이 남아 성업을 이루고 있다.

특히, 로마 시대에 요리가 발전할 수 있었던 요인은 그리스의 풍부한 문화를 기반으로 한 로마인들의 식습관에다 덧붙여 중국의 실크로드를 통한 아시아인들의 왕래로 새로운 요리의 기술과 방법, 재료가 어울려졌기 때문으로 분석된다. 로마 시대 만찬장을 묘사한 그림에서 중국식 광뚱지방 요리가 나타나는 것을 보면 이미 어느 정도 중국식 요리가 미식가들에 의해서 즐겨지고 있었다고 볼 수 있다. 이 당시의 연회행사 그림에는 요리와 소스 등 모든 음식들이 먹기 위해서라기보다는 사치스럽고 낭비적인 요소가 다분하다.

로마의 초기 정복자들은 자신들의 권력을 과시하기 위한 방법으로 거듭되는 연회행사를 치렀고 당시에 풍부했던 낙타나 산돼지 등을 통째 구어 많은 사람들이 즐기었다.

초기 로마 제국의 요리는 육류 외에도 보리와 콩가루를 이용한 죽 종류가 유행하였고, 요리에 예술적인 면을 강조하는 제빵기술자들이 대거 등장하는 시기이기도 하다.

점차 로마의 국력이 강해지고 국가로서의 기반이 견고해지면서 아시아와 주위 여러 나라 정복에 나섰던 군인들의 귀환으로 더욱 새롭고 다양한 요리들이 로마에 소개된다. 이 때에 옥수수가 이집트로부터 들어오고, 올리브 오일은 스페인, 햄은 고을(Gaul : 고대 프랑스사람들), 향신료는 아시아로부터 들어와 진정으로 요리의 전성기를 맞이하게 된다.

부유한 로마사람들은 말 그대로 대식가들이었다. 이들은 계속적으로 요리를 즐기기 위해서 더 많은 요리재료와 주방시설, 그리고 요리사들이 필요하게 되었다. 거대한 연회행사를 치르기 위해서는 요리에 대한 기본지식과 준비방법, 요리시간들을 객관적인 방법으로 표시해야 하고 요리사들 사이에서도 정보가 원활하게 교환이 이루어져야 했다. 따라서 요리에 대한 양 목표가 자연스럽게 발달하게 되었다.

로마 시대는 예술이나 문학의 암흑시대라고들 한다. 그러나 요리에 있어서는 최고의 황금기라 하여도 과언이 아니다. 그것은 요리수요자인 귀족, 정치인, 군인 등 상류층이 두터웠고, 이들 요구에 부응하는 요리장의 급증과 거대한 국력에 의한 광범위한 지역에서의 다양한 재료공급 등 모든 요소가 충족될 수 있었기 때문으로 풀이된다.

3) 중세의 요리(476~1453)

역사학자들은 중세의 요리가 사라센(Saracen, 중세의 유럽인이 서(西)아시아의 이슬람교도를 부르던 호칭)의 영향을 크게 받았으리라고 생각한다. 그런데 사라센의 요리법이 고대 그리스에서 건너간 것임을 생각한다면 중세요리는 고대 그리스 요리의 변모된 모습이라고 할 수 있다.

11~13세기 십자군 전쟁에 참가하였던 십자군 중에 일부 군인들이 지금까지 유럽에서는 보지도 못한, 당시로는 귀한 식재료를 가져왔는데, 설탕이나 아몬드, 피스타치오, 시금치가 그것들이다. 또한 십자군의 귀환 이후로 향신료의 사용이 더욱 확대되어, 고기의 냄새를 감추는 데 사용되어졌다. 중세시대에 사용된 향신료에는 샤프란(Saffron), 생강(Ginger), 넛멕(Nutmeg), 클로브(Clove), 시나몬(Cinnamon) 등이 있는데, 향신료간의 상관관계에까지 관심이 미치지는 못하였으며, 단편적으로 사용되었다. 반면에 중세시대에 들어와서는 소스(Sauce)를 만들 때 버흐 주스(Ver jus : 덜 익은 포도로부터 추출한 달지 않은 액)나 식초가 사용되었으며, 오렌지나 레몬 주스가 사용되기도 하였다. 식초는 신맛이 강한 식재료로 단맛을 내는 향신료와 함께 사용되었다.

이 당시에는 육수를 사용하는 방법이 미처 알려지지 않았지만 육류나 생선의 즙에 빵가루, 아몬드, 달걀 노른자를 섞어 소스를 만들었다. 이를 통해 중세의 사람들이 농후제(Liaison)에 대한 기본적인 개념을 갖고 있음을 알 수 있다.

중세 초기시대와 고대시대를 구별짓는 것은 음식을 구워 먹는 방법이 오히려 퇴보되었다는 점이다. 다시 말하면 고대시대에는 약한 불이나 가마솥에 굽는 방법을 알았지만, 중세에는 더 이상 커다란 화덕에 장작더미를 넣고 굽는 그러한 요리방법들은 사용하지 않았다. 13C 초에는 건축가들이 주방 안에 조리대를 설치하기 시작했으며, 13C 말경에는 가마솥에 굽거나 소스를 곁들여 구미를 돋우는 요리방식을 채택하였다. 또 이 시기에는 식재료가 풍부했고 식사 전에는 과일도 먹었다.

로마인들은 그리스인들의 요리보다 더욱 섬세하고 맛있는 그들 자신의 요리를 개발하였으며, 연회나 식도락적인 축제가 발전·번창하였다.

그 시대에는 항상 짜고 단 요리만을 찾았으며, 한 가지 유일한 새것이 있었다면 지방산물들을 도입하였

다는 것과 식사 끝에 과일을 내놓는 것뿐이었다. 식사법에 대해서는 손을 씻는 습관이나 포크를 사용한다든가 하는 이태리식의 영향이 지대했다. 하지만 결국 잼을 만드는 방법이나 과일로 케이크를 만든다거나, 혹은 여러 가지 디저트, 양념, 풀, 해산물, 돼지고기류, 조류, 집에서 기른 조류(티티새, 자고새, 타조, 학, 앵무새), 채소 등을 많이 쓰며, 식사는 주로 짜고 달거나, 고기를 다져 생선이나 채소 속에 넣거나 여러 종류의 재료들을 잘게 썰어 음식은 걸쭉했으며, 복잡하게 구워서 먹는 것보다는 간단하게 서로 섞어서 만들어 먹었다. 조리방법으로는 약한 불로 끓이거나 직접 나무 위에서 굽거나, 간접적으로 화덕에 굽는 등 여러 가지 방법이 있었다. 밀가루는 빵이나 과자를 만들어 거기에 꿀을 발라먹었고, 포도주는 5~10년을 저장했다가 마시곤 했다.

14C 이후에는 소스의 사용이 조리기술 중 으뜸으로 평가되었고, 이 시기의 대연회에서는 화려한 요리를 연출하였으며, 이 때 조리기구들이 많이 개발되었다. 특히, 굴루아(Goulios)족이었던 프랑스의 선조들은 서양요리의 원조라고 할 수 있다.

독일은 소세지, 감자, 사워크랍(양배추 절임) 등이 있고 돼지고기 요리가 발전했지만 영국 같은 곳은 식문화가 덜 발달하였는데, 이것은 그 나라의 역사, 문화, 풍토와도 밀접한 관계가 있다.

1370년 프랑스 찰스 5세 요리사인 기욤 티렐(Guillaume Tirel)에 의해서 쓰여진 르 비앙드(Le Viande)는 사실 중세요리의 총체로서 단지 고기요리에 대한 내용뿐 아니라, 이름이 뜻하는 대로 전통적인 요리, 식생활 습관에 대한 모든 것이 서술되어 있는, 요즈음으로 말하면 요리백과사전에 해당되는 것이었다.

4) 르네상스 시대 및 17C의 요리

16C의 요리에 관하여 기술되어진 책은 거의 없다. 프랑스에서는 요리에 관한 중요한 저서가 번역되어졌는데, 그것은 플라티나(B.Platina)의 「드 오네스트 볼우파타트(De Honeste Volupatate)」 번역본이다. 중세의 다른 책과는 달리 그의 저서는 요리에 대한 이해뿐만 아니라, 이태리, 프랑스의 르네상스에 대한 깊은 이해를 보여 주고 있다.

16C에 나타난 가장 두드러진 변화는 설탕의 사용이 확대되었다는 점이다. 설탕 정제기술의 발달로 중세시대보다는 설탕을 얻기가 쉬워졌고, 설탕을 이용하여 젤리(Jelly)나 잼(Jam)을 만들기 시작하였다.

프랑스 요리의 근대적 발달의 근본은 1533년 이탈리아 피렌체의 메디치가 공주인 카트린 드 메디시아(1519~1589)가 프랑스 국왕 앙리2세(1519~1559)와 결혼하면서부터 프랑스의 식문화가 크게 달라졌다. 16세기까지만 해도 프랑스의 식문화는 그리 풍성치 못했다 한다. 기록에 의하면 당시 나이프로 요리를 잘라 손으로 집어먹던 장면에 대한 묘사가 흔히 보이는데, 그랬던 프랑스의 식문화가 지금처럼 완성될 수 있었던 것은 이탈리아에 의해서였다. 그녀가 가져온 많은 식기와 함께 온 요리사들에 의해 궁정음식이 변하면서 식문화는 달라졌고, 프랑스 요리의 르네상스가 시작되었다. 이탈리아의 조리사들에게 프랑스 궁중의 요리사가 배웠고, 다시 파리에 요리학교가 생겨 많은 요리사가 양성되었다. 결국 오늘날 가장 우아한 음식으로 칭송받는 프랑스 요리는 이탈리아 외 여러 나라의 것을 집대성한 결과물이라 할 수 있겠다.

17C가 되면서 프랑스 요리는 더욱 발전하여 유럽의 다른 어느 나라의 요리와도 구분되어졌으며, 오늘날과 같은 요리로 발전하였다. 소스와 관련된 가장 중요한 사항은 음식을 떠나서 16C 전에 사용되던 샤프란, 생강 등은 더 이상 사용되지 않고 음식 본래의 풍미를 덜 해치는 후추와 같은 향신료가 널리 사용되어진 것이다.

17C에는 여러 가지 주목할 만한 변화가 일어났는데, 첫 번째는 17C에 이르러서 버터가 돼지기름(Lard)으로 대체되기 시작하였다는 점이다.

두 번째는 루(Roux)가 도입되었다는 점이다. 그 전에는 구운 빵가루로 소스(Sauce)의 농도를 맞추곤 하였는데, 이 방법은 밀가루 냄새가 덜 난다는 장점이 있다. 반면, 루는 보다 부드러운 질감을 제공한다는 장점이 있어서 20C에 이르러서 루는 소스의 농도를 맞추는 주재료가 되었다.

세 번째는 17C에 이르러서 대량의 육류로부터 강한 풍미를 지닌 액즙을 뽑는 방법이 사용되어졌다는 점이다. 큰 덩어리의 육류를 갈색으로 굽고 다시 잘라 거기서 육즙을 뽑아 내는데, 그것을 주스(Jus)라고 한다. 이러한 루의 도입과 주스의 추출은 프랑스 요리와 기타 유럽의 요리를 구분짓는 척도가 되었으며, 프랑스 요리의 기본적 요소인 브이용(Bouillon), 스터핑(Stuffing), 리에종(Liaison; 농후제)도 이 시기에 도입되었다.

루이 시절은 프랑스 요리의 황금기라는 말을 자주 사용하게 된다. 이 당시에 프랑스 요리는 질적으로는 물론이고 양적으로도 매우 성장하는 그야말로 요리의 전성기라 할 수 있다. 루이 13세(1601~1643) 시대에는 요리가 그다지 발전한 것은 없으나 요리의 법칙과 조리법을 체계적으로 기술해 놓은 책이 바렌에 의해 간행되었는데, 이 책을 기본

으로 하여 프랑스 요리가 비약적인 발전을 하는 계기가 되었다. 루이 14세(1638~1715)는 자신과 귀족들을 대상으로 대단히 많은 연회를 성대하게 치르는 것을 즐겼고, 요리 중에서도 장식을 중시하는 "요리예술(Culinary Art)"을 끊임없이 추구하였다. 이러한 요구를 부응하기 위해서 전국적으로 훌륭한 요리장을 선발하고, 그들로 하여금 요리에만 전념할 수 있도록 모든 지원을 아끼지 않았다. 루이 15세(1710~1774)의 친정 시대에도 미식을 좋아하여 왕이나 귀족들이 스스로 요리를 만들기도 하게 되자 요리에 귀족들의 이름이 붙여지기도 했다. 루이 16세(1754~1792) 통치원년의 요리방법은 좀더 세분화하게 된다. 그는 연회행사의 메뉴까지도 특정한 규칙을 정하고 좀더 자극적인 아름다움을 요구하게 되었는데, 이 때에 요리를 제공하기 위한 전용식당을 만들어 12가지의 수프(Soups)와 24가지 오들볼(Hors d'oeuvres)과 20가지의 소고기 요리, 20가지의 양고기 요리, 30가지의 엽수(Games)류, 송아지(Veal), 24가지 생선과 50가지에 달하

는 디저트와 장식요리를 포함하여 400여 가지에 달하는 요리를 만들도록 하였다.

1654년에 니톨라드 본 풍스는 르 델리카드라 샴파뉴(Le Delica de la Champagne)를 썼다. 그는 음식의 맛이란 복잡한 조리로 인해 가려져서는 안 되며, 아주 단순한 자연적 조리로 하여야 한다고 주장하였다. 하지만 이러한 생각들이 여전히 생각으로만 그치다가 17C 말에 차, 커피, 코코아, 아이스크림 등의 출현과 함께 커다란 변혁을 이루었다. 특히, 포도주의 영역에서 커다란 변혁이 이루어졌는데, 동 페리뇽(Dom Perigon)이 샴페인을 발명한 것이다. 하지만 17C 생각들이 실제로 실천된 것은 18C였다.

조리는 하나의 단순성을 지향하였는데, 다시 말하면 요즘 우리가 말하는 누벨 퀴진(Nouvelle Cuisine)이라고 부르는 것이 바로 그것이다. 미식가들은 하나의 요리에 하나의 소스를 사용하도록 하였다. 따라서 소스는 모든 종류의 생선류, 조육류, 야채류에 동반되는 정교한 미와 섬세한 맛을 형상시키는 훌륭한 요리의 하나였다. 그러므로 소스를 완벽하게 만드는 것을 요리에서 최고의 예술로 여기게 되었다.

이 시기에는 최초로 음식을 만드는 여자 요리사와 무엇인가를 발명한 수 있는 남자 전문요리사를 구별할 수 있게 되었는데, 이를 요리역사로 볼 때 큰 변혁임에 틀림없다.

5) 18C의 요리

18C에 이르러서는 17C에 도입된 조리의 기본요소들이 더욱 체계화되기 시작하였다. 꿀리, 브이용, 주스(Coulis, Bouillon, Jus)의 체계적 운영(system)은 파생되는 양 목표(Recipe)의 이해에 많은 도움을 주었다. 17C 요리책에서 볼 수 있던 대부분의 소스의 양 목표는 중세의 것과 큰 차이가 없었던 반면, 18C가 되어서도 꿀리(coulis),버터(butter)

등이 많이 적용되기 시작하였으며, 보다 현대적인 풍미의 앤쵸비(anchovy), 케이퍼(caper) 등이 사용되어졌다. 18C에는 많은 소스가 소개되었는데, 그 이전만 하여도 소스는 두 가지 범주로 나눌 수 있었다.

첫 번째 범주는 브이용(Bouillon)과 꿀리(coulis)가 합쳐져 로베르트(Rovert)가 파생되었으며, 신맛의 식재료와 오일이나 버터가 합쳐지기도 하였다. 또한 달걀 노른자를 이용한 Hollandaise Sauce가 18C에 등장하였다.

6) 19C의 요리

19C 프랑스 혁명은 새로운 중산층을 잉태하는 계기가 되었다. 또한 이전까지 귀족의 저택에서 일하던 요리사들은 레스토랑(Restaurant)이라는 새로운 무대에서 중산층을 대상으로 영업을 시작하였다. 새로운 중산층의 신분상승욕구와 더불어 요리에 대한 관심이 매우 높아지므로, 이 시기의 위대한 요리사는 스타와 같은 존재가 되었다.

19C가 접어들면서 드디어 전통적인 프랑스 요리(Cuisine Classipue)가 시작되었다. 이 시대에는 본격적으로 벨루테(Velout), 홀란데이즈 소스(Hollandaise Sauce)가 소개되었으며, 토마토 소스(Tomato Sauce)

와 케첩(Ketchup), 마요네즈(Mayonnaise) 등도 만들어지기 시작하였다.

Marie Antoine Careme

19C의 대표적인 요리사로서 마리 앙뜨완 까렘(Marie Antoine Careme 1783~1883)을 들 수 있다. 그는 고전 프랑스 요리의 아버지라 칭하며, 19C의 가장 위대한 요리책의 저자이기도 하다. 그러나 더 중요한 것은 그 모체 소스(mother sauce)와 파생 소스(derivation Sauce)의 개념을 처음으로 체계화시켰다는 점이다. 그는 4가지 기본소스로 에스파뇰(Espagnole), 벨루테(Velout), 알망데(Allemonde), 베샤멜(Bechamel)을 구분하였으며, 그로부터 파생소스를 파생시키는 방식으로 소스를 체계화시켰다.

마리 앙뜨완 카렘은 빈곤한 가정에서 태어나 무지했던 사람이었으나 성실한 자세와 꾸준한 자기개발로 여러 맛들의 조화로운 배합을 할 줄 알았으며, 불필요한 내용물에 대한 조리를 없애는 데 노력한 최초의 인물이었다.

그는 가난한 석공의 16번째 아들로 태어나 10살 때 부친으로부터 파리 근교의 작은 요리점에서 마지막 저녁 식사를 얻어먹은 뒤 길거리에 버려졌다. 그 후, 그는 작은 요리점을 전전하다가 멘(Maime)이라는 성문근처의 한 요리사로부터 조리의 기초를 배워 16세에 파리의 유명한 제과업자들 중의 하나인 비엔(Vienne)가에 있는 바일리(Bailly) 가게로부터 공부를 계속할 수 있게 도움을 받았으며, 특히 왕립도서관 판화실에 들어가 건축모형 사본을 복사할 수 있도록 허락을 받았다.

그가 만들어 낸 모형들 중에 어떤 것들은 바일리(Bailly) 가게의 중요한 고객인 나폴레옹 1세로부터 찬탄과 경이에 찬 평을 받았는데, 그것은 피에스 몽테라 불리는 웨딩케이크 위의 장식용 과자로 연회의 인기품목으로 빠져서는 안 되는 것이었다.

또한 그는 유명한 의사인 장 알리스(Jean alice)를 만나고 그로부터 조언과 격려를 받아 자신감을 갖게 되었다. 그의 재능과 근면함으로 그는 단시간에 두각을 나타냈고, 그의 유능한 점을 듣고 있던 바일리(Bailly) 가게의 단골손님이었던 당시 프랑스 외무대신인 탈레이랑(Talleyrand)으로부터 시중을 들어 줄 것을 제안받아 그는 탈레이랑의 조리장을 20년간 지냈는데, 탈레이랑은 그가 제공하는 요리의 형태와 호사함을 느끼는 감각과 재능으로 외교관들을 위한 식도락을 훌륭하게 만들어 냈다.

후에 그는 조지 4세가 된 영국 섭정왕자와 비엔(Vienne) 궁전, 영국대사, 베라그숑(Begration) 공주, 스튜어트(Steward) 경을 위해서도 훌륭한 요리를 만들어 주었다. 그는 조리사, 제과사일 뿐만 아니라 이론가이기도 했으며, 역사에 대한 일가견도 있었다. 그는 말년을 로트시 남작가에서 보냈으며 로앙 타일라트(Laurent Tailhate)로부터 '숯과 고기 굽는 기구로 천재성의 불꽃을 발휘하는 조리장'이라는 평판을 들었다.

후에 알렉산더 1세는 탈레이랑에게 카렘은 우리가 알지 못하고 먹던 것이 무엇인가를 알게 만들었다고 술회하였으며, 그를 가리켜 '왕들의 요리사요, 요리사 중의 왕'이라고 하였다.

그는 Lart de la Cusint francaise au XIXE Siecle(1881), Le Patissier Royal Parisien(1815), Le Patissier Pittoresque(1815), Le Cuisinier Parisien(1828) 요리책, 제과제빵책, 요리이론책을 통해서 요리업계에 커다란 공헌을 하였다.

그리고 그는 프랑스 요리의 깊이와 그 예술성에 이루기까지 요리를 통해서 그 시대의 분위기에 적합한 화려한 구성, 중심부 장식, 그리고 시간적 연출에 대해 기술하였다. 오늘날 그는 고전 프랑스 요리의 창시자로도 추대받고 있다.

7) 20C의 요리

19C가 저물고 난 후 까렘(Careme)을 비롯한 여러 주방장의 업적들은 조르쥬 오귀스트 에스코피에(George Auguste Escoffier 1846~1935)의 저서 르 기드 커리넬리(Le Guide Culinaire 1912 발간)를 통하여 기록되어지고 체계화되어졌다. 그의 저서는 지금까지도 전통 프랑스 요리의 표준이 되고 있다. 에스코피에는 까렘이 체계화시킨 많은 종류의 육즙과 생선육수를 더욱 간편하게 하였으며, 4가지 모체소스에 대하여도 강조하였다.

Georges-Auguste Escoffier

오늘날 우리가 접하고 있는 주방시스템의 창시자도 그였으며, 프랑스 식당의 운영이 부분화되어 있었던 것을 통합조정운영을 시도하여 성공한 것도 그의 아이디어였고, 듀브아(Dubois)의 러시아식 음식서비스방법을 도입하여 현재의 음식 서브(serve)순서를 창안한 사람도 그였다. 고객으로부터 주문을 받은 전표를 3장으로 만들어 한 장은 주방, 한 장은 접객원, 또 한 장은 캐셔(Cashier)에게 돌아가도록 하고, 특별히 전표에 고객의 성명을 적어 그 고객이 재차방문하였을 때 그가 선호하는 음식이 무엇이라는 것을 미리 알 수 있는 고품위 음식 서비스의 기틀을 마련한 것도 그였다.

그는 프랑스 정부로부터 1920년 레종 도뇌흐(Legion d'honneur) 훈장을 수여받았으며, 후에 귀족단체의 정회원이 되어 모든 요리사의 사회적인 지위와 명예를 높이는 데도 큰 공헌을 하였다. 또한 독일황제 빌름헬 2세는 "짐은 독일황제, 당신은 황제의 요리장, 그리고 요리장의 제왕"이라고 불렀다고 전해지고 있는 세계적 최대의 명성을 날렸던 명요리장이었다. 1966년에는 마침내 그가 태어난 집이 요리예술박물관으로 개조되기까지에 이르렀다.

오늘날 저명한 요리전문가 및 미식가, 요리연구가 등 요리 책을 쓰는 사람, 그리고 요리를 직접 만드는 요리사까지 그가 만들어 낸 요리법을 이용하지 않은 사람은 단 한 사람도 없다.

에스코피에가 죽은 후에는 요리장의 개인명함에 표기하는 것 중 가장 권위가 있는 상을 수상하고 표창받거나 훈장받았다는 것보다 에서코피에 밑에서 수업했다는 것을 가장 자랑스럽게 여겼다고 한다.

20C의 위대한 요리사로는 페흐디난드 포인트(Ferdinand Point, 1897~1955)를 들 수 있다. 그는

1940~1950년대에 걸쳐 비인에서 레스토랑을 경영하였는데, 그 지역에 맞는 요리법 개발을 강조함으로써 새로운 음식을 창작할 수 있는 토대가 마련되었다.

Fernand Point

현존하는 가장 유명한 요리사로는 프랑스의 알렝 뒤카스로 프랑스 서남부의 평범한 농가에서 자라 신선한 요리재료와 심플한 요리법이 몸에 밴 사람이다. 프로 요리사에 입문한 시기는 16살로 근교의 유명 레스토랑에서 일자리를 잡았다. 그 후 그는 요리를 더 배우기 위해 보르도(Bordeaux)에 있는 호텔 요리학교에 입학하여, 기본기를 다졌다. 요리학교 재학시 미셸 궤라르(Michel Guerard), 가스통 르노트르(Gaston Lenotre) 같은 유명 요리사의 식당에서 견습을 했고 여러 레스토랑을 옮겨 다니며 근무하다, 5년이 지난 후 로제르 베르제(Roger Verge)가 경영하는 물랭 드 무쟁(Moulin de Mougans)에서 프로방스식 요리의 참맛을 깨달았다. 그 후 로제르 베르제는 그에게 '라 망디에'라는 유명한 식당의 '헤드 쉐프'로 채용했다. 이 레스토랑이 성공을 거두자 그는 또 다른 레스토랑인 '라 테라스'를 총괄하게 되었고 1984년에는 두 개의 미슐랭 스타*를 따냈다. 지금 그는 현존하는 프랑스 요리사 중 가장 높은 위치에 있다. 국제적으로도 일본과 한국을 비롯한 아시아에서 꽤 알려져 있고, 2000년에는 일본에 스푼 푸드 앤드 와인 (Spoon Food and Wine)이라고 하는 레스토랑도 열었다.

●●●● 미슐랭 스타

미쉐린 혹은 미슐랭(Michelin)이라고 하면 무엇을 가장 먼저 떠올릴까? 첫번째로 타이어를 만드는 회사라는 것이고 둘째로 흰색의 튜브를 겹쳐놓은 귀여운 "비벤덤" 마스코트를 떠올릴 것이다. 자! 그렇다면 프랑스 사람들에게 똑같은 질문을 한다면 어떨까? 앞서 답변과 아울러 추가답변을 하나 더 얻을 수 있다. 바로 **미슐랭 가이드(Michelin Guide)**라고 말이다. 여행 및 호텔, 레스토랑 전문 안내서인 '미슐랭 가이드'의 발행은 1900년대 타이어를 구매하는 고객에게 무료로 나눠주는 자동차 여행 안내책자에서부터 출발했다. 자동차를 이용한 여행산업을 부흥시키고 이를 통해 자사의 타이어 산업을 우회적으로 지원하기 위해 만들어졌던 것이다. 초기 가이드 내용은 도로 법규, 주유소 위치 등이 주된 내용이었고 호텔 및 레스토랑 정보는 운전자들을 위해 서비스차원에서 '별미'로 제공되는 정보였다. 그러나 해를 거듭할수록 자동차 여행자들 사이에 점점 호평을 받아가면서 100여년 동안의 개정. 증편을 통해 오늘날 미식가들 사이의 '성서'로 자리매김하고 있다. 천 여 페이지가 넘는 책자엔 대부분이 식당과 호텔 소개를 다루고 있으며 프랑스뿐만 아니라 유럽의 여러 국가들을 담은 책자도 같이 발행하고 있고 그 동안 소개된 곳만 해도 호텔과 레스토랑을 합쳐 만 여 곳을 넘는다고 한다. 레스토랑의 평점을 매기는 경우에는 전담 요원이 평범한 손님으로 가장해서 객관적인 평가를 통해 1년에 수 차례 방문을 한다. 이후 일정 수의 엄선된 곳을 뽑아서 이들 가운데 최고의 레스토랑을 선별해 최고 등급인 별 3개를 수여한다고 한다. 별3개를 받은 곳은 '미슐랭 스타(Michelin star)'라고 하여 성대한 시상식을 가지는 동시에 그 요리사는 최고의 명성을 가지게 된다고 한다.

그런데 유명 음식점의 수난사는 바로 '미슐랭 가이드' 평점으로부터 시작될 만큼 에피소드도 많다. 얼마 전 프랑스 국영채널에 방영된 어느 한 음식점의 얘기를 들어보자. 이곳은 작년까지만 해도 미슐랭 가이드에서 최고 평점인 별 3개를 받은 고품격 레스토랑이었다고 한다. 최고의 맛에 서비스뿐만 아니라 분위기까지 인정받고 있던 레스토랑이 다음해 가이드판에서 아랫단계인 별 2개 평점을 받게 되었다고 한다. 방송에서 이를 인터뷰하는 과정에 요리사는 눈물을 머금지 못했으며 자신이 태어나 가장 치욕적인 날이라고 표현할 만큼 슬픔을 금치 못하는 광경이었다.

'미슐랭 스타', 별 하나를 가지고 이런 해프닝이 일어나는 것은 그만큼 미슐랭 가이드가 만인들에게 공인을 받고 있다는 증거가 아닐까 한다. 또한 이를 방송에서 화제가 될 만큼 이슈가 되는 것을 보면 미슐랭 가이드가 오랜 시간 동안 쌓아온 그 신뢰 때문이다.

| Alain Ducasse | Paul Bocuse | James A. Beard | Jamie Oliver |

프랑스 요리사 폴 보퀴즈의 가족은 1765년부터 프랑스의 사온(Saone) 강가에 자리잡은 유명한 식당을 경영해왔다. 그런 가정에서 항상 음식을 접하며 자란 그에게는 천부적인 재능이 있었다. 5대조 할아버지인 미쉘 보퀴즈(Michelle Bocuse)부터 시작한 작은 카페가 프랑스 리옹을 대표하는 그를 낳았다.그의 사례를 보면 프랑스처럼 오랜 역사를 가진 나라들은 가업을 매우 중시한다는 사실을 알 수 있다. 유명한 외식 사업자인 조르주의 아들인 폴은 '페르난드 포엥(Fernand Point)'이나 '뤼카스 카르통(Lucas Carton)'같은 유명 레스토랑에서 견습을 했다. 견습을 마친 그는 유명하지는 않지만 역사가 오랜 가족 레스토랑으로 돌아왔다. 그는 이 가족레스토랑을 성공적으로 운영해, 리옹 지방을 미식가(Gourmet)의 메카로 만들었다. 한동안 유명하던 누벨 퀴진(nouvelle cuisine) 요리법과 함께 정통 클래식 프랑스 요리를 재검토하는 데 주력하여 세계인에게 프랑스의 정통요리법을 전파했다. 특히 트러플(truffle)이라는, 세계에서 가장 비싼 버섯을 주 재료로 만든 그의 레시피는 80년대에 선풍적인 인기를 끌었다.

영국의 유명 요리사 제이미 올리버, 한국에 팬클럽이 있을 만큼, 그의 요리세계는 빼어나다. 그 역시 폴 보퀴즈와 마찬가지로 pub(영국식 선술집 겸 식당)을 운영하는 아버지 밑에서 주방을 오가며 네 살 때부터 요리에 친밀감을 쌓았다. 네이키드 쉐프(naked chef, 발가벗은 요리사)'라는 그의 예명은, 여러 가지 의미를 갖고 있다. 이 예명은 그가 어린 나이에 요리세계를 접했고, 그의 음식 재료가 순수하고 단순하다는 사실을 함축하고 있다. 1999년에 BBC 방송에 시리즈가 나간 이후로 그는 순식간에 여성 팬들을 사로잡았다. 단기간에 스타덤에 오른 그의 프로그램은 여러 나라의 유선 방송을 통해 방영되었고 그 결과 팬 클럽이 각 나라에 형성되었다. 그의 실용적인 요리 방법은 따라하기도 쉬워 많은 사람들이 그의 요리책과 시리즈를 한 번쯤은 보거나 남에게 추천하는 단계에 이르렀다.

20세기에 들어 이러한 요리의 변천을 대표할 수 있는 새로운 식문화가 있는데, 이것은 Nouvelle Cuisine의 등장이라 하겠다. 이는 1972년 요리평론가인 H.Gault와 C.Millau에 의해서 처음 선언되었다. 젊은 주방장들의 많은 호응을 얻은 이 선언은 이전까지 기름지고 복잡하며, 많은 시간과 인력을 필요로 하는 종전의 전통적 조리방법에서 탈피하여 좀더 새로운 요리를 주장하였다. 즉, 신선한 식재료(야채, 생선,

고기)를 사용할 것과 장시간을 요하는 복잡한 요리보다는 단순한 요리를, Sauce에 있어서는 Roux를 이용한 걸쭉한 것보다는 Base de Jus de Viande, Fumet d'essence 등을 이용한 Sauce를 만들 것을 주장하였다. 조리방법에 있어서도 증기를 이용한 찜, Salamander, Papillote 등을 이용하여 가급적 재료의 순수한 맛과 영양을 그대로 살릴 수 있는 조리법을 주장하였다. 또한 소화와 영양관계를 고려하여 소화와 영양에 지장을 초래하는 것은 가급적 피하는 것을 주장하였다.

이처럼 그들이 주장한 Nouvelle Cuisine이란 요리에 있어서 새로운 흐름이라 할 수 있으나, 그 기본은 항상 전통조리와 맥을 같이하고 있다. 요리를 식문화의 한 부분이라 한다면 문화의 속성인 변화의 법칙을 벗어나기 힘들기에 요리는 오늘도 조금씩 변화하고 있다 할 수 있으며, 우리는 이 변화에 대하여 항상 관심을 가져야 할 것이다.

오늘날의 요리는 간편성, 즉 자연적이며 가벼운 음식(비만방지)을 향하여 치닫고 있다. 그러나 진정한 요리사는 어떠한 경우에도 그들의 경험과 비밀, 그리고 전통과 함께 지나간 옛 시대를 잊어서는 안 된다는 사실을 알고 있다.

모든 요리는 요리사가 정성을 갖고, 먹는 사람을 위해 진정한 마음으로 만들어야 한다. 요즘 알약 하나로도 모든 영양을 섭취할 수 있지만, 맛의 세계에 질서와 미를 추구하면서 미각에 역점을 두어 맛을 창조하는 진정한 지휘자는 요리사들이다. 금방 잡은 생선을 주방에서 더운 요리로 만들어 제공하고, 저녁에 예술적인 감각이 넘치는 요리를 전통적인 요리법으로 생산하는 것은 공장에서 기계적으로 대량생산하는 것으로 대신할 수 없다. 사회가 발전하고 전문화, 세분화되면서 인간의 식사에 대한 욕구도 다양하게 발전하고 있다. 이러한 인간의 다양한 욕구를 기계나 로봇으로 대체하기는 힘들다. 따라서 외식업의 핵심인 요리는 조리사가 꼭 필요한 부분으로, 조리사의 직업은 성장성 있는 직업이기도 하다. 과학이 발전하고 스피드 시대가 와도 예술적 요리를 만드는 조리사와 예술적인 요리를 감식할 미식가는 영원히 존재할 것이다.

3
한국에서의 서양요리
History of Western Cooking in Korea

우리나라에 서양요리가 언제 어떻게 전해졌는지는 확실하게 알 수 없지만 개화기 정도로 미루어 짐작할 수 있다. 한국에 있어서 서양요리의 변천사는 호텔의 발달사와 밀접한 관계가 있으며, 1888년 인천에 외국인을 대상으로 일본인이 이 땅에 최초로 대불(大拂) 호텔을 건립함으로써 서양요리가 공식적으로 첫선을 보였다고 짐작된다. 1883년(조선 고종 20) 주미전권공사(駐美全權公使)로 미국에 간 민영익(閔泳翊)과 그 수행원 유길준(兪吉濬) 등이 서양요리를 맛본 첫 번째 인물이고, 1895년에 러시아공사 K.베베르의 부인이 서양요리를 손수 만들어 러시아 공사관에 파천중인 고종에게 바쳤다는 기록이 있다.

궁중에 서양요리의 바람이 인 것은 베베르의 처형(妻兄)인 손탁[Sontag, 孫澤]의 영향 때문이었고, 1897년 이후 그녀가 손탁 호텔을 경영하면서부터는 상류사회까지 서양요리가 보급되어 주미대리공사를 지낸 이하영(李夏榮)은 집에 서양요리의 숙수를 고용할 정도였다.

조선말기 발발한 운양호 사건으로 인한 문호개방시대를 맞이하여 1876년 일본과 강화조약, 병자수호조약 체결을 계기로 원산 및 인천항이 개항되어 많은 해외열강과의 통상과 접촉을 통하여 서양의 많은 문물이 집중적으로 흘러들어오고 있을 당시 서양요리도 자연스럽게 이 땅에 상륙하였을 것이라는 짐작을 할 뿐이며, 최초로 본격적인 서양식 요리를 한 곳은 1902년 10월에 독일인 손탁이 정동(지금의 이화여고 정문 앞)에 세운 손탁(Sontag) 호텔이라는 곳에 출현한 불란서식 식당인데, 이 때 일본인들이 우리나라에 들어오면서 서양식당 같은 요식업에 본격적으로 참여하였다

1914년 3월 조선호텔이라는 본격적인 서구식 호텔이 생기면서 한국의 서양식 조리도 일대 전환기를 맞게 되어 Banquet이라는 연회의 경험도 쌓게 되었고, 그 후 철도식당인 서울역 내 Grill이 1925년에 탄생을 함으로써 오늘날까지 서양요리의 조리기술을 향상시키는 데 크게 기여하였다. 1930년에는 국내 최초로 서양요리책이 발간되었고(경성서양부인회편), 일제강점기에는 각 학교 가사시간에 서양요리를 가르쳤으며, 8·15 광복 이후 오늘날까지 우리 식생활에서 큰 비중을 차지하게 되었다

1936년 개관한 목정(木町) 호텔과 대중용 상용 호텔 양식을 도입한 대형(그 당시) 호텔이 건립되어 부속식당을 갖추어 서양요리를 생산판매하였다는 기록이 있었으며, 미국을 비롯한 구미제국과 외교관계를 맺으면서 구미인들의 한국여행이 증가하고 미군이 이 땅에 주둔하면서부터 우리는 미국음식이 서양식 요

리의 근본이라는 잘못된 생각을 하게 되어, 이때부터 70년대 중반까지 미국식 서양요리가 주류를 이루게 되었고, 미국식 서양요리에 계속 젖어들게 되었던 것이다.

한국에서는 프랑스·영국·독일·이탈리아 및 미국의 요리가 혼성된 것, 그 일부가 가미된 것, 또는 한국식으로 변화된 것 등을 통틀어 서양요리라 하는데, 실제로 서양요리의 중심은 프랑스 요리이며, 국제적인 연회에서는 프랑스식의 조리법이 사용되고, 메뉴도 프랑스어로 적는 것이 관례이다.

우리나라에서 서양요리는 도입단계서부터 발전단계에 이르기까지는 완만하게 전개되었으나 성장기에 들어서면서 급속하게 가속화되었다. 이러한 모습은 여러 방면에서 설명될 수 있는데, 그중에서도 1986년 아시안게임과 1988년 올림픽의 영향이 가장 크다고 볼 수 있다.

양대 행사를 중심으로 서울을 비롯한 전국에 대형호텔이 건립되었고 수요에 대한 공급의 일환으로 전문대학에 조리관련학과가 생겨나기 시작하여 현재 전국적으로 100여 개의 전문대학과 30개의 정규대학에서 양질의 조리사를 양성하고 있다.

뿐만 아니라, 세계요리대회에 한국선수들의 진출이 독일요리 올림픽과 싱가포르 세계요리대회에서 미주 여러 나라들과 어깨를 나란히 하는 성적을 올리게 된다.

한편, 업계에서는 계속적으로 요리에 대한 중요성을 인식하고 새로운 기술과 서양요리에 전통을 갖고 있는 프랑스를 비롯하여 유럽, 미국 등에 국내요리사들을 파견하여 기술을 습득하게 하였다. 그 결과, 국내 서양요리는 질적인 면은 물론이고 양적인 면에서도 그 규모를 예측할 수 없을 정도의 빠른 속도로 성장하고 있다.

참고문헌
• 강무근 외, 서양요리, 예문사, 2002.
• 롯데호텔 직무교재, 1990.
• 박경태 외, 현대서양조리실무, 훈민사, 2004.
• 박상욱 외, 서양요리, 박상욱 외, 형설출판사, 1994.
• 박정준 외, 기초서양조리, 기문사, 2002.
• 신라호텔 직무교재, 1995.
• 오석태 외, 서양 조리학 개론, 신광출판사, 2002.
• 김원일, 정통서양요리, 기문사, 1994.
• 진양호, 현대서양요리, 형설출판사, 1990.
• 최수근, 서양요리, 형설출판사, 2003.
• 호텔 인터콘티넨탈 직무교재, 1993.

Chapter 2
조리인의 자세와 주방의 안전위생
Cook's Attitude & Sanitation and Safety in the Kitchen

··· 학습목표

조리사에게 필요한 기본자세(Basic Attitude of Cook's)와 주방에서 개인위생(Individual Sanitation), 식품위생(Food Sanitation), 시설위생(Sanitation in the Kitchen Equipment)과 개인안전, 시설안전을 학습하고 올바른 자세를 확립하여 조리를 위생적이고 안전하게 하는 데 있다.

1
조리인의 자세와 업무태도
Cook's Attitude

1) 조리인의 자세(Cook's Attitude)

조리사란 여러 가지 식재료를 혼합하여 고유의 맛을 유지하는가 하면 새로운 방법으로 독특한 맛을 창조하는 사람을 말하며, 조리사는 음식을 잘 만드는 것은 물론, 새로운 메뉴를 개발하거나 음식을 아름답게 장식하는 등의 창의성이 필요하다.

인류가 음식을 소비한 단계를 살펴보면 기아를 모면하기 위한 연명의 대책에서 출발하여 점차 식생활로 인식되었고, 그 후는 선택의 단계인 식도락의 단계를 거쳐 최근에는 자기만족을 위한 예술의 단계로까지 발전하고 있습니다. 이와 같이 현대적인 의미의 조리는 손님들의 먹는 즐거움을 위해 그 과정을 최상의 단계인 예술행위로까지 확대해석되고 있다.

음식의 맛이라는 것은 결국 각 재료의 성분들이 결합해 화학적인 반응을 일으킨 결과물이므로 어떤 양념이 어떤 재료와 결합했을 때 가장 이상적인 맛을 내며, 어떤 조리원리로 가장 예쁜 색을 낼 수 있는지 명백한 과학적인 근거가 있어야 한다. 조리사는 그 원리를 깨우쳐 열심히 탐구하고 노력하는 자세로 임해야 한다. 또한 조리사는 식품을 위생적으로 안전하게 시각적으로 보기 좋게, 미각적으로 맛있게, 영양적으로 영양손실을 최소화시키며, 경제적으로 절약하는 자세가 필요하다.

오랜 시간을 거치면서 지금까지 즐겨 먹던 전통적인 음식들은 사람들의 입맛이 변해 감에 따라 조리사들이 얼마든지 창의적으로 개발할 여지가 많으며, 우리는 지금 세계화 속에 살고 있으며 고객의 욕구가 다양화, 세분화됨에 따라 새로운 음식을 추구하고 있다. 이러한 욕구를 충족시키기 위해 조리사들은 새로운 요리를 개발하기 위해 연구하고 노력하는 자세가 절실히 필요하다.

(1) 조리사에게 필요한 기본적인 자세(Basic Attitude of Cook's)

① 예술가로서의 자세

조리는 우리 인간의 기본적 욕구를 충족시켜 주는 창작행위인 것이다. 이러한 점에서 모든 조리인은 예술가라는 마음가짐을 갖고 작업에 임해야 하며, 요리 하나하나에 예술적 감각을 최대로 담아야 한다. 이를 위하여 조리이론, 기술습득, 미적 감각의 배양을 위한 꾸준한 노력이 필요하다.

② 인내하며 연구하는 자세

다양한 근무여건에 적응할 수 있는 체력과 꾸준히 참고 견디는 인내심과 조리원리에 대한 연구와 조리를 예술로 승화시킬 수 있는 끊임없는 창조적인 요리연구가 필요하다.

③ 절약하는 자세

회사가 나의 발전의 터전이란 마음으로 기물과 기기를 잘 관리해야 하며, 식재료와 에너지 사용에 있어서 절약하는 자세를 가져야 한다. 나아가 회사의 발전이 나의 발전임을 인식하고 맡은 바 최선을 다한다.

④ 협동하는 자세

조리란 주방에서 행하여지는 공동작업으로 동료 및 상하간에 서로를 존중하고 협동하는 마음으로 작업에 임해야 하며, 인화·단결하는 작업분위기를 조성하기 위하여 솔선수범하는 자세가 필요하다.

⑤ 위생관념에 철저한 자세

조리사의 위생에 대한 강조는 아무리 하여도 지나치지 않는다 할 정도로 조리사의 위생상태는 고객의 건강과 직결되므로 항상 개인위생·주방위생·식품위생에 주의하여야 한다.

2) 조리의 중요성

조리의 중요성은 인간의 기본생활을 이루는 3대요소 중의 하나로 먹어야 산다는 것으로 아무리 조리기술이 우수하다 하여도 그 요리가 위생적으로 처리가 잘못되었다 하면 그것은 사람의 생명을 해롭게 하고 말 것이다. 또한 영양적인 면의 조화도 중요하다 하겠다.

(1) 위생적 측면

인류질병의 80%가 소화기 질환으로서 직·간접적으로 식생활과 관련이 되어 있기 때문에 조리와 위생과의 관달걀 절대적으로 중요하다.

이는 어느 특정인, 특정기관에서 주관하는 것이 아닌 사회전반의 문제로 개개인이 각각 올바른 지식을 갖고 이것을 자주적으로 행동에 옮길 수 있어야 하며, 위생개념에 관한 교육훈련이 철저히 이루어야만 할 것이다.

(2) 사회적 측면

국가경제가 급속도로 발전되므로 해서 소득수준이 높아진 부산물의 하나로 성인병이 나날이 증가하고 있는 추세에 따라 요리를 생산하는 조리부문도 전근대적인 조리방법을 지양하고 국민체력 향상 및 체위발전에 능동적으로 대처해야 할 범사회적인 의무를 안고 있다고 볼 수 있다. 따라서 그 책임은 막중하다 하겠으며, 그에 따라 사회변천의 흐름을 정확히 파악하여 그 시대환경에 부합되는 조리가 되어야 하며, 또 되도록 만들어야 하는 것이다.

3) 조리업무

조리업무란 식재료의 구매, 상품의 생산, 판매서비스에 이르는 전공정에서 발생하는 제반 업무를 말하며, 부차적으로 인력과 주방관리에 관계되는 업무도 이에 포함된다. 그 궁극적 목적은 합리적 조리업무를 통한 상품가치의 극대화와 이를 통한 고객욕구의 충족에 있다 하겠다.

첫째, 조리업무의 의사결정단계로서 전년도 매출기록, 호텔의 경우는 객실예약상황, 당일 예매상황 등 기초자료를 이용하여 예상이용객의 수를 예측함과 아울러 소요식자재의 구매의뢰와 신메뉴의 작성·개발 등이 있다. 이의 효과적 수행을 위하여 시장경제에 늘 관심을 가져야 하며, 동 업계 답사와 정기적 시장조사 등을 통하여 항상 변화에 민감하게 대처하도록 해야 한다. 또한 비수기를 대비하여 식자재의 구매저장과 적정재고량 유지를 위한 정기재고조사 및 구매물품에 대한 철저한 검수 등을 해야 한다.

둘째, 요리상품의 생산단계로서 표준량 목표에 의한 상품생산과 기타 생산에 필요한 여러 조리공정을 말하며, 고객의 욕구에 합당한 조리생산이 올바르게 진행되는지 품질관리에 신경을 써야 한다. 즉, 부적격 요리상품을 사전에 방지하기 위한 예방적 측면의 조리공정관리를 철저히 하여야 하고, 이를 통하여 낭비를 줄일 수 있다.

셋째, 요리상품의 판매와 사후관리로서 상품을 통한 고객의 욕구를 극대화하여야 하며, 이를 위해서 접객원으로 하여금 요리가 신속·정확하게 전달되도록 해야 한다. 또한 고객의 요리에 대한 반응을 수시로 점검하고, 고객의 특성을 정확히 파악하여 신메뉴 개발의 기초자료로 사용하며, 이를 위한 고객카드나 매출품목의 기록을 철저히 하여 비인기상품에 대한 대체품목개발 등 고객관리에 최선을 다해야 한다.

앞으로 조리업무는 인건비의 상승에 따른 경영의 합리화를 위하여 주방시설의 현대화가 이루어질 것이며, 재고관리·인력관리·메뉴관리의 합리화를 위한 컴퓨터의 사용과 식품가공학의 발달로 인한 다양한 가공품의 사용으로 조리공정이 좀더 단순화되는 등 많은 변화가 기대된다. 이 같은 변화에 슬기롭게 대처하기 위해서는 자기 변신의 활성화가 더욱 절실하다 하겠다.

2
주방의 위생관리
Sanitation in the Kitchen

주방위생관리이란 주방 및 주방과 관련된 사람, 물건이 질병을 일으키지 않도록 청결하게 유지·관리하는 것을 말한다. 즉, 오염된 것이 눈에 보이지 않으며, 병원균이 거의 모두 제거되도록 하여야 하며, 인체에 유해한 화학물질이 없어야 한다. 주방위생관리는 개인위생관리, 식품위생관리, 주방시설위생관리와 같이 3부분으로 나눌 수 있는데, 우선순위를 두지 말고 모든 위생관리를 소중하게 다루어야 한다. 성공적인 주방위생의 결과를 얻기 위해서는 주방과 서비스구역에서 이루어지는 모든 과정의 위생과 청결 및 병원균 및 위해물질의 제거가 중요하다.

위생관리를 하는 궁극적인 목적은 식용가능한 식품을 이용하여 음식상품이 만들어지는 과정에서 조리사와 장비 및 기기를 식품취급상의 인체위해를 방지할 수 있도록 충분하게 위생적으로 관리하는 것이다. 그런데 조리장비나 기물 및 기기를 비위생적으로 관리하여 식품에 세균이나 기타 인체에 위해한 물질이 함유되어 있다든지, 식품을 조리하는 종사자가 질병에 전염되어 있다면, 과연 인체에 어떠한 영향을 미칠 것인가 하는 것이다. 이것은 인간의 생명과 재산을 위협하는 사회성으로 볼 때 중대한 결과로 나타난다는 것이 매우 흔한 일이기 때문이다.

주방에서 종사하는 조리사들은 식품을 모든 위해요인으로부터 안전하게 보존하고 정성껏 조리하여 위생적이고 안전하게 믿고 찾는 고객에게 공급해야 할 의무와 책임이 있다.

1) 개인위생(Individual Sanitation)

음식을 다루는 사람은 항상 건강과 청결한 상태를 유지하여 자신으로부터 각종의 병원균으로 인한 오염 내지는 전염을 근본적으로 차단하여 위생상에 전혀 이상이 없는 음식을 생산하여야 한다.

(1) 조리사 준수사항

- 정기적인 신체검사(보건증) 및 예방접종을 받는다.
- 청결한 복장을 한다.

- 매일 목욕을 한다.
- 손에 상처를 입지 않도록 손 관리에 유의하며, 항상 깨끗이 씻는다.
- 건강을 제일로 생각하고 건강에 대한 무관심, 과로, 수면부족 등을 피한다.
- 많은 사람이 모이는 장소는 가급적 피한다.
- 질병예방에 따른 올바른 지식과 철저한 실천을 한다.
- 조리에 관계하는 사람 이외는 주방에 출입하지 못하도록 한다.
- 가급적 술이나 담배는 삼간다.
- 외모는 항상 단정히 한다.

(2) 조리사 의무사항

- 손과 손톱을 깨끗하게 유지한다.
- 보석류, 시계, 반지는 착용하지 않는다.
- 종기나 화농이 있는 사람은 일을 하지 않는다.
- 주방은 항상 청결을 유지한다.
- 작업 중의 상태로 화장실 출입을 하지 않으며, 용변 후에는 반드시 손을 씻는다.
- 식품을 취급하는 기구는 입과 귀, 머리 등에 접촉하지 않는다.
- 더러운 도구나 장비가 음식에 닿지 않도록 한다.
- 손가락으로 음식 맛을 보지 않는다.
- 조발은 규정된 크기로 한다.
- 향이 짙은 화장품은 사용하지 않는다.
- 하루 3회 이상 양치질로 입 안을 항상 청결히 하여 일정한 입맛을 유지한다.
- 손은 지정된 세숫대에서만 씻는다.
- 작업 중에는 대화를 삼간다.
- 항상 깨끗한 행주(Hand Towel)를 휴대한다.
- 규정된 복장을 착용한다.
- 위생원칙과 식품오염의 원인을 숙지한다.
- 정기적인 교육을 이수한다.
- 식품이나 식품용기근처에서 기침, 침, 재채기 및 흡연을 하지 않는다.
- 병이 났을 때에는 집에서 쉰다.
- 항상 자신의 건강상태를 체크한다.

(3) 손을 반드시 세척해야 할 경우

- 식재료를 정리하는 중 손에 흙과 같은 오물이 묻은 경우
- 쓰레기통과 쓰레기를 손으로 직접 만진 후
- 날 음식을 다루기 전후
- 더러운 의복이나 앞치마, 위생모, 스카프, 안전화, 행주를 만진 경우
- 머리카락과 얼굴과 같은 신체를 만진 경우
- 신체에 있는 상처를 만진 경우
- 화장실을 이용한 후
- 식품에 사용하면 안 되는 화학물질과 같은 종류를 만진 경우
- 오염된 주방기기, 시설, 그릇류를 만진 경우
- 재채기, 기침, 가래 등을 제거한 휴지를 만지는 경우

(4) 올바르게 손 씻는 방법

- 물은 찬물보다 30℃ 전후의 따듯한 것이 세척력이 우수하므로 충분히 따듯한 물을 준비하여 손을 적신다.
- 역성비누나 세척용 물비누를 손에 바른다.
- 양손을 이용하여 비누 거품을 내어 손목과 팔 윗부분까지 세척 및 소독하도록 한다.
- 손가락 사이의 주름과 손톱 밑은 손 전용 브러시를 이용하여 세밀히 세척하도록 한다.
- 흐르는 수돗물로 세제의 성분이 남지 않도록 철저히 씻는다.
- 물기가 남은 손은 손수건이나 종이수건, 혹은 공기 건조기로 완전히 말린 후 작업에 들어가도록 한다.

(5) 위생적 손 관리

- 손톱은 항상 짧게 자르고 유지한다.
- 손톱에는 매니큐어나 손톱 보존용 화장품을 발라서는 안 된다.
- 손톱에는 인조 손톱을 부착해서는 안 된다.
- 손가락 주름에도 병원균이 잔류하므로 브러시를 이용하여 청결히 한다.
- 손을 베인 상처나 데인 상처 등은 재빨리 처방을 하여 음식물에 혈액이나, 신체의 일부가 포함되지 않도록 유의하여야 한다.

- 손가락을 베인 경우는 일회용 반창고를 붙인 후 고무 제품으로 만들어진 손가락 붕대를 이용하여 덮은 후 작업을 하도록 한다.
- 상처가 깊을 때는 되도록이면 작업을 하지 않는 것이 좋다.
- 위생장갑을 사용한다.

(6) 위생복 관리

① 착용목적

식품위생법 시행규칙 제19조4항에 의거, 청결한 복장상태를 유지하여 위생적인 조리업무의 수행을 위하는 데 목적이 있다.

② 착용방법

✽ 위생복

위생복은 조리종사원의 신체를 열과 가스, 전기, 위험한 주방기기, 설비 등으로 보호하는 역할을 하면서, 또한 음식을 만들 때 위생적으로 작업하는 것을 목적으로 한다. 따라서 자주 갈아입어 주는 것이 중요하며, 더럽혀지거나 오염이 되지 않도록 하는 것이 중요하다.

주방종사원이 옷에 손을 닦거나, 음식물을 바르거나, 뜨거운 물건을 옮길 때 위생복을 사용하면 안 된다. 즉, 음식물과 위생복의 접촉을 피하도록 하는 것이 중요하며, 주방종사원이 주방에서 업무를 할 때는 항상 위생복을 착용하도록 한다.

종사원들이 옷을 바꾸어 입는 장소를 따로 마련하여 음식이 외부에서 묻어 온 이물질로 인한 오염이 되지 않도록 하는 것이 중요하다.

위생복은 조리사의 체형에 맞는 치수로 제작되어야 하는데, 너무 크거나 작으면 조리작업시 위험한 상황에 그대로 노출된다. 작업할 때는 상의의 소매가 음식물과 액체류의 물질, 조미료, 가루 제품 등이 쉽게 묻어 더러워지므로 적당히 걷어 주는 것이 좋다. 하의는 너무 길지 않도록 하고 허리 사이즈에 적합한 치수를 골라서 입는다.

✽ 위생모 및 스카프

위생모는 머리카락과 머리의 분비물들이 음식에 섞여서 음식을 오염시키거나 품위를 손상시키지 않게 하기 위해서 꼭 필요한 복장구성으로서 주방에서 조리작업을 할 때는 반드시 착용을 하여야 한다.

위생모는 보통 종이나 나일론이나 플라스틱이 포함된 합성 종이 또는 천으로 만들어지는데, 종류도 다양하게 제작되어진다. 너무 길거나 넓은 모자는 작업을 방해하므로 적당한 크기의 모자를 선택하여 모자 아랫부분의 접합부분을 잘 마무리하여 모자가 흘러내리지 않도록 한다. 위생모에는 머리카락이 완전히 들어가야 하며, 여성조리원은 머리를 그물망으로 잘 정돈한 후 모자를 쓰도록 한다. 위생모를 귀가 보이지 않을 정도로 너무 깊이 눌러쓰지 않도록 한다.

위생모는 보통 일회용을 많이 이용하고 있으므로 더럽혀지거나 찢어진 위생모는 과감히 버리고 깨끗하고 청결한 위생모를 착용하는 것이 좋다.

여성이 주로 이용하는 스카프의 경우는 머리카락을 완전히 숨길 수 있도록 하며, 긴 머리의 경우는 위생모 착용 때와 마찬가지로 그물망으로 잘 정돈한 후 얼굴 라인을 따라 잘 매어 준다.

✳ 안전화

주방의 바닥은 항상 물에 젖어 있으며, 여러 가지 작업 후에 테이블에서 떨어진 각종 부산물과 조리에 사용한 기름 등이 흘려져 있다. 또한 주방의 작업테이블에는 식도와 각종 주방장비가 널려 있다. 그러므로 주방은 미끄러짐으로 인한 낙상, 찰과상, 주방기구로 인한 부상을 당할 위험이 잠재되어 있는 곳이다.

조리안전화는 보통 질긴 가죽으로 외피를 구성하고 있으며, 발가락과 발등 위에는 쇠로 만들어진 안전장치가 들어 있다. 또한 미끄러짐을 방지하도록 바닥은 특수하게 처리하는 것이 안전하다.

✳ 앞치마

앞치마는 조리종사원의 의복과 신체를 보호하기 위하여 꼭 착용해야 하는 것으로 여러 가지 종류가 있다. 일반 조리사용의 천으로 된 것과 물일을 많이 하는 조리사를 위한 고무로 코팅된 앞치마, 일회용 앞치마 등이 있다. 앞치마는 보통 하의의 벨트 위의 배 부분에 매거나 어깨와 등에 매듭으로 매기도 한다. 앞치마를 맬 때는 흘러내리지 않도록 하며, 음식물이나 오염물질이 묻어 더러워지면 즉시 교체해 음식이 오염되지 않도록 한다.

✳ 머플러

조리종사원은 항상 머플러를 착용해야 하는데, 이는 항상 각종위험에 노출되어 있는 주방에서 불의의 사고로 인하여 생기는 상해를 응급처치하기 위해 꼭 필요한 것이다. 머플러는 잘 말아서 목에 걸고 필요한 때에 쉽게 탈착할 수 있도록 적당히 힘을 주어 매는 것이 좋다.

✳ 각종 장신구

주방종사원들이 주방에서 업무를 할 때는 시계, 반지, 귀걸이,팔지 등의 장신구를 모두 탈착하도록 하여야 한다. 이는 장신구에 이물질이 쉽게 부착될 수 있으며, 또한 음식을 만들 때 음식에 포함되어 손님들에게 신체적으로 상해를 줄 수 있기 때문이다. 또한 이러한 장신구는 주방설비와 기기들에 휩쓸려 심각한 신체적 상해를 줄 수도 있다.

2) 식품위생(Food Sanitation)

(1) 식품위생의 의의

식품위생관리란 "식품 및 첨가물, 기구, 포장을 대상으로 하는 음식에 관한 위생으로서, 비위생적인 요소를 제거하여 음식으로 인한 위해를 방지하고 우리의 건강을 유지향상시키기 위해서"이다.

(2) 식품위생관리의 필요성

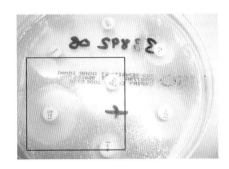

식품의 부패, 변패, 유해미생물, 유해화학물질 등을 함유하고 있는 유해식품으로 인한 위생상 위해내용을 배제하여 식품가공을 통한 조리음식을 제공함으로써 식품영양의 질적 향상과 국민의 건강한 실생활 공간으로 제공하는 것이 식품위생관리의 절대적인 필요성이다. 세계보건기구에서는 식품에 대한 위생관리(sanitation)를 다음가 같이 규정하고 있다. "식재료의 재배, 수확, 생산 및 이를 원료로 한 식품의 제조에서부터 그 음식물이 최종적으로 소비될 때까지 모든 과정에 있어서 건전성, 안전성, 완전성 확보를 위한 조치"라고 규정하고 있다. 식품위생관리를 위한 필요성은 식품 및 첨가물의 변질, 오염, 유해물질의 유입 등을 방지하고 음식물과 관련 있는 첨가물, 기구, 용기, 포장 등에 의해서 불필요한 이물질이 함유된 비위생적인 요소를 제거함으로써 이와 같은 원인을 미연에 방지하고 안전성을 확보하는 것이다.

(3) 식품위생대책

① 식중독 발생시의 대책

✱ 보호자 : 환자구호, 확대방지, 가검물 보존, 보건소에 신고, 의사의 진단실시, 재발방지, 위생관리

✱ 보건소 : 원인조사실시, 가검물 수거, 행정계층을 통한 보고

② 예방대책

✱ 세균성 식중독 : 신선한 식품사용, 세척, 시설개량, 급수위생관리, 폐수시설위생관리, 손청결, 복장청결, 보균 및 환자의 작업종사금지, 화농성질환자 작업종사금지, 건강진단실시, 식품의 저온보관, 가열살균, 조리와 가공의 신속한 처리

✱ 화학물질의 식중독 : 불량기구 및 용기의 사용금지기구 및 용기의 청결, 농약의 위생적 보관, 농약의 사용방법준수, 사용금지된 첨가물의 무사용

✱ 자연 독의 식중독 : 유독한 동식물의 감별에 주의, 유독한 부위의 제거

③ 식품의 오염대책

폐수처리시설, 수확기는 일정기간 동안 농약 사용금지, 방사성물질 격리, 연성세제사용 등에 의해 식품이 오염되지 않도록 하고, 오염된 식품은 오염원인 조사로 확대방지, 오염식품폐기 등을 실시한다.

(4) 식품의 감별법

① 쌀

- 충분한 건조
- 단단한 것
- 색의 윤택성 유지
- 형태는 타원형, 굵고 입자가 정리된 것
- 무취
- 잡물질이 없는 것

② 소맥분

- 가루의 결정이 미세한 것
- 끈끈한 전분이 함유된 것
- 색이 희고 밀기울이 섞이지 않은 것
- 가루가 뭉쳐지지 않거나 벌레가 없는 것
- 건조가 양호하고 냄새가 없는 것

③ 야채, 과실류

- 상처가 없는 것
- 형태가 갖추어진 것
- 색이 좋은 것
- 건조되지 않은 것

④ 어류

- 색이 선명한 것
- 고기가 연하고 탄력이 있는 것
- 눈이 빛나고 아가미가 붉은 것
- 신선한 것은 물에 가라앉고, 오래 된 것은 물에 뜬다.

⑤ 연제품

- 표면에 점액이 나오는 것은 오래 된 것, 손으로 비벼서 벗겨지는 것은 썩은 것
- 염산수를 만들어서 연제품에 살짝 대었을 때 연기가 나오는 것은 오래 된 것

⑥ 육류

- 신선한 것은 색깔이 곱고 습기가 있다.
- 오래된 것은 암갈색으로 점차 말라 가고 탄력이 없다.

- 썩기 시작하면 녹색으로 되고 점액이 나온다.
- 병에 죽은 소와 돼지의 고기는 피를 많이 함유하여 냄새가 난다.
- 고기를 얇게 잘라서 투명하게 비쳤을 때 반점이 있는 것은 기생충이 있는 것

⑦ 란(알)

- 껍질은 꺼칠한 것이 신선하고, 매끄럽고 광택이 있는 것은 오래 된 것
- 빛을 쬐었을 때 밝게 보이는 것은 신선하고, 어둡게 보이는 것은 오래 된 것
- 물에 넣었을 때 누워 있는 것은 신선하고, 서 있는 것은 오래 된 것
- 6%의 식염수에 넣었을 때 뜨는 것은 오래된 것
- 알을 깨뜨렸을 때 노른자가 그대로 있고 흰자가 퍼지지 않는 것은 신선한 것

⑧ 우유

- 용기나 뚜껑이 위생적으로 처리되고 보기에도 깨끗하며, 날짜가 오래 되지 않은 것
- 이물이나 침전물이 있는 것
- 색깔이 이상하거나 점성이 있는 것
- 또는 신맛, 쓴맛이 있는 것은 좋지 않다.

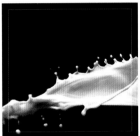

⑨ 버터

- 외관이 균일하고 곰팡이가 슬었거나, 반점이나 무늬가 있는 것은 좋지 않다.

⑩ 치즈

- 곰팡이가 슬지 않은 것, 건조하지 않은 것

⑪ 통조림

- 외관이 정상이고 라벨에 의해 내용, 제조자명, 소재지, 제조 연월일, 무게, 첨가물의 유무 확인

3) 주방시설위생(Sanitation in the Kitchen Equipment)

(1) 주방시설위생의 개요

조리장에서의 시설이라 함은 주방이 차지하고 있는 공간에서부터 식품을 다루는 모든 기구와 장비들을 총칭하는 말로서, 이에 대한 청결관리를 시설위생이라 하며, 이는 현대화된 주방을 운영하기 위해서는 필수적인 사항으로 대단히 중요한 것이다.

(2) 시설위생의 필요성

어떠한 사업체 내의 조리장이라 하더라도 조리장 내의 각종 기기와 기구의 관리보수를 담당하는 부문은 영선 및 시설 혹은 그 외의 명칭을 갖고 있는 담당부서에서 관리를 하여 주나 주방 내의 모든 시설은

조리사들이 이용하는 것이기에 각종시설에 관한 일차적인 책임은 조리사에게 있으므로 위생적인 시설유지 관리는 결국에는 소속사업체의 재산관리 및 이익에 영향을 주므로 각종 시설을 위생적으로 관리할 필요가 있다.

(3) 시설위생의 목적

각종 조리시설장비의 청결관리로 식자재의 안전한 유지보관 및 원활히 사용할 수 있게 하여 위생적인 음식을 생산하는 데 목적이 있다.

(4) 위생적인 시설을 유지하기 위한 사항

① 주방청소

- 주방은 1일 1회 이상 청소하여야 한다.
- 벽, 바닥, 천장의 표면은 효과적으로 청소할 수 있도록 단단하고 매끄러워야 하며, 벽이나 바닥의 타일 등이 파손되었을 경우에는 즉시 보수한다.
- 주방 내의 온도는 16~20℃, 습도는 70% 정도가 적합하며, 항상 통풍이 잘 되도록 환기시설을 가동시켜야 한다.
- 주방 내의 조명도는 50~100LUX 정도가 가장 좋으며, 가능한한 자연에 의한 채광효과를 얻을 수 있도록 하는 것이 좋다.
- 식재료 반입시 들여온 빈 상자는 주방 내에 적재해 두지 않음으로써 해충의 번식을 막는다.
- 주방은 정기적인 방제소독을 실시하여야 한다.
- 각종 해충 및 쥐를 구제할 수 있는 근본적인 시설과 관리대책이 수립되어야 한다.
- 주방관계자 외 외부인의 출입은 금지해야 한다.
- 주방에서는 잡담을 금하며, 담배를 피우거나 침을 뱉지 않는다.
- 폐유(Used Oil)는 하수구를 통해 버리지 않는다.

② 냉장고, 냉동고

- 내부는 항상 깨끗하게 사용하며, 온도관찰에 유의한다. 특히, 영업종료 시간 후 익일 영업개시까지
- 선반과 구석진 곳은 특별히 청결하게 하며, 냉장고 청소 후에는 내부를 완전히 말린 후 사용한다.

③ 기기류(Mixer, Chopping machine, Steam Kettle, Oven range, Slice machine)

- 사용 후에는 지체 말고 깨끗이 닦는다.
- 기계내부의 부속품에는 물이 들어가지 않도록 한다.
- 기기 내의 칼날을 비롯한 부속품은 물기를 제거하여 곰팡이나 병원균이 서식할 수 없도록 한다.
- Deep fly의 경우에는 기름은 매일 뽑아 내어 거르고, 용기는 세제로 세척하여 찌꺼기가 남아 있는 일이 없도록 한다.

- Grill면은 영업종료 후 금속고유의 윤이 나도록 닦는다.
- Steam솥은 조리 후나 세척 후 물기가 남지 않도록 세워 둔다.
- Bain marie는 물때가 끼지 않도록 자주 닦아 낸다.

④ 기물류

- 각종 기물이나 소도구는 파손되지 않고 분실되지 않도록 사용 후는 세척 후 제자리에 놓는다.
- 주방 냄비는 사용상태에 따라 정기적으로 대청소를 한다.(세척 후 불에 태운다)
- Broiler와 쇠꼬챙이는 사용 후 세척하고 탄소화되어 눌러 붙은 부분은 쇠 솔로 깨끗이 닦아 낸다.
- Oven 속에서 자주 사용하는 pan은 음식물과 기름이 눌러 붙어 탄소화되지 않도록 매번 닦는다.
- 금속재질이 알루미늄이 아닌 것은 과도한 열을 주지 않는다.
- Fry pan 사용 후는 다음 사용자를 위하여 깨끗이 세척하여 열처리를 마친 후 제자리에 보관한다 (이 때 세제는 사용치 않는다).
- 칼은 사용 후 재질에 따라 적당한 처리를 하여 보관한다.
- 도마는 사용 후 깨끗이 사용하고 물기를 제거하여 둔다.(나무도마의 경우는 일광소독을 한다)
- 모든 기물은 부피가 작은 것이라도 내려놓은 채로 방치하지 않는다.
- 모든 기구나 기물은 주방 바닥에 내려놓은 채로 방치하지 않는다.
- 기물세척시 재질이 상이한 기물은 분리하여 세척한다.

⑤ 기타

- 쓰레기통은 잔반과 쓰레기를 분리하여 사용하되 뚜껑은 항상 덮어 둔다.
- 주방의 하수도 통로는 주기적으로 닦는다.(악취 및 병원균의 온상이 되지 않도록)
- Hood Filter와 Duct는 조리 중 음식물에 이물질이 떨어지지 않도록 항상 청결히 한다.
- Stainless 작업대 선반이나 내부에 산화되기 쉬운 용기는 장기간 적체하지 않는다.
- 작업대나 벽, 그리고 작업대 사이는 음식물 부스러기가 들어가지 않도록 틈새를 좁히거나 고무로 틈을 메운다.
- 음식을 담는 도자기류는 긁히지 않도록 항상 주의한다.
- 음식조리 중에는 벽이나 천정에 충격을 가하지 않도록 한다.

3
주방안전관리
Safety in the Kitchen

조리장의 규모가 대형화되고 각종기기들의 도입이 늘어나 이제는 조리공간이 커다란 공장을 연상하게 한다. 이렇게 조리장의 대형화는 재해에서도 대형사고를 유발하게 되어 인명 또는 재산상의 손실을 불러일으키고 있다. 따라서 안전은 주방 또는 관련된 사업장에서 발생할 수 있는 신체상의 피해를 사전에 예방할 수 있는 대책과 실행을 의미한다.

우선 개인적으로 조리시에 발생할 수 있는 각종의 사고요인을 파악하고 조리시 안전수칙에 대한 주의를 기울인다면 사고발생을 현저히 줄일 수 있을 것이다.

현대화된 각종 조리장비는 업무능률을 향상시키는 데 많은 도움을 주고 있지만 잘못된 기기 작동이나 부주의로 피해를 입는 경우가 자주 발생하고 있다. 또한 아무리 기술이 발달하였다 할지라도 조리와 불은 서로 뗄 수 없는 관계이다. 우리가 기억하고 있는 대형화재사건의 대부분이 주방에서 화기 부주의로 일어났다는 것을 상기해 볼 때 조리시 화재방지에 대한 생활화는 아무리 강조해도 지나치지 않는다.

주방의 안전 및 재해사고를 방지하기 위해서는 무엇보다도 주방설비의 올바른 시공이 중요하며, 종사원들의 전체적이고 올바른 교육과 업무수행에 있다. 종사원들의 교육에 있어서도 각 파트별 교육과 전체적인 집단교육 등 장소와 업무내용에 따라 배분하여 실시하는 것이 올바르다고 할 수 있다.

1) 주방에서 개인안전

- 칼을 사용할 때는 시선을 칼끝에 두며, 정신을 집중하고 자세를 안정된 자세로 작업에 임한다.
- 주방에서 칼을 들고 다른 장소로 옮겨 갈 때는 칼끝을 정면으로 두지 않으며, 지면을 향하게 하고 칼날은 뒤로 가게 한다.

주방에서 칼을 들고 이동할 때는 칼 끝 부분은 아래로 향하게 하며, 칼날은 뒤로 해서 손잡이를 잡고 조심스럽게 걸어간다.

- 주방에서는 아무리 바쁜 상황이라도 뛰어다니지 않는다.
- 칼로 Can을 따거나 기타 본래 목적 외에 사용하지 않는다.
- 칼을 보이지 않는 곳에 두거나 물이 든 싱크대 등에 담궈 두지 않는다.
- 칼을 떨어뜨렸을 경우, 잡으려 하지 않는다. 한 걸음 물러서면서 피한다.
- 칼을 사용하지 않을 때는 안전함에 넣어서 보관한다.
- 주방 바닥은 미끄럽지 않은 상태로 유지한다. Oil이나 물기를 제거한다.
- 뜨거운 용기나 Soup 등을 옮길 때는 주위 사람들을 환기시켜서 충돌을 방지한다.
- 뜨거운 Soup에나 끓는 물에 재료를 투입할 때는 미끄러지듯이 넣는다.

2) 주방기기 및 시설안전

(1) 일반적 안전수칙

- 손에 물이 묻어 있거나 물이 있는 바닥에 서 있을 때는 전기장비를 만지지 않는다.
- 전기장비를 다룰 때는 스위치를 끈 다음 만진다.
- 각종 기계는 작동방법과 안전수칙을 완전히 숙지한 후에만 사용한다.
- 스위치를 끈 것을 확인하고 기계를 조작하거나 닦는다. 기계가 작동을 완전히 멈출 때까지 기계에서 음식을 만지지 않는다.
- 전기장비와 전기장치를 점검하고 전기코드를 꽂을 때, 기계 자체에 부착된 스위치가 꺼져 있는가를 먼저 확인한다.
- 작업이 끝나면 전기코드를 뽑기 전에 장비에 부착된 스위치를 먼저 끈다.
- Meat Slicer를 청소할 때는 절단하는 칼날에 손이 닿지 않도록 거리를 두고 기계를 사용하지 않을 때는 칼날을 닫아 놓고 수위치는 항상 꺼져 있어야 한다.
- 평소 냉동실의 문을 안에서도 열 수 있는지 확인하고 작동상태를 점검한다.
- 호스로 물을 뿌릴 때에는 전기플러그, 각종 기계의 스위치에 물이 튀지 않도록 주의한다.

(2) 전기사용시 주의사항

- 콘센트에 플러그를 완전히 삽입하여 접촉 부분에서 열이 발생되지 않도록 한다.
- 스위치 및 콘센트, 플러그의 고정나사가 장기사용으로 풀려 흔들릴 경우에는 위험하므로 사용 중지 한다.
- 한 개의 콘센트에 여러 개의 전기기구를 사용하지 않는다.
- 스위스, 콘센트, 전기기구의 부근에 가연물, 인화물질이 없도록 한다.
- 전기용량을 정격치보다 초과하여 사용하지 않는다.
- 스위치, 콘센트에 충격을 가하지 말고 물을 뿌리지 않는다.

- 물 묻은 손으로 스위치, 콘센트, 전기기구를 다루지 않는다.
- 비닐코드선은 사용하지 않는다.
- 전기기구 사용 중에는 자리를 비우지 말고 사용 후에는 플러그를 빼놓는다.
- 커피포트 및 전기히터 등 용량이 많은 전열기는 사용치 말 것

(3) GAS 사용시 주의사항

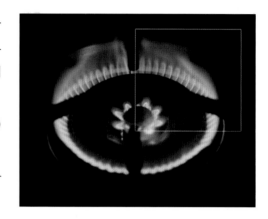

- 도시가스는 냄새가 있어 새는 것을 쉽게 알 수 있으며, 공기보다 가벼운 가스이므로(L.P.G 경우는 공기보다 무겁다) 가스가 새면 높은 곳으로 몰리기 때문에 사용 전 반드시 환기를 잘 시켜야 한다.
- 연소기기 부근에는 불붙기 쉬운 가연성 물질(호스 등)을 두어서는 안 된다.
- 콕과 연결부, 호스 등을 비눗물로 수시검사해 보아 GAS가 새는지 여부를 확인해야 한다.
- GAS의 사용을 중단할 경우에는 연소기구의 콕, 밸브는 확실하게 닫아 둔다.
- GAS가 새어 냄새가 날 때는 즉시 부근의 화기를 꺼 버림과 동시에 콕, 주밸브, 용기밸브를 모두 닫고 창이나 출입구를 열어 통풍을 시키며 비상관제실에 통보한다.
- GAS 사용시 자리를 비우지 말고, 끓어 넘쳐 불이 꺼지는가를 감시하여야 한다.
- GAS가 나오면서 호스, 배관 등에 화재가 났을 경우, 먼저 가스 중간밸브를 차단하고 소화기로 불을 소화한다.
- GAS가 나오는 상태에서 불을 끄면 폭발화재의 위험이 있음.

(4) 화재예방

- 첫 출근자는 가스누설 여부(콕, 중간밸브, 메인밸브가 잠겨져 있고, 시건장치는 되어 있는가)를 확인한 후 출입문을 개방하고 소화기의 위치를 확인한 다음 정화한다.
- LPG와 LNG 가스의 기본성질을 알아둔다.
  - LNG 가스는 공기보다 0.65배 가볍다.
  - LPG 가스는 공기보다 1.2~1.3배 무겁다.
- 가스 기기는 사용할 때는 자리를 이탈하지 않는다.
- 가스 기기의 콕, 중간밸브, 배관 등에 충격을 가하지 않는다.

• 종료시에는 콕 → 중간 밸브 → 메인 밸브의 순으로 잠그고 마지막으로 메인 밸브에 시건장치를 한다.

• 전기 또는 가스 오븐 주위에는 인화물질을 두지 않는다.

● ● ● ● 화재진압요령(화재발생초기)

• 침착하게 행동한다.

• 주위근무자에게 통보한다.

• 소화탄, 소화기를 사용하여 초기에 소화한다.

• 통보시설을 이용, 비상관제실에 통보한다.

참고문헌

• 강무근 외, 서양요리, 예문사, 2002.

• 곽동경 외, 급식경영학, 신광출판사, 2001.

• 김기영 외, 서양조리실무론, 성안당, 2000.

• 김기영, 호텔주방관리론, 백산출판사, 2000.

• 롯데호텔 조리직무교재, 1995.

• 신라호텔 조리직무교재, 1995.

• 오석태 외, 서양조리학개론, 신광 출판사, 2002.

• 전세열 외, 급식경영학, 지구문화사, 1998.

• 최수근, 최수근의 서양요리, 형설출판사, 1996.

• 호텔 인터콘티넨탈 조리직무교재, 1993.

• Allen Z. Reich, The Restaurant Operators Manual, Van Nostard Reinhold, 1989.

• Paul Bouse, New Professional Chef, CIA, 2002.

• Sarah R. Labensky, Alan M. Hause, On Cooking, Prentice Hall, 1995.

• Walker Hill, Celadon Restaurant Manual, Sheraton, 1997.

• Wayne Gisslen, Professional Cooking, Wiley, 2003.

Chapter 3
조리공간
Kitchen

··· 학습목표
- 조리 공간(Kitchen)에 대한 개념을 이해하고 주방을 기능적으로 분류하고 각 주방의 기능적인 부분들을 학습한다.
- 주방의 사용 주체인 조리사들의 직급체계와 직급에 따른 직무(Staff Line and Duty in the Kitchen), 요리의 생산흐름, 공간의 효율적인 사용방법을 학습하여 현장 적응 능력을 높이는 데 있다.

1
주방의 개요
Summery of Kitchen

주방(廚房)이란 조리상품을 만들기 위한 각종 조리기구와 식재료의 저장시설을 갖추어 놓고 조리사의 기능적 및 위생적인 작업수행으로 고객에게 판매할 음식을 생산하는 작업공간을 말한다. 주방은 생산과 소비가 동시에 이루어 질 수 있는 상황변수가 많은 독특한 특성을 갖고 있는 공간으로 외식업소의 경영성과 기능에 가장 중요한 역할을 하고, 수익성을 담당하고 있는 부서가 바로 주방이다.

또한 주방은 식음료 상품을 판매할 수 있도록 음식을 만들어 내는 생산공장이라 할 수 있으며, 반면에 업장은 주방에서 만들어 낸 상품을 판매하는 전시장이라 해도 과언이 아니다.

이처럼 주방은 고객에게 식용가능한 식재료를 이용하여 물리적 또는 화학적인 방법을 가해 상품을 제조함과 동시에 판매하는 장소라 말할 수 있다.

외국의 문헌으로 요리사전(The cook dictionary)에 의하면 주방(Kitchen)이란 'The room or area containing the cooking facilities also denoting the general area where food is prepared.'라고 하였다. 즉, "음식을 만들 수 있도록 시설을 차려 놓은 일정한 장소 또는 음식을 만들기에 편리하도록 시설을 갖추어 놓은 방"이라 정의하고 있다. 즉, 공간적인 의미를 다각도로 함축하고 있는 주방의 정의를 내려 보면 다음과 같다.

주방이란 "조리장을 중심으로 법적 자격을 갖춘 조리사가 제법 또는 양목표(recipe)에 의해 식용가능한 식품을 조리기구와 장비로 화학적, 물리적 및 기능적 방법을 가해 고객에게 판매할 식음료 상품을 만들 수 있도록 차려진 장소"라 할 수 있다.

이렇듯 주방은 음식물을 생산하는 작업공간으로서 조리기능과 판매기능, 서비스기능의 복합적 시스템 속에서 각 구성원의 역할분담을 형성하여 이루어지는 중요한 부서이다.

이러한 주방에서 이루어지는 조리는 식품을 찌거나, 끓이거나, 굽거나, 볶거나 또는 튀기거나 하면서 조미하는 과정을 통하여 식품의 기본적인 특성을 향상시키고 먹기 좋은 음식을 만들어 식탁에 올려 놓는 과정이라고 정의된다.

현대적 의미의 조리를 "The art of

preparing dishes and the place in which they are prepared"라고 하여 장소적 의미와 기술적 의미를 내포하고 있으며, 조리는 식품이 함유하고 있는 영양소를 미각적으로 맛있게, 위생적으로 안전하게, 시각적으로 보기 좋게, 영양적으로 손실이 적게 취급할 수 있도록 하는 데 그 목적이 있다.

역사적으로 주방이 분리되어 운영된 것은 기원전 5세기경으로 당시에는 종교적인 의식을 치르는 장소로서 활용되었다. 이러한 행위는 집의 수호신을 숭배하는 행동에서 신들을 위한 음식을 준비하는 장소역할을 한 것으로 추정된다.

로마 시대 주방은 더욱더 발전된 단계로서 그 기능이 다양해진 것을 알 수 있는데, 주방 내에서 사용한 물 탱크와 향신료, 싱크대, 요리준비를 위한 테이블 등이 이를 뒷받침하고 있다.

중세 성 안에서 주방의 역할은 없어서는 안 될 장소로 인식되어 있다. 이 당시에 중산층 사람들은 고객을 초대할 때 주방에서 주문을 받는 형식을 취하였고, 때로는 이미 조리된 음식을 여기에서 먹기도 하였다.

하지만 무엇보다도 주방발전에 전성기를 이룬 것은 프랑스 루이 시절이다. 귀족사회에 빈번한 연회행사를 치르기 위해서는 많은 수에 요리사를 필요로 하고, 넓은 공간에 조리시설이 요구되었던 까닭이다. 더구나 부에 대한 표현으로 먹기 위한 음식보다는 아름다움을 표현하는 방법으로 주방시설 역시 매우 호화스러운 분위기를 연출하게 되었다. 따라서 르네상스 시대의 요리특징이 데코레이션에 치중하는 면을 보이고 있는 것은 당연한 것으로 여겨진다.

19세기 접어들면서 주방에는 새로운 유행이 시작되는데, 그것이 바로 주방 기구의 혁신이다. 산업기술이 발달하면서 주방기구에도 스테인레스, 알루미늄 등 신소재의 기구들이 등장하게 되고 주방과 영업장의 분리가 확연히 나타나기 시작하는데, 특히 렌지와 오븐(Range & Oven)을 중심으로 저울, 여러 가지 기능을 한 곳에 모을 수 있는 세트형식 소스 팬(Sauce pan), 양념류 등이 주방을 점령하게 된다.

이러한 기류는 산업혁명이 시작된 영국을 위시하여 독일, 스위스로 이어져 현대에 와서도 세계 대부분의 조리기구시장을 위의 국가들이 차지하고 있는 실정이다.

20세기가 되면서 주방은 말 그대로 현대화로 접어드는데, 주방기구에 컴퓨터시스템의 부착으로 대량생산과 시간의 단축이 바로 그것이다. 그 중에서 가장 눈부신 발전을 한 분야는 화력부분과 냉장·냉동기술의 발달이다. 따라서 식재료 생산시기와 장소의 한계를 극복하고 때와 장소에 관계없이 표준화된 요리를 생산할 수 있는 체계를 갖추게 되었다. 한 가지 덧붙인다면 주방구조에 인테리어(Interior)기법의 도입으로 보다 쾌적하고 효율적인 공간을 소유할 수 있다는 것이다. 전통적인 주방의 개념을 현대적인 감각으로 바꾸려는 노력은 지금도 계속되고 있다.

조리공간(Kitchen)의 발전과정

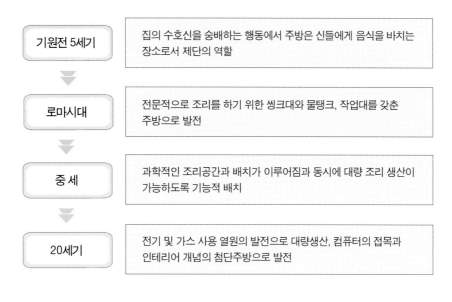

기원전 5세기	집의 수호신을 숭배하는 행동에서 주방은 신들에게 음식을 바치는 장소로서 제단의 역할
로마시대	전문적으로 조리를 하기 위한 씽크대와 물탱크, 작업대를 갖춘 주방으로 발전
중 세	과학적인 조리공간과 배치가 이루어짐과 동시에 대량 조리 생산이 가능하도록 기능적 배치
20세기	전기 및 가스 사용 열원의 발전으로 대량생산, 컴퓨터의 접목과 인테리어 개념의 첨단주방으로 발전

[2]
주방의 분류
Classification of Kitchen

주방은 그 업종의 기능에 따라 다양하게 개발되어 왔으며, 기본적인 기능, 즉 식재료의 입하에서부터 저장, 조리, 준비, 조리서비스에 이르는 일련의 과정을 인식하고 설계되어야 한다. 또한 식재료 반입에서부터 조리상품을 효율적으로 생산하기 위해서는 작업방법에서 고도로 전문화되어 각 주방마다 업무가 기능적으로 구분되어야 한다. 주방의 분류하는 데는 어떤 시각에서 접근하나에 따라서 조금씩은 차이가 있다. 기능적 주방은 뜻 그대로 주방의 기능을 최대화하기 위해서 분리·독립시킨 것이다. 주방은 크게 지원주방(support kitchen)과 영업주방(business kitchen)으로 분류된다.

1) 지원주방(Support Kitchen)

지원주방은 요리의 기본과정을 통해 준비하여 손님에게 직접음식을 판매하는 주방을 지원하는 주방이다.

대규모의 호텔 주방조직과 직급체계

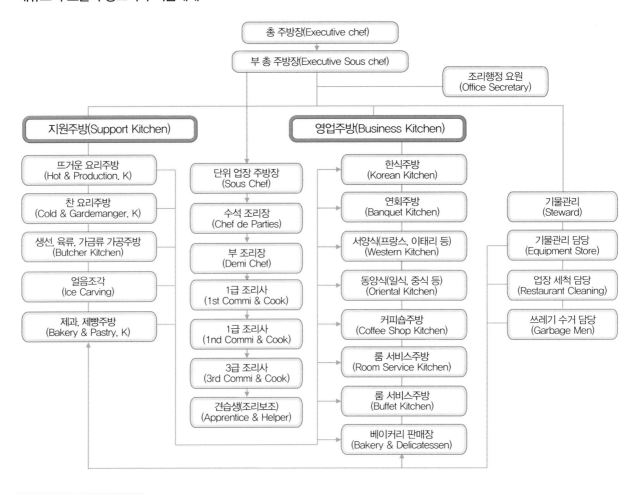

기능적 주방의 역할 분류

지 원 주 방(Support Kitchen)

영업장이 없이 1차적인 조리를 하여 영업주방을 지원하는 역할을 함.
Production(Hot) Kitchen, Gardemanger, Butcher Kitchen,
Bakery(Pastry) Kitchen, Steward가 있음

영 업 주 방(Business Kitchen)

영업장을 갖추고 고객이 요구하는 메뉴를 적정시간 내 생산하는 주방을 말함.
Korean, French, Italy, Chinese, Japanese, Banquet,
Room Service Kitchen 등 요리를 생산, 판매하는 영업장 주방

(1) 더운 요리주방(Hot Kitchen & Main Production)

각 주방에서 필요로 하는 기본적인 더운 요리를 생산하여 공급하게 되는데, 흔히 프로덕션(Production)이라고도 한다. 많은 양의 스톡이나 수프, 소스 등을 한꺼번에 생산하여 각 주방으로 분배하는 이유는 각 주방에서 개별적인 생산보다는 시간과 공간, 재료의 낭비를 줄일 수 있고 일정한 맛을 유지할 수 있으므로 일정한 규모를 갖춘 레스토랑이면 대부분 이러한 시스템을 이용하고 있다.

(2) 찬 요리주방(Cold Kitchen & Gardemanger)

찬 요리와 더운 요리 주방을 구분하는 가장 근본적인 원인은 요리에 품질을 유지하기 위함이다. 기본적으로 더운 요리는 뜨겁게, 찬 요리는 차갑게 제공하여야 하는데, 더운 요리주방의 경우 많은 열기구의 사용으로 같은 공간을 사용할 경우, 서로 간에 적정온도를 유지하는 데 어려움이 따르고 찬 요리는 쉽게 부패할 수 있는 요인이 있다.

찬 요리 주방에서는 샐러드(Salad)나 샌드위치(Sandwiches), 쇼피스(Showpiece), 카나페(Canape), 테린(Terrine), 갈란틴(Galantine), 빠떼(Pate) 등을 생산한다.

(3) 제과·제빵 주방(Bakery & Pastry Kitchen)

레스토랑에서 사용되는 모든 종류의 빵과 쿠키, 디저트를 생산하는 곳으로 초콜릿(Chocolate), 과일절임(Compote)도 이곳에서 담당하고 있다. 특히, 제빵 주방은 매일 신선한 빵을 고객에게 공급하기 위하여 24시간 계속적으로 운영하는 것이 특징이며, 다음 날 판매할 빵 제조는 야간근무자가 담당하는 것이 일반적이다.

(4) 육가공 주방(Butcher Kitchen)

육가공 주방 역시 다른 업장을 지원해 주는 역할을 담당한다. 각 업장에서 필요로 하는 육류 및 가금류, 생선 등을 크기별로 준비하여 준다. 여러 단위업장에서 필요로 하는 육류 및 생선을 생산하다 보면 부분별로 사용이 적당하지 않은 것은 따로 모아 소세지(Sausage)나 특별한 모양을 요구하지 않는 제품을 만들게 되는데, 이런 육류에 부산물들이 근래에 와서는 새롭게 각광받는 요리로 탄생하기도 하였다.

육가공 주방은 전문적으로 분리되기 이전에는 가드망저와 같이 차가운 요리를 담당하고 육류를 보관하는 창고 역할을 하였으나 시대가 변화하면서 기능분화와 함께 새로운 하나의 주방으로 발전되어 왔다.

(5) 기물세척주방(Steward)

현대에 와서 기물관리의 중요성이 새롭게 부각되고 있는 것은 요리에 필요한 기물이 그만큼 다양해졌다는 것을 단적으로 말해 주는 것이라 할 수 있다. 일반적으로 대규모 주방을 제외하고 대부분 조리분야와 구분 없이 기물관리가 운영되고 있으나, 시설이 현대화되고 조직이 비대해지면 기능을 분리하여 운영하는 것이 보다 더 효율적이고 경제적이다.

기물세척주방의 기능은 각 단위주방은 물론이고 모든 주방의 기구 및 기물의 세척과 공급품질유지를 담당하고 있다.

지원주방(Support Kitchen)의 종류와 업무

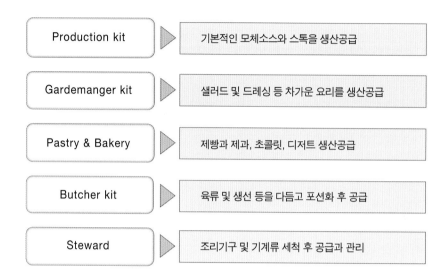

Production kit	기본적인 모체소스와 스톡을 생산공급
Gardemanger kit	샐러드 및 드레싱 등 차가운 요리를 생산공급
Pastry & Bakery	제빵과 제과, 초콜릿, 디저트 생산공급
Butcher kit	육류 및 생선 등을 다듬고 포션화 후 공급
Steward	조리기구 및 기계류 세척 후 공급과 관리

2) 영업주방(Business Kitchen)

영업장을 갖추고 고객이 요구하는 메뉴를 적정시간 내 생산하는 주방을 말하며, 영업주방은 지원주방의 도움을 받아 각 주방별로 요리를 완성하여 고객에게 제공한다. 대부분의 영업주방은 불특정 다수가 이용하고 있으므로 오랜 시간이 요구되는 요리보다는 단시간 내에 조리가능한 메뉴를 주로 구성하고 있다.

서구나 유럽에서는 예약하는 것이 생활화되어 있어 예약당시 고객이 원하는 메뉴까지도 요구하기 때문에 이러한 어려움을 조금은 극복할 수 있으나 아직 예약에 대한 인식이 부족한 우리나라의 경우, 철저한 사전준비(Mise en place)로 고객에게 제공되는 시간의 낭비를 줄일 수 있다.

영업주방으로는 불란서 식당, 이태리 식당, 커피숍, 룸서비스, 연회주방, 뷔페주방, 한식당, 일식당, 중식당, 바 등이 있다.

3

주방의 요리생산과정
Food Product Process

주방의 기본요리 생산과정은 식재료의 반입에서부터 시작하여 검수공간, 저장공간, 그리고 조리공정과정에서 필요한 장비와 시설물 및 작업동선, 서비스공간이다. 특히, 조리작업동선의 흐름을 효과적으로 처리하는 데 중점을 두고 주방의 공간이 구성되어야 한다.

요리생산 과정은 주방의 특성에 따라 약간의 차이는 있지만, 다음과 같은 모델이 보편적이다.

주방의 요리생산 흐름도

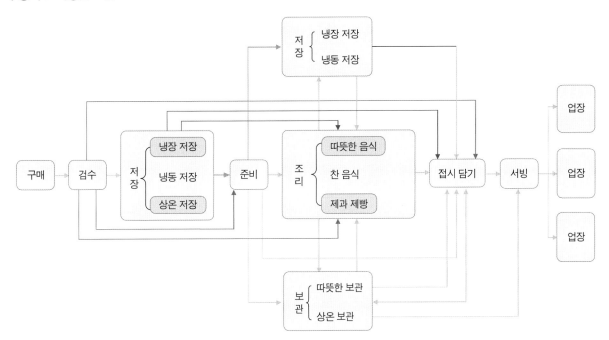

4

주방조직과 직무
Staff Line and Duty in the Kitchen

주방조직이란 요리의 생산, 식자재의 구매, 메뉴개발, 요리제공, 인력관리 등 주방운영에 관계되는 전반적인 업무를 효율적으로 수행하기 위한 일체의 인적 구성을 의미한다. 이러한 조직은 호텔 및 단체급식의 주방조직으로 나눌 수 있는데, 규모와 형태, 메뉴의 성격에 따라 약간의 차이가 있으나 기본적인 구성은 유사하다. 그 역할에 따라 Line과 Staff로 나눌 수 있으며, Line이란 수직지휘계통을 의미하며, Staff란 수평보좌역할을 뜻한다.

대규모 호텔 조리부 조직구성은 조리부 영업활동에 대한 전체적 권한과 책임을 갖는 총주방장이 있고, 이를 보좌하는 부 총주방장과 일선 단위영업장을 관할하는 단위주방장으로 이루어져 있다. 이러한 기본 조직구성 아래 각 단위영업장을 중심으로 조리장과 부조리장이 있으며, 그 다음 직급에 따라 1St Cook, 2nd Cook, 3th Cook, Apprentice, Trainee 등이 있다.

각 단위주방 안에는 직급에 따라 직무가 분장되어 있다. 이러한 직무는 자기 고유의 직무 이외에 보통 두 가지 이상의 일들을 겸하고 있으며, 영업장의 상황에 따라 매우 가변적이라고 볼 수 있다. 왜냐하면 주방의 업무는 업장별 또는 맡은 바 직무별로 세분화되어 독자적으로 이루어지는 것 같으나 실제로 요리를 완성하기 위해서는 이를 각 조직원들이 상호조화되어 이루어져야 하기 때문이다. 이를 위해서는 각자의 직무를 성실히 수행함과 동시에 조직의 공동목표를 위해서 서로 협력하는 노력이 필요하다.

1) 호텔 주방의 직급별 직무

(1) 총주방장(Executive Chef)

주방의 총괄적 책임자로서 경영전반에 걸쳐 정책결정에 적극참여하여 기획, 집행, 결재를 담당한다. 요리생산을 위한 재료의 구매에 관한 견적서 작성, 인사관리에 따른 노동비 산출종사원의 안전, 메뉴의 객관화, 새로운 메뉴창출 등의 책임과 의무가 있다. 회사이익 극대화의 의무를 가지며, 새로운 요리기술개발과 시장성 창출에 필요한 경영입안을 제시한다.

(2) 부총주방장(Executive Sous Chef)

총주방장을 보좌하며, 부재시에 그 직무를 대행하는 실질적인 집행의 수반이다. 각 주방의 메뉴계획을 수립하고 조리인원 적재적소배치와 실무적인 교육, 훈련을 지휘감독한다. 경쟁사 및 시장조사실시로 총주방장이 제시한 기획, 입안을 실질적으로 실행하는 데 기본적인 책임과 의무가 있다.

(3) 단위주방장(Sous Chef)

총주방장과 부총주방장을 보좌하며, 단위주방부서의 장으로서 조리와 인사에 관련된 제반책임을 지고 있으며, 경영진과 현장직원 간의 중간역할을 한다.

조리부문 단위부서의 교육과 훈련을 실질적으로 집행하면 조리와 관련된 재료구매서 작성, 월별 또는 연별계획서를 제출하여 집행하며, 현황을 분기 또는 단기별로 보고하여야 한다.

고객의 기호나 시장변화에 적극적으로 대처하고 여기에 알맞은 메뉴를 개발하여야 한다.

(4) 수석조리장(Chef De Partie)

단위주방장으로부터 지시를 받아 당일의 행사, 메뉴를 점검하여 고객에게 제공하는 등 생산에서 서브까지 세분화된 계획을 세운다. 일간 또는 주간에 필요한 재료 불출서를 작성하여 수령을 지시하고 전표와 직원들의 업무계획서를 일정기간별로 작성하여 능률과 생산성을 최대화한다.

(5) 부조리장(Demi Chef)

부조리장은 영어로 해석할 때 절반(Demi)의 조리장(Chef)을 의미한다. 따라서 기술은 조리사(Cook)로서 충분히 갖추고 있으며, 장(Chef)으로의 수련중임을 나타내기 때문에 조리사와 조리장의 중간단계를 밟고 있는 중이다. 따라서 직접적으로 생산업무를 담당하면서 틈틈이 리더(Leader)로서의 역할을 배워야 한다.

(6) 1급 조리사(1st Cook)

기술적인 측면에서 최고기술을 낼 수 있는 단계이며, 조리가공에 실제적으로 가장 많은 활동을 한다. 기구의 사용, 화력조절 등 조리의 중추적인 생산 라인을 담당하는 숙련된 기술자라고 할 수 있다. 조리의 처음단계에서 마지막 마무리까지 상세한 노-하우(Know-How)를 갖고 있어야 한다.

(7) 2급 조리사(2nd Cook)

1급 조리사와 함께 생산업무에 가담하여 전반적인 생산 라인에서 최고의 음식 맛을 낼 수 있는 기술을 발휘한다. 직급면에서 1급 조리사와 같은 업무를 담당하지만 실무적으로 1급 조리사로부터 지시를 받아 상황대처능력을 키워나간다. 뿐만 아니라, 1급 조리사 부재시 그 업무를 대행하고 때에 따라서는 3급 조리사 역할도 수행해야 하는 막중한 업무를 맡고 있다.

(8) 3급 조리사(3rd Cook)

조리를 담당할 수 있는 초년생으로 역할범위가 제한되어 있어 매우 단순한 조리작업을 수행할 수 있지만, 점차적으로 실질적인 조리기술을 습득하기 위한 훈련을 반복해야 한다. 요리생산을 위한 식재료의 2차적 가공이나 기술보조를 함으로써 미래에 자신이 해야 할 업무를 간접적으로 체험하는 시기이다.

(9) 보조조리사(Cook Helper & Apprentice)

조리에 대한 기술보다는 시작단계에서 단순작업을 수행하고 식재료의 운반, 조리기구사용법 습득, 단순한 1차적 손질 등을 한다.

상급자로부터 기본적인 조리기술을 계속적으로 지도받으며, 광범위한 요리체계를 일반적인 선에서 학습하는 단계이다.

(10) 조리실습생(Trainee)

현장에서 조리를 처음 접하는 사람으로 조리를 전공한 학생들이나 조리에 관심이 있는 사람이 호텔 조리부에 입사하여 기초적인 조리를 배우는 단계이다.

호텔 주방직급 및 직무

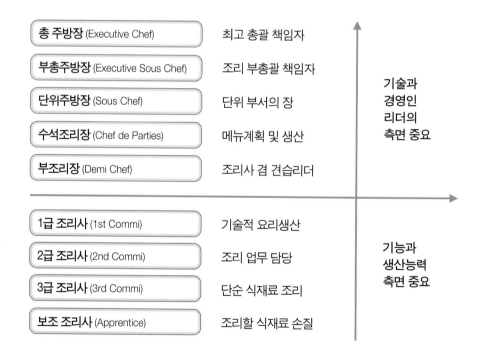

2) 집단급식(단체급식) 조리사의 직무

단체급식은 기숙사, 학교, 공장, 사업장, 후생기관 등에서 특정한 사람을 대상으로 계속적인 음식을 제공하는 것이다. 단체급식은 특정다수인의 식사를 조리하기 때문에 일반적으로 대형의 조리기기를 사용하고 여러 사람의 조리원이 협동작업에 의해서 한정된 시간과 일정한 식비의 범위 안에서 영양적·위생적으로 능률적인 조리를 하는 것이다.

조리사(주방장/조리실장)는 이렇게 대량으로 식재료를 처리할 때 조리상의 문제점을 파악하여 영양적이고, 맛있고, 위생적으로 안전한 요리를 하기 위하여 조리방법과 기술을 연마해야 하며, 능률적으로 조리작업을 진행해야 하기 때문에 시간배분과 작업분담 등을 계획성 있게 해야 한다. 국가기술자격법에 근거한 한국산업인력공단이 고시한 조리사의 직무는 각 조리부문에 제공될 음식에 대한 계획을 세우고 재료선정, 구입, 검수하고 선정된 재료를 적정한 조리기구를 사용해 조리업무수행 또는 음식제공장소에서 조리시설 및 기구를 위생적으로 관리, 유지, 필요한 각종 식재료를 구입하여 영양적으로 손실이 적고, 위생적으로 안전하게 저장관리하면서 제공될 음식을 조리하여 제공하는 직종을 말한다. 이러한 법적 근거와 현재 현장실무에서 시행되고 있는 것을 바탕으로 집단급식(학교급식, 병원급식, 산업체급식 등) 조리사(조리실장/조리장)의 직무를 세부적으로 기술하였다.

＊ 조리 및 조리개발관리

조리사(조리실장/조리장)는 주방에서 실제로 조리를 하면서 조리원의 조리방법을 지도하고, 위생적으로 안전하고, 시각적으로 아름답고, 미각적으로 맛있고, 영양적으로 손실이 없게 조리하기 위해서는 조리방법을 개발하여야 한다.

＊ 식재료의 위생관리

식재료 위생관리는 단체급식에서 가장 중요한 부분으로 식재료를 검수하여 입고되는 순간부터 시작되며, 조리사(조리실장/조리장)가 실질적으로 검수에서부터 식재료 세척, 전처리, 조리, 보관 등 조리업무 전반을 수행하므로 항상 긴장하고 확인하여 음식물을 위생적으로 안전하게 관리해야 한다.

＊ 식재료의 발주 및 검수관리

식품은 조리를 하기 위한 주재료인데, 조리를 하는 조리사(조리실장/조리장)가 조리에 적합한 식품을 발주하여 검수하여야 한다. 같은 식품이라 하여도 조리상품에 따라 필요한 규격과 품질 요구에서 큰 차이가 나는 경우가 있다. 이에 조리책임자인 조리사가 적합한 식품을 발주, 검수하여 품질 높은 급식상품을 만들어 낼 수 있도록 해야 한다.

＊ 검식 및 배식관리

조리사(조리실장/조리장)는 메뉴별 검식 및 메뉴별 중심온도를 체크하고, 음식이 적절한 양으로 배식되는지를 확인하며, 미배식 잔식량과 고객잔반량을 확인하고 고객의 의견을 청취하여 메뉴 및 조리방법 개선에 노력한다.

✳ 식단(메뉴)작성 협의 및 평가

단체급식상품의 품질을 높일 수 있기 위해서는 조리책임자인 조리사(조리실장/조리장)가 식단(메뉴)작성 협의에 참여하고 평가하여야 한다. 이로써 계절별 식재료의 선정으로 원가를 조절하며, 맛있는 조리상품을 만들 수 있다. 단체급식은 고객들에게 안전하고 맛있는 식사를 제공하여 고객들의 만족도를 높여야 하며, 이를 위해서는 맛을 좌우하는 조리책임자와의 협의과정이 필수적이다.

✳ 급식시설 및 기자재 발주, 검수관리

급식시설의 기자재 사용자이며 관리자인 조리사(조리실장/조리장)가 기자재 및 소모품을 발주하고 수량, 규격 등을 검수해야 한다. 급식효율성을 높이고, 위험성을 낮출 수 있는 기자재의 선별은 직접 사용자인 조리사의 판단이 가장 중요하게 고려되어야 한다.

✳ 조리실 시설위생 및 안전관리

조리실 시설의 위생 및 안전관리는 조리사(조리실장/조리장)가 직접 사용하고 있는 조리기구 및 기기들을 청결하게 유지 관리하며, 조리기기의 사용법을 숙지하고 사용하며, 안전하게 관리한다.

✳ 조리실 인력관리 및 조리관련자의 조리교육관리

조리실 인력관리 및 조리관련자의 조리교육은 조리책임자인 조리사(조리실장/조리장)가 한다. 조리경력자이며 조리 재교육 등을 받은 조리책임자가 조리실의 인력관리 및 조리교육을 하여 효과적으로 조리기술이 전수되어야 한다.

✳ 식재료의 저장관리

조리사(조리실장/조리장)는 냉장고, 냉동고, 창고 등에 있는 식재료의 재고기록 및 재고파악 후 재고일지를 작성하고 식재료의 적정재고유지 및 선입선출하며 관리한다.

(1) 학교급식

학교급식은 성장발육기의 아동들에게 신체발달에 필요한 영양공급과 합리적인 식생활에 관한 지식 및 올바른 식생활 습관을 키우는 데 있으며, 또한 학생들에게 바람직한 식습관의 확립과 영양개선, 체위향상, 건강의 증진을 도모하고 나아가 국민식생활 개선에 이바지하는 교육적인 활동이라는 점에 그 특성이 있다. 이러한 학교급식에서 조리사는 학교급식의 고객인 학생들을 만족시키는 가장 중요한 역할을 하는 사람으로서, 급식상품의 품질인 맛을 좋게 하고 서비스와 위생의 수준을 지켜 내는 직접적인 실무자이다. 또한 조리사는 식재료를 선정하고 검수 후 조리 및 검식하여 안전하고 맛있는 식사를 학생들에게 제공할 직무를 가지고 있다.

(2) 병원급식

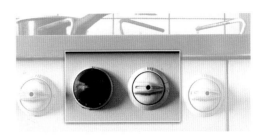

병원급식이란 입원 중인 환자에게 제공하기 위하여 병원이 만든 식사이며, 그 목적은 식사가 질병치료의 보조 및 직접적인 수단으로써 치료식을 제공하는 데 있다. 병원급식은 일반식과 특별식이 있는데, 일반식은 다른 단체급식과 동일하게 만들어지며, 특별식은 의사의 식사처방의 식단에 의해 만들어진다. 특히, 환자의 식이요법을 장기적으로 실시할 때 환자에게 입원생활이 즐겁고 쾌적하게 지낼 수 있는 식이요법을 고려한 식사환경을 마련해야 한다. 병원급식은 급식관리면에서 생각할 때 환자의 기호를 만족시키기 위하여 조리방법, 배식온도, 배식방법 등을 고려하고 위생관리를 철저히 함으로써 급식의 질을 높여야 한다. 병원급식은 질병의 치료를 위한 치료식과 병에 대한 자연치유력을 촉진시키기 위한 영양적 균형이 잡힌 식사가 요구되는 두 가지 측면이 있다. 이렇게 중요한 두 가지 측면을 성공적으로 수행하기 위해서는 환자가 의사처방에 의해 만들어진 음식을 환자는 제대로 식사를 못할 것이다. 음식물을 잔반 없이 먹어야 영양기준량을 섭취하여 질병치료와 자연치유력을 높일 수 있다. 이러한 점을 고려해 볼 때 환자에게 제공되는 음식물을 최종적으로 만드는 조리사의 역할이 매우 중요하다. 예를 들어, 환자를 위해 아무리 잘 짜여진 식단이라 할지라도 조리과정에서 맛과 향, 색 등을 살려서 조리하지 못한다면 환자는 식사를 제대로 못할 것이다. 따라서 병원급식 조리사는 조리기술적으로 우수한 사람이 필요한 곳이라 사료된다.

참고문헌
- 김기영, 호텔주방관리론, 백산출판사, 2000.
- 나영선, 호텔서양 조리입문, 백산출판사, 1996.
- 경영일, 맛있게 배우는 서양요리, 광문각, 2005.
- 최수근, 프랑스요리의 이론과 실제, 형설출판사, 1999.
- 박상욱 외, 서양요리 이론과 실제, 형설출판사, 2004.
- 전희정 외, 단체급식관리, 교문각, 1999.
- 롯데호텔 조리직무교재, 1995.
- 강무근 외, 서양요리, 예문사, 2002.
- 오석태 외, 서양조리학개론, 신광출판사, 2002.
- 김기영 외, 서양조리실무론, 성안당, 2000.
- 신라호텔 조리직무교재, 1995.
- 최수근, 최수근의 서양요리, 형설출판사, 1996.
- 호텔 인터콘티넨탈 조리직무교재, 1993.
- Paul Bouse, New Professional Chef, CIA, 2002.
- Wayne Gisslen, Professional Cooking, Wiley, 2003.
- Sarah R. Labensky, Alan M. Hause, On Cooking, Prentice Hall, 1995.
- Walker Hill, Celadon Restaurant Manual, Sheraton, 1997.
- Allen Z. Reich, The Restaurant Operators Manual, Van Nostard Reinhold, 1989.

Chapter 4
주방의 조리기기
Kitchen Utensil & Equipments

··· 학습목표
• 주방의 조리기기(Kitchen Utensil & Equipments)가 용도별로 세분화되고 과학화된 조리기기를 이해하고 조리에 가장 많이 사용되는 칼(Knife & Cutlery)과 조리시에 사용하여 부가가치를 높일 수 있는 조리용 소도구(Cook's Tool & Utensil)를 사진을 통해 인지하고 명칭과 사용용도를 학습한다.
• 식재료를 계량할 때 사용하는 계량기구(Measuring Tools), 식재료나 조리기구를 운반할 때 필요한 운반기구(Cart & Trolley), 열을 사용하여 조리할 때 필요한 조리용 기구(Cook Ware)를 학습한다.
• 주방에서 비교적 커다란 장비들인 기기류(Kitchen Equipments) 등의 용도와 사용방법, 명칭 등을 학습하여 현장적응력을 높이는 데 있다.

$$1$$

조리기기의 개요
Summery of Utensil & Equipments

조리기기란 기계와 기구를 합하여 말하는 것으로 기계부분을 가지고 있는 것을 조리기계, 그렇지 않은 것을 조리기구라고 한다.

조리에 필요한 훌륭한 기기를 갖춘다는 것, 이것이야말로 훌륭한 요리를 만들기 위한 하나의 직업인으로서의 자세이자 경쟁에서의 비교우위를 확보하는 것이다. 훌륭한 기기를 갖추고 이것을 충분히 사용하는 것이 오늘날 능력 있는 조리장이다.

하지만 오늘날 조리기기가 매우 세분화되고 과학화되어 있는 반면, 가격면에 있어서 고가이고 구입을 하여도 그 성능을 충분히 발휘하지 못하여 투자한 만큼 부가가치를 내지 못하고 있는 실정이다. 동시에 굳이 필요하지도 않은 기기를 구입하여 창고에 방치하거나 실무자들이 사용하지 않아 제 기능을 발휘하지 못하고 경제적인 손실만을 초래하는 경우가 빈번하다. 따라서 기구의 사용용도를 정확히 파악하고 레스토랑의 규모나 그 레스토랑이 지향하는 요리의 성격에 따라서 기구와 기기를 선택하여야 한다.

$$2$$

칼
Knife & Cutlery

1) 칼(Knife)의 개요

원시시대의 유물들을 보면 칼 모양의 석기들이 눈에 띈다. 그 시대에는 돌로 식품을 썰었던 것이다 그 후 주조업이 발달됨에 따라 무쇠로 칼을 만들어 사용하다가 1900년대에 들어서면서 스테인리스강으로 식칼을 제조하게 되었다. 최초로 금속제 칼을 사용한 때를 거슬러 올라가 보면, 함무라비 법전에서 바빌로니아의 한 의사가 청동나이프를 외과용으로 사용했다는 기록을 찾아볼 수 있다. 철기시대 이후에는 청동과 철로 만든 칼이 동시에 사용되었다. 오늘날의 철제 칼이 처음 만들어진 것은 로마 시대로, 외과수술용, 푸줏간용 등 여러 용도에 따라 제조되었다. 고기를 자르기 위한 칼을 식탁에 내놓는 일은 로마 시대부터 있었지만, 서양에서는 17세기 중엽까지 음식을 손으로 집어먹었기 때문에 식탁용 나이프와 포크가 사용된

것은 그 이후의 일이다

조리장을 상징할 때 흰 모자, 깔끔한 복장, 오랜 경험을 갖춘 인격, 다음으로 상상되는 것이 사용하고 있는 "칼"이라 할 정도로 조리에 있어서 칼이 가지는 의미는 중요하다. 물론, 조리기구 중에서 칼이 가장 상징적이고 많이 쓰이는 도구임에 틀림없다.

예술적인 요리를 만들어 내기에 충분히 날카롭고 어떤 기계보다도 효율적인 칼은 현대에 와서 그 수를 헤아릴 수 없을 정도로 세분화되고 그 질과 가치도 매우 다양하다.

칼을 선택할 때에는 꼭 가격이 비싼 것만을 고집할 필요는 없다. 쉽게 갈아지지만 오랫동안 보존되는 것, 손잡이가 편안하고 균형이 잘 잡힌 칼이라야 사용시 안전하고 기술을 마음껏 발휘 할 수 있다. 그렇지만 무엇보다도 중요한 것은 칼날과 손잡이 부분 쇠가 하나로 이루어진 것을 골라야 한다. 다시 말하면 주물 당시 칼날과 손잡이 부분 쇠가 동시에 이루어진 것을 말한다. 이것은 오랜 시간 칼을 사용하는 조리사의 안전에 문제가 되는 부분이기 때문이다.

2) 칼날의 분류(Classification of Knife edge)

칼날은 다양한 재료와 조리방법이 발전함에 따라 그 목적에 맞게 여러 형태로 개발되고 발전되어 왔으며, 5가지 형태로 분류해 볼 수 있다. 칼날의 선택은 조리방법이나 식재료에 따라 적절히 선택해 사용해야만 조리작업능률 향상과 원하는 형태로 썰을 수 있다.

Fine edge

일반적인 칼날로 부드럽고 깨끗하게 재료를 다루어, 과일·야채·고기 등 단단하거나 부드러운 어떠한 재료라도 적당히 자를 수 있다.

Serrated edge

이 톱니바퀴 칼날은 얼은 고기나 속이 부드럽고 겉이 딱딱한 과일이나 야채 등을 부드럽고 쉽게 자를 수 있어 유용하다.

Scalloped edge

톱니 칼의 일종으로, 특별히 자르기 어려운 속이 부드럽고 겉은 바삭바삭한 빵 등을 쉽게 자를 수 있다.

Hollow ground edge   칼날의 양쪽으로 공기가 통할 수 있어 달라붙기 쉬운 햄이나 치즈 혹은 패스트리나 비스켓 등을 재료의 손상없이 효과적으로 자를 수 있다.

Wave edge   칼날이 물결치듯 주름이 잡혀 있는 형태로 야채나 과일 등을 모양 내서 썰을 때 사용한다.

3) 칼끝의 분류(Classification of Knife Tip)

일반적으로 식칼에는 칼끝의 종류를 크게 3가지로 나눌 수 있다. 아시아형(Low tip)은 칼날 길이를 기준으로 180mm 정도, 서구형의 부엌칼(center tip)은 200mm, 그리고 다용도칼(High Tip)이라 보통 불리는 160mm 길이의 칼이 있다.

High Tip   이 칼날은 칼등이 곧게 뻗어 있고 칼날이 둥글게 곡선처리 된 칼이다. 주로 칼을 자유롭게 움직이면서 도마 위에서 롤링하며, 뼈를 발라 내거나 하는 다양한 작업을 할 때 사용한다.

Centre Tip   이 칼날은 칼등과 칼날이 곡선으로 처리되어 한 점에서 칼끝이 만난다. 주로 자르기(cutting)에 편하며, 힘이 들지 않는다.

Low Tip   칼등이 곡선처리되어 있고 칼날이 직선인 안정적인 모양으로, 이 타입의 칼은 부드럽고 똑바르게 잘라져 채썰기 등 동양권 요리에 적당하여 우리나라나 일본과 같은 아시아에서 많이 사용되는 칼이다.

4) 칼의 종류(Kind of Knife)

명칭	French / Chef's Knife(후렌치 나이프)
용도	일반적으로 가장 많이 쓰이는 칼(식칼)

명칭	Utility Knife(유틸리티 나이프)
용도	여러 가지 용도로 다양하게 쓰이는 칼

명칭	Fish Knife(휘쉬 나이프)
용도	생선을 손질하거나 자를 때 사용

명칭	Bread Knife(브레드 나이프)
용도	껍질이 딱딱한 빵을 자를 때 사용

명칭	Fruit Knife(후룻스 나이프)
용도	과일을 자르거나 껍질을 벗길 때 사용

명칭	Carving Knife or Slicer(카빙 나이프)
용도	로스트비프나 가금류를 썰을 때 사용

명칭	Paring Knife(패링 나이프)
용도	야채의 껍질을 까거나 다듬을 때 사용

명칭	Decorating Knife(데코레이팅 나이프)
용도	과일이나 야채를 모양내서 자를 때 사용

명칭	Petite Knife(쁘띠 나이프)
용도	과일이나 야채를 둥글게 깎을 때 사용

명칭	Cleaver Knife(클레버 나이프)
용도	소, 생선, 가금류의 뼈를 자를 때 사용

명칭	Boning Knife(보닝 나이프)
용도	뼈에서 살을 발라낼 때 사용

명칭	Butcher Knife(부처나이프)
용도	고기를 자를 때 사용

명칭	Mincing Knife(민싱 나이프)
용도	파슬리나 각종 야채를 다질 때 사용

명칭	Cheese Knife(치즈 나이프)
용도	치즈를 자를 때 사용

3
조리용 소도구
Cook's Tool & Utensil

1) 조리용 소도구의 개요(Summery of Cook's Tool & Utensil)

소도구의 역할은 한마디로 예술적인 요리창조에 있다. 소도구는 조리업무의 효율성을 높여주고 부가가치를 창출한다. 요리를 하나의 나무라 할 때 하나하나의 나뭇잎 역할을 하는 것이 소도구의 쓰임새다. 종류도 나뭇잎 수만큼이나 헤아릴 수 없고 다양하다. 칼로 할 수 없는 부분, 기계를 사용하기에는 너무 범위가 작은 조리작업을 효율적으로 처리 할 수 있다.

현대에 와서는 소도구의 디자인이나 재질이 편리성이나 감각적인 면에서 대단히 뛰어난 아이디어로 내구성과 실용성을 충족시키고 있으므로 조금만 신경을 쓰면 많은 비용을 들이지 않고도 조리장의 기술을 마음껏 발휘할 수 있다.

2) 조리용 소도구의 종류(Kind of Cook's Tool & Utensil)

명칭	Ball Cutter/Parisian Scoop(볼컷터)
용도	과일이나 야채를 원형으로 깎을 때 사용

명칭	Kitchen Fork(키친 포크)
용도	뜨겁고 커다란 고기 덩어리를 집을 때 사용

명칭	Straight Spatula(스트레이트 스파츌라)
용도	크림을 바르거나 작은 음식을 옮길 때 사용

명칭	Oyster Knife(오이스터 나이프)
용도	굴이나 조개껍질을 열 때 사용

명칭	Garlic Press(가릭 프레스)
용도	마늘을 으깰 때 사용

명칭	Meat Saw(밑 소우)
용도	얼은 고기나 뼈를 자를 때 사용

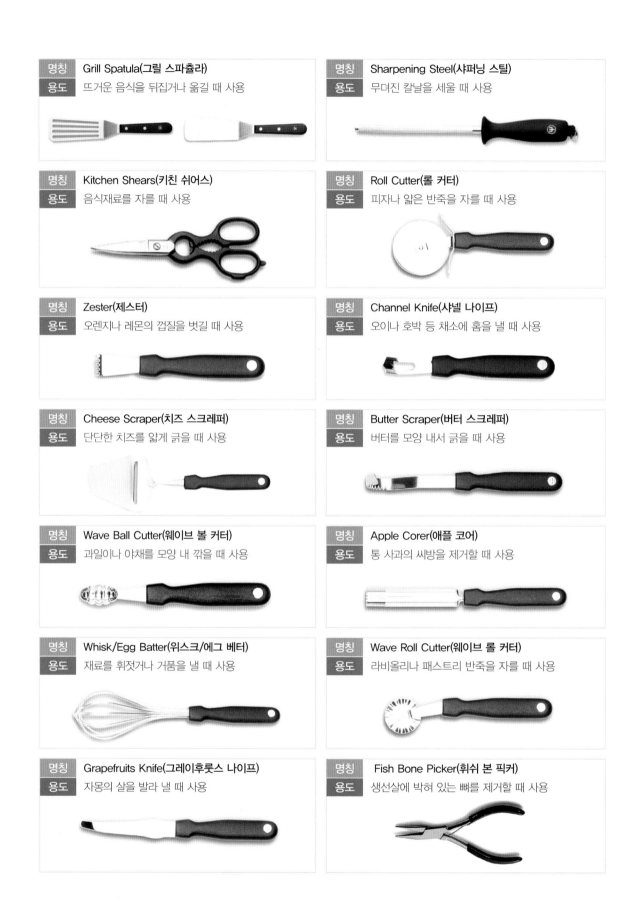

명칭	Grill Spatula(그릴 스파츌라)
용도	뜨거운 음식을 뒤집거나 옮길 때 사용

명칭	Sharpening Steel(샤퍼닝 스틸)
용도	무뎌진 칼날을 세울 때 사용

명칭	Kitchen Shears(키친 쉬어스)
용도	음식재료를 자를 때 사용

명칭	Roll Cutter(롤 커터)
용도	피자나 얇은 반죽을 자를 때 사용

명칭	Zester(제스터)
용도	오렌지나 레몬의 껍질을 벗길 때 사용

명칭	Channel Knife(샤넬 나이프)
용도	오이나 호박 등 채소에 홈을 낼 때 사용

명칭	Cheese Scraper(치즈 스크레퍼)
용도	단단한 치즈를 얇게 긁을 때 사용

명칭	Butter Scraper(버터 스크레퍼)
용도	버터를 모양 내서 긁을 때 사용

명칭	Wave Ball Cutter(웨이브 볼 커터)
용도	과일이나 야채를 모양 내 깎을 때 사용

명칭	Apple Corer(애플 코어)
용도	통 사과의 씨방을 제거할 때 사용

명칭	Whisk/Egg Batter(위스크/에그 베터)
용도	재료를 휘젓거나 거품을 낼 때 사용

명칭	Wave Roll Cutter(웨이브 롤 커터)
용도	라비올리나 패스트리 반죽을 자를 때 사용

명칭	Grapefruits Knife(그레이후룻스 나이프)
용도	자몽의 살을 발라 낼 때 사용

명칭	Fish Bone Picker(휘쉬 본 픽커)
용도	생선살에 박혀 있는 뼈를 제거할 때 사용

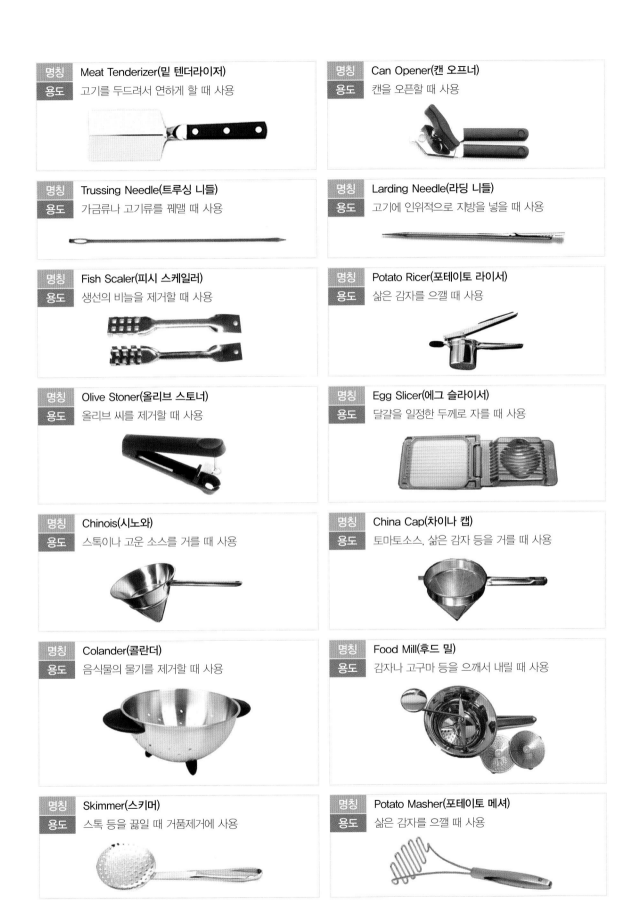

명칭	Meat Tenderizer(밑 텐더라이저)
용도	고기를 두드려서 연하게 할 때 사용

명칭	Can Opener(캔 오프너)
용도	캔을 오픈할 때 사용

명칭	Trussing Needle(트루싱 니들)
용도	가금류나 고기류를 꿰맬 때 사용

명칭	Larding Needle(라딩 니들)
용도	고기에 인위적으로 지방을 넣을 때 사용

명칭	Fish Scaler(피시 스케일러)
용도	생선의 비늘을 제거할 때 사용

명칭	Potato Ricer(포테이토 라이서)
용도	삶은 감자를 으깰 때 사용

명칭	Olive Stoner(올리브 스토너)
용도	올리브 씨를 제거할 때 사용

명칭	Egg Slicer(에그 슬라이서)
용도	달걀을 일정한 두께로 자를 때 사용

명칭	Chinois(시노와)
용도	스톡이나 고운 소스를 거를 때 사용

명칭	China Cap(차이나 캡)
용도	토마토소스, 삶은 감자 등을 거를 때 사용

명칭	Colander(콜란더)
용도	음식물의 물기를 제거할 때 사용

명칭	Food Mill(후드 밀)
용도	감자나 고구마 등을 으깨서 내릴 때 사용

명칭	Skimmer(스키머)
용도	스톡 등을 끓일 때 거품제거에 사용

명칭	Potato Masher(포테이토 메셔)
용도	삶은 감자를 으깰 때 사용

명칭	Soled Spoon(쏘울드 스픈)
용도	주방에서 요리용의 쓰이는 커다란 스픈

명칭	Slotted Spoon(슬로티드 스픈)
용도	주방에서 액체와 고형물을 분리할 때

명칭	Ladle(래들)
용도	육수나 소스, 수프 등을 뜰 때 사용

명칭	Sauce Ladle(소스 레들)
용도	주로 소스를 음식에 끼얹을 때 사용

명칭	Rubber Spatula(루버 스패츌라)
용도	고무 재질로 음식을 섞거나 모을 때 사용

명칭	Wooden Paddle(우든 패들)
용도	나무주걱으로 음식물을 저을 때 사용

명칭	Pepper Mill(페퍼 밀)
용도	후추를 잘게 으깰 때 사용

명칭	Apple Peeler(애플 필러)
용도	사과의 껍질을 벗길 때 사용

명칭	Terrine Mould(테린 몰드)
용도	테린을 만들 때 사용

명칭	Pate Mould(빠떼 몰드)
용도	빠떼를 만들 때 사용

명칭	Sea Food Tool Set(씨 후드 툴 세트)
용도	갑각류의 껍질을 부수거나 속살을 파낼 때

명칭	Avocado Slicer(아보카도 슬라이서)
용도	아보카도를 일정한 두께로 한 번에 자를 때

명칭	Mushroom Cutter(머쉬룸 커터)
용도	양송이를 일정한 두께로 자를 때 사용

명칭	Grapefruit Wedger(그래이후룻 웨이저)
용도	자몽을 웨이지형으로 자를 때 사용

명칭	Rolling Herb Mincer(롤링 허브 민서)
용도	허브를 다질 때 사용

명칭	Meat Tenderizer(밑 텐더라이저)
용도	고기류를 연하게 할 때 사용

명칭	Mincing Set(민싱 셋)
용도	둥근 칼과 둥글게 파인 도마로 다지는 데 사용

명칭	Corn Holder(콘 홀더)
용도	뜨거운 옥수수에 찔러 넣어 손잡이로 사용

명칭	Meat Tender Injector(밑 텐더 인젝터)
용도	고기를 연하게 하기 위해 연육제 첨가할 때

명칭	Asparagus Peeler/Tong(아스파라거스 필러)
용도	아스파라거스 껍질을 벗기고 집을 때 사용

명칭	Salad Toss & Chop(샐러드 토스 앤 찹)
용도	채소의 잎을 들어서 자를 때 사용

명칭	Nuts Cracker(넛스 크렉커)
용도	호두, 아몬드 등의 껍질을 부술 때 사용

명칭	Mesh Skimmer(메쉬 스키머)
용도	음식물을 거를 때나 물기 제거에 사용

명칭	Grill Tong(그릴 텅)
용도	뜨거운 음식물을 집을 때 사용

명칭	Spiral Cutter(스파이럴 커터)
용도	야채를 수프링 모양으로 자를 때 사용

명칭	Butter Slice(치즈 슬라이스)
용도	버터나 크림치즈 등을 자를 때 사용

명칭	Sheet Pan(시트 팬)
용도	음식물을 담아 놓거나 요리할 때 사용

명칭	Mandoline(만돌린)
용도	다용도 채칼로 와플형으로 만들 때 사용

명칭	Kitchen Board(키친 보드)
용도	재료를 썰을 때 받침으로 사용

명칭	Wire Glove(와이어 글로브)
용도	주로 굴의 껍질을 제거할 때 사용

명칭	Wire Brush(와이어 브러쉬)
용도	그릴의 기름때를 제거할 때 사용

명칭	Drum Grater(드럼 그레이터)
용도	하드 치즈류를 갈을 때 사용

명칭	Sharpening Stone(샤퍼닝 스톤)
용도	무뎌진 칼의 날을 세울 때 사용

명칭	Grater(그레이터)
용도	치즈나 야채 등을 갈을 때 사용

명칭	Sharpening Machine(샤퍼닝 머신)
용도	무뎌진 칼의 날을 세울 때 사용하는 기계

명칭	Apple Slicer(애플 슬라이서)
용도	사과를 웨이지형으로 썰을 때 사용

명칭	Roast Cutting Tongs(로스트 커팅 텅스)
용도	로스트한 고기를 일정한 두께로 썰 때 사용

명칭	Hand Blender(핸드 블랜더)
용도	수프나 소스를 곱게 만들 때 사용

명칭	Egg Poachers(에그 포쳐)
용도	달걀을 포치할 때 사용

명칭	Pastry Bag & Nozzle Set(패스트리 백)
용도	생크림 등을 넣고 모양 내어 짤 때 사용

명칭	Petit Pastry Cutter(쁘띠 패스트리 커터)
용도	반죽을 모양 내어 자를 때 사용

명칭	Souffle Dish(슈플레 디쉬)
용도	슈플레를 만들 때 사용

명칭	Pastry Blender(패스트리 블랜더)
용도	재료를 섞을 때 사용

명칭	Dough Divider(도우 디바이더)
용도	반죽을 일정한 간격으로 자를 때 사용

명칭	Muffin Pan(머핀 팬)
용도	머핀을 구울 때 사용

명칭	Bread/Baguette Pan(브레드/바게트 팬)
용도	왼쪽은 식빵, 오른쪽은 바게트를 구울 때 사용

명칭	Large Hotel Pan(라지 호텔 팬)
용도	받드라고도 함. 음식물을 담을 때 사용

명칭	Perforated Hotel Pan(퍼포래이티드 팬)
용도	샐러드나 음식물에 물기를 제거할 때

명칭	Small Hotel Pan(스몰 호텔 팬)
용도	가니쉬나 작은 음식물을 보관할 때 사용

명칭	Medium Hotel Pan(미디움 호텔 팬)
용도	다양한 음식물을 담아 보관할 때 사용

[4
계량기구
Measuring Tools   ]

1) 계량기구의 개요(Summery of Measuring tools)

요리를 객관적으로 표시한다는 것은 과학적인 접근에 기초를 마련하는 것이다. 특히, 제빵 부분에서는 더욱 그러하다. 고객에게 제공할 요리재료의 크기와 용량, 무게가 객관성을 가지면 그 요리에 대한 영양가, 원가, 경제성을 확보할 수 있고,기술전달에도 체계화가 이룩된다.

계량은 무게를 나타내는 그램(grams), 온스(ounces), 파운드(pounds)와 양을 나타내는 스푼(teaspoons), 컵(cups), 갤론(gallons)이 있으며, 온도를 나타내는 섭씨(℃: Celsius)와 화씨(℉: Fahrenheit)를 기본적으로 사용하고 있다.

영국과 미국에서는 특별한 단서가 없으면 화씨를 기본으로 하나 우리나라의 경우, 섭씨를 사용하는 데 더 익숙해 있는 것으로 보인다. 이러한 단위 외에도 현장에서는 봉지(package), 상자(cases), 낱개(ea) 등 여러 가지 방법이 있으나 재료에 따라서 기준이 달라지므로 혼란을 야기할 소지가 다분하다.

그러므로 요리장은 그 업장에서 사용되는 계량법을 객관화하고 계량기구에 사용법도 종사원들에게 교육하여야 한다. 무엇보다도 구매, 검수, 재고조사, 원가산출에서 계량법의 통일이 중요한 요소로서 작용하므로 관련된 부서간에 사전업무협조가 있어야 한다.

2) 계량기구의 종류

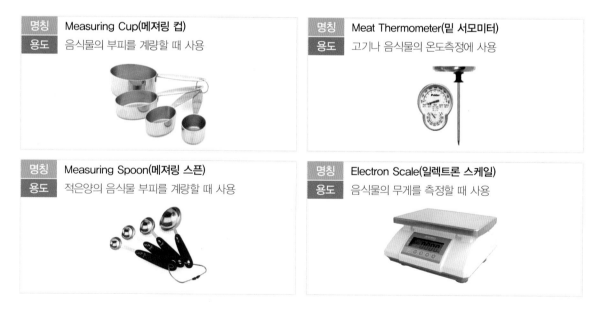

명칭	Measuring Cup(메져링 컵)
용도	음식물의 부피를 계량할 때 사용

명칭	Meat Thermometer(밑 서모미터)
용도	고기나 음식물의 온도측정에 사용

명칭	Measuring Spoon(메져링 스픈)
용도	적은양의 음식물 부피를 계량할 때 사용

명칭	Electron Scale(일렉트론 스케일)
용도	음식물의 무게를 측정할 때 사용

5
운반기구
Cart & Trolley

1) 운반기구의 개요(Summery of Cart & Trolley)

주방에서 식재료나 조리기구, 접시 등을 운반하는데 필요한 것으로 운반 기구를 사용함으로서 일의 효율성을 높일 수 있다.

2) 운반기구의 종류(Kind of Cart & Trolley)

명칭	L-Type Cart (엘 타잎 카트)
용도	주방에서 각종 식재료를 운반할 때 사용

명칭	Sheet Pan Trolley (시트 팬 트롤리)
용도	효율적인 공간 활용을 위해 시트 팬을 넣어서 사용

명칭	Dish Trolley (디쉬 트롤리)
용도	접시를 안전하게 많은 양을 운반할 때 사용

6
조리용 기구
Cook Ware

1) 조리용 기구의 개요(Summery of Cook Ware)

조리용 기구는 프라이팬이나 스톡 폿, 로스팅팬 등으로 오븐 위 또는 안에서 조리할 때 사용되는 기물로 크기, 모양, 재질, 열전도율과 같은 여러 가지 쓰임새를 생각하고 선택하여야 한다.

금속으로 된 조리기구를 선택할 땐 기구의 두께와 무게에 특히 세심한 배려를 해야 하는데, 바닥이 전체적으로 두꺼운 것을 고르는 것이 좋다. 그 이유는 조리기구의 두께가 얇은 경우, 열전달이 매우 급속하게 변화하므로 조리시 적정온도유지가 어려우며, 대류현상이 불규칙하게 일어나 음식이 골고루 조리되지 않는 경우가 발생한다. 뿐만 아니라 음식이 쉽게 타고 쉽게 식는다.

조리용 기구의 재질로는 구리, 주철, 알루미늄, 스테인리스 스틸, 유리, 세라믹, 범랑, 플라스틱 등이 있다.

2) 조리용 기구의 종류(Kind of Cook Ware)

명칭	Cooper Frypan (쿠퍼 프라이팬)
용도	동으로 만든 프라이팬으로 야채, 생선, 고기 등을 볶거나 튀길 때 사용

명칭	Iron Frypan (아이론 프라이팬)
용도	강철로 만든 프라이팬으로 음식물을 볶거나 튀길 때 사용

명칭	Cooper Saute Pan (쿠퍼 소테 팬)
용도	동으로 된 소테 팬으로 야채나 고기를 볶아 육수를 부어 소스 만들 때 사용

명칭	Iron Grill Pan (아이론 그릴 팬)
용도	주철로 된 그릴 팬으로 생선, 야채, 고기 등을 그릴할 때 사용

명칭	Pasta Cooker (파스타 쿠커)
용도	각종 파스타를 소량씩 동시에 여러 가지를 삶을 때 사용

명칭	Fish Kettle (피시 켓틀)
용도	적은 양의 생선이나 갑각류를 스팀으로 익힐 때 사용

명칭	Low Sauce Pan (로우 소스 팬)
용도	팬의 높이가 낮은 것으로 소량의 소스를 끓이거나 데울 때 사용

명칭	Sauce Pan (소스 팬)
용도	소스를 데우거나 끓일 때 사용

명칭	Sauce Pot (소스 폿)
용도	많은 양의 소스를 만들 때 사용

명칭	Braising Pan (브레이징 팬)	명칭	Stock Pot (스톡 폿)	명칭	Roasting Pan (로스팅 팬)
용도	질긴 고기와 야채, 소스와 함께 뚜껑을 덮고 오랫동안 요리할 때 사용	용도	육수를 끓일 때 사용	용도	육류나 가금류 등을 오븐에서 로스팅할 때 사용

명칭	Sauce Pan Stirrer (소스 팬 스터러)	명칭	Pot Rack (폿 랙)	명칭	Asparagus Steamer (아스파라거스 스티머)
용도	걸쭉한 농도의 수프나 소스를 타지 않도록 자동으로 돌아가면서 젓는 기계	용도	소스 팬이나 소테 팬 등을 고리에 걸어 놓을 수 있게 만든 랙	용도	아스파라거스의 줄기 부분은 높은 열에 끝부분은 약한 열에 노출되어 조리됨

[7]
주방기기
Kitchen Equipments

1) 주방기기의 개요(Summery of Kitchen Equipments)

조리에 쓰이는 기기는 열 공급원이 가스, 전기, 증기의 힘으로 조리하거나 재가열, 또는 냉각하는 형식이다. 조리기기에는 냉장고와 식기세척기도 포함된다.

대형조리기는 많은 공간을 필요로 하기 때문에 장소의 제한을 받는다. 이렇게 장소도 많이 차지하고 비용도 대단히 비싼 대형조리기기를 선정할 때에는 조리방법, 성능, 내구성, 유지관리의 용이성, 경제성 등을 고려해야 한다.

(1) 조리방법

메뉴가 결정되면 조리에 필요한 기기를 결정하며, 이 때 위생적·능률적·경제적인 면을 함께 고려하여야 한다. 이 중 한 가지만이라도 결여되면 만족스러운 방법으로 조리를 할 수 없게 되므로 여러 가지 기기를 잘 이해하여 조리의 능률적인 면이나 경제적인 면에서 손실이 없도록 하여야 한다.

(2) 성능

조리기기의 성능(또는 효율성)을 정확히 판정하기는 쉽지 않으나 조리할 음식의 양, 조리시간, 배식방법, 뒤처리 등을 고려해야 한다.

(3) 내구성

조리기기는 사용빈도가 높으므로 내구성을 충분히 고려하여야 한다. 기기의 내구성은 종류, 사용빈도, 관리방법 등에 따라 달라질 수 있다.

(4) 유지관리의 용이성

바람직한 기기는 성능과 내구성이 좋으며, 유지관리가 쉬운 것이다. 그러나 실제로 기기의 유지관리는 쉬운 일이 아니며, 고장의 대부분은 기기전문가에 의해서만 수리가 가능하다. 따라서, 기기구입의 기본원칙은 다음과 같다. 사용하기 쉬운 것, 고장이 잘 나지 않는 것, 청소와 손질이 간단한 것이 좋다.

(5) 경제성

조리기기는 단순히 급식시설의 일부가 아니라, 작업의 능률향상과 함께 식재료원가 감소를 줄일 수 있어야 한다. 시설비로 많은 돈을 일시적으로 지출하는 것은 경제적으로 바람직하지 않으므로 연차적으로 이익금의 일부를 축적하여 새로운 시설의 도입 또는 개·보수에 대비하여야 한다.

2) 주방기기의 종류(Kind of Kitchen Equipments)

명칭	Vegetable Cutter (베지타블 커터)
용도	당근, 감자, 무 등을 칼날의 형태에 따라 다양하게 절단할 수 있다.

명칭	Food Blender (푸드 블랜더)
용도	유동성 있는 음식물을 곱게 가는 데 사용한다.

명칭	Slicer (슬라이서)
용도	채소, 육류, 생선 등 다양한 식재료를 얇게 절삭하는 데 사용

명칭	Meat Mincer (밑 민서)	명칭	Food Chopper (푸드 차퍼)	명칭	Double Boiler/Bain-Marie (더블 보일러/뱅 마리)
용도	고기나 기타 식재료를 곱게 으깰 때 사용	용도	고기나 야채 등을 다질 때 사용	용도	수프, 소스, 기타 식재료를 식지 않게 중탕으로 보관할 때 사용

명칭	Meat Saw (밑 소우)	명칭	Flour Mixer (플라워 믹서)	명칭	Pastry Roller (패스트리 롤러)
용도	큰 덩어리의 얼은 고기나 뼈를 자를 때 사용	용도	기본적으로 밀가루를 섞을 때 사용하나 때로는 다른 식재료를 섞을 때도 사용	용도	반죽을 얇게 밀 때 사용

명칭	Microwave Oven (마이크로웨이브 오븐)	명칭	Waffle Machine (와플 머신)	명칭	Coffee Machine (커피 머신)
용도	전자식 오븐으로 음식물을 익히거나 덥히는 데 사용	용도	요철 모양의 와플을 만드는 데 사용	용도	여러 종류의 커피를 만드는 기계

명칭	Rotary Oven (로타리 오븐)
용도	오븐 안에서 음식물을 돌려가면서 익히는 전기오븐

명칭	Toaster (토스터)
용도	로타리식으로 대량으로 빵을 토스트 할 때 사용

명칭	Sandwich Maker (샌드위치 메이커)
용도	핫 샌드위치 만들 때, 빵을 토스트할 때 쓰이며, 그릴 마크가 만들어지기도 한다.

명칭	Griddle(그리들)
용도	두꺼운 철판으로 만들어졌으며, 육류·가금류·야채·생선 등을 볶을 때 사용

명칭	Grill(그릴)
용도	무쇠로 만들어진 석쇠로 육류·생선·가금류·채소 등을 구울 때 사용

명칭	Broiler(브로일러)
용도	그릴과 달리 열원이 위쪽에 있고, 육류·생선·가금류 등을 구울 때 사용

명칭	Low Gas Range (로우 가스렌지)
용도	낮은 형태의 렌지로 많은 양의 스톡이나 수프, 소스 등을 끓일 때 사용

명칭	Salamander (샐러맨더)
용도	열원이 위에 있는 조리기구로 음식물을 익히거나 색을 낼 때 사용

명칭	Induction Range (인덕션 렌지)
용도	전기를 열원으로 하는 렌지로 음식물을 볶거나 삶을 때 사용

명칭	Deep Fryer (딥 프라이어)
용도	각종 음식물을 튀길 때 사용

명칭	Smoker&Grill (스모커&그릴)
용도	육류, 가금류, 생선 등을 훈연으로 익힐 때 사용

명칭	Tortilla Maker (또띨리아 메이커)
용도	전기를 열원으로 사용하고 멕시코 음식인 또띨리아를 만들 때 사용

명칭	Rice Cooker (라이스 쿠거)
용도	가스를 사용하며 자동으로 불이 조정되어 밥이 지어지는 기계

명칭	Steam Kettle (스팀 케틀)
용도	많은 양의 음식물을 끓이거나 삶아 낼 때 사용하는 솥

명칭	Food Warmer (푸드 워머)
용도	음식물을 따뜻하게 보관할 때 사용

명칭	Tilting Skillet (틸팅 스킬릿)
용도	기울어지며 다용도로 사용되는 조리기구로 튀김, 볶기, 삶기 등을 할 때 사용

명칭	Convection Oven (컨벡션 오븐)
용도	대류열을 이용한 오븐으로 열이 골고루 전달되며, 음식물을 익히거나 데울 때 사용하는 오븐

명칭	Gas Range (가스 렌지)
용도	일반적으로 요리할 때 가장 많이 사용하는 것으로 레지 위에서 음식물을 요리

명칭	Bakery Oven (베이커리 오븐)
용도	베이커리 주방에서 주로 사용하며, 빵이나 쿠키 등을 굽는 데 사용

명칭	Proofer Box (프루퍼 박스)
용도	빵을 발효시킬 때 사용

명칭	Dish Washer (디쉬 워셔)
용도	작은 조리도구나 접시 등을 자동으로 세척할 때 사용

명칭	Refrigerator&Freezer (리프리저에이터&프리저)
용도	냉장고와 냉동고가 함께 있는 것으로 음식물을 냉장·냉동 보관할 때 사용

명칭	Drawer Refrigerator (드로어 리프리저에이터)
용도	테이블 형태의 서랍식 냉장고로 샌드위치나 샐러드 만들 때 사용

명칭	Topping Cold Table (토핑 콜드 테이블)
용도	테이블 앞쪽에 식재료를 담을 수 있게 만들어 피자나 샐러드 만들 때 사용

명칭	Meat Aging Machine 밑 에이징 머신
용도	육류나 가금류를 숙성시킬 때 사용

명칭	Ice Machine 아이스 머신
용도	얼음을 만드는 기계

명칭	Cutting Board Sterilizer 커팅 보드 스터러라이저
용도	주방에서 사용하는 도마를 소독할 때 사용

참고문헌

- 김기영 외, 외식산업론, 현학사, 2003
- 김기영, 호텔주방관리론, 백산출판사, 2000.
- 롯데호텔 직무교재, 1995.
- 오석태 외, 서양조리학개론, 신광출판사, 1998.
- 인터콘티넨탈 직무교재, 1993.
- 최성우 외, 서양요리, 효일출판사, 2006.
- Wayne Gisslen, Professional Cooking, Wiley, 2003.
- Paul Bouse, New Professional Chef, CIA, 2002.
- Sarah R. Labensky, Alan M. Hause, On Cooking, Prentice Hall, 1995.

사진출처

- http://totalkitchen.co.kr/kor/product.htm?category=3 대신주방
- http://seouljubang.co.kr/equip1.htm 서울주방
- http://www.cookpro.co.kr/ 쿡프로
- http://www.kalmart.com/ 칼사용 종류
- http://www.kalesma.com/ 칼 연마
- http://www.samsungrk.co.kr/npro/bbs/c_list.php?board_id=p011 삼성냉동종합
- http://www.hdmkit.co.kr/htm/product_03.htm 현대종합주방
- http://www.koreadish.com/default.htm 남대문현대기물상사
- http://www.chefstock.co.kr/ 쉐프스탁
- http://www.kochmesser.com/index.php?cp_sid=120472131ca2&cp_tpl=main 독일의 최대 주방 칼 및 기물 판매 사이트
- http://www.quality-kitchen.com/ 주방의 소도구

Chapter 5

향신료
Spice

··· 학습목표

• 향신료(Spice)의 개념을 이해하고 세계사적으로 의미가 있는 향신료의 유래와 역사를 학습한다.

• 향신료를 사용 부위에 따라 분류하고 사진을 통해 향신료 모양을 인지하고 향신료의 외국어 명칭을 학습한다.

• 향신료의 종류(Kind of Spice)와 효능, 사용용도, 사용 방법 등을 학습하여 실기에 적절하게 응용하는 데 있다.

1

향신료의 개요
Summary of Spice

향신료(Spice)는 요리에 맛, 색, 향을 내기 위해 사용하는 "식물의 종자, 과실, 꽃, 잎, 껍질, 뿌리 등에서 얻은 식물의 일부분으로 특유의 향미를 가지고 식품의 향미를 북돋거나, 아름다운 색을 나타내어 식욕을 증진시키거나, 소화기능을 조장하는 작용을 하는 것"이라고 정의하지만 나라 또는 민족의 식생활에 따라서 그 범위, 종류, 분류는 다르게 되어 있다. 옥스퍼드 사전에 의하면 "식품에 향미를 주기 위해 사용되는 것으로 향 또는 자극성을 가진 식물"이라고 광범위하게 정의를 내리고 있다. 또 "Spice 역사와 종류"의 저자로 유명한 John Parry는 다음과 같이 정의하고 있다. "spice는 식물을 건조한 것으로 식품에 첨가함으로써 그 식품의 향미를 높이고 기호성과 자극성을 부여하는 것이다"라고 말하였다. 대부분의 향신료는 상쾌한 방향이 있고, 또 자극을 가진 것으로 그것은 뿌리, 껍질, 잎, 과실 등 식물의 일부분에서 얻어지는 것이다. 그러면 향초(Herb)란 무엇인가? 허브의 어원은 라틴어의 "푸른 풀(herba)"에서 비롯되었으며, 사전에는 허브를 "잎이나 줄기를 식용, 약용으로 쓰이거나 향기나 향미가 이용되는 식물"이라고 설명된다.

그러나 상업상 향신료라고 하면 향초(香草)를 포함하여 부르는 경우가 많지만 최근에는 향초가 herb로서, 또다른 시점에서 보급되어지고 있어 향신료와 향초를 구별하여 생각하기도 한다. 그러나 허브는 스파이스 안에 포함되는 개념으로서 좁은 의미로 해석할 수 있고, 스파이스는 허브를 포함하는 개념이라고 할 수 있다. 위의 내용을 종합해 보면 향신료는 음식에 방향, 착색, 풍미를 주어 식욕촉진과 맛을 향상시키는 식물성 물질로 Spice와 Herb로 불려지며, 사용하는 부위에 따라 스파이스와 허브로 나눌 수 있다. Spice는 방향성 식물의 뿌리, 줄기, 껍질, 씨앗 등 딱딱한 부분으로 비교적 향이 강하며, Herb는 잎이나 꽃잎 등 비교적 연한 부분으로 Spice와 Herb를 향신료라 한다.

오늘날의 향신료는 그 이용부위와 범위가 훨씬 넓어져 향료나 약용, 채소, 양념, 식품보존제 및 첨가물 등으로 광범위하게 사용되고 있다. 향신료를 음식물에 사용하는 형태는 세 가지로 나눌 수 있다. 요리의 준비나 조리과정 중에 사용하는 쿠킹스파이스, 완성시키거나 완성된 요리에 사용하는 파이널스파이스, 식탁에서 각자의 기호에 따라 이용하는 테이블스파이스로 나눌 수 있다. 또한 향신료의 효과를 끌어 내는 방법에 따라서는 대부분의 가루 향신료처럼 식품에 뿌리거나 섞기만 하면 되는 것, 고춧가루·서양 겨자·고추냉이 등과 같이 물에 개지 않으면 향신미가 생기지 않는 것, 사프란의 암술대나 치자나무 열매 등과 같이 뜨거운 물에 담가야 색소를 내는 것, 월계수의 잎처럼 삶으면 향기가 높아지는 것, 타마린드처럼 물에 담가서 산미를 용출시킨 뒤 섬유를 걸러 내야 하는 것 등이 있으며, 모두 적은 양을 사용해도 효과가 있다. 이것들은 사용방법뿐 아니라, 사용목적도 다르므로 개개의 성질을 잘 알아야 적절히 선택하여 음식의 효과를 낼 수 있다. 또한 향신료는 한 종류만 쓰이기도 하지만, 여러 다른 종류와 배합하여 그 효과를 더 높이기도 한다. 대표적인 것으로 커리가루가 있다. 인도커리는 계피와 월계수, 큐민, 코리앤더, 카다몬, 후춧가루, 정향, 메이스, 고추, 후추, 생강, 터메릭 등을 볶아 섞은 것이다. 그 밖에 고추를 주원료로 하고 오레가노, 딜 등을 배합한 칠리가루가 있고 팔각, 육계, 정향, 산초, 진피를 조합한 중국의 오향(五香) 등이 있다. 시판되는 형태로는 날것, 건조품, 페이스트라고 하는 퓨레 형태의 것, 초·염초(鹽醋)·염수 등에 담근 것, 냉동시킨 것 등이 있다.

향신료는 4가지의 기본기능이 있는데, 누린내·비린내와 화학적으로 결합하여 불쾌하게 나는 냄새를 억제하는 기능, 식품 자체의 맛을 이끌어 내는 동시에 향기를 만들어 내는 기능, 매운맛·쌉쌀한 맛 등을 통하여 소화액 분비를 촉진시켜 식욕을 증진시키는 기능, 음식에 색을 더해 주는 착색기능이 있다. 또한 향신료는 예로부터 각종 병의 치료와 예방에 사용되는 등 그 효용이 높았다. 신선도나 보존방법에 따라 향미에 변화가 생기므로 향미가 손상되지 않도록 하기 위해서는 소량으로 사고, 구입한 뒤에는 밀봉용기에 담아 열, 빛, 습기를 피한다. 특히, 분말향신료는 향기성분이 없어지기 쉬우므로 사용할 때 습기가 있는 용기 위에서 병째 들고 뿌리는 것은 금물이며, 그릇마다 작은 스푼을 준비하여 필요량만을 떠서 사용하는 것이 바람직하다.

[2]
향신료의 유래와 역사
History of Spice

고대 수도승이나 의사들에 의해 쓰여진 허벌(본초서)은 허브의 형체에서 심볼과 사인을 찾아 그 특성에 따른 이용법을 기술하고 있으며, 스위스의 호서유적, 남미 안데스산의 잉카유적 등의 유적에서 고대인류가 식물을 양식 이상의 치료제로 사용해왔음을 볼 수 있다.

중국은 기원전 3,000년경 신농 씨 형제가 약용식물을 처음 연구한 것으로 알려져 있으며, 이것이 구전되어 오다가 도홍경(A.D 452~536)에 의해 「신농 본초경」으로 집대성되었으며, 당시 365종의 식물을 보약, 치료약으로 사용하도록 구분했으며, 그 후 중국에서 1597년 이시진에 의해 「본초강목」이 출간되었고 같은 시기에 우리나라에서는 1596년 허준이 「동의보감」을 저술하여 오늘날까지 한의학 사전으로 각광받고 있다.

고대 이집트의 유적에서 발견된 아니스, 마죠람 등은 고대 이집트인들이 허브를 실생활에 다양하게 이용했음을 보여 주고 있으며, 신약성서에서도 예수가 돌아가신 후 그 시신에 스윗 밤 등 각종 허브를 이용한 것으로 알려져 있다. 그 후 여러 학자들, 특히 의학의 아버지 히포크라테스(B.C 477~360)와 식물학의 아버지 플리니(Plin : A.D 62~110) 등에 의해 허브의 가치가 보다 높게 부각되었다

6세기경 아라비아 상인들은 중국, 인도네시아, 세일론, 인도 등지에서 향신료를 배 또는 낙타를 이용하여 이집트, 그리스, 이태리에 판매하였으며, 7세기경 향료상권을 침공한 나라로부터 가져온 모하메드가 죽은

후, 기회를 노리던 베니스의 상인들이 재빨리 향신료 시장에 뛰어들어 많은 수익을 올려, 바다 위에 건축물과 예술적 걸작들을 남겨 오늘날까지도 관광객이 줄을 이으며, 세계적인 관광명소로 사랑을 받고 있다.

8세기경 모하메드의 후계자들은 스페인을 침공하여 사프란을 가져가 공급했으며, 그 후에 사프란은 요리에 필수적인 향신료가 되었다.

9세기경 유럽에서 향신료의 가치가 폭등하면서 Mace(육구두) 1파운드(약 450g)가 양 세 마리의 가치였고 카더몬 1온스(약 28g)는 평민 1년치 생활비에 맞먹었으며, 한 컵의 후추는 한 명의 노예와 맞바꿀 정도의 가치가 있었고 은과 같은 가격으로 화폐로서 통용었다고 한다. 이 당시 아랍 상인들이 향신료를 어디서 가져오는지 유럽인들은 몰랐다. 아랍 상인들이 독점권을 갖기 위해 운산지를 극비에 부쳤으며, 극동이나 근동에서 향신료를 가져오기 위해서 수개월 목숨을 거는 위협을 무릅쓰고 고생해야 했기 때문이다.

향신료는 세계사적으로 보았을 때 상상 이상의 중요성을 가지고 있었다. C. 콜럼버스의 아메리카 대륙 발견, 바스코 다 가마가 아프리카 남단의 희망봉을 돌아 인도까지의 항로를 개발한 일, 마젤란의 세계일주 등의 목적의 하나는 향신료를 구하기 위한 것이었다. 그리고 이것을 계기로 유럽인들의 세계식민지화가 시작된 것이다. 유럽에 향신료의 원산지가 알려진 계기는 13세기 실크로드를 통해 중국에 들어간 마르코폴로가 쓴 동방견문록이 15세기 독일어로 번역이 되면서부터이다. 동방견문록이 늦게 번역된 것도 베니스 상인들이 향신료 무역 독점권을 보다 오래 유지하기 위해 다른 나라 서책의 출간을 늦추었기 때문이다. 향신료 무역을 이슬람으로부터 탈취하려고 한 것이 15세기 말~16세기 초에 걸친 에스파냐와 포르투갈에 의한 원양항로의 개발이고, 그 선구적 역할을 한 것이 마르코폴로의 「동방견문록」이었다. 이 책에는 상당히 불확실한 부분도 있으나, 그는 베네치아의 상인답게 향신료의 산지에 대한 기록은 정확하였다. 에스파냐와 포르투갈의 향신료 획득전쟁은 결국 동방으로 향한 포르투갈이 서방으로 향한 에스파냐를 이기고 그 무역권을 독점하게 하였다. 그 후 포르투갈도 몰락하고, 17세기 초부터는 네덜란드가 장악하게 되었다. 그러나 모두가 독점의 이윤을 많이 붙였기 때문에 유럽에서의 향신료의 가격은 싸지지 않았다. 그러나 향신료의 매매는 1650년을 경계로 하여 차차 경쟁이 완만해졌다. 그것은 미국 신대륙에서 고추·바닐라·올스파이스 같은 새로운 향신료가 발견되고, 특히 고추는 매운 맛이 후추에 비할 수 없이 맵고, 동시에 온대지방에서도 쉽게 재배되며, 올스파이스는 계피, 정향, 넛멕의 3가지 맛을 겸비하고 있기 때문이기도 하다. 게다가 엽차·커피·코코아 같은 기호품도 이 때부터 먹기 시작하였기 때문이다.

왜 비싼 향신료를 무리해서까지 구입했는지를 살펴보면, 첫째로 그 당시 유럽의 음식이 맛이 없기 때문이었다. 교통이 불편하고 냉장시설이 없었던 시대였기 때문에 소금에 절인 저장육이 주식이었고, 그 외에는 북해에서 잡은 생선을 절여 건조시킨 것 정도였기 때문에 향신료라도 사용하여 맛을 돋우지 않으면 먹기 어려웠다.

둘째로는 약품으로서 사용되었다. 그 당시는 서양의학도 아직 유치하여 모든 병이 악풍(惡風)에 의하여 발생한다고 믿고 있었다. 악풍이란 악취, 즉 썩은 냄새로서, 이 냄새를 없애려면 향신료를 사용해야 한다고 믿었다. 일례를 들면 런던에 콜레라가 유행했을 때 환자가 발생한 집에 후추를 태워서 소독했다고 전해진다. 사실 향신료류에는 어느 정도 약효도 있고 소독효과도 있으므로 현재 한방약으로 사용되는 것도 있다. 그러나 그 당시는 몹시 과대평가되었던 것만은 사실이다. 그 외에 악마 또는 귀신을 쫓는 약으로도 많이 사용되었다.

셋째로 향신료가 미약(媚藥)으로도 사용되었다. 향신료의 성분과 호르몬과의 상관관계는 아직 분명하지 않으나 약효가 있다고 믿으면 큰 효력을 발휘할 때도 있기 때문이다.

3
향신료의 분류
Classification of Spice

향신료 분류를 사용부위에 따른 분류와 향미특성에 따른 분류로 나눌 수 있는데, 본서에서는 사용부위에 따라 분류해 보았다.

향신료의 분류

[4]

향신료의 종류
Kind of Spice

1) 잎 향신료(Leaves Herb)

바질
Basil

산지 및 특성 원산지는 동아시아이고 민트과에 속하는 1년생 식물로 이태리와 프랑스 요리에 많이 사용된다. 약효로는 두통, 신경과민, 구내염, 강장효과, 건위, 진정, 살균, 불면증과 젖을 잘 나오게 하는 효능이 있고, 졸림을 방지하여 늦게까지 공부하는 수험생에게 좋다.

용 도 바질오일, 토마토요리나 생선요리에 많이 사용한다.

세이지
Sage

산지 및 특성 원산지 및 분포지는 남부유럽과 미국 등지이다. 세이지는 예로부터 만병통치약으로 널리 알려져 온 역사가 오래 된 약용식물이다. 꿀풀과의 여러해살이풀로 풍미가 강하고 약간 쌉쌀한 맛이 난다. 세이지는 "건강하다" 또는 "치료하다"라는 뜻에서 유래한 말이다.

용 도 육류, 가금류, 내장요리, 소스 등에 사용한다.

처빌
Chervil

산지 및 특성 미나리과의 한해살이풀로, 유럽과 서아시아가 원산지인 허브의 하나이며, '미식가의 파슬리'라고 불린다. 재배역사가 아주 오래된 허브 중 하나로 중세에는 '처녀(fille)'라는 애칭으로 불리기도 했다. 파종 후 약 한 달 반 정도만 지나면 수확할 수가 있어서 유럽에서는 오래 전부터 '희망의 허브'라 하여 사순절에 제일 먼저 먹는 풍습이 있다.

용 도 샐러드, 생선요리, 가니쉬, 수프, 소스 등에 사용한다.

다임
Thyme

산지 및 특성 다임은 '향기를 피운다'는 뜻이며, 쌍떡잎식물의 꿀풀과의 여러해살이풀로 융단처럼 땅에 기듯이 퍼지는 포복형과 높이 30cm 정도로 자라 포기가 곧게 서는 형으로 나눌 수 있다. 강한 향기는 장기간 저장해도 손실되지 않으며, 향이 멀리까지 간다 하여 백리향이라고도 한다.

용 도 육류, 가금류, 소스, 가니쉬 등 광범위하게 사용한다.

**코리엔더 &
실란트로**
*Coriander
Silantro*

산지 및 특성 미나리과의 한해살이풀로 지중해 연안 여러 나라에서 자생하고 있다. 고수풀, 차이니스 파슬리라고 하기도 하고 코리엔더의 잎과 줄기만을 가리켜 실란트로(Silantro)라고 지칭하기도 한다. 잎과 씨앗이 향신채와 향신료로 두루 쓰인다. 중국, 베트남, 특히 태국음식에 많이 사용한다.

용 도 샐러드, 국수양념, 육류, 생선, 가금류, 소스, 가니쉬 등에 사용한다.

민트
Mint

산지 및 특성 꿀풀과의 숙근초로 품종에 따라서 향, 풍미, 잎의 색, 형태는 다양하다. 정유의 성질에 따라 페퍼민트, 스피어민트, 페니로열민트, 캣민트, 애플민트, 보울스민트, 오데콜론민트로 구분된다. 지중해 연안의 다년초이며, 전 유럽에서 재배된다.

용 도 육류, 리큐르류, 빵, 과자, 음료, 양고기요리에 많이 사용에 사용한다.

오레가노
Oregano

산지 및 특성 별명이 '와일드마조람'인 오레가노는 그 이름처럼 병충해와 추위에 잘 견디며 야생화의 강인함이 돋보이는 허브로 꽃이 피는 시기에 수확하여 사용하고 독특한 향과 맵고 쌉쌀한 맛은 토마토와 잘 어울리므로 토마토를 이용한 이탈리아 요리, 특히 피자에는 빼놓을 수 없는 향신료이다

용 도 소스, 파스타, 피자, 육류, 생선, 가금류, 오믈렛 등에 사용한다.

마조램
Marjoram

산지 및 특성 지중해 연안이 원산지이다. 여러해살이풀이지만 추위에 약해 한국에서는 한해살이풀로 다룬다. 순하고 단맛을 가졌으며 오레가노와 비슷하다. 고기음식(특히, 양고기나 송아지고기요리)과 각종 야채음식에 사용된다. 향을 위해 요리가 거의 끝나갈 때 넣어야 한다.

용 도 수프, 스튜, 소스, 닭, 칠면조, 양고기 등에 사용한다.

파슬리
Parsley

산지 및 특성 미나리과의 두해살이풀로 세로줄이 있고 털이 없으며 가지가 갈라진다. 잎은 3장의 작은 잎이 나온 겹잎이고 짙은 녹색으로서 윤기가 나며 갈래조각은 다시 깊게 갈라진다. 포기 전체에 아피올이 들어 있어 독특한 향기가 난다. 비타민 A와 C, 칼슘과 철분이 들어 있다.

용 도 채소, 수프, 소스, 가니쉬, 육류와 생선요리 등에 사용한다.

스테비아
Stevia

산지 및 특성 국화과의 여러해살이풀로서 습한 산간지에서 잘 자란다. 잎에는 무게의 6~7% 정도 감미물질인 스테비오사이드가 들어 있다. 감미성분은 설탕의 300배로 파라과이에서는 옛날부터 스테비아잎을 감미료로 이용해 왔다. 최근 사카린의 유해성이 문제가 되자, 다시 주목을 끌게 되었다.

용 도 차, 음료, 감미료 등을 만들 때 사용한다.

타라곤
Tarragon

산지 및 특성 시베리아가 원산지로서 쑥의 일종이다. 중앙아시아에서 시베리아에 걸쳐 분포한다. 말릴 경우, 향이 줄어들기 때문에 신선한 상태로 사용하나 보관을 위해 잎을 그늘에서 말려 단단히 닫아 두었다가 필요한 때에 쓴다. 초에 넣어서 tarragon vinegar라고 하여 달팽이 요리에 사용한다.

용 도 소스나 샐러드, 수프, 생선요리, 비네거, 버터, 오일, 피클 등을 만들 때 사용한다.

레몬밤
Lemon Balm

산지 및 특성 지중해 연안이 원산지로 지중해와 서아시아·흑해 연안·중부 유럽 등지에서 자생한다. 줄기는 곧추 서고 가지는 사방으로 무성하게 퍼진다. 레몬과 유사한 향이 있으며, 향이 달고 진하여 벌이 몰려든다 하여 '비밤'이란 애칭을 가지고 있다.

용 도 샐러드, 수프, 소스, 오믈렛, 생선요리, 육류요리 등에 사용한다.

로즈메리
Rosemary

산지 및 특성 지중해 연안이 원산지로 솔잎을 닮은 은녹색잎을 가진 큰 잡목의 잎으로 보라색 꽃을 피운다. 강한 향기와 살균력을 가지고 있다. 로즈마리는 다년생으로 4~5월에 엷은 자줏빛 꽃이 피며, 이 꽃에서 얻은 벌꿀은 프랑스의 특산품으로 최고의 꿀로 인정받고 있다.

용 도 스튜, 수프, 소세지, 비스켓, 잼, 육류, 가금류 등에 사용한다.

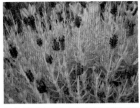

라벤더
Lavender

산지 및 특성 지중해 연안이 원산지이다. 높이는 30~60cm 전체에 흰색 털이 있으며, 꽃·잎·줄기를 덮고 있는 털들 사이에 향기가 나오는 기름샘이 있다. 꽃과 식물체에서 향유(香油)를 채취하기 위하여 재배하고 관상용으로도 심는다. 이 향기는 마음을 진정시켜 편안하게 하는 효과가 있다.

용 도 향료식초, 간질병, 현기증 환자약, 목욕제 등에 사용한다.

월계수 잎
Bay leaf

산지 및 특성 지중해 연안과 남부유럽 특히 이탈리아에서 많이 생산되며, 프랑스·유고연방·그리스·터키·멕시코를 중심으로 자생한다. 월계수 잎은 생잎을 그대로 건조하여 향신료로 사용한다. 생잎은 약간 쓴맛이 있지만, 건조하면 단맛과 함께 향긋한 향이 나기 때문이다. 고대 그리스인이나 로마인들 사이에서 영광, 축전, 승리의 상징이었다.

용 도 육류 절임, 스톡, 스르, 소스, 육류, 가금류, 생선 등 요리에 많이 사용한다.

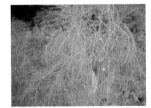

딜
Dill

산지 및 특성 딜은 지중해 연안이나, 서아시아, 인도, 이란 등지에서 자생하는 미나리과의 일년초로 1m 이상 자란다. 딜은 신약성서에 나올 정도로 오랜 역사를 가진 허브이다. 딜의 정유는 비누향료로 잎, 줄기는 잘게 썰어서 생선요리에 쓴다. 씨에는 어린이소화, 위장 장애, 장 가스해소, 변비해소에 좋다.

용 도 생선 절임, 드레싱, 생선요리에 많이 사용한다.

2) 씨앗 향신료(Seeds Spice)

넛멕
Nutmeg

산지 및 특성 육두과의 열대 상록수로부터 얻을 수 있는 것으로 열매의 배아를 말린 것이 넛맥(Nutmeg)이고, 씨를 둘러싼 빨간 반종피를 건조하여 말린 것이 메이스이다. 단맛과 약간의 쓴맛이 나며, 인도네시아 및 모로코가 원산지로 17세기까지만 해도 유럽에서는 값이 매우 비싼 사치품이었다.

용 도 도넛, 푸딩, 소스, 육류, 달걀 흰자 들어간 칵테일에 사용한다.

캐러웨이 씨
Caraway Seed

산지 및 특성 회향풀의 일종인 캐러웨이의 씨로서 전 유럽에서 자라는 2년생 풀이다. 씨뿐만 아니라 뿌리도 삶아 먹으며, 향기 있는 기름이 함유되어 있다. 고대 이집트에서는 향미식물로 사용했고 소화효과를 촉진하므로 로마 시대에는 이 효과를 믿어서 식후에 캐러웨이를 씹는 습관이 생겼다.

용 도 케이크, 빵, Sauerkraut, 치즈, 수프, 스튜에 사용한다.

큐민 씨
Cumin Seed

산지 및 특성 원산지는 이집트인 한해살이풀로 향신료로 이용되는 것은 씨이다. 씨는 모양이나 크기가 캐러웨이와 비슷한데, 큐민 쪽이 더 길고 가늘며, 진한 향이 난다. 맵고 톡 쏘는 쓴맛이 난다. 소화를 촉진하며, 장내의 가스 차는 것을 막아주는 효능이 있다.

용 도 카레가루·칠리파우더에 사용, 수프나 스튜, 피클, 빵 등에 사용한다.

코리안더 씨
Coriander Seed

산지 및 특성 딱딱한 줄기를 가진 식물로 건조된 열매는 조그마한 후추콩 크기와 같고 외부에 주름이 잡혀 있으며, 적갈색을 뛰고 있다. 달콤한 레몬과 같은 방향성 향과 감귤류와 비슷한 옅은 단맛이 있다. 통째로 혹은 가루로 만들어서 사용하는데, 소화를 돕는다고 알려져 있다

용 도 생선, 육류, 수프, 빵, 케이크, 커리, 절임에 사용한다.

머스타드 씨
Mustard Seed

산지 및 특성 겨자의 꽃이 핀 후에 열리는 씨를 말려서 통으로 또는 가루를 만들어 사용한다. 프랑스 겨자는 겨잣가루와 다른 향신료, 소금, 식초, 기름 등을 섞어서 만들었기 때문에 영국 겨자에 비해 덜 맵고 순하다. 분말상태의 겨자를 막 짜낸 포도즙에 개어서 쓰기도 한다.

용 도 피클, 육류요리, 소스, 샐러드드레싱, 햄, 소세지 등에 사용한다.

샐러리 씨
Celery Seed

산지 및 특성 유럽이나 미국인들이 주로 먹는 채소인 셀러리의 씨. 황갈색의 좁쌀만한 씨로 향신료로 사용된다. 채소인 셀러리와 같은 향기를 가지고 있으며, 약간 쓴맛이 난다. 전형적인 풋내와 쓴맛이 특징이다. 소염, 이뇨, 진정, 최음, 항류머티즘, 혈압강하, 관절염, 특히 노후된 뼈에 좋다.

용 도 수프, 스튜, 치즈요리, 피클 등에 사용한다.

딜 씨
Dill Seed

산지 및 특성 지중해 연안 남러시아가 원산으로 꽃은 노란 우산을 편 것 같은 산형화서이며, 실과 같이 가는 녹색의 잎을 가진 1년생 식물이다. 딜 씨는 소화, 구풍, 진정, 최면에 효과가 뛰어나며, 구취제거·동맥경화의 예방에 좋고 당뇨병환자나 고혈압인 사람에게 저염식의 풍미를 내는 데 쓰이기도 한다.

용 도 케이크, 빵, 과자, 오이샐러드, 요구르트 등에 사용한다.

휀넬
Fennel Seed

산지 및 특성 휀넬은 지중해 연안이 원산지이며, 중국명 회향을 말한다. 잎은 새 깃털처럼 가늘고 섬세하며, 긴 잎자루 밑쪽이 줄기를 안듯이 둘러싸고 있다. 씨는 달콤하고 상큼한 맛이다. 생선의 비린내, 육류의 느끼함과 누린내를 없애고 맛을 돋운다.

용 도 휀넬오일은 소스, 빵, 카레, 피클, 생선, 육류요리에 사용한다.

아니스 씨
Anise Seed

산지 및 특성 아니스의 종자를 아니시드(aniseed)라고 하는데, 독특한 향과 단맛을 내는 아네톨이 들어 있다. 이집트가 원산지이며, 유럽·터키·인도·멕시코를 비롯한 남아메리카 여러 곳에서 재배한다.

용 도 알콜, 음료, 쿠키, 캔디, 피클, 케이크 만들 때 사용한다.

흰 후추
White Pepper

산지 및 특성 보르네오, 자바, 수마트라가 원산이며, 실크로드를 통하여 중국으로 들어왔다. 성숙한 열매의 껍질을 벗겨서 건조시킨 것은 색깔이 백색이기 때문에 흰 후추라 한다. 적당히 먹으면 식욕을 돋우고 소화를 촉진시킨다. 가루로 또는 으깨서 사용한다.

용 도 육류, 생선, 가금류 등 향신료 중 가장 광범위하게 사용한다.

양귀비 씨
Poppy Seed

산지 및 특성 양귀비꽃에서 얻은 식물학자 린네에 의하면 파란 솔방울만한 양귀비 열매 속에는 3만 2천여 개의 씨앗이 들어 있다고 한다. 20세기 3대약품의 발견이라고 하는 '몰핀'을 함유하고 있는 양귀비는 극동아시아와 네덜란드가 원산지이고, 우리나라도 예로부터 재배했으며, 아편의 원료이다.

용 도 생선요리, 소스, 수프, 샐러드드레싱, 과자, 빵에 사용한다.

메이스
Mace

산지 및 특성 육두구 나무는 인도네시아와 서인도 제도에서 자생하고 있으며, 살구처럼 생긴 열매가 열린다. 이 열매의 씨와 씨껍질 부분을 향신료로 이용한다. 씨를 둘러싸고 있는 그물 모양의 빨간 씨 껍질 부분을 말린 것이 메이스이다. 씨 껍질은 건조 정도에 따라 색이 빨간색에서 노란색, 갈색순으로 점차 변한다.

용 도 육류, 생선, 햄, 치즈, 과자, 푸딩, 화장품 등에 사용한다.

3) 열매 향신료(Fruit Spice)

검은 후추
Black Pepper

산지 및 특성 동남아시아, 주로 말라바르해협, 보르네오, 자바, 수마트라가 원산지이고, 피페르 니그룸이라는 넝쿨에서 완전히 익기 전의 열매를 수확하여 햇볕에 말린 것이다. 완전히 익었을 때는 붉은 색으로 변하는데, 이것으로 핑크 페퍼콘을 만든다. 일반적으로 검은 후추가 더 맵고 톡 쏘는 맛이 강하다.

용 도 식육가공, 생선, 육류 등 폭넓게 쓰이는 향신료이다.

파프리카
Paprika

산지 및 특성 파프리카는 맵지 않은 붉은 고추의 일종으로 열매를 향신료로 이용한다. 열매를 건조시켜 매운 맛이 나는 씨를 제거한 후 분말로 만들어 사용한다. 카엔후추보다 덜 맵고 맛이 좋으며, 생산지에 따라 모양과 색깔이 다른데, 헝가리산은 검붉은 색이고 스페인산은 맑은 붉은색이다.

용 도 육류, 생선, 달걀, 소스, 수프, 샐러드 등에 사용한다.

카다멈
Cardamom

산지 및 특성 생강과(科)에 속하는 식물의 종자에서 채취한 향신료. 인도 등과 같은 열대지방에서 많이 산출된다. 요리·과자 등의 부향료(賦香料)로 사용되는 외에 혼합향신료의 원료로서도 중요하다. 흰색과 녹색 두 가지가 있는데, 부수거나 갈아서 넣으면 더 강한 향을 느낄 수 있다

용 도 인도짜이(밀크티)는 물론, 인도와 아랍요리에 많이 사용한다.

쥬니퍼베리
Juniper Berry

산지 및 특성 유럽 원산의 상록관목인 주니퍼 나무의 열매로 암수가 딴 그루이며, 가을에 결실된다. 열매는 처음에는 녹색이지만 완전히 익으면 검어진다. 열매를 건조하여 보관한다. 쌉싸름하면서도 단내가 느껴지는데, 마치 송진에서 나는 향과도 비슷하다. 맛은 달지만 약간 얼얼한 느낌이 있다.

용 도 육류, 가금류의 절임, 알콜, 음료 등에 사용한다.

**카이엔느
페퍼**
*Cayenne
Pepper*

산지 및 특성 생 칠리를 잘 말린 후 가루를 내어 만든다. 칠리는 북아메리카에 널리 자생하고 있는 허브의 일종이다. 옛날 텍사스 대초원에서 소를 방목하던 목동들의 요리사들이 씨를 여기저기 뿌렸다가 맛없는 고기로 식사준비를 할 때 고기의 맛을 감추기 위해 요리에 넣었다고 한다. 매운 맛이 매우 강하다.

용 도 육류, 생선, 가금류, 소스 등에 사용한다.

올 스파이스
All Spice

산지 및 특성 올스파이스나무의 열매가 성숙하기 전에 건조시킨 향신료로 약간 매운 맛을 가지고 있다. 건조한 열매에서 후추·시나몬·넛멕 정향을 섞어 놓은 것 같은 향이 나기 때문에, 영국인 식물학자 존 레이(John Ray)가 올스파이스라는 이름을 붙였다. 원산지는 서인도 제도이고 주산지는 멕시코, 자메이카, 아이티, 쿠바, 과테말라 등이다.

용 도 육류요리, 소세지, 소스, 수프, 피클, 청어절임, 푸딩 등에 사용한다.

스타아니스
Star Anise

산지 및 특성 과실은 적갈색으로 별 모양이고 중앙에 갈색의 편원형 종자가 1개씩 박혀 있다. 원산지는 중국이고 생산지는 중국, 베트남 북부, 인도 남부, 인도차이나 등지이다. 아네톨(Anetol)에 의한 달콤한 향미가 강하나 약간의 쓴맛과 떫은 맛도 느껴진다. 중국오향의 주원료이다.

용 도 돼지고기, 오리고기, 소스 등에 사용한다.

바닐라
Vanilla

산지 및 특성 열대 아메리카가 원산지이며, 아메리카의 원주민들이 초콜릿의 향료로 사용하는 것을 본 콜럼버스가 유럽에 전했다고 한다. 현재는 향료를 채취하기 위하여 재배한다. 성숙한 열매를 따서 발효시키면 바닐린(vanillin)이라는 독특한 향기가 나는 무색결정체를 얻을 수 있다.

용 도 초콜릿, 아이스크림, 캔디, 푸딩, 케이크 및 음료에 사용한다.

4) 꽃 향신료(Flower Spice)

샤프론
Saffron

산지 및 특성 창포, 붓꽃과의 일종으로 암술을 말려서 사용. 강한 노란색, 독특한 향과 쓴맛, 단맛을 낸다. 1g을 얻기 위해서 500개의 암술을 말려야 하며, 대개 160개의 구근에서 핀 꽃을 따야 하고 수작업이므로 세계에서 가장 비싼 향신료라 할 만큼 비싸다. 물에 용해가 잘 되며, 노란색 색소로 이용한다.

용 도 소스, 수프, 쌀 요리, 감자요리, 빵, 페이스트리에 이용한다.

정향
Clove

산지 및 특성 정향은 정향나무의 '꽃봉오리'를 말한다. 꽃이 피기 전의 꽃봉오리를 수집하여 말린 것을 정향 또는 정자(丁字)라고 한다. 꽃봉오리의 형태가 못처럼 생기고 향기가 있으므로 정향이라고 하며, 영어의 클로브(clove)도 프랑스어의 클루(clou : 못)에서 유래한다. 몰루카섬이 원산지이다.

용 도 돼지고기 요리와 과자류, 푸딩, 수프, 스튜에 이용한다.

케이퍼
Caper

산지 및 특성 케이퍼는 지중해 연안에 널리 자생하고 있는 식물로, 향신료로 이용하는 것은 꽃봉오리 부분이다. 꽃봉오리는 각진 달걀 모양으로 색깔은 올리브 그린 색을 띠고 있다. 크기는 후추 만한 것에서부터 강낭콩 만한 것까지 다양하다. 향신료로는 주로 식초에 절인 것이 시판되고 있다. 시큼한 향과 약간 매운 맛을 지닌다.

용 도 샐러드드레싱, 소스, 파스타, 육류, 훈제연어, 참치요리 등에 사용한다.

5) 줄기 & 껍질 향신료(Stalk & Skin Spice)

레몬그라스
Lemon Grass

산지 및 특성 외떡잎식물 벼목 화본과의 여러해살이풀. 향료를 채취하기 위하여 열대지방에서 재배한다. 원산지가 뚜렷하지 않고 인도와 말레이시아에서 많이 재배한다. 레몬 향기가 나기 때문에 레몬그라스라고 한다. 잎과 뿌리를 증류하여 얻은 레몬 그라스유(油)에는 시트랄이 들어 있다.

용 도 수프, 생선, 가금류 요리와 레몬향의 차와 캔디류 등에 사용한다.

차이브
Chive

산지 및 특성 백합목 백합과의 여러해살이풀 시베리아, 유럽, 일본 홋카이도 등이 원산지인 허브의 한 종류이다. 차이브는 파의 일종으로 높이 20~30cm로 매우 작으며, 철분이 풍부하여 빈혈예방에 효과가 있고, 소화를 돕고 피를 맑게 하는 정혈작용도 한다.

용 도 고기요리, 생선요리, 소스, 수프 등 각종 요리에 사용한다.

계피
Cinnamon

산지 및 특성 계수나무의 얇은 나무껍질. 줄기 및 가지의 나무껍질을 벗기고 코르크층을 제거하여 말린 것이다. 두꺼운 것을 한국에서는 육계(肉桂)라고 한다. 반관(半管) 모양 또는 관 모양으로 말린 어두운 갈색 또는 회갈색이다. 중추신경계의 흥분을 진정시켜 주며 감기나 두통에 효과가 있다.

용 도 스튜나 찜 음료나 아이스크림, 디저트, 향수·향료의 원료로 사용한다.

6) 뿌리 향신료(Root Spice)

터메릭
Turmeric

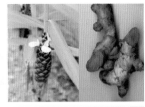

산지 및 특성 강황은 열대 아시아가 원산지인 여러해살이 식물로 뿌리 부분을 건조한 다음, 빻아 만든 가루를 향신료 및 착색제로 사용한다. 생강과 비슷하게 생겼으며, 장뇌와 같은 향기와 쓴 맛이 나고 노란색으로 착색된다. 동양의 사프란으로 알려져 있으며, 향과 색을 내는 데 쓰이고 있다.

용 도 커리, 쌀요리에 사용한다.

와사비
Wasaby

산지 및 특성 겨자과의 풀로 산골짜기의 깨끗한 물이 흐르는 곳에서 자란다. 굵은 원기둥 모양의 8~10cm 길이로 불규칙하게 잔 톱니의 땅속 줄기에 잎 흔적이 남아 있다. 땅속 줄기에서 나온 잎은 심장 모양이다. 순간적인 톡 쏘는 매운맛을 내며, 대표적인 일본 향신료 중 하나이다.

용 도 생선회, 소스, 가공식품 등에 사용하며 일본요리에 많이 이용한다.

생강
Ginger

산지 및 특성 생강과의 다년초. 동남아시아가 원산지이고 채소로 재배한다. 뿌리줄기는 옆으로 자라고 다육질이며, 덩어리 모양이고 황색이며, 매운 맛과 향긋한 냄새가 있다. 한방에서는 뿌리줄기 말린 것을 건강(乾薑)이라는 약재로도 사용한다.

용 도 빵·과자·카레·소스·피클 등에 사용한다.

마늘
Garlic

산지 및 특성 백합과의 다년초. 아시아 서부가 원산으로 각지에서 재배한다. 비늘줄기는 연한 갈색의 껍질 같은 잎으로 싸여 있으며, 안쪽에 5~6개의 작은 비늘줄기가 들어 있다. 비늘줄기, 잎, 꽃자루에서는 특이하고 강한 냄새가 난다. 한국요리에 빠질 수 없는 중요한 향신료이다.

용 도 돼지고기, 양고기, 생선류, 소스, 빵, 쿠키류 등에 사용한다.

호스레디쉬
Horseradish

산지 및 특성 겨자과(Cruciferae)의 여러해살이풀로 서양고추냉이, 고추냉이무, 와사비무라고도 한다. 원산지는 유럽 동남부이다. 홀스래디쉬는 열을 가하면 그 향미가 사라져 버리기 때문에 생채로 갈아서 쓰거나 건조시켜 사용한다.

용 도 로스트비프, 훈제연어, 생선요리 소스 등에 사용한다.

7) 마른 향신료(Dry Spice/Herb)

마른 향신료는 가루로 또는 통째로 사용하고 통으로 된 향신료는 조리가 시작할 때 첨가하고 가루로 향신료는 조리가 마무리될 때 첨가한다.

참고문헌

- 김헌철 외, 호텔식 정통서양요리, 훈민사, 2006.
- 나영선, 서양조리실무개론, 백산출판사, 1999.
- 롯데호텔 직무교재 1990
- 박정준 외, 기초서양조리, 기문사, 2002.
- 신라호텔 직무교재 1995
- 오석태 외, 서양 조리학개론, 신광출판사, 2002.
- 조리교재발간 위원회, 조리체계론, 한국외식정보, 2002.
- Paul Bouse, New Professional Chef, CIA, 2002.
- Sarah R. Labensky, Alan M. Hause, On Cooking, Prentice Hall, 1995.
- Sallie morris / Lesley Mackley, Cook's Encyclopedia of Spices, Lorenz Books, 2003.
- http://www.herbland.co.kr/main.asp
- http://herbmall.co.kr/
- http://www.cooknfood.com.ne.kr/

사진출처

- http://blog.empas.com/herb1009k/5411247 바질
- http://imagebingo.naver.com/album/image_view.htm?user_id=weplus&board_no=14612&nid=2468 세이지
- http://skfarm.co.kr/ 처빌
- http://www.vegetables.pe.kr/vegetablesgallery/herbs_vegetables/thyme_album.htm 다임
- http://www.artisticgardens.com/catalog/index.php?cPath=22 코리안더, 오레가노
- http://herb5.co.kr/04sajen/01sajenclick?no=11 마조램
- http://photo.empas.com/soul010/soul010_22/photo_view2.html?psn=534 스테비아(공개)
- http://blog.empas.com/wlsghgjqm/2252378 타라곤
- http://blog.empas.com/sjlmail/896241 레몬밤
- http://blog.empas.com/miya1993/7037083 로즈마리
- http://photo.empas.com/yaaa59/yaaa59_14/photo_view2.html?psn=647 라벤더(공개)
- http://blog.naver.com/blue_sj.do?Redirect=Log&logNo=60016177964 월계수잎
- http://photo.empas.com/yaaa59/yaaa59_14/photo_view2.html?psn=644 딜(공개)
- http://www.hormel.com/kitchen/glossary.asp?akw=&id=33571&catitemid= 넛멕, 바닐라
- http://www.encyber.com/search 큐민, 스타아니스, 크로브
- http://imagebingo.naver.com/album/image_view.htm?user_id=vyaudgml12&board_no=19236&nid=646 코리안더 씨
- http://redpond.co.kr/herb/herb02_m.htm#6 겨자
- http://www.bulkfoods.com/spices.asp 셀러리, 딜, 아니스, 카이엔느페퍼,
- http://www.uni-graz.at/~katzer/engl/generic_frame.html?Pipe_nig.html 힌후추, 검은후추, 카다멈, 케이퍼, 터메릭, 호스레디쉬
- http://www.foodsubs.com/Chilefre.html 카이엔느, 메이스
- http://blog.naver.com/love_doduk.do?Redirect=Log&logNo=10853048 쥬니퍼베리
- http://aoki2.si.gunma-u.ac.jp/BotanicalGarden/HTMLs/saffron.html 샤프란
- http://blog.naver.com/saigonclub.do?Redirect=Log&logNo=140019771508 계피
- http://www.joekaz.net/photos/arboretum/garden/html/chives_1.html 차이브
- http://www.globalgourmet.com/food/kgk/2003/0603/kgk062003.html 레몬그라스
- http://waynesword.palomar.edu/ecoph16.htm 메이스
- http://blog.empas.com/sys6105/12557309 생강
- http://blog.empas.com/yts9969/1667968 마늘
- http://www.orchidsasia.com/vanilla.htm

Chapter 6

치즈
Cheese

··· 학습목표
• 치즈(Cheese)의 개념을 이해하고 치즈가 만들어진 유래와 치즈의 제조방법 및 보관방법을 학습한다.
• 치즈를 경·연질에 따라 분류하고 사진을 통해 치즈의 모양을 인지하고 치즈의 외국어 명칭을 학습한다.
• 치즈의 종류(kind of Cheese)와 원산지, 지방함량, 특징, 사용용도 등을 학습하여 현장적응 능력을 높이는 데 있다.

1
치즈의 개요
Summary of Cheese

미국 농무성에서는 치즈를 "박테리아에서 생성된 산이나 효소(Rennet)에 의해서 우유의 지방과 카제인이 응고하여 얻어진 우유성분의 일부이거나 우유에서 농축된 것이다"라고 정의하고 있다. 사전적 의미로는 "동물의 젖에 들어 있는 단백질을 산이나 효소로 응고, 발효시킨 식품이다"라고 정의하고 있다. 즉, 치즈란, 전유, 탈지유, 크림, 버터밀크 등의 원료 우유를 유산균에 의해 발효시키고 응유효소를 가하여 응고시킨 후 유청을 제거한 다음, 가열 또는 가압 등 처리에 의해 만들어진 신선한 응고물 또는 숙성시킨 식품을 말한다. 그리고 유청에서 분리된 응유(curd)는 비숙성 치즈(Fresh cheese)가 되고 응유를 박테리아, 곰팡이, 효소 등으로 숙성시키면 숙성치즈가 된다. 가공치즈는 이렇게 만들어진 자연 치즈에 유제품을 혼합하고 첨가물을 가하여 유화한 것을 말한다.

치즈의 종류는 미국 농무부에 따르면 세계적으로 약 800종 이상이며, 치즈의 맛과 향은 원유의 산지와 종류에 따라 다르며, 숙성과정에서 세균이나 곰팡이, 물, 기후, 온도의 영향을 받기 때문에 특정지역에서 만든 치즈를 다른 지방에서 맛과 향을 똑같이 만들 수는 없다. 치즈는 원래 지역적으로 발달된 것이어서 치즈의 이름은 원산지 명을 따서 부르는 경우가 대부분이다.

치즈는 영양적으로 단백질, 칼슘(Ca), 비타민(Vitamin) A, D, E, K, B군과 인체에 필수적인 미네날 성분 등이 우유에 비해 8~10배 농축되어 있다. 100g당 열량은 약 400cal이며, 단백질은 20~30%가 들어 있는 고단백 식품이며, 지방분도 27~34%들어 있으며, 또한 단백질은 제조과정에서 단백질 분해효소에 의해 1차 처리되었기 때문에 소화흡수율이 90~98%나 되며 육류 단백질 소화흡수율에 비교하면 훨씬 높기 때문에 연질치즈는 세계 각국에서 환자식사에 불가결한 단백질 급원으로 이용되고 있다. 발효숙성식품 중에서는 그 역사가 오래된 영양가 최고의 고급식품으로서 "신으로부터 물려받은 최고의 식품"이라고도 한다.

치즈는 미국과 구소련을 비롯하여 북서 유럽의 여러 나라에서 많이 생산하고 있다. 특히, 구소련을 제외한 유럽에서는 세계 생산량의 절반가량을 차지하고 있다. 세계적으로 생산량이 계속 증가하고 있으며, 무역도 많이 이루어지고 있다. 치즈의 1인당 연간 소비량은 프랑스가 17kg으로 가장 많고, 벨기에·네덜란드·이탈리아가 10kg 이상, 미국·캐나다가 6~7kg이다. 일본이 0.6kg이고 한국인의 소비량은 0.13kg으로 이들보다 훨씬 적지만 우유의 생산 및 식생활의 변화에 따라 앞으로 계속 증가할 것으로 보인다.

치즈의 유래와 역사
History of Cheese

치즈라는 말은 라틴어인 Caseus에서 고대영어인 Cese가 되고 다시 중세영어인 Chese를 거쳐서 현대의 Cheese로 변화된 것이다. 영어로는 치즈(Cheese),독일어로는 카제(Kase), 이탈리아의 카시오(Casio), 스페인(gueso) 등으로 불리우며, 또한 치즈의 프랑스어인 Fromage는 치즈의 제조과정에 버들가지 바구니에 넣어 건조시킨 데서 유래한 그리스어의 Fromos(바구니)에서 유래되었다.

치즈의 기원은 BC 6,000년경 메소포타미아에 치즈와 비슷한 식품에 대한 기록이 있다고 하므로, 그 기원은 매우 오래 된 것으로 추측된다. 또 BC 3,000년경 스위스의 코르테와 문화나 크레더성의 문화시대의 점토판에 있는 기록에서 볼 때 치즈가 일상생활에 이용된 것으로 생각된다.

고대 아라비아 일화 중에서 전해지고 있는 치즈 발견에 관한 이야기를 보면 아라비아의 Kanana란 상인이 양의 위를 말려서 만든 가죽 주머니에 양의 우유를 넣어 낙타 등에 얹어 놓고 긴 여행 중에 사막을 걷고 있는 동안 갈증이 나서 우유를 마시려고 주머니를 열어 보았을 때 놀랍게도 Whey(curd와 분리된 액체)만 나오고 우유는 흰 덩어리로 변화되어 있는 것을 발견하였다. 그 이유는 물통으로 사용된 양의 위 주머니 안에 렌넷(Rennet)이라는 효소가 남아 있어서 그것이 우유에 작용하여서 하얀 덩어리를 만들고 진동과 사막의 뜨거운 열기에 의하여 치즈가 만들어지게 되었다.

이렇게 치즈는 아시아에서 발견되어 유럽으로 전해진 것으로, 고대 그리스에서는 그 좋은 맛을 하늘로부터 받은 것이라 생각하였다. 호메로스의 시나 히포크라테스도 치즈에 대해서 언급하였고 성서에도 기호품으로 기술하였다. 로마 제국시대에는 사치품의 하나로 고급치즈를 스위스로부터 연화용으로 수입하였다. 당시의 게르만인도 치즈를 알고 있었다고 한다. 영국으로는 로마인이 전하였는데, 고대 잉글랜드나 스코틀랜드에는 다량의 카세인을 함유한 버터를 작은 통에 채워 땅 속에 묻어 수년 간 심홍색이 될 때까지 숙성시킨 것을 좋아했다고 하는데, 이것은 버터보다는 치즈에 가까운 것이었다. 중세에는 교회가 치즈의 제조기술을 잘 보전하였을 뿐만 아니라, 더 발전시켜 어떤 종류의 치즈 제조의 비결은 수도원의 재산이 되기도 하였다. 유럽 각지의 농민은 사제들로부터 치즈의 제법을 전수받았다.

고대 중국의 징기스칸은 병사들에게 군량으로 치즈를 사용하였고, 1차세계대전 기간에는 치즈를 통조림으로 가공하여 오랫동안 저장할 수 있는 가공법이 개발되었다. 2차세계대전 이후로 생산되는 모든 보급품 상자에는 한 개의 치즈 통조림을 포함하고 있다. 치즈는 저장과 운반이 용이하며, 영양이 풍부하면서 골고루 함유하고 있기 때문에 고대로부터 현재에 이르기까지 군용식량으로 많이 이용되고 있다.

18세기 초에는 치즈를 존경하는 사람에게 선물로 보내는 관습이 있었으며, 19세기까지 치즈의 제조는 지역농산업으로 이어졌으며, 주부들은 생활에서 여분의 우유로만 만들었다.

근대에 들어와서 치즈제조가 기계화되면서 공업적인 생산은 1815년에 미국의 뉴욕주에서 윌리엄스가 소규모 체다(cheddar) 치즈 공장을 설립해서 치즈를 생산한 때부터이고, 대규모 공장 생산은 1870년경에 덴마크의 한샘이 정제 렌넷(Rennet)을 생산, 시판하면서부터 대량으로 보급되었다. 프로세스치즈는 1904년 미국의 크라프트사가 제조를 시작하였고, 1916년에는 치즈를 가열, 용해하여 성형하는 제법을 특허 냈다.

우리나라는 1967년 프랑스인 신부가 전북 임실에서 처음으로 기술을 보급하여 생산하기 시작하여 최근에는 사람들의 소득증가와 식생활의 서구화로 치즈의 소비가 늘어나면서 여러 회사가 생산 및 수입판매하고 있다.

3
치즈의 제조방법 및 보관방법
Product and Storing

치즈의 종류에 따라 제조법이 다른데, 일반적인 치즈 만드는 방법을 기준으로 하여 제조공정의 원리적인 과정을 보면 다음과 같다. 먼저, 원료유를 살균하여 이것에 젖산균 스타터(젖산균을 미리 탈지유에 배양하여 둔 것)를 첨가하면 젖산균은 우유의 젖당을 발효하여 젖산을 생성한다. 이 젖산은 치즈 제조과정에서 잡균 번식을 억제하는 역할을 하는 동시에 다음에 더해질 레닛 작용을 도와 준다. 레닛을 첨가하면 반고체 물질인 커드로 만들어지며, 커드의 주성분은 우유 단백질인 카세인이지만 그 밖에 우유의 지방이나 불용성 물질 등이 포함되어 있다. 이렇게 우유로부터 커드가 형성되는 것은 마치 두유에 간수(염화마그네슘)를 넣어 콩 단백질을 응고시키는 두부 만들기 원리와 같은 것으로, 우유로부터 만들어지는 커드가 가장 단순한 형태의 치즈인 생치즈 즉 숙성이 되지 않은 비숙성 치즈이다. 커드가 만들어지면 배수과정과 커드 절단, 성형과 가염, 세척을 하고 숙성과정을 거쳐 만들어진다. 치즈의 제조과정은 치즈의 종류에 따라 다양하며 여러 가지 변화가 있기는 하지만 숙성과정을 거치지 않는 생치즈를 제외하면 일반적으로 크게 네 단계를 거쳐 만들어진다.

첫째, 제조의 첫 단계는 액체상태의 우유를 고체로 만드는 것. 우유를 응고시키는 방법에는 크게 산 응고법과 레닛(rennet) 응고법이 있다. 산 응고법은 산을 이용하여 응고를 촉진시키는 방법으로 생치즈나 크림치즈를 만들 때 사용한다. 그 외 대부분의 치즈는 주로 송아지의 네 번째 위에서 얻어지는 효소제인 레닛을 첨가하여 응고를 촉진시키는 레닛 응고법을 사용한다. 레닛에는 레닌(rennin)이나 펩신(pepsin) 같은 단백질 분해효소가 다량 함유되어 있어 우유를 응고시키는 역할을 하게 된다. 즉, 우유 단백질인 카세인 분자가 서로 덩어리를 만들면서 우유가 부드러운 젤리 같은 형태로 변하는 것이다.

레닛을 이용하여 우유를 응고시킬 때에는 우유의 온도가 중요한데 15℃ 이하일 때에는 응고가 일어나지 않으며, 60℃ 이상이 되면 열에 의해 레닌이 불활성화된다. 적절한 온도는 20~40℃ 사이로 생치즈나 크림치즈 같은 소프트 치즈를 만들 때에는 비교적 낮은 온도에서, 체다 치즈나 에멘탈 같은 하드치즈는 이보다 높은 온도에서 응고시킨다. 이렇게 치즈의 종류마다 온도가 다른 이유는 응고기간 동안의 온도에 따라 커드가 생성되는 속도나 단단한 정도, 탄력성 등의 성질이 달라지기 때문이다. 응고에 걸리는 시간은 치즈 종류에 따라 30분에서 36시간 사이로 차이가 많이 난다.

둘째, 커드에서 훼이를 제거하고 성형하는 것이 다음 단계이다. 어떤 치즈를 만드느냐에 따라 훼이를 제거하는 방법 또한 다양하다. 우선 젤리 형태로 굳은 커드를 자른다. 커드를 자르면 즉시 얇은 막이 형성되는데, 이 막이 훼이를 통과시켜 빠져 나가게 하기 때문에 커드를 잘게 자를수록 훼이가 많이 제거되고, 따라서 커드를 어떻게 자르느냐에 따라 치즈의 수분함량이 달라지게 된다. 커드를 잘게 자를수록 훼이가 더 많이 빠져 나가 더 단단한 치즈가 만들어지게 된다. 하드 치즈를 만들 때는 대개 커드를 자른 후 가열과정을 거치는데, 잘라 낸 커드를 가열하면서 저어 주면 훼이가 빠져 나가는 것을 촉진시켜 조직이 더 단단해지면서 치밀해진다. 이 때 커드를 가열하는 온도도 치즈의 종류에 따라 다양한데, 고온으로 가열한 커드가 더 단단한 치즈가 된다.

모짜렐라나 프로볼로네 같은 늘어나는 조직의 치즈를 만들기 위해서는 커드를 잘라낸 후 부드러운 고무처럼 늘어날 때까지 커드를 가열한다. 그 후 커드를 반죽하듯이 늘리는 과정을 반복하면 유연한 고무처럼 늘어나는 독특한 조직이 형성된다. 훼이를 제거한 커드는 다양한 크기와 모양의 틀에 넣어 모양을 만드는데, 나무나 스테인레스, 바구니, 천 등이 틀로 사용된다. 틀에 넣은 커드는 자연적으로 단단해 지도록 내버려 두기도 하고 더 단단한 치즈를 만들기 위해 위에서 압력을 가하기도 한다.

셋째, 모양을 만든 커드에 소금을 가하는 과정으로, 소금의 양에 따라 맛, 수분함량, 질감 등이 달라진다. 소금은 치즈제조에 있어 아주 중요한 역할을 하는데, 우선 젖산의 형성을 돕고 미생물의 번식을 억제하는 효과가 있다. 또한 건조과정을 촉진시켜 치즈의 외피 형성에 도움을 주기도 하며 특수한 숙성균의 성장을 도와 치즈의 맛과 향을 좋게 한다. 크림치즈나 코티지치즈를 제외한 대부분의 치즈는 가염 과정을 거친다. 가염을 하는 방법에는 소금물에 담그는 방법과 건조염을 표면에 바르는 방법이 있는데, 에멘탈(Emmental) 치즈 같은 경우는 소금물에 담그는 방법을 사용하며, 파르미지아노(Parmigiano)나 호크포르(Roquefort) 같은 치즈들은 건조염을 사용한다. 또는 그뤼에(Gruyere)처럼 소금물로 적신 천으로 표면을 문지르거나, 체다처럼 커드에 미리 소금을 섞는 경우도 있다.

넷째, 저장과 숙성가염, 세척을 거친 커드는 적절한 온도와 습도가 유지되는 곳에서 숙성시킴으로써 치즈의 독특한 색과 질감, 맛, 향이 생긴다. 좋은 치즈를 만들기 위해서는 숙성실의 환경이 습하고 선선해야 하며, 환기가 잘 되어야 한다. 숙성실의 온도는 보통 10℃내외이며, 습도는 80%~95% 정도로 높게 유지시킨다. 보통 소프트 치즈는 겉에서 안쪽으로 숙성이 이루어지며, 하드치즈는 안쪽에서 바깥쪽으로 숙성이 진행되는데, 숙성되는 동안 치즈에 있는 미생물이나 효소들이 작용하여 치즈 고유의 질감과 풍미를 얻게 된다. 또 숙성시키는 동안 치즈 외피를 소금물이나 와인, 맥주 등으로 닦아주면 특징적인 붉은색의 외피가 형성되고, 특유의 향을 갖게 된다. 겉 표면에 기름을 바르거나 붕대를 감는 경우도 있다. 숙성과정을 거치는 동안 치즈에 들어있는 유당은 젖산균에 의해 젖산으로 변하며, 지방과 단백질 또한 변화를 일으킨다. 특히, 단백질의 가수분해는 치즈의 맛과 질에 크게 영향을 준다. 숙성기간 동안 일어나는 지방성분의 가수분해 또한 중요한데 우유지방은 대부분의 치즈에 있어서 향기성분의 생성에 기여하기 때문이다.

치즈는 살아있는 생명체를 함유하고 있고 영양가가 높은 만큼 미생물의 좋은 배양지가 되어 부패될 우려가 높다. 지방함량이 많아 높은 온도에서 보관하면 지방이 쉽게 분리되고, 공기 중에 오래 방치하면 쉽게 산화 분해되므로 직사광선을 피하고 청결하고 통풍이 잘되는 건냉한 곳에 보관해야 하며, 냄새가 강한 야채나 생선 등과 함께 보관하는 것을 피해야 한다. 치즈의 보관온도는 3~5℃가 가장 이상적이며 0.5℃ 이하에서는 냉동되어 푸석푸석한 조직이 된다.

자연치즈는 발효미생물, 주로 젖산균이 그대로 살아 있어서 오래 보관하면 숙성이 지나쳐 품질이 저하된다. 한번 사용한 치즈는 표면이 건조하여 단단해지거나 곰팡이가 발생하는 수가 있으므로 밀폐된 용기에 넣거나 쿠킹호일이나 유니랩으로 밀착시켜 포장하여 냉장고에 보존한다. 치즈는 표면에 곰팡이가 발생한 것이라도 표면의 일부만일 경우에는 그 부분을 잘라내고 사용하면 된다. 치즈의 고유한 맛과 부드러움을 되살리기 위하여 먹기 한 시간 전에 실온에서 보관하였다가 먹는 것이 맛이 좋다. 그러나 생치즈나 연질치즈는 저온상태로 섭취하는 것이 맛과 질감이 좋다.

4
치즈의 분류
Classification of Cheese

치즈의 분류는 사용된 원유(젖소, 양, 순록, 물소, 당나귀, 염소, 낙타 등)에 따라 분류하기도 하고 숙성시킬 때 사용한 곰팡이나 박테리아 종류에 따라, 또는 치즈의 제조과정에서 이용한 응결방법, 숙성방법, 첨가물, 숙성조건(온도, 시간, 습도)에 따라 분류하기도 하지만 대체적으로 경연질에 따라 분류한다.

또한 치즈를 자연치즈와 가공치즈로 분류하기도 한다. 자연치즈는 치즈를 숙성시킨 미생물이 온도 또는 습도의 영향으로 숙성을 계속하게 되므로 같은 종류라도 먹는 시기에 따라 독특한 맛이나 향취가 다르게 된다. 가공치즈는 자연치즈를 우리의 기호에 맞게 가공한 것으로 강하게 느껴지는 향취를 약하게 유화시킨 것이다. 가공치즈는 품질이 안정되어 있기 때문에 보존성이 좋으며, 소비자가 용도에 알맞은 제품을 선택할 수 있는 장점이 있다.

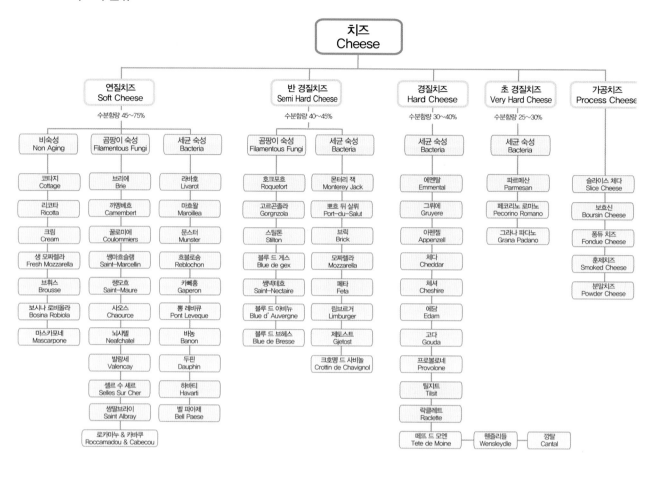

5
치즈의 종류
kind of Cheese

1) 연질치즈(Soft Cheese)

　　연질치즈는 가장 부드러운 치즈들을 말하며, 수분함량은 45~75% 정도이며, 비숙성·세균숙성·곰팡이 숙성으로 분류한다. 연질치즈 중에서도 비숙성치즈(fresh cheese)는 스푼으로 쉽게 떠서 먹을 수 있고 음식물에도 발라서 사용한다. 연질치즈는 맛이 순하고 조직이 매끄럽고 매우 부드럽기 때문에 이 치즈를 보관할 때는 너무 통풍이 잘되는 곳은 피하고 약간 습기 차면서 건조한 곳에 특별히 보관해야 하며, 보존성이 좋지 않으므로 제조 후 빠른 기일 내에 소비해야 한다.

연질치즈(Soft Cheese) ➡ 비숙성(Non Aging)

코타지
Cottage

산지 및 특성 원산지는 네덜란드로, 처음에는 우유를 자연적으로 유산발효시켜 카세인을 응고시켜 만들었다. 보통 탈지유로 만드는 숙성시키지 않은 치즈로 저칼로리 고단백질 식품으로 미국에서 대량으로 소비된다. 맛이 더 좋도록 하기 위해 14~20% 정도의 크림을 첨가하며, 지방함량은 약 5.5% 정도이다.

용 도 샐러드, 치즈케이크, 파이 샌드위치 등에 사용한다.

리코타
Ricotta

산지 및 특성 이태리산 소젖 또는 양젖을 원료로 한 비숙성 연질치즈로, 지방함량은 20~30%로 비교적 적으며, 입에 닿는 감촉이 코타지 치즈와 유사하다. 치즈를 만드는 과정에서 나오는 훼이(whey)에 신선한 밀크나 크림을 첨가해 한번 더 데워서 만드는 '훼이 재활용' 소프트 치즈이다.

용 도 라비오리, 카네로니, 과자, 디저트로 사용한다.

크림
Cream

산지 및 특성 크림이나 크림을 첨가한 우유로 만드는 치즈로 버터처럼 매끄러운 조직으로 되어 있고, 숙성이 되어 있지 않아 맛이 부드럽고 매끄럽다. 특히, 미국에서 인기 있는 치즈이며, 일반 치즈와 달리 짠맛 대신 약간 신맛이 나고 끝맛이 고소하다. 수분함량이 높고 지방이 45% 이상 들어 있는데, 지방함량이 65%를 넘으면 더블크림치즈라고 한다.

용 도 케이크, 샌드위치, 샐러드용으로 많이 사용한다.

**버팔로
모짜렐라**
*Buffalo
Mozzarella*

산지 및 특성 이태리 남부지방의 물소 젖으로 만든 순하고 부드러운 질감의 치즈. 크림빛이 도는 흰색, 또는 옅은 상아색이며, 녹으면 고무처럼 늘어나고 쫄깃쫄깃한 질감을 갖는다. 신선한 젖내 속에 가벼운 단맛과 신맛이 나며, 치즈 특유의 냄새가 없어 치즈 초심자들도 부담 없이 먹을 수 있고 유장과 함께 보관한다.

용 도 샐러드, 샌드위치, 요리용으로 사용한다.

브휘스
Brousse

산지 및 특성 프랑스산으로 전통적으로 양젖으로 만들지만 현재는 소젖으로도 만든다. 응유를 바구니에 담아 유청을 배출시키므로 바구니 모양이 된다. 45% 정도의 지방함량을 가진다. 가염하여 건조시킬 수도 있으며, 샐러드용으로 많이 사용한다. 코르시카 섬에서는 브로치오라 불린다.

용 도 샐러드, 뷔페용 치즈로 사용한다.

**보시나
로비올라**
Bosina Robiola

산지 및 특성 이태리 남부 페이드몬트에 위치한 작은 마을인 올타랑가 지방에서 소젖으로 만들어지는 치즈이다. 현대적인 장비를 사용하여 만들어지나 제조법은 옛날의 제조법에 따라 만들어진다. 100%의 자연적인 재료만을 사용하며, 상온에 보관하였다가 먹는 것이 가장 이상적인 맛을 느낄 수 있다.

용 도 뷔페치즈, 샌드위치, 디저트 치즈로 사용한다.

마스카포네
Mascarpone

산지 및 특성 이태리산 Cheese로, 신선한 Cream을 가열하여 시게하고 남은 응유의 물을 빼고 거품이 나게 휘저어서 만든다. 크림을 원료로 사용하기 때문에 지방함량이 55~60%로 높고 고체 Cream Cheese이다. 이태리에서는 일반적으로 Cream처럼 사용되거나 보통 Desert로 신선한 과일과 함께 먹는다.

용 도 크림처럼 사용하거나 케이, 디저트로 가장 많이 사용한다.

연질치즈(Soft Cheese) ➡ 곰팡이 숙성(Filamentous Fungi)

브리에
Brie

산지 및 특성 치즈의 여왕으로 불리며 파리 부근 Marne 계곡의 La Brie 지역의 이름을 딴 것이며, 몸체는 매끄럽고 윤이 나는데 순백의 껍질을 가지고 있으며 내부는 크림과 같은 하얀 색을 가진 부드러운 치즈이다. 1815년 cheese contest에서 왕으로 뽑혔을 정도로 고급 cheese이다. 지방함량은 40~60%이다.

용 도 뷔페치즈, 디저트, 와인안주 등으로 사용한다.

까멩베흐
Camembert

산지 및 특성 18세기 노르망디 지방 어느 농부의 아내인 Marle Harel이 제조자로 알려져 있으며, 까멩베흐 마을의 이름을 따서 지어진 것이다. 이것은 나폴레옹 시대에 유명해졌으며 손가락으로 부드럽게 눌러도 들어갈 만큼 조직이 연하며, 풍부한 맛을 지니고 있으며, 촉감이 말랑말랑하다. 지방함량은 45~50%이다.

용 도 과일과 함께 뷔페, 디저트, 와인안주 등으로 사용한다.

꿀로미에
Coulommiers

산지 및 특성 프랑스산 치즈로 Brie보다 크기가 작지만 두께가 더 두꺼운 치즈로서 겉모양은 camembert에 가깝다. 겉모양을 제외하면 Brie와 매우 비슷하며, 일반적으로 짧은 기간 동안 숙성시키기 때문에 Brie보다 맛이 순하다. 지방함량은 45~55%이다. 부드러운 아몬드 맛이 난다.

용 도 뷔페, 디저트치즈 등으로 사용한다.

쌩마흐슬랭
Saint-Marcellin

산지 및 특성 프랑스산 치즈로, 원래는 염소젖으로 만들지만 현재는 소젖으로 만든다. 4~9월에 만든 것이 품질이 가장 좋으며, 소형의 원반형에 껍질에는 청회색 곰팡이가 되어 있고 무게는 100g 정도 나간다. 이 치즈는 크림 성분이 많은 상태로 시식되며, 약간 씁쓸한 맛이 난다.

용 도 디저트, 뷔페용으로 사용한다.

쌩모흐
Saint-Maure

산지 및 특성 염소젖으로 만드는 프랑스산 치즈로 8~9세기경에 만들어진 매우 부드럽고 연한 치즈이며, 막대 모양이다. 45%의 지방함량을 가진다. 치즈 가운데를 가로지르고 있는 밀짚들은 이 치즈의 특징 중 하나로서, 모양이 긴 이 염소젖 치즈를 단단하게 해주며, 무게는 약 240그램 정도이다.

용 도 샐러드, 뷔페용으로 사용한다.

사우르스
Chaource

산지 및 특성 프랑스 샹파뉴 지방이 원산지로 소젖으로 만들어진다. 큰 것은 직경 11cm, 두께 6cm에 무게는 대략 450g 정도이고, 작은 것은 직경 8cm, 두께 6cm, 무게는 대략 200g으로 납작한 원통 모양으로 생산된다. 제조 방법에 따르면 적어도 2주일 간의 숙성기간이 필요하다.

용 도 뷔페, 디저트, 카나페, 와인안주 등에 사용한다.

뇌샤텔
Neafchatel

산지 및 특성 프랑스 노르망디 북쪽에 있는 페이 드 브레이(Pays de Bray)에 있는 뇌샤텔이라는 지방의 수도원에서 만들기 시작하였다. 10일 정도면 숙성되지만 보통 3주 정도 숙성시키며, 아주 연한 조직과 부드러운 맛을 가지고 있다. 지방함량은 약 45% 정도이고 크기와 모양에 따라 6개의 종류가 있다.

용 도 카나페, 수프레드, 샐러드, 드레싱 등 디저트식품을 만들 때 사용한다.

발랑세
Valencay

산지 및 특성 염소젖 cheese의 명산지 Berry 지방에서 나오는 명품치즈이다. Valencay는 원래 그 모양이 피라미드와 똑같이 생겼었는데, 나폴레옹이 이집트 원정을 다녀온 후, valencay 성에 머물다가 이 cheese를 보고 이집트 피라미드가 연상되어 칼을 꺼낸 뒤 위 부분을 잘라 버려서 이런 모양이 되었다고 한다. 3주 정도 숙성한다.

용 도 뷔페, 카나페, 와인안주용으로 사용한다.

셀르 수 셰르
Selles Sur Cher

산지 및 특성 이 치즈를 생산하는 샹트르 지방 사람들은 곰팡이가 낀 치즈의 껍질까지 먹으면서 이것이 진짜 cheese의 맛이라고 생각한다. 처음에는 딱딱한 것 같지만 조금 지나면 촉촉하고 부드럽게 입 안에서 녹는다. 맛은 약간 시고 짜면서 달콤하며, 향은 염소젖 고유의 냄새와 어두운 지하실의 곰팡이 냄새가 섞여서 나온다.

용 도 뷔페, 디저트, 카나페, 와인안주에 사용하다.

쌍딸브라이
Saint Albray

산지 및 특성 프랑스산으로 1976년에 처음으로 만들었고 원반형으로 크기는 대략 2kg 정도로 만들어진다. 약간 붉은색을 띤 갈색의 외피를 가지고 있으며, 외피에는 흰색 곰팡이로 덮여져 있다. 숙성기간은 약 2주 정도로 짧은 편이며, 부드러운 맛과 크리미한 지방의 고소함도 좋다. 조직이 탄력적이어서 질감도 뛰어나다.

용 도 뷔헤치즈, 와인안주, 디저트 등에 사용한다.

**로카마누 &
카바쿠**
*Roccamadour
& cabecou*

산지 및 특성 cabecou는 이 지방의 고어로서 작은 염소란 뜻이다. 이 치즈는 작고 숙성을 빨리 시켜 껍질이 얇고 우유와 곰팡이 냄새가 어우러진 부드러운 맛을 가지고 있다. 뒷맛 역시 상큼하고 달콤하며, 헤이즐넛 향이 풍긴다. 숙성은 4주 이상 시킨다.

용 도 뷔페, 디저트, 와인안주 등에 사용한다.

연질치즈(Soft Cheese) ➡ 세균숙성(Bacteria)

리바호
Livarot

산지 및 특성 12세기 중엽부터 프랑스 노르망디 지방의 소젖으로 만드는 오래 된 치즈이다. 이 치즈에는 옛날에는 버드나무로 만들었지만 현재는 갈대나 종이로 만든 다섯 개의 띠가 둘러쳐져 있다. 지방함량은 40~50%로 향기와 맛이 강한 편이다. 19세기에는 노르망디인들이 가장 많이 소비한 치즈이다.

용 도 뷔페치즈, 와인 안주 등으로 사용한다.

마흐왈
Maroillea

산지 및 특성 소젖으로 만들어지는 프랑스산으로 10세기에 마흐왈 수도원의 수도승에 의해 만들어진 가장 오래 된 치즈 중의 하나이다. 수도 없이 솔질을 하고 세척을 하여, 외피가 오렌지 빛이 도는 아름다운 붉은색을 띤다. 지방함량은 45~50%이고 윤기가 나는 적갈색으로 맛은 강하다.

용 도 디저트로 사용, 맥주와 잘 어울린다.

문스터
Munster

산지 및 특성 7세기경 독일의 서부국경 근처의 문스터 지역에서 처음 만들어졌으며, 이 치즈는 매끄럽고 약간 습한 외피가 특징인데, 외피는 오렌지빛이 도는 노란색에서부터 붉은색까지 다양하며, 치즈 속 부분은 부드럽고 윤기가 있다. 강하지만 독하지는 않은 맛을 낸다. 지방함량 40% 정도이다.

용 도 샌드위치, 피자, 감자와 곁들여 사용한다.

흐블로숑
Reblochon

산지 및 특성 프랑스 치즈로 가축에게서 두 번째로 받아 낸 젖을 의미하는 Savonard라는 사투리에서 유래된 이름이지만 원래 농부들이 낮에 우유짜기를 마친 후에 자신들이 사용하기 위해 몰래 가져온 우유로 만들었다고 한다. 이 치즈는 빨리 숙성되며, 지방함량은 45~50%로 껍질은 분홍색이 도는 회색이다.

용 도 디저트, 뷔페치즈 등으로 사용한다.

카뻬홍
Gaperon

산지 및 특성 프랑스산 치즈로 약하게 압착하여 소형의 돔 형태로 만들며 버터, 밀크나 탈지유를 원유로 사용하고 마늘 향 또는 후추 맛을 내기도 한다. 지방함량은 30% 정도이다.

용 도 뷔페, 와인 안주 등으로 사용한다.

뿅 레비큐
Pont Leveque

산지 및 특성 17세기 노르망디 지방에서 처음 만들어진 치즈로, 숙성이 진행될수록 껍질이 딱딱해지고 붉은색을 띠며, 속살에는 작은 구멍이 생긴다. 더 익으면 지방분 때문에 반짝거리며, 달콤한 맛이 오래 가는 것이 특징이다. 숙성은 2주 동안 하지만, 6주 이상 한다. 완숙된 것은 강한 향과 맛을 내고 45~50% 지방함유

용 도 뷔페치즈, 와인안주 등으로 사용한다.

바농
Banon

산지 및 특성 프랑스산 치즈로, 원래는 염소젖으로 만드나 겨울, 봄에는 양젖으로도 만들고, 이것을 브랜디와 포도주를 짠 찌꺼기의 혼합액에 담가 소형의 원주형으로 만들어 밤나무 잎으로 싸거나 생선묵 모양으로 만들어 허브를 얹어 풍미를 내며, 잎에 싸진 상태에서 수입한다. 지방함량은 45~50% 정도이다.

용 도 뷔페치즈, 와인안주 등으로 사용한다.

두핀
Dauphin

산지 및 특성 프랑스산 연질치즈로 압착되어 있지 않아 지방함량은 50%로 바나나 형태로 만들어지며, 색은 어두운 오랜지색을 띤다. 마흐왈과 흡사하며, Tarragon과 Pepper의 풍미가 있다.

용 도 디저트, 와인안주, 뷔페 등에 사용한다.

하바티
Havarti

산지 및 특성 네덜란드산 연질치즈이다. 'Dry rind(건 외피)'와 'Washed rind(세척 외피)'의 두 종류가 있으며, 'Washed rind'가 더 풍성한 맛이 난다. 잘게 자르면 잘 녹고 연하며, 부드러운 맛이다.

용 도 뷔페, 샌드위치, 요리용으로 사용한다.육

벨 파아제
Bel Paese

산지 및 특성 이태리산 치즈이며, 세계적으로 가장 인기 있는 치즈 중 하나이다. 1906년 롬바디에서 에지디오 갈비니에 의해 처음 만들어진 치즈로, 속은 결이 고운 크림 형태로 맛이 부드럽다. 45~50%의 지방함량을 가진다.

용 도 스낵, 샌드위치와 어울리며 뷔페, 디저트, 요리용으로 사용한다.

2) 반 경질치즈(Semi Hard Cheese)

반 경질치즈는 세균숙성치즈와 곰팡이 숙성치즈로 분류되며, 수분함량은 40~45% 정도로 대부분 응유를 익히지 않고 압착하여 만들어진다.

반 경질치즈(Semi Hard Cheese) ➡ 곰팡이 숙성(Filamentous Fungi)

호크포흐
Roquefort

산지 및 특성 양젖으로 만든 프랑스산이며, 세계에서 가장 오래된 치즈로 2000년 전부터 있었다고 한다. 아비뇽 지역의 석회암 동굴이 있는 호크포흐 마을에서 만들어 졌으며, 통풍이 잘 되며 습기차고 서늘한 환경의 동굴환경이 특이한 맛과 부드럽고 말랑한 촉감을 만든다. 지방함량은 50%이고 최소한 3개월 숙성한다.

용 도 샐러드, 드레싱, 디저트 등으로 사용한다.

고르곤졸라
Gorgonzola

산지 및 특성 이태리산 치즈로, 표면은 원래 벽돌가루, 라드, 색소를 혼합하여 치즈 표면에 바름으로써 붉은색 덮개로 보호하지만, 요즘은 주석 박판으로 보호한다. 숙성이 지나치면 강한 향기가 나며, 속은 부드러운 크림 형태이다. 소젖으로 만들며, 지방함량은 50% 정도이다.

용 도 샐러드, 드레싱, 디저트, 뷔페치즈 등으로 사용한다.

스틸톤
Stilton

산지 및 특성 영국산 치즈로 18세기 중엽 스틸톤이라는 마을에서 처음으로 만들어졌다. 호크포흐나 고르곤졸라보다 더 부드럽기는 하지만 약간 강한 맛을 내며, 영양분이 많고 냄새가 좋다. 페니실린이라는 푸른곰팡이로 숙성시켜 대리석처럼 푸른 무늬가 있는 것이 특징이다. 소젖으로 만들며, 지방함량은 48% 정도이다.

용 도 디저트, 뷔페치즈, 드레싱 등으로 사용한다.

블루 드 게스
Blue de gex

산지 및 특성 해발 6000피트의 쥐라 산맥 기슭에서 만들어지는 치즈로 전통적인 방법으로 쥐라 산맥에서 생산되는 향료와 꽃을 우유에 넣어 향이 들게 하여 치즈를 만든다. 요즘에는 페니실린을 사용하여 대리석모양의 연한 푸른색의 곰팡이가 생기며, 숙성기간은 1～3개월 정도 한다.

용 도 샐러드, 드레싱, 뷔페치즈로 사용한다.

쌩넥테흐
Saint- Nectaire

산지 및 특성 쌩넥떼흐는 오베르뉴 지방의 대표적인 cheese로서, 루이 14세의 식탁에 오른 것이라고 한다. 이 cheese는 충분히 숙성을 시켜야 제맛이 나고, 숙성은 5～8주 시키는데, 이보다 숙성기간이 짧으면 고유의 맛과 향이 덜 난다. 속살은 비단같이 부드럽고 약간 신맛을 내면서 자극적인 맛을 나타낸다.

용 도 디저트와 뷔페치즈로 주로 사용한다.

**블루 드
아비뉴**
*Blue
d'Auvergne*

산지 및 특성 프랑스 아비뉴 지방의 한 농부가 1845년에 자신이 만든 치즈에 먹다 남은 빵에 핀 푸른곰팡이를 넣었다. 여기서 Bleu d'Auvergne라는 명칭이 유래되었다. 이 소젖으로 만든 블루치즈는 이름이 말해 주듯이 프랑스 동남부에서 생산된다. 깊게 숙성될수록 맛이 좋다.

용 도 샐러드, 뷔페치즈로 사용한다.

**블루 드
브헤스**
Blue d Bresse

산지 및 특성 프랑스산 치즈로 생산지는 대부분 Jura이며, 이 치즈는 부드러운 맛을 지녔고, 버섯향·우유향·사철쑥류의 향이 난다. 이 치즈가 다른 블루치즈들과 확연히 다른 점은 맛이 눈에 띄게 깊으며, 향이 덜한 편이고, 약간 쓴 맛이 난다. 삶은 감자와 함께 먹으면 좋다.

용 도 디저트와 뷔페치즈로 사용한다.

반 경질치즈(Semi Hard Cheese) ➡ 세균 숙성(Bacteria)

몬터리 잭
Monterey jack

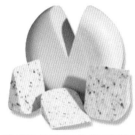

산지 및 특성 1840년 캘리포니아 몬테리에서 스페인 선교사에 의해 소젖으로 처음 만들어진 치즈로 스코트랜드인 데이비드 잭에 의해 1880년에 대량생산을 시작하였다. 다른 잭치즈와 구별하기 위해 지명과 자신의 이름을 따서 몬터리잭이라 하였다. 지방함량은 40% 정도이며 부드러운 질감과 연노란색을 띈다.

용 도 피자, 요리용으로 사용한다.

뽀흐 뒤 살뤼
Port du Salut

산지 및 특성 9세기 후반 프랑스의 Port du salut 수도원에서 처음 소젖으로 만들어지고 약하게 압착하여 만든다. 직경 25cm, 두께 5cm 정도의 원판형이 일반적이다. 속은 노란 크림 모양으로 탄력성이 있고 맛은 부드럽다. 지방함량은 45~50%이다.

용 도 뷔페, 요리용으로 사용한다.

브릭
Brick

산지 및 특성 미국산 치즈로, 1875년 위스콘신 주에서 스위스 치즈 기술자 존조시에 의해서 처음 소젖으로 만들어졌다. 이 치즈의 이름은 벽돌 모양으로 만들어진 것에 연유한다. 지방함량은 50% 정도이고 숙성 기간은 2~3개월로 칼로 쉽게 잘리고 부드러운 맛과 향을 가지고 있다.

용 도 뷔페, 요리용, 샐러드, 샌드위치 등으로 사용한다.

모짜렐라
Mozzarella

산지 및 특성 원래는 남부 이태리 지역의 물소젖으로 만들어진 치즈이나 현재는 소젖으로 만든다. 나폴리 지방에서 시작된 피자에 넣은 치즈가 모짜렐라이며, 흔히 '피자 치즈'로 많이 알려져 있다. 생모짜렐라는 주로 에피타이저나 샐러드에 주로 사용하고 숙성시킨 것은 피자나 요리의 토핑용으로 사용한다.

용 도 피자, 요리용으로 사용한다.

페타
Feta

산지 및 특성 페타는 원래 목동들이 남은 우유를 저장하기 위한 목적으로 만들어진 그리스의 대표적인 치즈로 껍질이 없는 흰색으로 잘 부서지며, 소금물 속에서 숙성시킨다. 맛은 자극성이 있고 간이 강하고 지방함량은 20~50%이다.

용 도 주로 샐러드 등에 사용한다.

림브르거
Limburger

산지 및 특성 벨기에의 리지에서 처음 만들어지고 림브르거에서 판매되었다. 매우 강한 향기와 얼얼한 매운 맛을 가지며, 현재 독일과 미국에서 생산된다. 껍질은 황갈색이며, 지방함량은 35% 정도이다.

용 도 샐러드, 샌드위치, 뷔페치즈 등으로 사용한다.

제토스트
Gjetost

산지 및 특성 노르웨이의 대표적인 치즈로 소젖과 양젖을 혼합하여 만들며, 우유를 연한 갈색이 날 때까지 끓여 만들기 때문에 치즈의 색이 연한 갈색이며, 단맛이 난다. 스키어들에게 최고로 인기 있는 치즈이다.

용 도 테이블 치즈, 디저트, 요리용으로 사용한다.

**크호뗑 드
사비뇰**
*Crottin de
Chavignol*

산지 및 특성 프랑스 상세르 지방의 염소젖 치즈로, 숙성되면서 단단해지고 갈색이 된다. 최소한 8일 이상 숙성시켜 먹으며 맛은 자극적이고 짜지만, 이 자극적인 맛을 가지고 있을 때가 가장 신선하고 숙성이 잘 된 때이다. 35% 정도의 지방함량을 가진다.

용 도 샐러드, 그릴요리, 뷔페치즈 등으로 사용한다.

3) 경질치즈(Hard Cheese)

경질치즈는 쥐라나 알프스 산악인들이 그들의 겨울 식량을 고산지대 목장에서 만들어 냄으로써 유래되었다고 한다. 수분함량이 30~40%로 일반적으로 경질치즈는 제조과정에서 응유를 끓여 익힌 다음, 세균을 첨가하여 3개월 이상 숙성시켜서 만들어진다. 운반과정을 용이하게 하기 위해 일반적으로 큰 바퀴 형태로 만들어진다.

경질치즈(Hard Cheese) ➡ 세균숙성(Bacteria)

에멘탈
Emmental

산지 및 특성 스위스 에멘탈이 원산지로 이 나라의 대표적인 치즈다. 탄력 있는 조직을 가지고 있으며, 호두 맛을 낸다. 지름 1m, 무게 100kg의 큰 원반형으로 세계 최대의 치즈이고, 숙성기간은 10~12개월이다. 숙성 중에 프로피온산균에 의한 가스 발포로 인해 치즈 내부에 체리만한 가스 공이 형성된다.

용 도 샌드위치, 샐러드, 뷔페 등 다양하게 사용한다.

그뤼에
Gruyere

산지 및 특성 스위스산 치즈로, 소젖으로 만든다. 작은 구멍이 전체에 흩어져 있으며, 보다 긴 숙성기간 동안의 처리 때문에 향기가 더 강하고 맛이 짜며 감촉이 부드럽고 노란 호박색을 띠고 있다. 숙성기간은 4~6개월로 습하고 서늘한 지하창고에서 숙성 정규적으로 솔질을 하고 축축하게 적시는 과정이 필요하다.

용 도 퐁듀, 그라탕 등 요리용으로 사용한다.

아펜젤
Appenzell

산지 및 특성 스위스 치즈로 소젖으로 만든다. 8~9세기경 오스트리아 국경 근처 상가엔 지방의 산 이름을 따서 만들어진 치즈이다. 사과주나 백포도주에 담갔다가 숙성 중에 허브 등을 넣어 풍미를 낸다. 전통적인 아펜젤러는 저온살균하지 않은 신선한 생유로 만들어진다.

용 도 샌드위치, 뷔페치즈, 요리용으로 사용한다.

체더
Cheddar

산지 및 특성 영국 체더가 원산지이며, 지름 37cm, 높이 30cm, 무게 약 35kg의 원통형이나 직육면체 치즈로 만들어진다. 숙성기간은 3~6개월로 부드러운 신맛이다. 현재는 특히 미국에서 많이 생산되고 있다. 맛은 순하고 부드러운 편이며, 숙성이 진행될수록 색깔과 맛이 진해진다

용 도 샌드위치, 샐러드, 피자 등 요리용으로 사용한다.

체셔
Cheshire

산지 및 특성 영국에 기원을 두고 있는 많은 고급치즈 중에 가장 오래 된 것이다. 체셔지역의 염분함유량이 풍부한 토양 위의 목초를 먹고 자란 암소의 젖으로 만들기 때문에 다른 곳에서는 모방할 수 없다. 소금기가 있고, 흐물흐물한 감이 있지만 맛은 강하지 않다.

용 도 샌드위치, 피자, 샐러드, 뷔페치즈 등으로 사용한다.

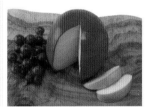

에담
Edam

산지 및 특성 네덜란드 북부 에담이 원산지이고 소젖으로 만든 치즈로 고우다 치즈와 함께 네덜란드의 대표적인 치즈. 수출용은 외부를 붉은색 코딩으로 제조한다. 맛은 부드럽고 약간 짠맛이 느껴지며, 숙성이 할수록 맛이 강해진다. 편평한 공모양이며, 지름 15cm, 무게 약 2kg이고 숙성기간은 3~5개월이다.

용 도 뷔페, 디저트, 요리용, 샌드위치 등으로 사용한다.

고다
Gouda

산지 및 특성 네덜란드 고다 지역에서 13세기경 처음 만들어졌으며 익히지 않고 압착시킨다. 처음에는 부드럽지만 숙성이 진행되면 독특하고 강한 맛이 난다 지름 30~35cm, 높이 10~13cm, 무게 약 8kg의 원판형으로 숙성기간은 36개월이다.

용 도 디저트, 뷔페, 요리용 등으로 사용한다.

프로볼로네
Provolone

산지 및 특성 이태리 남부 캄파니 지방의 특산 치즈로, 속이 매끄럽고 크림빛을 띤 백색이며, 숙성기간 중에 매달아 두었던 가느다란 끈의 자국이 있다. 훈제로 제조되기도 하며, 모양은 다양하지만 전통적인 것은 소세지 형태이다. 지방함량은 44% 정도이다.

용 도 요리용, 특히 피자파이에 주로 사용한다.

틸지트
Tilsit

산지 및 특성 19세기 중엽 독일 틸지트 지역에서 처음 만들어졌으며, 현재는 스위스, 스칸디나비아 등에서도 생산된다. 원반형으로 만들어지며 부드럽고 탄력성이 있다. 모양은 불규칙하고 작은 구멍이 있기도 하며, 캘러웨이 씨를 넣어 만들기도 한다. 맛은 가벼운 신맛이 난다.

용 도 와인안주, 샐러드, 뷔페치즈 등으로 사용한다.

락클레트
Raclette

산지 및 특성 스위스산 치즈로, 속은 연한 노란색으로 매우 부드럽고 작은 구멍이 조금 있고, 껍질은 딱딱하며 회갈색이다. 원반형의 치즈를 반으로 잘라 열을 가해 녹으면 긁어서 야채, 빵, 피클, 감자 등과 먹는 데에서 붙여진 이름이다. 부드럽고 시큼하며, 호두향 같은 맛난 향이 난다.

용 도 요리용, 테이블치즈에 사용한다.

떼뜨 드 모엔
Tete de Moine

산지 및 특성 스위스 치즈로, 어느 수도승에 의해 처음 만들어졌으며, 전통적으로 여름에 생산된 우유로만 만들어지고 익히지 않고 압착시켜 만든다. 특별히 제작된 기구를 이용해 곱슬하게 꽃 모양으로 깎아서 규민이나 후추를 뿌려 먹기도 하고 견과류나 과일이 잘 어울린다. 지나치게 숙성되면 향이 강하다.

용 도 디저트, 뷔페치즈 등으로 사용한다.

웬즐리들
Wensleydle

산지 및 특성 영국산 치즈로, 요크주 웬즐리들에서 처음 만들어졌으며, 압착하여 만든다. 흰색과 푸른색이 있는데, 흰색은 부슬부슬하여 잘 부서지며 애플파이용으로 많이 쓰이며, 푸른색은 크림 모양으로 감칠맛이 나며 맥주와도 잘 어울린다. 지방함량은 48%이다.

용 도 흰색은 애플파이, 푸른색은 맥주안주 등으로 사용한다.

깡탈
Cantal

산지 및 특성 프랑스 오뵈르니 지방산으로 로마 시대부터 생산된 오래 된 치즈이다. 위가 약한 사람이 좋아해서 널리 애용되고 있다. 치즈의 외피에 원산지를 표시하는 작은 알루미늄 조각이 붙어 있다. 소젖으로 만들며, 지방함량은 45% 정도이다.

용 도 소스, 샌드위치, 디저트, 뷔페치즈 등으로 사용한다.

4) 초경질치즈(Very Hard Cheese) ➡ 세균숙성(Bacteria)

초경질치즈는 수분함량이 25~30%로서 매우 단단한 치즈로, 이탈리아의 대표적인 치즈인 Parmesan과 Romano이다. 이것은 주로 분말형태로 만들어서 샐러드나 피자, 스파게티 등 요리의 마무리 과정에 사용한다.

파르메산
Parmesan

산지 및 특성 이탈리아 파르마시가 원산인 매우 딱딱한 치즈로서, 숙성도에 따라 얇게 자를 수도 있고 분말 치즈로도 만들 수 있다. 독특한 풍미가 있으며, 자극적인 맛은 없다. 분말치즈로 만들어 사용한다. 지름이 30~45cm, 높이 15~25cm, 무게 15~35kg의 원통형이며, 숙성 기간은 3~4년이다.

용 도 샐러드, 피자 등과 요리의 마무리에 뿌려 먹는다.

**페코리노
로마노**
*Pecorino
Romano*

산지 및 특성 로마 시대부터 양젖을 가열하여 응고시킨 뒤 압착해 만드는 초경질 치즈이다. 표면은 매끄럽고 외피는 진갈색 또는 백색이다. 짠맛이 강하고 매운 맛이 특징이며, 로마인들이 애호하는 치즈이다.

용 도 안주, 식탁용 분말치즈로 가공하여 사용한다.

그라나 파다노
Grana Padano

산지 및 특성 이태리 에미리아 고마나 지방에서 우유로 만들어지는 치즈로 숙성기간이 매우 길다. 외피는 암색으로 아주 좋은 냄새가 나고 섬세한 맛을 가지고 있다. 이탈리아 요리에 빠지지 않는 치즈로 그냥 먹으면 알갱이가 씹히면서 고소한 풍미를 느끼게 한다.

용 도 안주, 식탁용 분말치즈로 가공하여 사용한다.

5) 가공치즈(Process Cheese)

가공치즈란 우유를 응고발효시켜 만든 치즈나 자연치즈 두 가지 이상을 혼합하거나 다른 재료를 혼합하여 유화제(乳化劑)와 함께 가열·용해하여 균질하게 가공한 치즈를 말한다. 1911년 스위스에서 최초로 시판되었으나, 유럽에서는 관심을 끌지 못하였다.

1916년 미국 J. L. 크래프트가 제조한 이래 수요가 늘기 시작하여 오늘날 치즈 생산량의 80% 이상을 차지한다. 주원료로는 체더치즈를 많이 사용하지만, 고우다, 스위스, 림브르거, 브릭, 카망베르치즈도 사용된다. 그 외에 과실, 채소. 고기, 향료 등을 넣기도 한다.

탈지분유를 넣은 치즈 식품이나 수분이 많고 잘 퍼지는 치즈 수프레이드 등도 가공치즈라 할 수 있다. 초기에는 불량치즈의 재생법으로 이용되었다. 가공치즈의 특색은 가열처리되어 보존성이 좋고 경제적이며, 원료치즈의 배합에 따라 기호에 맞는 맛을 낼 수 있다는 것, 맛이 부드럽다는 것, 여러 가지 형태와 크기의 포장이 가능하므로 다채로운 상품화를 꾀할 수 있다는 점 등이다.

슬라이스 체다
Slice Cheddar Cheese

산지 및 특성 체다치즈를 보관과 먹기 편리하게 얇게 썰어 만들어 놓은 치즈로 미국에서 대량생산되며, 우리나라에서 피자 치즈와 함께 가장 많이 소비되고 있다.

용 도 뷔페, 요리용, 샌드위치, 피자, 샐러드 등에 사용한다.

보흐신
Boursin Cheese

산지 및 특성 프랑스산 치즈로 마늘 맛과 향신료 맛이 가미된 치즈로 짭짤하게 간이 된 매우 부드러운 치즈이다. 바게트 빵이나 샐러드와 함께 먹으면 좋다.

용 도 뷔페, 에피타이저 치즈로 사용되기도 한다.

퐁듀 치즈
Fondue Cheese

산지 및 특성 가정에서 쉽게 퐁듀 요리를 할 수 있게 엔멘탈, 그뤼에, 와인, 브랜드, 향신료를 혼합하여 만들어진 치즈이다.

용 도 바게트, 삶은 새우, 야채 등을 찍어 먹는다.

훈제치즈
Smoked Cheese

산지 및 특성 자연치즈를 훈연한 제품으로 햄처럼 훈연의 맛이 난다. 훈연의 냄새 때문에 자연치즈의 꼬리한 냄새가 전혀 없으며, 조직은 하드 치즈류에 속하기 때문에 약간 단단하지만 맛은 부드럽다.

용 도 뷔페, 샐러드, 치즈 냄새를 싫어하는 사람에게 좋다.

분말치즈
Powder Cheese

산지 및 특성 파르메산, 페코리노 로마노, 그라나 파다노치즈를 분말로 만들어 다양한 용도로 쓰이고 있다.

용 도 스파게티, 피자, 샐러드, 드레싱, 요리용 등에 사용한다.

6) 치즈 도구(Cheese Tool & Utensil)

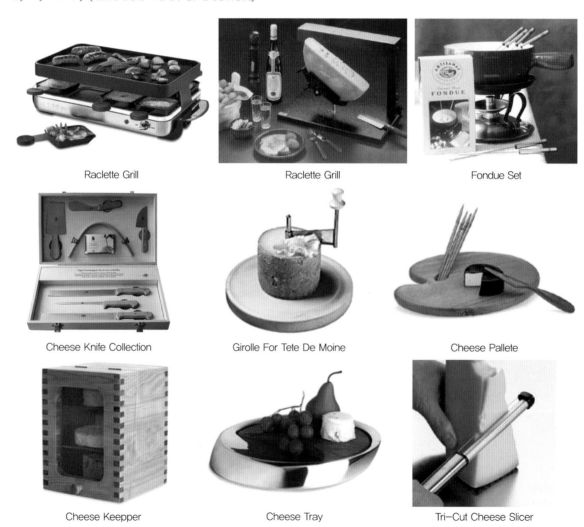

Raclette Grill

Raclette Grill

Fondue Set

Cheese Knife Collection

Girolle For Tete De Moine

Cheese Pallete

Cheese Keepper

Cheese Tray

Tri-Cut Cheese Slicer

Cheese Knife

Cheese Slicer

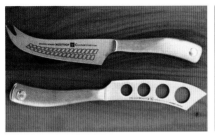

Culinary Cheese Knife

Olivewood Cheese Spreader

참고문헌

- 오석태 외, 서양조리학개론, 신광출판사, 1998.
- 나영선, 서양조리실무개론, 백산출판사, 1999.
- 김준철, 와인, 백산출판사, 2003.
- 인터콘티넨탈 직무교재, 1993.
- 롯데호텔 직무교재, 1990.
- Wayne Gisslen, Professional Cooking, Wiley, 2003.
- Paul Bouse, New Professional Chef, CIA, 2002.
- Sarah R. Labensky, Alan M. Hause, On Cooking, Prentice Hall, 1995.
- Paul Hamlyn, Larousse Fastronomique, Reed International Books Ltd, 1995.
- http://france.co.kr
- http://www.igourmet.com
- http://www.foodsesang.com
- http://blog.naver.com/formytears?Redirect=Log&logNo =100008711983

사진출처

- http://www.igourmet.com 리코타, 생모짜렐라, 브로시나, 브리에, 까멩베흐, 꿀로미에, 쌩마흐슬랭, 사우루스, 리바흐, 문스터, 흐블로숑, 카페흥, 바농, 호크포흐, 고르곤졸라, 블루드 게스, 블루드 아비뉴, 몬터리잭, 뽀흐드살뤼, 브릭, 페타, 벨파아제, 림브르거, 에멘탈, 그뤼에, 아펜젤, 체다, 체셔, 고다, 에담, 프로볼로네, 틸지트, 락클레트, 떼떼드모엔, 깡탈, 페코리노로마노, 그라나파다노, 보흐신
- http://blog.naver.com/formytears?Redirect=Log&logNo=100008711983 브휘스, 제토스트, 마흐왈, 쌩모흐, 뇌샤텔, 발랑세, 셀르세수르, 쌩넥테흐, 로카마누 카베쿠, 두핀, 하바티
- http://www.italcore.com/FrontStore/mgStartPage.phtml 풍듀치즈, 스모크, 블루드 브헤스
- http://www.foodsesang.com
- http://cooknfood.com.ne.kr/frame.htm 치즈
- http://blog.naver.com/dnjswon0921. 파르메산
- http://www.losurdofoods.com/products.htm 모짜렐라
- http://www.artisanalcheese.com/products.asp?dept=1003 조리도구

Chapter 7
육류
Meat

··· **학습목표**

• 육류(Meat)의 개념을 이해하고 육식의 역사와 육류의 구성과 역할을 학습한다.
• 육류를 가축과 야생동물로 분류하고 육류의 사용용도와 사용방법, 육질의 특징, 부위별 명칭, 숙성 및 저장 방법 등을 학습하여 실기에 적절히 응용하는 데 있다.

1
육류의 개요
Summary of Meat

가축(家畜, domestic animal)은 인류가 야생동물을 순치(馴致)개량한 것으로 사람의 보호 밑에서 자유로이 번식하는 인류생활에 유용한 동물로 젖, 고기, 알, 털, 피혁, 깃털 등의 축산물을 생산하는 것과 힘을 사역에 이용하는 것 이외에, 모습과 행동이나 소리를 감상하기 위한 애완동물도 포함한다. 현재 세계에서 가축으로 취급되는 것은 다음과 같다. 포유류에는 소, 양, 염소, 순록, 돼지 등이 있으며, 조류에는 닭, 칠면조, 거위, 오리, 메추리 등이 있다. 어류에는 잉어, 붕어 등이 있고, 곤충류에는 누에, 꿀벌 등이 있다. 보통 가축이라 할 때는 어류와 곤충류를 제외하고 포유류와 조류만을 말하는 경우가 많다. 그러나 조류에 속한 것을 가금(家禽)이라 하여, 이를 제외하고 포유류만을 좁은 뜻의 가축이라 하기도 한다.

이러한 가축에서 생산되는 도체를 육류라 하며, 육류라고 하는 것은 소, 송아지, 돼지, 양 등 동물의 도체에서 생산되는 고기를 의미한다. 이러한 동물을 재료로 사용한 요리를 육류요리라 하며, 육류요리는 우리 식생활에 꼭 필요한 영양을 공급해 주는 식품으로 소, 송아지, 양, 돼지 등이 있고, 이외의 것들도 식육으로 이용되기도 한다. 단백가가 높은 양질의 단백질을 공급하며, 지방은 주로 덩어리 형태의 포화지방이 많고 콜레스테롤의 함량도 비교적 높다.

동물이 살이 찔 때는 약간의 수분과 살코기의 단백질이 지방으로 변하여 마블링 형태로 침착 되는데 m 마블링은 고기의 등급을 결정하는 중요한 요인이다. 고기의 색은 일반적으로 적색인데, 가축의 나이, 고기의 숙성기간, 식육처리 후의 경과시간 등에 따라 상당한 차이가 있다. 처음에는 선명한 적색을 나타내고 있어도, 공기에 닿는 기간이 걸어지면 갈색을 띠기 시작한다. 고기 색깔은 미오글로빈(근육색소)이 주체이고, 여기에 헤모글르빈(혈액색소)의 색깔이 섞여 있는데, 육류를 공기 중에 오랫동안 방치해 두면 메티미오글로빈이 되어 갈색으로 변하기 시작하며, 부패하게 된다.

고기를 도살하면 사후경직이 일어나며, 당의 분해와 신장력을 상실하기 때문에 칼이 안 들어갈 정도이다. 사후경직 후 경직해제현상이 있는데, 사후경직이 끝난 후 서서히 풀려 부드러워지는 숙성과정을 거친다. 숙성과정을 거치며 고기의 맛과 풍미가 향상되는데, 고기의 맛은 고기 속에 들어 있는 아미노산류와 IMP가 주체이고 지방분의 맛이 가해지며, 처리직후보다 숙성시킨 뒤에 맛이 더 나는 것은 단백질과 ATP가 분해되어 아미노산류나 IMP가 증가되기 때문이다. 육류는 수분 함량이 많아 미생물이 쉽게 번식함으로 높은 수준의 위생·청결·온도·습도 관리가 유지되어야 한다.

고기를 요리할 때는 근육의 방향을 고려하여 썰어야 하는데, 간단하게 소금, 후추를 치는 것에서부터 향신료를 사용하여 만든 액체에 마리네이드한 뒤에 조리하는 것, 가열한 뒤에 끓이는 것 등 여러 가지가 있다. 가열할 경우에 부드러운 부분을 지나치게 가열하면 굳어져서 입에 닿는 촉감이 좋지 않다. 특히, 비프스테이크나 로스트비프는 속이 엷은 분홍색이 날 정도까지 가열하는 것이 촉감이나 맛이 좋다. 그러나 돼지고기나 야생동물의 고기는 충분히 가열하는 것이 안전하다.

고기의 힘줄 등 질긴 부분은 경단백질이라고 부르며, 장기간 삶으면 젤라틴화하여 맛도 좋아지고 촉감도 부드러워진다. 요리를 완성시킬 때 사용하는 것으로서는 서양요리에는 와인류 등이 있으며, 중국요리에서는 곡물주가 있다. 이 밖에 럼주, 브랜디 등의 증류주, 각종 리큐르, 맥주 등도 사용된다. 향신료는 육류요리에서 필수품이므로 향신료가 전혀 사용되지 않는 요리는 거의 없다고 볼 수 있을 정도로 다양한 종류의 향신료가 사용된다. 고기를 부드럽게 하기 위한 기구로 가장 많이 쓰이는 것은 미트텐더라이저로 고기를 두들겨 부드럽게 만든다.

육류 중 가장 많이 소비되는 것은 소고기로 소고기는 부위에 따라 맛의 차이나 나며, 조리방법에도 많은 차이가 난다. 소고기 중 가장 맛이 있고 값이 비싼 부위는 안심부위로 고기가 연하여 스테이크용으로 가장 많이 쓰인다. 우리나라와 서양은 소고기를 자르는 방법이 다르며, 육식을 주식으로 하는 서양은 우리나라보다 소고기의 부위를 더욱 세분화되어 있으며, 자르는 방식도 다양하다.

[
2
육식의 역사
History of Meat eating
]

구석기시대의 원시인들은 빙하시대에는 추위를 견디기 위하여 에너지의 급원으로 수렵에 의하여 잡은 동물의 살을 먹고 살았다. 그 후, 기후가 따뜻해지고 빙하가 후퇴하여 북반구에서는 현재와 같은 기후가 지배적이 됨에 따라 숲이 우거지고 초원이 생기면서 영양소의 급원으로 식물성 식품이 많이 생산되기 시작했다.

그 이후로 사람은 잡식동물이 되었다. 신석기시대에 들어서면서 사람은 식물을 재배하고 동물을 가축화하여 식용으로 사용했다. 이와 같이 동·식물 식품의 생산에 의하여 영양적으로 균형이 잡힌 식생활을 할 수 있게 되었고, 동시에 사람은 그 당시보다 훨씬 넓은 지역에서 살 수 있게 되었다. 그러나 기후와 풍토의 차이 때문에 북방인종은 육식을 주로 하게 되었고, 남방인종은 식물성 식품을 주로 먹게 되었다. 따라서 유럽의 게르만족은 목축을, 아시아의 동부와 남부에 사는 종족은 농업을 주로 하였다. 그러나 농업을 주로 하는 사람들도 육식을 할 필요가 있기 때문에 돼지, 닭, 염소 등을 길러 필요할 때 식용으로 하였고, 수렵에 의하여 동물의 고기를 먹기도 했다. 그러나 사람은 가축이 고기를 제공하는 것 외에 다른 뜻을 가지고 있다는 것을 인식하게 되어 어떤 종류의 가축의 살은 먹는 것을 금하고 있다. 예를 들면, 개는 집을 지킨다든지 애완용으로 사람과 친밀한 관계를 가지고 있기 때문에 개고기를 먹는 민족이 적어졌다.

소는 농경에 있어서 중요한 구실을 하는 동물이므로 존중되어 고대 이집트·로마·인도·중국에서는 예로부터 소를 농경신(農耕神)의 신성수(神聖獸)로 정하고 이를 도살하거나 고기를 먹는 것을 금하고, 이 영을 범하는 자는 처벌되었다.

돼지는 이슬람교도에 있어서는 부정한 것으로 규정되어 있어 고기를 먹는 것을 계율로 금하고 있으며, 돼지 몸에 손을 대는 것조차 싫어한다. 그 이유는 유목민인 이슬람교도들은 농경민을 경멸하여 그들이 사육하는 돼지까지도 싫어한 결과이다.

말은 전차(戰車)를 끌고 귀족이나 무사가 타고 다니는 동물이므로 존중되어 게르만족에 있어서처럼 군신에게 바치기도 했으나, 그 고기는 먹지 않았다. 당나귀나 낙타를 먹는 일은 예로부터 거의 없었다. 일반적으로 유목민들은 그들이 기르는 염소를 죽이지 않고 젖만 짜서 먹었다. 중앙아프리카의 원주민은 닭을 신의 사도라고 생각하여 죽이지 않는다.

한국은 북위 33~43°인 온대지방에 위치하고, 그 위에 3면이 바다로 둘러싸여 있으며, 연안에는 한류와 난류가 교차하여 흐르므로 예로부터 어패류를 많이 식용해 왔다. 한편, 지세로 보아 광대한 목축을 경영할 만한 여건이 갖추어져 있지 못하기 때문에 수조육류를 수렵이나 소규모의 목축 또는 가축에 의존하고 있었다. 그러나 수렵에 능한 북방민족의 영향을 받아 수조육류를 다루는 기술이 발전하였고, 그 조리법도 발달하였다. 「후한서」, 「위지」 동이전에 한(韓)이나 부여(夫餘)가 소와 돼지를 잘 기른다는 기록이 있고, 「수서(隋書)」 백제조(百濟條)에는 소·돼지·닭이 많다 했고, 「일본서기(日本書記)」에 스이코왕[推古王] 7년 백제에서 낙타·당나귀·양 등을 보내 왔다는 기록이 있는 것으로 보아 예로부터 한국에서 육식을 많이 하고 있었다는 것을 알 수 있다.

신라 때부터 시도된 목축은 고려시대에도 계속되어 소와 말을 사육했다는 기록이 있다. 조선시대에 기록된 「음식지미방(飮食知味方)」과 그보다 약 반세기 후에 기술된 「증보산림경제(增補山林經濟)」에 수조육류를 주재료로 한 탕(湯)과 갱(羹), 그리고 숙육법(熟肉法)에 대한 기록이 있는 것으로 보아 오랜 옛날에 시작된 육식이 계속되어 현재에 이르렀다. 그러나 고려시대 건국초기에는 불교를 호국신앙(護國信仰)으로 숭상하였으므로 수렵이나 가축의 도살을 즐겨 하지 않았고 왕을 비롯한 신하들이 모두 육식을 하지 않았다. 다만, 중국에서 사신이 올 때면 미리 도살하여 비축해 두었던 육류를 적기에 사용했다.

동물의 도체, 즉 소, 양, 돼지 등에서 생산된 육질의 기본적인 구성은 근육조직(Muscular Tissue)과 지방조직(Fat), 결합조직(Connective Tissue), 골격(Bones)으로 되어 있다.

도축을 할 때에는 조리를 목적으로 도체를 작업하기보다는 유통이나 비슷한 성질을 가지고 구분한다. 도체작업은 1차작업(Primal Cuts)에서 근육과 뼈, 결합조직을 분리하는 최초의 작업으로 도체를 약 8~10쪽으로 나누는 작업을 말한다. 2차작업(Subprimal Cuts)에서 일단 1차작업이 끝난 커다란 덩어리를 육류의 근육질을 따라 소단위로 분리하는 작업을 말한다. 이 때가 육류가 요리에 사용되는 부위별로 명칭이 뚜렷하게 구분되는 시기이다. 3차작업(Fabricated Cuts)에서 직접조리에 사용할 수 있도록 개별화하는 작업으로 고객의 취향이나 적정량을 기준으로 하여 작업하게 된다. 일반적으로 육류 1차 또는 경우에 따라서 2차작업까지를 육류공급업체에서 담당하고, 마지막 3차작업을 주방 내 육가공 부서에서 담당하게 된다.

1) 근육조직(Muscle Tissue)

요리에 사용되는 것은 대부분이 근육조직으로 그 속에 포함되어 있는 결합조직에 양이 근육의 외관과 특성을 결정하고, 특히 연도에 영향을 준다. 근육조직에 성분은 약 72%의 수분과 단백질 20%, 지방 7%, 기타 미네랄 등이 1%로 구성되어 있다. 근육조직의 섬유질이나 두께와 길이는 동물의 연령, 활동, 사육방법에 따라서 차이가 난다. 활동이 많은 동물일수록 근육섬유가 굵고 길며, 결합조직의 함량도 높게 나타난다.

2) 결합조직(Connective Tissue)

하나의 근육은 여러 개의 근육섬유 묶음으로 이루어져 있고, 결합조직과 지방조직에 개별적으로 싸여 있다. 근육조직을 잘라 단면을 보았을 때 결합조직의 포함상태가 어떠한 형식으로 존재하는가에 따라서 육류의 맛이 결정된다.

결합조직은 여러 개의 가닥이 모여서 하나의 커다란 묶음으로 나타나고, 그 묶음은 다시 뼈와 연결되어 고정화하는 역할을 한다. 대부분에 결합조직은 단백질의 일종으로 아교질이 풍부한 콜라겐(Collagen)과 엘라스틴(Elastin)으로 구성되어 있다. 그중에서 콜라겐은 물과 함께 가열하면 젤라틴(Gelatin)으로 변하게 되지만 엘라스틴은 젤라틴화되지 않고 그대로 남아 있기 때문에 조리하기 전에 제거해 주는 것이 바람직하다.

결합조직은 동물체의 연령에 따라서 근육 속에 포함도가 달라진다. 그러나 같은 상황에 동물체라 할지라도 부위별로 함유량이 다르게 나타난다. 즉, 소고기를 예를 들면 등심(Sirloin)이나 안심(Tenderloin)보다는 어깨살(Chuck) 또는 다리살(Shank) 부분에 결합조직이 많이 함유되어 있다. 일반적으로 이렇게 질긴 육질부분이 향이 더 짙은 것이 특징인데, 서양요리에서는 향을 목적으로 하는 맑은 수프(Consomme)를 생산할 때 이러한 육질을 섞어서 사용한다.

3) 지방(Fat)

육류에 지방분포는 육질에 커다란 영향을 미치게 된다. 지방은 전체적으로 부위에 따라서 큰 덩어리와 작은 덩어리로 산재해 있는데, 특히 피하, 내장부분에 커다란 덩어리로 상당량 분포되어 있다. 일반적으로 지방의 분포정도(Marbling)에 따라서 육질을 평가하기도 하는데, 그 이유는 지방이 근육 내에 존재하게 되면 상대적으로 결합조직의 입자가 가늘어지게 되고 근육조직 역시 연하기 때문이다. 그러나 최근 건강에 대한 관심이 높아지고 동물성 지방을 기피하는 현상이 확산되면서 육질이 다소 질기다 할지라도 지방분이 적게 함유된 육류를 선호하게 되었다. 식육 사이에 가끔씩 볼 수 있는 것으로 가늘게 망처럼 퍼져 있는 지방을 마블링(marbling)이라고 한다. 마블링이 있는 식육은 주로 피하지방이 두꺼운 지육에서 생산된다. 마블링은 가축이 나이가 들면서 발달된다. 소를 빠른 속도로 성장시켜 어린 나이에도 마블링이 잘 발달되도록 사료를 먹이면(예 : 축사 내에서) 마블링이 풍부한 소고기를 얻을 수 있다.

4) 골격(Bones)

동물의 뼈는 나이가 들어갈수록 단단해지고 그 색상도 달라진다. 어린 동물일수록 뼈가 연하고 분홍색이 많이 분포되어 있고, 성숙한 동물일수록 흰색에 가깝다. 동물 뼈 속에는 골수(Yellow Marrow)가 들어 있는데, 골수는 따로 분리하여 소스나 수프의 곁들임으로 사용하기도 한다.

[4]

육류의 분류
Classification of Meat

육류의 분류는 가축 중에서 젖이나 고기의 생산을 목적으로 사육되고 있는 동물들과 야생동물이라고 분류되는 동물들을 포함하였다. 야생동물들이 현재는 대부분 인간에 의해 사육되고 있기 때문에 본서의 육류분류는 야생동물을 포함하여 분류하였다.

육류의 분류

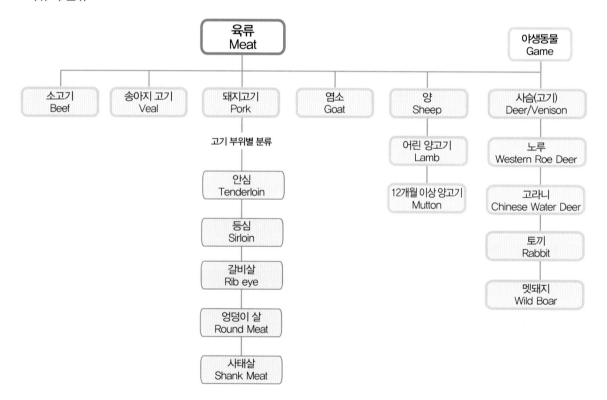

5

육류의 종류
Kind of Meat

···가축

1) 소고기(Beef)

(1) 소고기의 개요(Summary of Beef)

약 1만년 전부터 서부아시아인들은 소를 사육하기 시작했다고 한다. 우리나라의 재래종 소는 인도 계통이 조상이며, 현재의 것은 개량종이다. 중국의 유목민들에 의하여 전해진 것으로 보이며, 단군신화에도 소를 사육한 기록이 있다. 소고기를 이용한 우리나라의 전통조리법은 서양의 직화열에 의한 구이 중심 요리와는 다르다. 조리법은 문화에 따라 다르게 나타나며, 육질과 조리할 부위에 따라 다르다.

소 한 마리의 가식부는 대체적으로 35% 정도이다. 조리에 사용되는 가식부는 주로 골격근으로 구성되는 살코기를 말하지만 넓게 혀, 꼬리, 간과 같은 가식장기도 포함된다. 가식부는 주로 근육질인 골격 및 심근 등을 구성하는 횡문근, 그리고 소화관 등의 내장벽을 구성하는 평활근을 말한다.

소는 그 품종도 다양하여 우유용, 식육용, 사역용으로 나누고, 원산지, 뿔의 모양, 성별, 개량상황 등에 따라 분류하기도 한다. 소로부터 얻은 수육을 소고기라 하며, 이것은 우리 인간이 가장 많이 먹는 고기다. 예나 지금이나 소고기는 어떠한 다른 식육보다 인기가 많다. 성과 나이가 소고기의 맛과 질을 결정지으며, 가격의 차이로 반영되고 있다.

육질에 영향을 미치는 또다른 요인 중의 하나는 사육사료이다. 적어도 90일에서 1년 사이의 기간 동안 곡물로 사육한 소에서 얻은 고기는 최고급품인 최량급과 상등급으로 분류된다. 이들 지육들은 대부분 4월과 5월에 판매된다. 반면에 약간의 특수곡물을 먹이거나 전혀 먹이지 않으면서 목초 위에서 사육한 소의 고기는 대부분 가을에 판매된다. 이러한 지육은 대부분 상급이나 표준급에 해당된다. 곡물사육 우육보다 목초사육 우육이 질기며, 맛과 향이 떨어진다.

(2) 소고기의 분류(Classification of Beef)

① **수송아지** : 어릴 때 거세한 송아지육으로 대부분 최상급 또는 상등급에 해당한다. 2.5~3살에 판매된다.

② **어린 암소** : 처녀 암소로 수송아지 다음으로 품질이 뛰어나다. 수송아지보다 빨리 성숙하고 살이 찌며, 2.5~3살에 판매된다.

③ **암소** : 1~2마리의 송아지를 낳은 암컷으로 노란색의 불균일한 지방층을 가지고 있다. 송아지나 우유를 산출할 때까지 사육하므로 대부분 나이가 들며, 나이는 육질에 영양을 미치기 때문에 표준급과 판매급에 해당한다.

④ **거세한 황소** : 성적으로 성숙한 후에 거세한 수컷이다. 일반적으로 수육의 마블링과 조식의 품질이 낮으므로 판매급 이하 통조림에 해당한다. 거세한 황소고기는 대부분 통조림과 건조용으로 판매된다.

⑤ **황소** : 성적으로 성숙하고 거세하지 않은 수컷이다. 지방질보다 육질이 많으며, 진홍색을 띠고 있다. 최하급의 소고기로 소세지와 건조용으로 사용한다.

2) 돼지고기(Pork)

돼지고기의 주성분은 단백질과 지방질이며, 무기질과 비타민류가 소량 함유되어 있다. 연령과 부위에 따라 다르나 윤기가 나고 엷은 핑크빛이 양질이다. 단백질과 지방이 많으며, 고기섬유가 가늘고 연하므로 소화율이 95%에 달한다. 지방의 성질은 육질, 즉 고기맛을 좌우한다. 지방은 희고 단단한 것이 육질이 좋다.

돼지고기는 소고기와는 달리 보수력이 약하므로 상온에 방치해 두면 쉽게 육즙이 생겨서 조리시에 양이 줄어들어 손실이 오게 된다.

돼지고기의 부위는 안심, 등심, 볼깃살(다리허벅지살), 어깨살, 삼겹살과 내장, 그리고 족과 머리 등의 부산물로 분리된다. 돼지고기로 소세지, 햄, 베이컨 등으로 가공하여 저장한다. 지방으로 라드를 만들어 식용 또는 공업용으로 사용한다.

베이컨은 삼겹살을 절단한 다음 소금과 향신료에 절여서 건조와 훈연을 한 것으로 지방이 많은 것이 특징이다. 햄은 허벅다리 살을 소금과 향신료 등으로 절여서 훈연한 것으로 지방이 적고 담백하다. 소세지는 돼지고기의 지육을 주로 사용하지만 소고기나 다른 육류를 섞어서 만들기도 한다. 소세지는 원료나 만드는 방법에 따라 여러 가지가 있다. 비엔나, 블러드, 리버, 살라미, 드라이 등이 있다.

돼지고기는 소고기와 같이 지방질이 마블링 형태로 골격근에 산재해 있는 것이 아니라, 따로따로 분리되어 있으므로 요리를 할 때에는 살코기 주위의 지방을 완전히 제거하지 말고 조금 남겨 두고 조리한 후에 제거하는 것이 바람직하다. 지방을 남겨두고 조리하면, 익은 고기가 파삭파삭하지 않고 부드럽고 연하게 유지된다. 또한 돼지고기는 기생충에 노출될 확률이 높으므로 충분히 익도록 조리하여야 한다.

3) 송아지(Veal)

송아지고기 지육분류는 두 가지 요인, 즉 동물의 연령과 사료의 종류에 의해 결정된다. 송아지 고기에는 세 가지 종류가 있다. Bob veal(어린 송아지 고기), Special fed veal(특수사육 송아지고기), Veal calf(큰 송아지고기)로 나눈다.

밥빌(Bob veal)은 도축시 체중이 70kg 이하인 어린 송아지고기이다. 살코기는 밝은 핑크색이며, 약간 부드러운 조직감을 가졌다. Special-fed veal(특수사육송아지고기)는 송아지가 160~220kg 될 때까지 영양학적으로 완전한 성분을 지닌 사료를 먹여 사육한 송아지의 고기이다. 그 결과 살코기의 색은 부드러운 핑크색이며, 고기는 단단하고, 매끄럽고, 부드러운 조직감을 지니게 된다. 수출시 가장 선호되는 미국산 송아지고기가 이 Special-fed veal(특수사육 송아지고기)이다. 빌 캐프(Veal calf)는 대략 년령이 5~12개월 사이일 때 판매된다. 이들 송아지는 건초, 곡물 및 기타 영양성분을 섞은 사료로 사육된다. 빌 캐프의 살코기는 어두운 핑크색이거나 적색이며, 마블링이 다소 되어 있고 외부지방이 있으며, 조직감은 다소 단단하다.

4) 양고기(Lamb)

양고기는 소고기보다 엷으나 돼지고기보다 진한 선홍색이다. 근섬유는 가늘고 조직이 약하기 때문에 소화가 잘 되고 특유의 향이 있다. 성숙한 양고기는 향이 강하며, 이 특유의 향을 약화시키기 위하여 조리할 때, 민트(박하)나 로즈마리를 많이 사용한다. 생후 12개월 이내의 어린 양을 램(Lamb)이라 하며, 12개월 이상 된 양을 머튼(Mutton)이라 한다.

양의 원산지는 카시밀에서 이란과 소아시아 지역에 분포하는 야생종인 우랄 양이다. 현재 세계적으로 분포하는 양들은 이들의 교잡종으로 털, 고기, 젖을 주로 하는 양이 있는가 하면, 이들을 겸하는 종류도 있다. 양고기 요리는 서남 아시아인들이 즐겨 먹으며, 양갈비구이는 유명한 요리 중의 하나다.

5) 염소(Goat)

염소는 양에 비해 체구가 왜소하고 뿔이 뒤쪽으로 활 처럼 구부러져 있으며, 꼬리가 짧고 털이 곧다. 양과 아주 비슷하여 구별하기가 어려우나 염소의 수컷에는 턱수염이 있고, 양에게서 볼 수 있는 안하선(眼下腺), 서혜선(鼠蹊 腺), 제간선(蹄間腺) 등이 없으며, 꼬리의 밑부분 아랫면 에 고약한 냄새를 분비하는 샘[腺]이 있다. 네 다리와 목 은 짧고 코끝에는 털이 있다.

중국과 영국, 유럽, 북아메리카에서는 가축염소가 일 차적으로 젖을 짜는 데 쓰이고, 젖의 대부분은 치즈를 만드는 데 쓰인다. 염소 한두 마리로 한 가족이 일년 내 내 먹기에 충분한 젖을 얻을 수 있고, 젖소를 기르는 것 이 비경제적인 조그만 장소에서도 이들은 쉽게 사육될 수 있다 가축염소는 몸무게가 수컷 60~90kg, 암컷 45 ~60kg이고, 어깨높이는 약 1m이다. 몸 털은 양과 같이 부드러우나 양털 모양은 아니다. 몸 빛깔은 갈색, 검은색, 흰색과 갈색 및 회색을 띤 갈색에 검은 무늬가 있는 것 등 여러 가지이다.

험준한 산에서 서식하며, 먹이는 나뭇잎, 새싹, 풀잎 등 식물질이고, 사육하는 경우에도 거친 먹이에 잘 견딘 다. 임신기간은 145~160일이며, 한 배에 1~2마리의 새 끼를 낳는다. 갓 태어난 새끼는 털이 있고 눈을 떴으며, 생후 며칠이 지나면 걸을 수 있다. 생후 3~4개월이 면 번식이 가능하다. 수명은 10~14년이다.

어린 염소 고기는 상당히 연하고 그것과 닮은 어린 양(lamb)고기보다 훨씬 더 맛있다. 특히, 흑염소 에는 지질의 함량이 적은 반면에 단백질과 칼슘 그리고 철분이 많이 들어 있다. 철분은 빈혈을 막아 주 며, 칼슘은 임산부가 태아에게 빼앗긴 칼슘의 보충이 되고 성장기에 있는 어린이에게는 직접 필요한 영 양소이다.

6) 사슴(Deer) & 사슴고기(Venison)

사슴은 초식동물로서 풀, 가지, 나무껍질, 줄기 등을 먹는다. 사슴은 전형적으로 날씬하며 다리가 길고, 모피색은 갈색이다. 이들은 보통 집단을 형성하여 지내며, 몇몇 종은 매년 긴 이주(移住)를 되풀이한다. 암컷은 일반적으로 1~2마리의 새끼를 낳는데, 태어났을 때 새끼는 흔히 반점을 가지고 있다. 사슴은 고기와 가죽, 뿔을 얻기 위해 사냥되는데, 뿔은 기념물로 보존되기도 하고 중국 등지에서는 오래 전부터 약재로 사용되어 왔다. 순록은 어떤 지역에서는 가축으로 사육되고 있다. 영어로는 사슴과(科) 동물의 수컷을 대개 'buck' 또는 'stag', 암컷을 'doe', 젖이 안 떨어진 새끼는 'fawn'이라 부른다.

사슴고기는 담백하고 연하며, 별다른 냄새도 나지 않으므로 예로부터 식용으로 애용되어 왔다. 고기맛은 가을부터 초겨울에 걸쳐 포획한 것이 가장 좋다고 하며, 주로 불고기, 로스구이, 전골요리를 해서 먹는다. 사슴의 뿔, 특히 대각은 녹용(鹿茸)이라 하는데, 피를 돕고 심장을 강하게 한다고 하여 한방에서는 강장제로 귀중하게 쓰인다.

7) 노루(Western Roe Deer)

높은 산 또는 야산과 같은 산림지대나 숲 가장자리에 서식하며, 다른 동물과 달리 겨울에도 양지보다 음지를 선택하여 서식하는 특성이 있다. 아침·저녁에 작은 무리를 지어 잡초나 나무의 어린 싹, 잎, 열매 등을 먹는다. 성격이 매우 온순한 편이지만 겁이 많다. 빠른 질주력을 가지고 있으면서도 적이 보이지 않으면 정지하여 주위를 살피는 습관이 있어, 호랑이·표범·곰·늑대·독수리 등에게 자주 습격당한다. 몸길이 100~120cm, 어깨높이 60~75cm, 몸무게 15~30kg이다. 뿔은 수컷에게만 있으며, 3개의 가지가 있는데, 11~12월에 떨어지고 새로운 뿔은 5~6월에 완전히 나온다. 꼬리는 매우 짧다. 여름털은 노란빛이나 붉은빛을 띤 갈색이고, 겨울털은 올리브색 또는 점토색이다. 목과 볼기에는 흰색의 큰 얼룩무늬가 나타난다. 번식기는 9~11월이고 임신기간은 294일이며, 4~5월에 1~3마리의 새끼를 낳는다. 새끼는 희끗희끗한 얼룩무늬가 있고, 생후 1시간이면 걸어다닐 수 있으며, 2~3일만 지나면 사람이 뛰는 속도로는 도저히 따라갈 수 없게 된다. 수명은 10~12년이다. 한국, 중국. 헤이룽강, 중앙아시아, 유럽 등지에 분포한다.

육질(肉質)이 연하고 냄새가 많이 나지 않아서 전골요리에도 좋고, 갖은 양념을 하여 구이를 해도 좋다. 노루고기로 곰국을 끓일 때는 하루 정도 고아 뼈까지 노글노글해지면 국물이 아주 진해진다. 이 국물을 받쳐서 식히면 묵처럼 응고되는데, 이것을 차가운 곳에 두고 하루에 1~2번 데워서 먹으면 겨울철 보양식으로 좋다. 한국에서는 예로부터 검은 염소와 함께 노루는 약효를 겸한 건강식품으로 애용하였다.

8) 고라니(Chinese Water Deer)

중국과 한국이 원산지로, 갈대밭이나 관목이 우거진 곳에 서식하며, 건조한 곳을 좋아한다. 보통 2~4마리씩 지내지만 드물게 무리를 이루어 지내기도 하며, 갈대나 거친 풀, 사탕무 등을 먹는다. 털은 거칠고 굵다. 몸의 등쪽은 노란빛을 띤 갈색, 배쪽은 연한 노란색, 앞다리는 붉은색을 띤다. 얼굴 윗부분은 회색과 붉은빛을 띤 갈색, 턱과 목 윗부분은 흰빛을 띤 갈색이다. 유두가 4개 있는 것으로 고대형 노루임을 알 수 있다. 몸 길이 약 77.5~100cm, 어깨 높이 약 50cm, 꼬리 길이 6~

7.5cm, 몸무게 9~11kg이다. 보노루·복작노루라고도 한다. 암수가 모두 뿔이 없다. 위턱의 송곳니가 엄니 모양으로 발달하였는데, 수컷의 송곳니는 약 6cm 정도로 입 밖으로 나와 있으며, 번식기에 수컷끼리 싸울 때 쓰인다. 눈 밑에 냄새를 분비하는 작은 샘이 있다. 번식기는 11~1월이고 임신기간은 170~210일이며, 5~6월에 한 배에 1~3마리를 낳는다. 한국의 금강산, 오대산, 설악산, 태백산 등을 포함하는 태백산맥과 소백산맥, 중국 북동부 등지에 분포한다.

고라니는 뼈와 고기, 피를 약으로 쓴다. 산짐승 가운데 노루, 사슴, 고라니의 고기를 생것으로 먹을 수 있다. 생것으로 먹어도 노린내가 나지 않고 비리지도 않다. 사람에게 유익하고 생명에 아무런 해로움이 없다. 그러므로 양생하는 사람도 이를 말려서 먹는다. 또 고라니의 피는 기력을 돕고 정력을 강하게 하며, 피가 모자라는 사람에게 보혈작용을 강하게 한다. 또 뼈는 신경통과 관절염에 약용한다.

9) 토끼(Rabbit)

일반적으로 굴토끼는 길들인 사육토끼(집토끼)를 가리킬 때가 많다. 토끼과는 일반적으로 굴토끼류(rabbit)와 멧토끼류(hare)로 구분된다. 그러나 이 두 무리는 구조상 크게 다르지 않다. 굴토끼류는 태어날 때 털이 없고 눈을 뜨지 못하며 무력하다. 그러나 멧토끼류는 태어날 때 이미 털이 많으며, 태어난 지 얼마 지나지 않아 뛸 수가 있다. 또 굴토끼류는 군집성이고 멧토끼류보다 작다(그러나 일부, 특히 많은 사육토끼 품종이 몸무게 7.5kg임). 멧토끼류는 단독성이다. 그 밖에 굴토끼류는 귀가 길고 꼬리가 짧으며, 뒷다리가 길다. 모피는 대개 회색이나 갈색이다. 다산성(多産性)으로 한 배에 2~8마리씩 1년에 몇 차례 새끼를 낳는다.

사육토끼는 용도에 따라 육용종, 모피용종, 모피·육 겸용종, 모용종, 애완용종으로 나뉜다. 육용종에는 플레미스 자이언트, 캘리포니안 등이 있다. 플레미스 자이언트는 발육이 빨라서 육용종으로 알맞다. 모피용종에는 털이 짧고 부드러워 우단(羽緞)과 같은 느낌을 주는 렉스(Rex)와 우수한 털가죽을 생산하고 체질이 강건하며, 번식능력도 양호한 친칠라 등이 있다. 뉴질랜드 화이트, 백색 개량종(일본 백색종이라고도 함) 등은 모피·육 겸용종이다. 뉴질랜드 화이트는 발육이 빠르고 모피의 품질이 양호하여 세계 각지에서 널리 사육하고 있다. 모용종에는 앙고라가 있다. 이 품종은 성질이 온순하며, 온몸이 긴 털로 덮여 솜덩이같이 보인다.

지방질과 콜레스테롤이 적다. 모든 육류 중 단백질과 미네랄이 가장 많으며, 인간의 신경퇴화를 막는 항체는 토끼에만 존재한다. 육질은 연하고 쫄깃하며 노인들에게 부담이 없고 고공을 운항하는 조종사들은 반드시 토끼 고기를 먹어야만 정상적인 컨디션을 유지시킨다. 토끼는 특수성분을 함유(미국 코넬리 대학 신경전달물질연구소 연구결과)하고 있다.

10) 멧돼지(Wild Boar)

멧돼지는 작은 눈과 거친 털을 가진 힘센 동물로 주둥이 끝에는 먹이를 파기에 적합한 1개의 둥근 연골판이 있다. 어떤 종들은 엄니를 가지고 있다. 멧돼지는 본래 초식동물이었지만 토끼, 들쥐 등 작은 짐승부터 어류와 곤충에 이르기까지 아무것이나 먹는 잡식성이며, 무리를 지어서 행동한다. 번식기는 12~1월이며, 이 시기에는 수컷 여러 마리가 암컷 1마리의 뒤를 쫓는 쟁탈전이 벌어진다. 암컷은 4~5개월의 임신 후에 2~14마리의 새끼를 낳는다. 사육되는 멧돼

지는 전세계에서 볼 수 있으며, 야생종은 구대륙이 원산지이다. 몸 길이 1.1~1.8m, 어깨 높이 55~110cm, 몸무게 50~280kg이다. 몸은 굵고 길며, 네 다리는 비교적 짧아서 몸통과의 구별이 확실하지 않다. 주둥이는 매우 길며 원통형이다. 눈은 비교적 작고, 귓바퀴는 삼각형이다. 머리 위부터 어깨와 등면에 걸쳐서

긴 털이 많이 나 있다. 성숙한 개체의 털 빛깔은 갈색 또는 검은색인데, 늙을수록 희끗희끗한 색을 띤 검은색 또는 갈색으로 퇴색되는 것처럼 보인다. 날카로운 송곳니가 있어서 부상을 당하면 상대를 가리지 않고 반격하는데, 송곳니는 질긴 나무뿌리를 자르거나 싸울 때 큰 무기가 된다. 늙은 수컷은 윗송곳니가 주둥이 밖으로 12cm나 나와 있다. 깊은 산, 특히 활엽수가 우거진 곳에서 사는 것을 좋아한다.

돼지고기보다 선홍빛이 강한 멧돼지고기는 혀에서 녹는 듯한 비계와 쫄깃한 살의 맛이 어우러져 감칠맛을 낸다. 지방의 질이 좋은데다가 고기 안에 퍼져 있는 지방의 분포와 양이 적당해 고소하면서도 담백한맛을 낸다. 일반 돼지고기와는 전혀 다른 고급스러운 맛을 낸다고도 하며, 당뇨병 환자들이 일반 돼지고기나 소고기 대신 즐긴다.

[6]
육류의 숙성 및 저장
Meat Aging and Storing

1) 육류숙성(Meat Aging)

동물은 도살된 후 부드럽던 육질이 굳어지기 시작하는데, 이 때를 경직이라 한다. 동물의 사후경직은 동물의 종류, 몸집의 크기, 온도 등에 의해서 영향을 받지만 일반적으로 6~24시간 동안은 육안으로 볼 수 있을 정도로 심하게 경직이 일어나는데, 이때를 최대경직기라 한다. 그 후, 48시간에서 72시간 동안 육안으로 확인이 안 될 정도의 미세한 경직이 계속되는데, 이 때를 휴지기(Rest Period)라 하며 주로 냉장상태에서 일어난다. 이렇게 미세한 경직이 일어날 때에는 육류를 그대로 두어 근육상태가 제대로 굳어지도록 두는 것이 좋다. 육류가 충분하게 경직되지 않은 상태로 냉동을 시키게 되면 냉동되는 동안 급속경직이 일어나면서 육류의 색이 푸른색으로 변하는 속칭 "Green Meat" 현상이 발생하게 되는데, 이렇게 되면 조리를 하여도 고기가 질기고 맛과 향이 떨어지게 된다.

소고기(Beef)나 양고기(Lamb)와 같은 붉은 육류는 도살장소에서 주방으로 옮겨져 일정기간 동안 숙성기간을 갖게 되면 육질이 부드러워지고 풍미가 짙어지는 특성을 가지고 있는 반면, 돼지고기와 같은 핑크빛이나 흰살 육류는 그렇지 못하다. 그 이유는 돼지고기나 흰살 육류 속에는 지방분 함량이 낮아 숙성되는 동안 부패균의 억제작용이 이루어지지 않기 때문으로 분석된다.

(1) 일반숙성(Wet Aging)

오늘날 냉장기술의 발달로 인하여 육류를 숙성시키는 기간도 매우 길어지고 숙성상태도 대단히 발전되어 보다 더 향기가 짙고 부드러운 고기를 맛볼 수 있게 되었다. 우리나라도 최근들어 생고기(Fresh Meat)에 대한 수요가 늘어나고, 이것만을 전문으로 하는 전문식당을 손쉽게 볼 수 있다.

육류를 숙성시키기 위해서는 숙성온도를 정확하게 제어해 줄 수 있는 냉장시설이 필요하게 된다. 우선적으로 요리목적에 적합하도록 작업된 육류를 플라스틱 포장재질로 진공상태포장을 한 다음 섭씨 -1도에서 1도 사이에서 약 60일 정도 보관이 가능하다. 다만, 온도상태에 따라서 그 기간은 단축될 수 있다.

(2) 건조숙성(Dry-Aging)

건조숙성이란 육류를 매달은 상태로 주위환경과 온도와 습도를 조절해 주고 공기를 순환시켜줌으로써 약 6주 정도 숙성시키는 작업이다. 이 동안 육류 속에 포함되어 있는 자기소화분해효소가 결합조직을 분해하여 부드러움과 향을 발산하게 된다. 엄밀하게 말한다면 숙성이라고 하는 것은 근육 속에 포함되어 있는 자기소화효소의 분해작용과정이라 할 수 있다.

건조숙성을 하게 되면 육류무게가 5~20%까지 줄어들기도 하고 곰팡이 발생도 나타나지만, 사용할 때 그 부부분만 다듬으면 된다. 건조숙성에서 발생한 무게 손실과 곰팡이에 의한 손실은 숙성시킨 육류 질(Quality)로서 대체할 수밖에 없다.

2) 육류저장(Storing Meats)

(1) 냉장저장(Refrigeration)

육류를 저장하는 데는 무엇보다도 온도를 조절해 주는 것이 중요하다. 육류의 냉장은 도살직후 도체의 내부온도는 30~39℃이기 때문에 가급적 빠른 시간 내에 5℃ 이하로 냉각시켜야 한다. 소, 송아지, 돼지, 양 도체는 -4~0℃의 예냉실(Chiller/Cooler)에서 냉각시킨다. 냉각속도는 도체의 크기, 비열, 피하지방의 두께, 예냉실의 온도 및 통풍속도 등에 좌우된다. 냉장육은 섭씨 -1도와 2도 사이에서 유지시켜 주며 적정습도는 85%를 유지하는 것이 바람직하다.

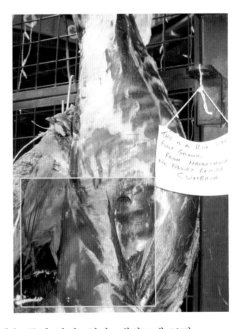

진공포장된 육류는 필요시까지 진공포장지를 제거하지 말고 그대로 보관한다. 진공포장된 고기는 포장상태에 손상이 없으면 냉장상태에서 3~4주 가량은 육질에 큰 변화 없이 보관이 가능하나, 포장지가 뜯어지거나 손상을 입어 공기가 들어가면 육질은 급속도로 변하게 된다. 진공포장이 안 된 육류는 공기가 통하는 종이류를 이용하여 느슨하게 싸 두는 것이 좋다. 프라스틱 랩으로 단단하게 싸 두는 것은 매우 좋지 않다. 일단, 냉장고에 보관하기 위한 육류는 팬을 이용하여 서로 간에 환기가 잘 되도록 도와 주고 다른 음식물과의 거리를 두어 오염이 되는 것을 방지해야 한다.

(2) 냉동저장(Freezing)

육류를 저장하는 데 냉동저장이 좋은 이유는 육류의 색, 풍미, 냄새, 다즙성 등의 변화가 매우 적고 해동시 생기는 분리육즙(Drip) 속에 용해된 약간의 영양분 손실 외에 영양소 파괴가 없기 때문이다. 냉동 중에는 육식의 연화가 지속되지 않으므로 소고기나 양고기는 냉동 전에 충분히 숙성시켜야 한다. 고기를 얼릴 때는 급속냉동을 시키는 것이 좋다. 낮은 온도에서 냉동하게 되면 세포 속에 수분이 얼면서 결정이 커지게 되어 있어, 세포막에 부피팽창을 가져옴으로써 세포파괴결과를 초래한다. 따라서 이렇게 냉동된 육류는 해동과정에서 세포 속에 포함되어 있는 육즙과 영양분이 밖으로 빠져 나오게 됨으로 육질이 떨어짐은 물론이고 매우 질겨진다. 최근 유통되고 있는 냉동육류는 대부분 영하 40도 이하에서 급속냉동시킨 것으로써 품질이 비교적 잘 유지된 상태로 공급된다. 그러나 주방이나 일반가정에서 사용하고 있는 냉동시설은 영하 18도 정도만을 유지하는 재래식 냉동방식이므로 온도의 변화가 없도록 해야 한다. 일단 해동된 육류를 다시 얼리는 것은 매우 좋지 않은 방법이다.

해동할 때는 해동 중 발생한 육즙이 다른 음식에 묻지 않도록 주의해야 한다. 포장재가 샐 수도 있으므로 식육 밑에 쟁반을 받쳐 냉장고 안에서 서서히 해동하는 것이 가장 좋은 방법이며, 여의치 않은 경우에는 온도가 낮은 곳에 두어 녹여야 한다. 상온이나 물, 특히 따뜻한 물로 녹이는 것은 절대 금해야 한다. 식육표면의 온도가 상승하면 미생물 부패가 일어날 수 있기 때문이다.

냉장고 내에서 식육의 해동시간은 큰 덩어리일 때 500g당 약 4~7시간이 필요하고, 적은 덩어리일 때 500g당 약 3~5시간, 2.5cm 두께의 스테이크는 약 12~14시간이 필요하다. 일단 냉동된 육류라도 6개월 이상을 넘기지 않는 것이 좋다.

참고문헌

- 최수근, 형설출판사, 최수근의 서양요리 199
- 오석태 외, 서양조리학개론, 신광출판사, 1998.
- 나영선, 서양조리실무개론, 백산출판사, 1996.
- 현영희 외, 식품재료학, 형설출판사, 2001.
- 장학길 외, 현대식품재료학, 지구문화사, 2000.
- 인터콘티넨탈 직무교재, 1993.
- 롯데호텔 직무교재, 1990.
- 신라호텔 직무교재, 1995.
- 조리교재발간위원회, 조리체계론, 한국외식정보, 2002.
- 뉴질랜드 소고기 및 양고기 가이드북, 2002.
- 뉴질랜드 식육구매 가이드, 2002.
- 미국산 육류구매안내서, 2002.
- Paul Bouse, New Professional Chef, CIA, 2002.
- Wayne Gisslen, Professional Cooking, Wiley, 2003.
- Sarah R. Labensky, Alan M. Hause, On Cooking, Prentice Hall, 1995.
- Pascal 대백과사전 21권
- http://100.naver.com/100.nhn?docid=123335

Chapter 8
어패류
Fish & Shell

··· 학습목표
• 어패류(Fish & Shell)의 개념을 이해하고 신선한 어패류 선택방법과 냉장, 냉동, 해동 방법 등을 학습한다.
• 어패류를 서식지 및 형태에 따라 분류하고 사진을 통해 어패류를 인지하며, 캐비아의 개요와 종류, 생산방법 등을 학습한다.
• 어패류의 종류(kind of Fish & Shell)와 특징, 산지, 사용용도, 사용 방법, 영양 성분, 조리방법 등을 학습하여 현장 적응력을 높이는 데 있다.

1

어패류의 개요
Summary of Fish & Shell

어패류는 인간의 중요한 식품공급원이 되어 왔다. 성인병을 예방하고 현대인들의 건강식품으로 선호가 증가하고 있는 추세이며, 서양요리에서는 여러 가지 조리법을 응용하여 많은 요리의 기본이 된다. 어패류는 서식지에 따라 민물에서 서식하는 담수어와 바다에서 서식하는 해수어로 나뉘며, 형태에 따라서 어류, 갑각류, 연체류(貝類)로 나뉜다.

인류에게 있어 어류는 육생동물과 함께 귀중한 동물성 단백질원이며, 연해·호소·하천의 유역지방에서는 일찍부터 채취, 수렵과 병행하여 어로활동이 큰 비중을 차지해 왔다. 어류는 다른 척추동물들처럼 생활사의 어느 시기에 아가미 구멍, 척색, 등 쪽의 관상신경색, 꼬리 등이 나타나는 특징이 있다. 현생어류는 공기호흡을 하는 양서류, 파충류, 조류, 포유류의 4강과는 뚜렷이 구별된다. 어류 가운데는 턱이 없이 흡반이나 여과섭식의 입을 가진 칠성장어와 먹장어가 있는가 하면, 완전히 연골로 되어 있으며 부레가 없는 상어·가오리·홍어와 같은 연골어류도 있다. 어류 가운데 가장 많은 종류가 포함된 경골어류(경골어강 어류)는 크기나 모양이 아주 다양하고, 뼈와 비늘이 경골성이며, 한 쌍의 아가미 뚜껑이 있다. 어육은 생식할 뿐만 아니라, 여러 가지 방법으로 조리, 가공하여 식용하고, 종류에 따라서는 껍질, 뼈, 지느러미, 알, 내장도 이용된다. 또한 농작물의 비료나 가축의 사료 및 애완용으로 이용되기도 한다. 예전부터 서양에서는 넙치, 아귀, 연어 등을 최고의 미식가 요리로 여겼으며, 꼭 실버에 담아 먹어야 격식을 차린 것으로 인정했다. 연어는 희귀성 생선으로 돌고래, 상어와 함께 생선의 왕이라고 했다.

일식의 경우, 활어사용을 원칙으로 하지만 양식은 선어를 많이 이용한다. 냉동된 생선은 조리 시 3~4℃ 냉장고에 하루 정도 녹이는 것이 이상적이나 찬물에 천천히 녹여 사용하는 방법도 있다. 일단 녹여서 살을 뜬 다음 다시 얼리는 경우가 없어야 하며, 그렇지 않으면 생선의 맛과 향, 수분이 반감되어 어패류 자체의 맛이 없어진다.

갑각류는 딱딱한 석회질의 등딱지로 덮여 있으며, 기본적으로는 수중생활을 하며, 아가미가 있고 물로 호흡하는 절지동물이다. 몸은 머리·가슴·배로 나뉘고 마디로 되어 있으며, 고등한 종일수록 머리와 가슴이 붙는다. 갑각류는 등뼈를 가지고 있지 않는 바다 동물로 관절로 이루어진 몸통, 많은 수의 관절을 가진 다리를 갖고 있고 딱딱한 껍질을 지니고 있다. 갑각류에는 새우, 바닷가재, 게가 있다.

패류는 초봄이 제철이나 산란기가 다르므로 일률적으로 말할 수는 없다. 주성분은 단백질이지만 인, 글리코겐 외에 비타민류도 많다. 생식하는 경우, 기온이 높은 시기는 생식소를 비롯한 내장이 상하기 쉬우므로 주의가 필요하다. 영어나 프랑스어권에서는 철자에 R이 들어가지 않는 달, 즉 5~8월에는 굴을 먹지 않는 편이 좋다는 말도 이것을 나타내고 있다. 적기에 생식하는 경우에도 청결한 환경에서 수확한 것으로서 신선한 것을 선택하여야 한다. 굴 같은 것은 연체 전부를 생식하지만 대부분의 패류는 발, 패각근, 외투막 가장자리와 같은 근육부분만을 먹고 내장은 일반적으로 제거한다. 패류는 생식을 하기도 하고 굽거나 데쳐내는 방법, 양념장을 넣어 요리하는 방법 등 매우 다양하며, 훈제·젓갈·통조림 등의 가공품으로도 다양하게 이용된다.

어패류는 살아 있는 상태로 조리는 것이 좋지만 대개 냉장·냉동방법으로 선도를 유지시키고 있다. 전용냉장, 냉동에 보관해야 하며, 생선살을 뜬 후 물 젖은 헝겊에 싸서 얼음 위에 올려놓아 보관하며, 온도는 2~3℃가 무난하다. 어패류의 신선도는 냄새로 알 수 있다. 눈이 맑으며, 껍질에는 광택이 있는 것이 신선한 것이다. 아가미는 진홍색이며, 껍질이 붙어 있는 것이 좋다. 생선의 표피를 손가락으로 눌렀을 때 탄력이 있어야 한다. 생선은 사후 10분 내에 육질이 굳으며, 숙성과 동시에 부패가 시작되므로 선도를 유지하는 것이 중요하다.

[2]
어패류의 분류
Classification of Fish & Shell

어패류는 서식지에 따라 민물에서 서식하는 담수어와 바다에서 서식하는 해수어로 나뉘며 형태에 따라서 어류, 갑각류, 연체류(貝類)로 나뉜다.

어패류의 분류

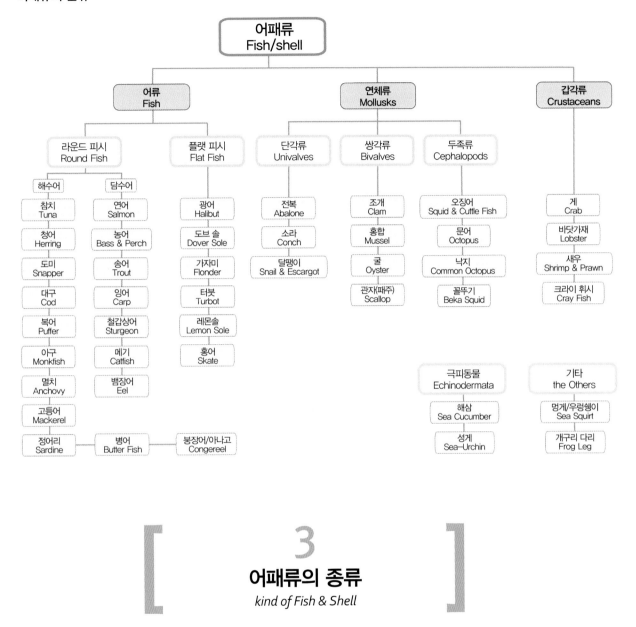

어패류
Fish/shell

- 어류 Fish
  - 라운드 피시 Round Fish
    - 해수어
      - 참치 Tuna
      - 청어 Herring
      - 도미 Snapper
      - 대구 Cod
      - 복어 Puffer
      - 아구 Monkfish
      - 멸치 Anchovy
      - 고등어 Mackerel
      - 정어리 Sardine
    - 담수어
      - 연어 Salmon
      - 농어 Bass & Perch
      - 송어 Trout
      - 잉어 Carp
      - 철갑상어 Sturgeon
      - 메기 Catfish
      - 뱀장어 Eel
      - 병어 Butter Fish
      - 붕장어/아나고 Congereel
  - 플랫 피시 Flat Fish
    - 광어 Halibut
    - 도브 솔 Dover Sole
    - 가자미 Flonder
    - 터봇 Turbot
    - 레몬솔 Lemon Sole
    - 홍어 Skate
- 연체류 Mollusks
  - 단각류 Univalves
    - 전복 Abalone
    - 소라 Conch
    - 달팽이 Snail & Escargot
  - 쌍각류 Bivalves
    - 조개 Clam
    - 홍합 Mussel
    - 굴 Oyster
    - 관자(패주) Scallop
  - 두족류 Cephalopods
    - 오징어 Squid & Cuttle Fish
    - 문어 Octopus
    - 낙지 Common Octopus
    - 꼴뚜기 Beka Squid
  - 극피동물 Echinodermata
    - 해삼 Sea Cucumber
    - 성게 Sea-Urchin
- 갑각류 Crustaceans
  - 게 Crab
  - 바닷가재 Lobster
  - 새우 Shrimp & Prawn
  - 크라이 휘시 Cray Fish
  - 기타 the Others
    - 멍게/우렁쉥이 Sea Squirt
    - 개구리 다리 Frog Leg

[3
어패류의 종류
kind of Fish & Shell]

1) 어류(Fish)

어류는 헤엄을 치기 위한 지느러미를 가지고 있으며, 안쪽으로 등뼈를 중심으로 하는 골격을 기반으로 몸통을 유지하고 있다. 어류의 기본적인 모양은 몸통이 둥근 모양과 납작한 모양을 하고 있는 두 종류로 구분한다. 몸통이 둥근 어류는 수직으로 된 등지느러미를 가지고 있으며, 눈이 머리 양쪽에 대칭으로 붙어 있다. 머리를 중심으로 꼬리 쪽을 향하면서 둥근 원형이나 오발(Oval)형으로 꼬리까지 이어진다.

어류(Fish) ➡ 담수어 ➡ 라운드 피시(Round Fish)

연어
Salmon
(Saumon
/소몽)

산지 및 특성 연어는 북부유럽의 노르웨이, 스카디나비아, 알라스카, 홋가이도 등에서 많이 잡힌다. 민물에서 태어나 바다로 생활터전을 옮긴 다음, 산란기에 민물로 돌아오는 회귀성 어종으로 불포화성 지방을 함유 산란기는 10~12월이고 수컷보다 암컷이 좋다.

조리법 Poaching, Grilling, Smoking, Canning 등

농어
Bass & Perch
(Bar/바르)

산지 및 특성 농어는 전국적으로 분포하며, 일본·동중국해·대만·러시아 등에도 서식한다. 연안지대에 살고 주로 여름에 기수나 담수에 올라오며, 수온이 내려가면 바다로 간다. 지방의 함량이 아주 많으며, 단백질도 높다. 비타민 A와 B군, 칼슘, 인, 철을 골고루 함유하고 있다.

조리법 Poaching, Steaming, Grilling, Frying 등

송어
Trout
(Truite
/뜨리뜨)

산지 및 특성 송어는 우리나라 울진이북의 동해로 유입되는 하천에 서식하며, 일본·알래스카·러시아에 분포한다. 바다에서 산란기 때 강으로 올라온다. 맑고 자갈이 깔려있는 여울에서 산란. EPA 및 DHA의 조성비가 높다.

조리법 Boiling, Smoking, Meuniere, Pan Frying 등

잉어
Carp
(Carpe
/까르쁘)

산지 및 특성 잉어목 잉어과의 민물고기. 전체 길이가 50cm 내외의 개체들이 주류를 이루며, 때로는 1m 이상 되는 것도 있다. 몸은 길고 옆으로 납작하다. 비늘은 크고 기와처럼 배열되어 있다. 입은 주둥이 밑에 있고 입수염은 두 쌍, 뒤의 한 쌍은 길이가 눈의 지름과 거의 같거나 약간 길다. 위턱의 뒤쪽 끝은 뒷콧구멍 밑에 달한다. 등지느러미는 머리의 길이보다 길다. 풍부한 단백질과 높은 비율의 불포화지방산으로 이루어진 지질을 함유하고 있다.

조리법 Boiling, Stewing 등

철갑상어
Sturgeon

산지 및 특성 철갑상어목 철갑상어과 물고기. 전체길이 100cm. 몸은 긴 원통모양으로 주둥이가 길고 뾰족하다. 몸은 5열의 세로줄 판모양인 단단한 비늘에 싸여 있다. 입은 아래쪽에 있고 촉수가 4개 있다. 양쪽 턱에는 이가 없다. 산란기는 5~9월 무렵이며, 난소란의 염장품을 캐비아라라고 하며, 카스피해산으로 만든 것을 최고급품으로 친다.

조리법 Poaching, Smoking, Frying 등

메기
Catfish

산지 및 특성 잉어목 메기과의 담수어. 머리는 크고 세로로 편평하며, 몸은 가늘고 길며 납작하다. 비늘은 없다. 입은 크고 위턱과 아래턱에 각 1쌍씩의 수염이 있는데, 유어기에는 아래턱에 또 1쌍의 수염이 있다. 등지느러미는 작고 뒷지느러미는 밑바탕이 길며, 뒤끝은 꼬리지느러미에 연결된다. 성어는 몸 길이 약 30cm이나, 큰 강에는 100cm 이상인 것도 있다. 상당히 신경질적인 물고기이며, 사육 초기 처음에는 먹이에 잘 접근하지 않는다.

조리법 Boiling, Deep fat frying, Stewing 등

뱀장어
Eel
(Anguille
/앙귀이여)

산지 및 특성 따뜻한 민물에서 살며, 육식성으로 게, 새우, 곤충, 실지렁이, 어린 물고기 등을 잡아먹는다. 낮에는 돌 틈이나 풀, 진흙 속에 숨어있다가 주로 밤에 움직이는 야행성이다. 물의 온도가 낮아지면 굴이나 진흙 속에 들어가 겨울을 보내고 이듬해 봄에 다시 활동한다. 수컷은 3~4년, 암컷은 4~5년 정도 지나면 짝짓기가 가능해지고, 8~10월에 짝을 짓기 위해 바다로 내려간다. 장어는 단백질이 풍부해 담백하고 맛이 좋다. 뱀장어 구이가 가장 유명하며 찜이나 스튜를 만들어 먹기도 한다.

조리법 Smoking, Sauteing, Frying 등

어류(Fish) ➡ 해수어 ➡ 라운드 피시(Round Fish)

참치
Tuna
(Thon/똥)

산지 및 특성 참치는 전세계에 7종류이며, 일반적로 북반구와 남반구로 나뉘어 서식, 고속으로 무리지어 바다를 유영하는 습성을 지님. 고단백이면서 저지방, 저칼로리의 어종으로 DHA, EPA, 셀레늄 등을 함유하여 뇌세포 활성기능이 있다. 고등어과로 육식성이며 무게가 큰 것은 500kg 정도이다.

조리법 Sauteing, Smoking, Deep fat frying, Canning 등

청어
Herring
(Hareng
/아랑)

산지 및 특성 한해성 어종으로 우리나라 동·서해, 일본북부, 발해만, 북태평양에 분포하며, 냉수성으로 수온이 2~10℃로 유지되는 저층냉수대에서 서식. 산란기인 봄에 연안으로 떼를 지어 해조류 등에 산란. 불포화지방산 다량함유. 성인병 예방에 좋다. 형태는 은색비늘에 푸른색등이고 배 쪽 부분은 은백색으로 몸통은 얄팍하다.

조리법 Marined, Deep fat frying, Canning 등

도미
Snapper
(Daurade
/도라드)

산지 및 특성 제주도 남방해역에서 월동을 하고 봄이 되면 중국연안과 한국의 서해안으로 이동한다. 주로 자갈, 암초해역에서 서식하므로 낚시어업에 의해 다량어획. 도미의 눈은 비타민 B1의 보급원으로 유명하며, 미네랄성분이 많아 간과 신장 기능 향상에 좋다.

조리법 Sauteing, Grilling, Poaching 등

대구
Cod
(Cabillaud
/까비요)

산지 및 특성 대구는 북쪽의 한랭한 깊은 바다에 군집하며, 산란기인 12~2월에 우리나라 영일만과 진해만 연안까지 남하했다가 봄이 되면 북쪽 해역으로 회유. 비타민 A와 B성분이 많아 산모의 젖을 잘 나오게 한다. 육식성으로 육질은 회백색이며, 익으면 잘 부서진다.

조리법 Boiling, Poaching 등

복어
Puffer

산지 및 특성 복어는 전세계에 120여 종이 있고 우리나라에는 18종이 서식·간장과 내장에 테트로도톡신이라는 맹독이 있다. 저칼로리 고단백질 저지방과 각종 무기질 및 비타민이 있어 알코올 해독은 물론, 콜레스테롤 감소에 탁월한 효과가 있다.

조리법 Boiling, Stewing, Poaching 등

아구
Monk fish

산지 및 특성 우리나라 서해, 남해, 동해남부, 일본 홋가이도 이남해역, 동중국해, 서태평양에 분포하며, 산란기인 4~5월이 되면 중국연안으로 이동. 비타민 A가 많이 들어 있어 피부미용에 좋다. 지방이 없어 비린내가 나지 않고 소화가 잘된다.

조리법 Sauteing, Grilling, Poaching 등

멸치
Anchovy
(Anchois
/앙소아)

산지 및 특성 청어목 멸치과 바닷물고기. 몸길이 15cm 정도. 몸은 가늘고 길며 약간 납작하다. 연안성 회유어(沿岸性回游魚)이며, 플랑크톤을 주식으로 한다. 산란기는 거의 1년 내내 계속되지만 성기(盛期)는 봄부터 여름과 가을의 2회이며, 북방에서는 산란기가 늦고 성기도 1회이다.

조리법 Dry, Marined, Deep fat frying 등

정어리 *Sardine* *(Sardin* */사르댕)*	

산지 및 특성 청어목 청어과의 바닷물고기. 몸길이는 25cm 정도이다. 몸의 등이 푸른색이고 옆구리와 배쪽은 은백색이다. 옆구리에는 7개 내외의 흑청색 점이 1줄로 늘어서 있고, 때로는 그 위쪽에 여러 개의 점이 있다. 등지느러미 밑바닥에는 3개의 점이 있다. 12~7월경이며, 수온이 20℃이면 2~3일 만에 부화하는데, 다른 어류에 비해 특히 번식력이 강하다. 단백질이 풍부하고 지방을 많이 함유하고 있다.

조리법 Sauteing, Grilling, Canning 등

고등어 *Mackerel* *(Maquereau* */마크로)*	

산지 및 특성 농어목 고등어과의 바닷물고기. 몸길이 40cm 정도. 고도어(古刀魚·古道魚)라고도 한다. 몸이 방추형으로 양 옆이 조금 납작하며, 가로로 자르면 타원형이다. 포란수(抱卵數)는 10만~30만 개이고, 알의 지름은 약 1mm이다. 수온이 10~22℃ 내외의 물속에서 살며, 15~16℃의 수계(水系)가 가장 적합한 서식장소이다. 육식성으로 육질의 색은 붉은색이며, 살의 조직력이 부드럽고 맛이 좋다.

조리법 Sauteing, Deep fat frying, Canning 등

병어 *Butter Fish*	

산지 및 특성 우리나라의 남해와 서해를 비롯하여 일본의 중부 이남, 동중국해 인도양 등에 분포한다. 수심 5~110m의 바닥이 진흙으로 된 연안에 무리를 지어 서식한다. 흰살생선인 병어는 살이 연하고, 지방이 적어 맛이 담백하고 비린내가 나지 않는다.

조리법 Poaching, Sauteing, Braising 등

붕장어/ **아나고** *Congereel* *(Congre* */꽁그르)*	

산지 및 특성 속명인 Conger는 그리스어로 '구멍을 뚫는 고기'란 뜻의 'gongros'에서 유래하였다. 완전히 자라기까지 8년이 걸린다. 성장함에 따라 서식장소도 바뀌는데 어릴수록 얕은 내만에 서식하다가 4년생 이상은 먼 바다로 나간다. 어획량의 90% 정도가 10~4월에 잡힌다. 필수 아미노산을 고루 함유하고 있으며 EPA와 DHA가 풍부하다.

조리법 Sauteing, Braising, Grilling, Frying 등

어류(Fish) ➡ 플랫 피시(Flat Fish)

　납작한 모양을 하는 플랫 피시(Flat fish)는 비대칭형의 몸통으로 눈은 머리의 한쪽을 향하게 붙어 있고, 헤엄을 칠 때 평평한 모양으로 온몸을 흔들어 움직인다. 특히 플랫 피시는 바닷속 깊은 곳의 바닥에 붙어 움직이며, 바닥 쪽은 흰색을 띠는 반면에 윗쪽은 검은색을 유지하고 있으나 환경에 따라서 자신들의 색을 변화시킨다. 플랫 피시의 특징은 살결이 매우 부드럽고 순한 맛을 지니고 있으며, 살코기에서 은은한 단맛을 풍기고 진주같이 깊은 흰색과 약간에 핑크빛이 섞여 있다.

광어 *Halibut* *(Fletan* */프레땅)*	

산지 및 특성 광어는 남중국해, 동중국해, 일본남부, 한국연근해 등에 분포하며, 저서성 어류로 대륙붕 주변의 모래 바닥에 주로 서식한다. 발육에 필요한 라이신이 많아 성장기 어린이에게 좋고 지방질이 적어 소화가 잘 된다.

조리법 Sauteing, Grilling, Poaching, Deep fat frying 등

도브 솔 *Dover Sole* *(Sole/솔)*		**산지 및 특성** 도버 해협에서 잡히는 참서대의 일종. 쫄깃쫄깃한 살과 향기가 좋다. **조리법** Sauteing, Poaching. Meuniere, Steaming 등
가자미 *Flounder* *(Carrelet* */까르레)*		**산지 및 특성** 전세계적으로 520여 종에 달하며, 한국에서도 30여 종이 알려져 있다. 한대에서 온대에 걸쳐 분포하며, 1000m 이상의 심해에서 서식. 산란시기는 대개 겨울철이다. 필수아미노산인 리신이나 트레오닌 등의 단백질을 함유하고 있다. **조리법** Grilling, Poaching. Deep fat frying 등
터봇 *Turbot* *(Turbot* */뛰르보)*		**산지 및 특성** 유럽산 가자미의 일종으로 넙치과에 속하며, 해수어 중에서 가장 선호되는 종류의 어종이다. 육질은 단단하고 저장이 용이하고 4~9월 사이의 육질이 가장 좋다. **조리법** Sauteing, Poaching. Grilling 등
레몬솔 *Lemon Sole*		**산지 및 특성** 레몬솔은 우리나라연안에서 잡히는 가자미와 매우 흡사하게 생겼는데 미국동쪽해안을 따라서 대단히 많이 서식하는 대중적인 가자미과에 일종이다. 때로는 검은등넙치 또는 겨울넙치로 알려진 이 생선은 한류를 좋아하기에 겨울동안 더 차고 깊은 곳으로 이동하는 성질을 지니고 있다. 적합한 크기는 1kg짜리 정도가 요리하기에 좋다. **조리법** Poaching, Sauteing, Pan Frying 등
홍어 *Skate* *(Raie/래)*		**산지 및 특성** 전북에서는 간재미, 경북에서는 가부리, 나무가부리, 전남에서는 홍해, 홍에, 고동무치, 함경남도에서는 물개미, 신미도에서는 간쟁이라 불린다. 몸길이는 약 150cm이다. 몸은 마름모꼴로 폭이 넓으며, 머리는 작고 주둥이는 짧으나 튀어나와 있다. 눈은 튀어나와 있으며, 눈의 안쪽 가장자리를 따라 5개 가량의 작은 가시가 나 있다. 전남 서남해안 지방에서는 잔치 음식에 삭힌 홍어가 거의 빠지지 않는다. **조리법** Sauteing, Braising, Frying 등

2) 연체류(Mollusks)

연체류(Mollusks) ➡ 단각류(Univalves)

단각에 속하는 연체류는 하나의 껍질을 가지고 일정하지 않은 몸체를 갖고 있는 것을 말한다. 단각류는 쌍각류에 비하여 그 종류가 간단하며, 모양새도 비슷하다. 마치, 동굴과 같은 단단한 석회질의 껍질을 가지고 있으며, 일단 구성된 껍질은 살아가는 동안 언제나 같이 성장하게 되는데, 자세히 보면 나무의 나이테와 같이 성장된 모습을 볼 수 있다.

전복
Abalone
(Ormeau
/오르모)

산지 및 특성 한국 등 세계적으로 약 100여 종. 섬, 해조가 많이 번식하는 간조선에 서식하며, 4~5월에 산란하고 이 시기에는 전복내장에 독성이 있으므로 익혀먹는 것이 좋다. 비타민과 칼슘, 인 등의 미네랄이 풍부하고 아르기닌이 월등히 많아 병후 회복과 성력발현에 좋다.

조리법 Sauteing, Boiling 등

소라
Conch

산지 및 특성 소라는 제주도를 비롯하여 남부연안과 일본의 남부연안에 분포하며, 파도가 많이 치는 곳에 주로 서식한다. 5~8월에 산란하며, 무기질과 비타민의 보고이다.

조리법 Sauteing, Boiling, Poaching 등

달팽이
Snail &
Escargot
(Escargot
/에스까르고)

산지 및 특성 달팽이는 서식지에 따라 수상종, 지하종, 지상종의 세 가지 형으로 나뉜다. 고단백, 칼슘이 풍부하고 지방이 적어 성인병 예방에 좋으며, 끈끈한 점액에는 '뮤신'이 들어 있어 노화방지효과가 있다.

조리법 Sauteing, Boiling, Canning 등

연체류(Mollusks) ➡ **쌍각류(Bivalves)**

쌍각류는 두 개의 비슷한 껍질이 붙어 있고, 그 사이로 연체류의 몸이 있어 보호역할을 하면서 살아가는 형태를 말한다. 쌍각류는 매우 다양하고 그 종류도 대단히 많다.

조개
Clam
(Meretrice
/메레뜨리스)

산지 및 특성 열대지방에서 극지방에 이르는 바다 해발고도 7,000m인 고지대. 연못, 호수, 강이나 시냇물 등에 서식한다. 조개에는 필수아미노산이 풍부하며, 특히 타우린성분이 다량함유되어 있어 강장, 강정작용이 뛰어나다.

조리법 Sauteing, Boiling, Blanching 등

홍합
Mussel
(Moule/물)

산지 및 특성 한국, 일본, 중국 북부지역에 분포하며, 조간대에서 수심 20m 사이의 바위에 붙어산다. 비타민 A, B, B2, C, E, 칼슘, 인, 철분과 단백질, 타우린이 풍부하게 함유하고 있다.

조리법 Sauteing, Boiling, Canning 등

굴
Oyster
(Huitre
/위뜨르)

산지 및 특성 우리나라 굴의 종류는 9종으로, 전 연안 간조선 주위의 단단한 물체에 부착해서 살고 있다. 수온이 올라가고 비가 와서 비중이 내려가면 자극받아 산란이 이루어진다. 비타민 A, B1, B2, B12, 철분, 구리, 망간, 요오드, 인, 칼슘 등 어패류 중에서 여러 가지 영양소를 가장 이상적으로 함유하고 있다.

조리법 Sauteing, Boiling, Poaching, Canning 등

관자
Scallop
(Saint-Jacque
/생쟈뀌)

산지 및 특성 조간대의 저조선에서 수심 10~50m의 암초지대 또는 모래, 자갈 바닥에 산다. 곡류제한 아미노산인 라이신, 스테오닌 등의 함량이 높아 영양균형 측면에서 의의가 있다.

조리법 Sauteing, Boiling, Poaching 등

연체류(Mollusks) ➡ 두족류(Cephalopods)

두족류는 수중 연체류 중에서도 머리를 뚜렷하게 가지고 있는 것이 특징이다. 두족류는 머리뿐만 아니라, 눈과 여러 개의 다리들이 발전되어 있고, 다리에는 수많은 빨판들이 연결되어 있다. 이러한 빨판은 먹이를 입으로 가져가기 편리하도록 진화되어 있는 것도 두족류 연체동물의 특징이다. 두족류 연체동물은 단단한 껍질은 가지고 있지 않으나 속에 몸을 지탱할 수 있는 얇은 껍질과 같은 것을 지니고 있는데 이것이 마치 펜과 같이 생겼다 하여 펜뼈(Pen Bone) 또는 커틀 본(Cuttle Bone)이라 불리운다.

오징어
Squid &
Cuttle Fish
(Calmar
/깔마르)

산지 및 특성 연안에서 심해까지 살고 있으며, 생식시기는 대부분이 4~6월이다. 천해의 종류는 근육질로 몸 빛깔을 변화시키고 심해의 종류는 몸이 유연하고 발광하는 것이 적지 않다. 칼로리가 거의 없고 불포화지방산이 많다. 또한 오징어의 먹물은 항균, 항암작용을 하는 것으로 잘 알려져 있다. 12~1월에 가장 맛이 좋다.

조리법 Sauteing, Boiling, Blanching 등

문어
Octopus

산지 및 특성 문어는 한국, 일본, 베링해, 알래스카만, 북아메리카, 캘리포니아만에 분포하며, 연안수심 100~200m의 깊은 곳에 있는 바위 틈이나 구멍에 서식한다. 수명은 3~4년으로 산란 후 약 6개월 간 알을 보호하고 죽는다. 타우린이 풍부하게 함유되어 있다.

조리법 Sauteing, Boiling, Blanching 등

낙지
Octopus
Minor

산지 및 특성 연체동물 중 체제가 가장 발달한 무리 가운데 하나이다. 체장은 보통 70cm 내외이며 머리는 둥글고 좌우대칭으로 흡반(吸盤)이 달린 8개의 발을 갖고 있다. 주로 내만의 펄 속에 서식하며 발로 게류, 새우류, 어류, 갯지렁이 등을 잡아먹는다. 우리나라 서해안과 일본 각지에 분포하며, 식용으로 널리 쓰인다.

조리법 Sauteing, Poaching 등

꼴뚜기
Beka Squid

산지 및 특성 몸길이 약 70mm, 외투막 나비 약 22mm이다. 외투막은 원통 모양이고 끝쪽으로 가늘어져 뾰족하다. 등의 좌우 양쪽에 마름모꼴의 지느러미가 있다. 바다에 서식한다. 산란기는 3월로, 4~5월에 집어등(集魚燈)으로 모아 그물로 잡는다. 식용으로 흔히 젓갈을 담가 먹는다. 볼품없는 모습 때문에 보잘 것 없는 것의 비유로 '어물전 망신은 꼴뚜기가 시킨다'는 속담이 있다. 한국, 일본, 중국, 유럽 등지에 분포한다.

조리법 Poaching, Sauteing, Frying 등

3) 갑각류(Crustaceans)

갑각류는 담수와 해수에 어디서나 볼 수 있는 양수성 동물로 표면이 단단한 껍질로 싸여 있으며, 더듬이와 집게발을 가지고 있는 것이 특징이다. 이들은 물과 뭍을 오가며 생활하지만 아가미로 호흡하는 동물이다.

게
Crab
(Crabe
/끄라브)

산지 및 특성 전세계에 약 4500여 종이 광범위하게 분포하여 세계 대부분의 바닷가에서 발견되며, 배 부분을 보고 암수를 구분할 수 있다. 고단백 저칼로리로 필수아미노산이 많고 게살에는 타우린과 비타민 A, B, C, E 등이 다량 함유되어 있다.

조리법 Boiling, Deep fat frying 등

바닷가재
Lobster
(Langouste
/랑구스뜨)

산지 및 특성 태평양, 인도양, 대서양 연근해 등에 분포해 있으며, 육지와 가까운 바다 밑에 서식한다. 낮에는 굴 속이나 바위 밑에 숨어 지내다가 밤이 되면 활동한다. 수명은 약 15~100년이며, 콜레스테롤과 지방함량이 적고 비타민과 미네랄을 공급해 준다.

조리법 Sauteing, Grilling, Deep fat frying 등

새우
Shrimp &
Prawn
(Crevette
/크레베뜨)

산지 및 특성 전 세계에 2500여 종이 있다. 담수, 기수, 바닷물에 모두 분포하지만 대부분 바닷물에 산다. 무리를 지어 사는 습성이 있으며, 연안을 비롯한 대륙붕 또는 강어귀에 서식한다. 키토산, 칼슘, 타우린 등을 많이 함유하고 있다.

조리법 Sauteing, Grilling, Boiling, Deep fat frying 등

크라이 피시
Cray Fish
(Ecrevisse
/에크러비스)

산지 및 특성 함북, 함남, 평북, 울릉도, 제주를 제외한 한국, 중국 동북부에 분포하며, 1급수의 오염되지 않은 계류나 냇물에서만 산다. 디스토마의 중간 숙주 역할을 한다. 간에 열을 내리고 눈을 밝게 하는 기능이 있으며, 침을 잘 흘리는 아이에게 좋다.

조리법 Boiling, Deep fat frying 등

4) 극피동물

척추동물과 유연관계가 가장 가까운 무척추동물이다. 가장 큰 특징은 가시가 난 피부와 방사 대칭 체제인데, 대부분 5 또는 그 배수의 방사상 체제를 하고 있다. 또 다른 특징은 수관계와 관족이다. 수관계는 식도를 둘러싸서 고리 모양 수관을 이루고, 이것이 갈라져서 석회판을 뚫고 몸 밖으로 관족을 낸다. 이 관족이 나오는 부분을 보대(步帶)라 하고 그 사이를 간보대(間步帶)라고 한다. 보통 5줄씩 있다. 껍데기는 작은 석회질 골편(骨片)으로 이루어진다.

해삼
Sea Cucumber
(Tripang
/뜨리빵)

산지 및 특성 약효가 인삼과 같다고 하여 이름 지어졌다. 일본에서는 야행성으로서 쥐와 닮았다 하여 바다 쥐란 뜻의 나마코라 불린다. 경북에서는 홍삼, 목삼이라 불리기도 한다. 몸은 앞뒤로 긴 원통 모양이고, 등에 혹 모양의 돌기가 여러 개 나 있다. 외부에서 자극을 받으면 장(腸)을 끊어서 항문 밖으로 내보내는데, 재생력이 강해서 다시 생긴다. 가을부터 맛이 좋아지기 시작하여, 동지 전후에 가장 맛이 좋다.

조리법 Boiling, Sauteing, Stewing 등

성게
Sea-Urchin
(Oursin
/우르생)

산지 및 특성 섬게라고도 한다. 옛 문헌에서는 해구(海毬)·해위(海蝟)라 하였다. 우리말로는 밤송이조개라고 한다. 전 세계에 약 900종이 분포하며 한국에서는 약 30종이 산다. 나팔성게, 흰수염성게 등은 몸 표면에 독주머니가 달린 가시가 있어 사람의 피부에 박히면 잘 부러지고 잘 빠지지 않아 고통을 받는다. 한국의 동해안에는 보라성게가 많이 서식하여 주요 수산자원이 되고 있다.

조리법 Poaching, Smoking, Canning 등

5) 기타

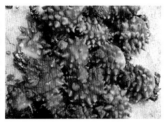

멍게
/ 우러쉥이
Sea Squirt

산지 및 특성 우렁쉥이라고도 한다. 큰 것은 몸길이 18cm, 둘레 26cm에 이르나 보통은 그보다 작다. 몸 빛깔은 보통 붉은색 또는 오렌지색이나, 가끔 어두운 갈색이나 흰색도 있다. 몸통 아래쪽에는 뿌리 모양 돌기가 나 있는데, 이 돌기를 이용하여 다른 물체에 달라붙어 산다. 한국과 일본에 널리 분포하며 한국에서는 동해안의 초도리에서 제주도의 성산포에 이르는 지역에 널리 분포한다. 식용으로 양식을 하는 곳도 있다.

조리법 Poaching, 생식 등

개구리 다리
Frog Leg
Grenouille
/그르누이여)

산지 및 특성 개구리는 한자어로 와(蛙)라고 한다. 무당개구리·두꺼비·청개구리·맹꽁이·개구리 등의 각 과가 이에 포함된다. 19세기 초까지는 어류나 파충류의 무리로 취급되었는데, 이것은 어류와 파충류로 진화하는 도중에 있다는 것을 의미한다. 고생대 쥐라기에 출현하였으며, 그 조상형은 석탄기와 트라이아스기에 볼 수 있다. 서양에서는 식용개구리를 사육하여 뒷다리 부분을 튀기거나 볶거나, 삶아서 먹는다.

조리법 Boiling, Smoking, Meuniere, Pan Frying 등

6) 캐비아(Caviar)

(1) 캐비아의 개요(Summary of Caviar)

철갑상어의 알을 소금에 절인 것. 갓 잡은 생선에서 떼어 낸 알 덩어리를 정교한 체에 조심스럽게 걸러 알로부터 기타 조직과 지방을 제거한다. 동시에 4~6%의 소금을 뿌리고 조미한다. 이난에서는 질이 떨어지는 것만을 소금에 절인다. 질이 우수한 캐비아는 말라솔(malassol : 러시아어로 '소금을 약간만 친 것'이라는 뜻)이라고 분류한다. 신선한 캐비아는 1~3℃ 정도에서 저장해야 하는데, 그렇지 않으면 품질이 급속히 떨어지게 된다. 저온살균은 보다 효과가 좋은 저장법이다. 진품은 러시아와 이란에서 생산되는 것으로, 카스피 해와 흑해에서 잡은 상어알로 만든다.

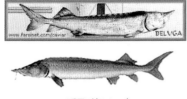

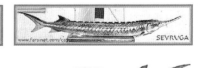

베루가(Beluga)   오세트라(Osetra)   세부루가(Sevruga)

캐비아는 알의 크기와 가공처리법에 따라 품질의 등급이 결정된다. 등급명은 알을 얻는 철갑상어의 종류에 따른다. 가장 큰 알은 벨루가로 검은색이나 회색이다. 그보다 조금 작은 알인 오세트라는 회백색, 회록색, 갈색을 띤다. 가장 작은 알인 세브루가는 초록빛이 도는 검은색이다. 가장 희귀한 캐비아는 카스피해에서 잡은 작은 철갑상어의 황금빛 알로 만든 것으로, 옛날에는 차르의 식탁에만 오를 수 있었다. 등급이 더 낮은 캐비아는 깨지거나 미성숙된 알로 만들며, 소금을 많이 쳐서 압축한다. 파유스나야라고 하는 이러한 캐비아는 진한 풍미 때문에 선호되기도 한다. 연어의 붉은 알과 다른 생선들의 알도 때로 캐비아란 이름으로 판매되고 있다. 철갑상어의 알과 비슷하게 만들기 위해 흰 연어류와 도치류 등을 오징어의 먹물로 염색하는 경우도 있다.

이 밖에 크기도 다르고 알의 종류도 다른 10여 가지의 철갑상어가 있으나, 이 중에서도 희귀종인 샤아 캐비아는 오세트라의 일종으로 알은 굵고 황금색의 광택이 나는데, 포획이 적은 탓에 예로 부터 황제나 황후의 식탁에만 오른 최고급으로 귀한 종류이다.

캐비아는 또 지방이 적으며, 비타민·단백질이 많고 칼로리가 낮은 식품이다. 러시아에서는 캐비어가 건강식품으로 오래 전부터 인기가 있었다. 요즘에도 수술 후 빠른 회복을 위해 환자들이 많이 먹고 있으며, 캐비어에서 기름만 뽑아 마시는 것으로 야채를 많이 섭취하지 못하는 추운 지방에서 결핍되기 쉬운 비타민의 역할을 대신한다. 캐비어는 아름다움을 주기도 한다. 1964년 프랑스의 화장품회사 잉그리드 밀러는 캐비어와 인간의 피부세포의 구조가 비슷하다는 연구결과를 기초로 캐비어의 미용효과를 발표했다. 캐비어가 노화방지에 상당히 효과가 있었다는 것. 이 회사는 요즘도 캐비어를 화장품으로 만들어 팔고 있으며, 철갑상어의 남획을 우려하고 있다고 한다.

캐비아(Caviar)를 담아 사용하는 형태

대형 철갑상어(Sturgeon) 포획 모습

(2) 캐비아의 종류(kind of Caviar)

* **베루가(Beluga)**는 2m~4m의 크기로, 200kg에서 400kg의 철갑상어에서 채취하는 알로 굵으며, 회색이나 진한 회색을 띠고 있다.

* **오세트라(Osetra)**는 길이가 2m 정도이고 무게는 50~80kg의 철갑상어에서 채취하며, 알은 연한 브라운, 브라운, 진한 브라운색을 띠고 있다.

* **세부루가(Sevruga)**는 1~1.5m 크기의 철갑상어로 무게는 8~15kg 으로 몸집이 비교적 적고 알의 크기도 작으며, 회색을 띠고 있다.

* **말로솔(Malosol)**은 러시아산으로 Malosol은 적은 염분을 함유하고 있다는 뜻으로, 염분함량은 3~4%로 보존기간이 짧고 가격이 매우 비싼 편이다.

* **파우스나야(Pausnaya)**는 러시아산으로 Caviar에 압력을 가한다는 뜻으로, 1kg의 Pressed Caviar을 얻기 위해서는 5kg의 Fresh Caviar가 필요하다.

베루가(Beluga)   오세트라(Osetra)   세부루가(Sevruga)

(3) 캐비아의 손질(Handling of Caviar)

철갑상어를 잡은 후 1시간 안에 알을 추출하여야 하며, 최소한 한 개의 알보다 큰 그물눈을 가진 체로 깨끗이 씻어야 하며, 알들은 그물을 통과하여 밑에 받쳐 놓은 그릇에 떨어지게 된다. 이것은 알 주위에 세포조직을 제거하기 위한 작업으로 매우 천천히 부드럽게 진행하여야 한다. 이 알들은 3~4회 조심스럽게 씻어야 하며, 10분 정도 배수를 시킨 다음 거품을 제거한다. 배수가 끝난 후 알 무게의 4~6%에 해당하는 고운 소금을 넣어 절인다. 이 작업이 끝나면 단지나 매끄러운 그릇에 빠르게 저장을 하는데, 용기 속에 공기가 들어가지 않게 주의해야 한다.

캐비아는 1~3℃ 되는 온도의 냉장고에 보관하여야 하며, 일주일 정도면 진미를 느낄 수 있는 절정의 시기가 되며, 6개월 정도 경과되면 품질은 급속히 저하된다.

① 철갑상어 뱃속에 알이 들어 있는 철갑상어 알 모습
② 용기에 담은 철갑상어 알
③ 관자요리 소스에 사용한 철갑상어 알
④ 퀸넬 형태로 만든 철갑상어 알 에피타이저
⑤ 철갑상어 알과 함께 곁들이는 가니쉬(Garnish)
⑥ 철갑상어 알이 술 안주로 차려진 모습

참고문헌

- 오석태 외, 서양조리학개론, 신광출판사, 2002.
- 김기영 외, 서양조리실무론, 성안당, 2000.
- 최수근, 최수근의 서양요리, 형설출판사, 1996.
- 롯데호텔 직무교재 1990.
- 신라호텔 직무교재 1995.
- 인터콘티넨탈 직무교재, 1993
- 김헌철 외, 호텔식 정통서양요리, 훈민사, 2006.
- 조리교재발간위원회, 조리체계론, 한국외식정보, 2002.
- Wayne Gisslen, Professional Cooking, 5th Edition, John Wiley, 2003.
- Paul Bouse, New Professional Chef, CIA, 2002.
- Sarah R. Labensky, Alan M. Hause, On Cooking, Prentice Hall, 1995.
- 최수근, 서양요리, 형설출판사, 2003
- Pascal 대 백과 사전 18권, 28권
- 세계대백과사전, 1~22권, 한국교육문화사, 1994.
- http://100.empas.com/dicsearch/pentry.html/?i=169083
- http://100.empas.com/dicsearch/pentry.html/?i=110630

사진출처

- http://blog.empas.com/plantgrow/7265910 송어
- http://photo.empas.com/ongari00/ongari00_17/photo_view2.html?psn=228 잉어
- http://photo.empas.com/bearbe/bearbe_22/photo_view2.html?psn=268 정어리
- http://blog.empas.com/emir21c/10138546 전복
- http://kr.dcinside5.imagesearch.yahoo.com/zb40/zboard.php?id=24&page=115&sn1=&divpage=17&banner=&sn=off&ss=on&sc=on&select_arrange=headnum&desc=asc&&no=91311 소라
- http://imagebingo.naver.com/album/image_view.htm?user_id=sexyegg0007&board_no=26911&nid=6368 달팽이
- http://blog.empas.com/leenamjin/4157384 조개
- http://dc4.donga.com/zero/zboard.php?id=koreanfood&page=38&sn1=&divpage=2&banner=&sn=off&ss=on&sc=on&select_arrange=headnum&desc=asc&&no=5757 홍합
- http://blog.empas.com/kws0725/543224 굴
- http://imagebingo.naver.com/album/image_view.htm?user_id=goodliver&board_no=27116&nid=5863 관자
- http://news.naver.com/news/read. 연합뉴스 보도자료 2005-07-24 12:35 오징어
- http://blog.naver.com/hiccary 문어
- http://ilovenature.co.kr/sea/crab_01.htm 게
- http://blog.empas.com/youri33/1598235 바닷가재
- http://kr.dcinside5.imagesearch.yahoo.com/zb40/zboard.php?id=25&page=355&sn1=&divpage=9&banner=&sn=off&ss=on&sc=on&select_arrange=headnum&desc=asc&&no=39650 새우
- http://blog.naver.com/wons26.do?Redirect=Log&logNo=140002220580 민물가재

Chapter 9
가금류
Poultry

··· 학습목표
• 가금류(Poultry)의 개념을 이해하고 가금산업의 발전과정 등을 학습한다.
• 야생조류를 포함한 가금류의 분류와 사진을 통해 어패류를 인지하며, 명칭을 외국어로 학습한다.
• 가금류의 종류(Kind of Poultry)와 원산지, 특성, 용도, 조리법 등을 학습하여 실기에 적절히 응용할 수 있도록
  한다.

1

가금류의 개요
Summary of Poultry

가금류는 가축 가운데 조류에 속하는 것으로 야생조류를 인간생활에 쓸모 있게 길들이고 유전적으로 개량한 것으로, 새장에 넣어서 기르는 사육조와는 구별된다. 목축에 있어서 고기, 알, 깃털을 얻기 위해 상업적 목적으로, 또는 길들일 목적으로 기르는 조류(鳥類)이다. 가금류에는 그 생산물의 이용을 목적으로 하는 실용종과 모습, 소리 등을 감상하는 애완용종이 있으며, 실용종은 그 목적에 따라 다시 난용종(卵用種), 육용종(肉用種), 난육겸용종(卵肉兼用種)으로 구분한다. 닭, 오리, 칠면조, 기러기류 등이 상업적으로 중요한 실용종이며, 꿩·비둘기 등은 대개 특정지방에서만 중시된다. 인도의 적색야계에 속하는 닭들은 적어도 4,000년 동안 사육되어 왔다. 그러나 닭고기와 달걀이 대량생산되기 시작한 것은 1800년경의 일이다.

현대적인 대규모 가금농장은 1920년경 영국에서, 그리고 제2차 세계대전 이후 미국에서 급증하기 시작했는데, 이러한 농장은 열, 광선, 습도를 조절할 수 있도록 실내에 설치된 닭장을 갖추고 있다. 성숙한 암탉과 어린 암탉들은 고기와 달걀을 얻기 위해 사육되며, 농부들은 상업적 요구를 충족시키기 위해 다수의 품종들을 개발해 왔다. 다 자란 수탉들은 오랫동안 스포츠에 이용되어 왔다. 수평아리는 거세하여 식용수탉으로 키우는데, 오늘날에는 대개 호르몬을 써서 화학적으로 정소를 자라지 못하게 한다. 원래 고기는 달걀 생산의 부산물이었으며, 더 이상 충분한 달걀을 낳지 못하는 암탉들만을 도살하여 식용으로 팔았으나 20세기 중반에 들어 고기 생산은 전문화된 산업으로서 달걀 생산을 능가하게 되었다.

집오리는 물새과의 물새아과에 속하며, 들바리켄과 야생 청둥오리가 원종인 것으로 생각된다. 들바리켄은 콜럼버스가 미대륙을 발견하기 전부터 콜롬비아와 페루에서 인디언들이 사육했다. 청둥오리는 중국에서 약 2,000년 전부터 사육했으며, 수없이 교잡되고 여러 종류의 돌연변이가 생겨났다. 야생 청둥오리의 밝은 빛깔은 집에서 기르는 루앙, 인디언러너 등의 품종에 여전히 남아 있다. 전문적으로 말해 오리를 뜻하는 영어의 덕(duck)은 암오리를 가리키며, 숫오리는 드레이크(drake)라는 말을 쓴다. 잉글랜드, 네덜란드, 미국 등지의 일부지역에서는 대규모로 오리사육을 하기도 하지만 대부분의 나라에서는 보통 소규모로 농장을 운영한다. 미국가금협회(The American Poultry Association)는 12가지의 사육종을 육용, 난용, 관상용의 3부류로 나눠 목록화하고 있다. 원래 중국산인 화이트페킹은 육질이 풍부하고 빨리 자라며, 알을 많이 낳기 때문에 가장 많이 사육한다. 오리털은 합성섬유로 많이 대체되기는 했지만 역시 상업적인 가치가 있으며, 아이더다운의 경우는 아직도 고급 누비이불과 베개에 사용되기 때문에 상업적 가치가 높다. 오리는 고기보다 뼈와 지방질이 많으며, 연한 것이 특징이다.

닭목(目) 칠면조과에 속하는 칠면조는 아메리카 대륙이 원산지로 콜럼버스의 신대륙 발견 이후인 1519년 스페인 사람들은 멕시코종을 유럽에 들여갔으며, 제2차 세계대전이 끝나고 식육을 목적으로 대규모로 사육되었다. 아스텍족과 주니 인디언은 음식과 제물로 쓰려고 칠면조를 사육했으며, 깃털은 장식에 이용했다. 일반적으로 칠면조 수컷은 약 26주가 지나면 시장에 내다 팔 수 있을 정도의 무게(12kg)가 되며, 칠면조 암컷은 빨리 성숙하지만 10kg을 넘는 경우가 드물다. 칠면조 요리는 추수감사절이나 크리스마스에 등장하는 요리로서 일년내내 먹기 시작한 것은 최근의 일이다. 칠면조는 크기에 비하여 고기가 적으며, 저렴한 가격에 거래되고 있다.

오리보다 지방질이 더 많은 거위는 중국과 유럽에서 야생하는 기러기를 육용으로 사육한 것이 지금의 것이 되었다. 거위는 고기보다 강제 사육하여 foie gras를 생산하는 것으로 유명하다. 오리과의 거위가 사육되었다는 기록은 이미 초기성서에도 나온다. 오늘날의 품종들은 대부분 북유라시아에서 서식하는 야생 회색기러기(Anser anser)의 자손이다. 야생 기러기류가 일부일처인 데 비해 집에서 기르는 거위는 일부다처이므로 상업적으로 생산성이 높다. 가장 크고 인기 있는 식육용 거위는 툴루즈이며, 영국에서는 한 살이 채 안 된 거위를 크리스마스 음식으로 즐겨 구워 먹는다. 거위고기를 생산할 때 나오는 부산물로서, 유럽에서 특히 중요하게 여기는 파테 드 푸아그라는 식용으로 사육된 거위의 크고 기름진 간으로 만든 페이스트이다. 거위의 깃털과 솜털은 누비이불·베개, 최근 들어서는 침낭·코트를 만드는 양질의 절연재로 쓰인다. 아프리카와 마다가스카르 남부가 원산지인 색시닭은 색시닭과에 속하며, 닭과 같은 종류이다. 여러 나라의 농장에서 부업으로 키우는데, 사육시 거의 돌볼 필요가 없다. 스쿼브는 어린 비둘기로 비둘기과에 속하며, 몇몇 나라에서 생산되지만 가금산업이 확립되어 있는 나라에서는 거의 생산되지 않는다.

2
가금류의 분류
Classification of Poultry

가금류의 분류는 조류 중에서 알이나 고기의 생산을 목적으로 사육되고 있는 조류들과 야생조류라고 분류되는 조류들을 포함하였다. 식용가금으로는 닭, 칠면조, 오리, 거위, 꿩, 메추리 등이 있다. 오늘날에 식용으로 이용되는 닭은 지금부터 약 3~4천년 전에 동남아에서 들(야생)닭을 사육하여 개량한 것으로 알려지고 있다. 닭고기는 피하에 노란 지방질이 많으나 근육질에는 적어 담백하고 연하므로 미식가들이 즐겨 먹는다. 식용으로 사용하는 닭은 병아리(400g 이하), 영계(800g 이하), 중닭(1200g 이하), 성계(1600g 이나 그 이상), 노계 등으로 나뉜다. 야생조류들이 현재는 대부분 인간에 의해 사육되고 있기 때문에 본서의 가금분류는 야생조류를 포함하여 분류하였다.

가금류의 분류

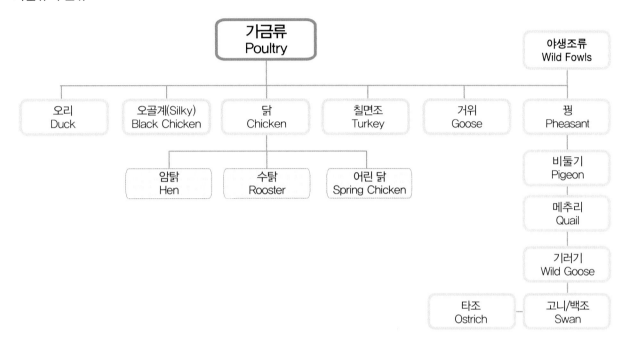

3
가금류의 종류
Kind of Poultry

1) 가금류(Poultry)

오리
Duck

산지 및 특성 오리고기의 일반 성분은 단백질의 아미노산이 우수한 것이 특징으로 되어 있고, 여러 가지 아미노산을 골고루 가지고 있으며 지질을 구성하는 지방산 조성이 다른 육류와는 크게 다르다. 포화 지방산이 20% 정도인데 불포화 지방산이 70% 이상이다. 포화 지방산인 팔미트산의 함량이 다른 육류에 비해 적다. 또한 콜레스테롤 함량도 적은 편이다.

조리법 로스트, 브레이징, 훈제, 샐러드 등 다양하게 사용한다.

오골계
Silky/Black Chicken

산지 및 특성 원산지가 동남아시아인 닭의 한 품종으로 체형과 자세는 닭 품종인 코친(cochin)을 닮아서 둥글고 몸매가 미끈하다. 영어로는 실키(silky)라고 부르며, 다리는 짧고 바깥쪽에 깃털이 나 있다. 피부, 고기, 뼈 등이 모두 어두운 보라색을 띠고 뒷발가락 위쪽에 또 하나의 긴 발가락이 있어 발가락이 모두 5개인 점이 특징이다. 성질이 온순하나 체질은 허약하고 알을 낳는 개수도 적다. 고기는 민간에서 호흡기 질환과, 간장과 신장을 튼튼하게 하는 효과가 있다고 하여 약용으로 쓰인다. 몸이 작아서 암컷은 0.6~1.1kg, 수컷은 1.5kg 안팎이다. 한국에서는 충청남도 논산시 연산면 화악리(가축천연기념물 265호, 1980. 4. 1)를 비롯한 각지에서 사육하고 있다. 오골계는 살과 뼈가 검다고 해서 한자로 "까마귀 오"자에 "뼈 골"자를 쓴다.

조리법 테린, 로스팅, 삶아서 보신용으로 사용한다.

수탉
Rooster

산지 및 특성 수탉은 암탉보다 보기에 화려하고, 특히 벼슬이 곧게 뻗어 섰으며, 꼬리의 색도 현란하다. 덩치도 더 크며, 날렵하게 생겼고 새벽녘에 우는 닭이 수탉이다. 닭고기의 성분은 소고기보다 단백질이 많아 100g 중 20.7g이고, 지방질은 4.8g이며, 126kcal의 열량을 내는데, 비타민 B2가 특히 많다. 또한 닭고기가 맛있는 것은 글루탐산(酸)이 있기 때문이다.

조리법 갈란틴, 테린, 샐러드, 튀김, 그릴링, 소테 등 다양하게 사용한다.

암탉
Hen

산지 및 특성 닭고기는 수육에 비해 연하고 맛과 풍미가 담백하며, 조리하기 쉽고 영양가도 높아 전세계적으로 폭넓게 요리에 사용된다. 닭고기의 성분은 소고기보다 단백질이 많아 100g 중 20.7g이고, 지방질은 4.8g이며, 126kcal의 열량을 내는데, 비타민 B2가 특히 많다. 또한 닭고기가 맛있는 것은 글루탐산(酸)이 있기 때문이며, 여기에 여러 가지 아미노산과 핵산 맛 성분이 들어 있어 강하면서도 산뜻한 맛을 낸다.

조리법 갈란틴, 테린, 샐러드, 튀김, 로스팅, 소테 등 다양하게 사용한다.

어린 닭
Spring Chicken

산지 및 특성 몸무게가 2.6kg 이하이고 부화된 후 10주 이내인 육용(肉用)의 어린 닭. 영어명인 브로일러는 식육용 영계를 의미하며, 원래 미국에서는 식용 닭의 규격을 몸무게별로 로스터, 프라이어, 브로일러의 3단계로 나누어 취급하였으나 현재는 일괄하여 브로일러라 하고 있다.

조리법 로스팅, 보일링, 테린, 샐러드로 사용한다.

칠면조
Turkey

산지 및 특성 육류에 비해 단백질 함량이 많고 단백질 구성요소인 아미노산으로 글루타민산, 아르기닌튜신, 타이신 등이 많다. 지방이 소고기처럼 근육 속에 섞여 있지 않기 때문에 맛이 담백하고 소화흡수가 잘 된다. 지방의 녹는점이 31~32도로 낮은 온도에서도 흡수력이 좋다. 가금류, 축산류 중 콜레스테롤 함량이 가장 낮으며, 칠면조는 육류 중 칼로리 함량이 매우 낮은 식품이다. 리보플라빈, 나이아신, 칼슘의 함량이 매우 높다.

조리법 로스팅, 그릴링, 소테, 샌드위치, 샐러드에 사용한다.

거위
Goose

산지 및 특성 오리고기와 비슷하다. 강 알카리성으로 인체에 필요한 지방산인 리놀산이나 리노레인산을 함유하고 있다. 거위간은 양질의 단백질, 지질, 비타민A, E, 철, 구리, 코발트, 망간, 인, 칼슘 등 빈혈이나 스태미너 증강에 필요한 성분이 풍부하다.

조리법 로스트, 보일링, 특히 간을 이용한 요리가 유명하다.

●●●● 거위 간(Goose Liver & Foie Gras)

크리스마스와 연초에 프랑스에서 먹는 음식으로, 캐비어와 트르플과 함께 고급 전채요리이다. 그 중 전채요리(오드불)의 대표적인 것이 바로 프와그라이다. 프랑스에서도 알사스 지방이 대표적인 프와그라의 산지이고, 오래전에 알사스 지방으로 이주한 유대인이 거위와 오리를 키우다가 자연스럽게 만든 요리이다.

프와그라(foie-gras)는 "비대한 간"이란 뜻으로 거위나 오리에 강제로 사료를 먹여 간을 크게 만드는 것으로 일반 거위와는 사육방법이 조금 다르다. 프랑스의 거위 사육농가에서는 보통 4~5개월까지는 자유로이 놀 수 있는 실외에서 방치하여 사육한다. 이후부터는 거위가 움직이지 못하도록 컴컴하고 따뜻한 방에 가두어 두면 비대해진다. 거위의 인후(咽喉)에 무리하게 강제적으로 먹이를 억지로 밀어넣어 기형적으로 간을 비대하게 만드는 방법이 가바쥬(gavage)이다.

이 방법을 활용하면 거위의 간이 체중의 1/7~1/8 정도까지 크게 비대해진다. 가바쥬를 생산하기 위해서는 거위 한 마리를 약 1개월 간 25kg의 옥수수를 무리하게 억지로 먹이게 되는 것이다. 사료는 옥수수를 찐 다음 여기에 거위고기 기름과 소금을 혼합한 것으로 1일 3회 주어진다. 이렇게 만들어진 푸아그라는 700~900gr의 중량이 되어야 상급으로 분류되며, 진공팩을 하기 전에 품질을 등급별로 분류하며, 보통 등급은 4등급으로 분류되나 50%는 1급으로 부여된다. 푸아그라의 등급은 최상급(extra), 1급(premier), 2급(deuxieme), 퓨레(puree)로 나누어진다.

거위 간에는 양질의 단백질, 지질, 비타민 A·E, 철, 구리, 코발트, 망간, 인, 칼슘 등 빈혈이나 스태미너 증강에 필요한 성분이 풍부하다. 그러나 독특한 냄새가 있어 싫어하는 사람이 많다. 적당한 향신료를 쓰고 포도주에 담갔다 조리하는 것이 프랑스 요리의 비결이다. 거위 간은 프랑스 남부지방과 알자스 지방에서 생산된 것을 최고급으로 친다. 모든 간은 각종효소가 많아 쉽게 변질되므로 신경을 써야 한다. 전채요리, 수프요리, 육류요리에 쓰이는데, 블랙베리버섯·꼬낙·포트와인·젤리 등과 각종 향신료를 가미하여 굽거나 찌고 튀기는 방법 등이 있다.

① 대규모 거위사육장에서 비대한 간을 만들기 위해 기구를 이용해 거위에게 강제로 먹이를 먹이고 있다.
② 거위의 운동량을 제한하기 위해 비좁은 우리에 가두어 사육하고 있다.
③ 농가에서 소규모로 거위를 사육하는 곳으로, 거위에게 강제로 옥수수를 먹이고 있다.
④ 캔으로 만든 거위 간 무스(Mousse)
⑤ 통째로 익힌 거위 간
⑥ 용기에 담은 거위 간 무스(Mousse)

2) 야생조류(Wild Fowls)

꿩
Pheasant

암컷

산지 및 특성 꿩고기는 필수 아미노산이 함유된 양질의 고단백과 저지방 식품이며, 회분에는 뼈와 치아형성에 필요한 칼슘, 인, 철이 골고루 포함되어 있어 노약자는 물론, 성장기의 청소년 어린이에게도 훌륭한 식품이다. 꿩고기에 함유된 지방산은, 특히 어류나 식물 등 기름에 많은 불포화 지방산으로 오메가-3 지방산이 포함되어 있다.

조리법 로스팅, 소테, 보일링으로 조리한다.

비둘기
Pigeon

산지 및 특성 수렵의 대상으로 식용되는 것은 멧비둘기이다. 고기는 적갈색이며, 연하고 지방이 적다. 추울 때 잡은 것은 기름이 올라 맛이 좋다. 독특한 냄새가 있어 생강 등으로 양념한다. 요리는 고기경단·꼬지구이·로스트 등 다른 들새와 같다. 미국에서 특히 발달되어 있는 식용 비둘기는 닭고기처럼 각종 요리에 사용된다.

조리법 로스팅, 소테로 조리한다.

메추리
Quail

산지 및 특성 메추리는 꿩과에 속하는 작은 새로 세계각지에 분포한다. 우리나라에서는 한때 가정에서 많이 사육한 바 있으며, 메추리고기는 수분 약 72.7%, 단백질 18.9~22.1%, 지질 약 4.0%이다. 맛은 담백하며 부드러워 닭의 육계(broiler)와 흡사하지만 지질은 그것보다 적다. 칼슘, 철은 broiler의 약 2배이며, 비타민은 특히 B2가 많다. 야생 메추리는 눈온 계절에 지방이 붙어 있는 것이 맛있다. 내장은 모두 제거하고 조리한다. 구이된 것은 뼈까지 먹는다.

조리법 로스팅, 소테, 스터핑한 요리로 조리한다.

기러기
Wild Goose

산지 및 특성 기러기는 몸은 수컷이 암컷보다 크며, 몸 빛깔은 종류에 따라 다르나 암수의 빛깔은 같다. 목은 몸보다 짧다. 부리는 밑부분이 둥글고 끝으로 갈수록 가늘어지며, 치판(齒板)을 가지고 있다. 다리는 오리보다 앞으로 나와 있어 빨리 걸을 수 있다. 땅 위에 간단한 둥우리를 틀고 짝지어 살며, 한 배에 3~12개의 알을 낳아 24~33일 동안 품는데, 암컷이 알을 품는 동안 수컷은 주위를 경계한다. 새끼는 여름까지 어미새의 보호를 받다가 가을이 되면 둥지를 떠난다. 갯벌·호수·습지·논밭 등지에서 무리지어 산다. 전세계에 14종이 알려져 있으며, 한국에는 흑기러기·회색기러기·쇠기러기·흰이마기러기·큰기러기·흰기러기·개리 등 7종이 찾아온다. 기러기 요리는 다른 육고기와 달리 불포화 지방으로 구성되어 있으며, 칼슘과 인이 다량 함유되어 있어 기력회복에 그만이다.

조리법 로스팅, 소테, 그릴링 메인요리로 조리한다.

고니/백조
Swan

산지 및 특성 고니는 날개 길이 49~55cm, 꽁지 길이 14~17.5cm, 몸무게 4.2~4.6kg이다. 몸 빛깔은 암수가 같은 순백색이고, 부리는 시작 부분에서 콧구멍 뒤쪽까지가 노란색이다. 큰고니보다 노란색 부위가 적다. 아랫부리도 검은색이다. 홍채는 짙은 갈색이고 다리는 검은색이다. 5~6월에 3~5개의 알을 낳으며, 먹이는 민물에 사는 수생식물의 뿌리나 육지에 사는 식물의 장과, 작은 동물, 곤충 등이다. 나뭇가지나 이끼류 등 다양한 재료를 사용하여 둥지를 만든다. 한국에는 겨울새로 10월 하순에 왔다가 겨울을 나고 이듬해 4월에 되돌아가며, 큰고니·흑고니와 함께 천연기념물 제201호(1968년 5월 30일)로 지정되었다. 러시아 북부의 툰드라와 시베리아에서 번식하고 한국, 일본, 중국 등지에서 겨울을 난다.

조리법 로스팅, 소테로 조리한다.

타조
Ostrich

산지 및 특성 현재 살아 있는 조류 가운데 가장 크며, 머리 높이 약 2.4m, 등 높이 약 1.4m, 몸무게 약 155kg이다. 수컷의 몸은 검정색이다. 날개깃은 16개, 꽁지깃은 50~60개이며, 모두 장식으로 다는 술 모양에 흰색이다. 암 컷은 몸이 갈색이고 술 모양의 깃털도 희지 않다. 날개는 퇴화하여 날지 못하지만 달리는 속도가 빨라 시속 90km까지 달릴 수 있다고 한다. 보통 수컷 1마리가 암컷 3~5마리를 거느리는데, 수컷이 모래 위에 만든 오목한 곳에 암 컷이 6~8개의 알을 낳는다. 한 둥지에 여러 암컷이 15~30개, 때로는 60개까지 알을 낳는다. 알을 품는 것은 주로 수컷이고 기간은 40~42일이다. 부화한 새끼는 누런 갈색이며, 목에 세로로 4개의 줄무늬가 있다. 암컷은 3년 반, 수컷은 4년이면 다 자란다. 알은 크림색에 껍질이 두껍고 지름 15cm, 무게는 1.6kg이나 나간다. 현지에서는 껍질을 컵으로 사용한다. 가죽이 고급가방이나 핸드백 재료로 인기가 높아 아프리카 남부에서는 가죽용으로 기르기도 한다.

조리법 로스팅, 소테, 샐러드 및 메인요리, 테린 등으로 조리한다.

참고문헌

• 박희신, 관상조류총감, 오성출판사, 2004.
• 송순찬, 한반도 조류독감, 김영사, 2005.
• 신라호텔 직무교재 1995.
• 원병오, 한국의 조류, 교학사, 2003.
• 조리교재발간 위원회, 조리체계론, 한국외식정보, 2002.
• Wayne Gisslen, Professional Cooking, 5th Edition, John Wiley, 2003.
• http://100.naver.com/100.nhn?docid=226
• http://100.empas.com/dicsearch/pentry.html/?i=109380
• Pascal. 대백과사전 1. PP30~31

Chapter 10

채소
Vagetable

··· 학습목표
• 채소의 개념을 이해하고 채소의 구성성분과 영양, 채소의 조리과정, 채소의 역사 등을 학습한다.
• 채소를 사용하는 부위에 따라 분류하고 채소의 외국어 명칭과 사진을 통해 각각의 채소를 인지하는 학습을 한다.
• 채소와 버섯의 종류(kind of Vegetable & Mushroom)와 특성, 원산지, 사용용도, 조리법 등을 학습하여 현장 적응 능력을 높이는 데 있다.

[1]
채소의 개요
Summary of Vegetable

채소란 밭에 심어서 가꾸어 먹는 식물로 초본식물의 신선한 상태로 식용할 수 있는 부위, 즉 뿌리, 줄기, 잎, 꽃 또는 열매를 가리킨다. 날것으로 먹거나 여러 방법으로 요리해서 먹는다. 채소는 무수한 종류와 그 영양의 다양성, 그리고 색채의 아름다움 때문에 우리 식생활과 떨어질 수 없는 관계이다.

채소는 다양한 맛, 조직, 색으로 구성되어 있고, 영양학적으로 보아도 특수한 비타민, 무기질을 많이 함유하고 있고 특히 수분이 70~80% 정도 있는 반면에 칼로리, 단백질 함량이 적어 체중을 줄이는 식이요법에 많이 이용되고 있다. 또한 채소는 알칼리성 식품이므로 산성인 고기, 생선 등과 곁들이면 영양학적으로 균형을 이루는 매우 중요한 의미를 지니고 있다.

채소는 본래 중국에서 온 말이고 일본은 야채라고 말하며, 우리는 나물이라고 했다. 우리나라에서는 먹을 수 있는 풀은 모두 나물이라고 볼 수 있으며, 엄격히 구분하면 재배나물(남새, 채소)과 채산나물(산채, 산나물)로 나눌 수 있다. 특히, 산채나물은 가장 다채롭게 발달되어 있다. 미국에서는 채소를 색에 의해 분류도 하고 있는데, 실제 채소는 조리되어지는 것이고 과일은 날것으로 먹는 것으로 구분하기도 하는데, 디저트에 이용되는 과일은 조리되어지고 샐러드는 날것으로 섭취하기 때문에 실은 구분이 어렵다.

대부분의 채소는 적어도 80%가 물로 이루어져 있으며, 나머지 성분으로 탄수화물, 단백질, 지방이 있으며, 비타민은 보통 껍질 바로 밑부분에서 발견된다. 채소의 비상음식 공급처로 사용되는 감자가 전분을 많이 함유하고 있는 반면에, 시금치는 특히 수분의 함량이 높다. 전화당 또한 음식의 기본요소이며, 과당은 옥수수, 당근, 양파, 그 밖의 채소에 함유되어 있다. 채소는 자랄 때 목질의 불용성 섬유소인 리그닌이 증가되고, 수분이 증발되며 단맛이 농축된다. 많이 자란 날 당근은 초기의 어린 것보다 단맛이 더 많은 것처럼 보인다. 그러나 채소는 땅에서 캐어내면서부터 당(단맛)이 떨어진다. 각 채소는 세포의 조직배열과 그것이 함유하는 여러 가지 다양한 성분에 따라 독특한 특성을 갖는다. 채소를 고를 때 축 늘어지고 시들었거나 변색된 것, 수확할 때 손상된 것은 확실히 피해야 한다.

채소를 조리할 때에는 가능한 필요한 양만 준비하여 조리하기 바로 직전에 씻고 껍질을 얇게 벗긴다. 전분이나 셀룰로오스 성분을 파괴하여 보다 더 소화되기 쉬운 형태로 만들기 위하여 열을 사용하여 채소를 조리하는데, 대부분의 채소들은 그들의 특징과 맛, 신선함을 보존하기 위하여 가능한 빨리 조리되어야 한다. 채소를 끓이거나 저어 가며 튀기는 것보다 증기에 채소를 찌는 것이 좋으며, 압력이나 초단파를 이용한 요리는 채소에 들어 있는 영양분의 양을 최대한 보존시킨다. 채소는 요리가 되기 위해서는 반드시 조리과정을 거쳐야 한다. 조리과정하면 가열을 뜻하는 것으로 알 수도 있으나, 씻기·썰기·절이기 등등 여러 가지를 통틀어 조리과정이라고 볼 수 있다. 요리가 어떤 과정을 거치든지 영양성분과 비 영양성분의 변화가 일어나므로 성분손실이 최소화되도록 채소를 조심스럽게 다루어야 한다. 조리의 기본원칙은 어떤 재료이든지 빛깔과 형태와 특이성 등을 살리는 데 있다. 푸른 것은 어디까지나 푸르게, 흰 것은 희게 조리하는 것이 원칙이다. 그러기 위해서는 채소에 대한 기본적인 지식을 가지고 조리에 임해야 좋은 요리를 만들 수 있다.

[2] 채소의 역사
History of Vegetable

우리가 재배하는 모든 채소는 원시시대부터 유래된 것으로, 물론 몇몇 종의 경우에는 원산지가 알려져 있지 않으나 현재의 많은 채소들이 선사시대부터 경작되었다는 것만은 확실하며, 농경의 가치를 알았던 수렵, 채집을 하는 종족들은 농작물의 중요성을 인식하여 왔다. 야생 완두콩에서 유래된 완두콩은 B.C. 6500년경 터키에서 재배했다는 흔적이 있으며, 신대륙에서 재배한 흰 강낭콩 무리(lima bean)와 옥수수는 B.C. 5000년경 이전에 멕시코에서 재배되어졌던 것으로 추정된다. 또 감자나 토마토도 그 당시 재배되고 있었을 것이다.

초창기 페르시아인들은 감자를 얇게 저며서 햇볕에 말렸다고 하는데, B.C. 1000년경 잉카 제국의 사람들도 이와 유사한 기술 법을 가지고 있었다. 그들은 우선 안데스 산맥의 눈에 감자를 얼린 다음, 녹여서 보통 감자가 마를 때까지 즙을 짠 다음 섭취했다. 이것을 chuno라 했는데, 이것은 감자가 비수기였을 때 주식으로 사용했던 것으로 추측된다. 이러한 방법은 현대의 냉동 건조시키는 음식보존법보다 3000년 정도 앞선 기술 법이라 하겠다. 원시시대에도 세계 도처에서 채소가 재배되었을 것이다. B.C. 3000년경 메소포타미아의 농부들은 순무, 양파, 잠두, 완두콩, 부추, 마늘, 무 등을 재배하고 있었다. 중국인들은 오이, 순무와 무를 재배했다.

B.C. 3세기에 중국의 만리장성을 쌓는 사람들에겐 정기적으로 양배추, 사탕무, 순무와 무를 포함한 발효된 채소가 공급되었다. 이것들은 항상 공급이 부족했던 육류를 대신했을 것이다. 피라미드를 쌓은 이집트인들도 보다 더 좋은 음식을 공급받은 것은 아니며, 무·강낭콩·마늘·양파와 같은 음식을 먹었다는 증거가 남아 있다. 사실 양파는 귀하게 생각되어졌고, 이집트인들은 신의 위치로 격상시켰다. 서아시아에서 이렇게 초창기에 경작되었던 농작물에서 나온 변종들이 유럽으로 퍼져 나가기 시작했다.

그리스, 로마인들은 대규모의 채소생산을 장려했다. 로마군의 퇴각이후, 지방의 농부들은 로마인들이 소개했던 작물인 당근, 부추, 꽃양배추(cauliflower), 마늘, 양파 그리고 양상추를 경작하기 시작했다. 스페인의 이슬람 침입자들은 쌀, 시금치, 가지, 당근과 감귤류 과일을 재배했다. 중세에는 확대된 채소경작이 유럽, 특히 남부지역에서 이루어졌으며, 그 곳의 채소재배자들은 그들의 수확일부를 수출할 수 있었다. 15세기 후반 스페인의 남부 아메리카 침공 이후에 구대륙과 신대륙 사이에 중요한 농작물 교환이 있었다. 16, 17세기를 통하여 농작물이 양 대륙에서 재배되기 시작했다.

아메리카 대륙으로부터는 옥수수, 감자, 고구마, 토마토, 후추, 강낭콩, 호박, 프랑스 강낭콩이 도입되었다. 유럽에서 온 정착민들은 아메리카 대륙에 이집트콩, 눈이 까만 완두콩, 무, 당근, 양배추, 오크라, 마(고구마의 일종) 등을 재배했으며, 이 중 눈이 까만 완두콩, 오크라 와 마는 아프리카에서 노예 선으로 들어왔다고 소개했다. 몇 세기 이상 채소들은 그 특징에 따라 우리 음식에 각기 독특한 위치를 차지했다.

요리사들은 맨 처음 토마토가 도입되었을 때 그것으로 무엇을 해야 할지 몰랐다. 그것이 채소인지 과일인지도 분간하지 못했다. 이태리 사람들은 그것을 pomo d'oro(황무지에 사과가 변질된 상태)라 부르고, 그것을 사과에 비유했다. 프랑스 인들은 그것을 pomme d'terre라 불렀다. 인도의 칠리 후추의 소개는 그들이 이미 가졌던 양념에 매운맛을 더해 주었다. capsicum(고추의 씨)은 헝가리 인들에 의해 파프리카(paprika)로 개종되었다. 그리고 감자에 관해 말하자면 아일랜드 사람들은 그것을 받아들였지만 그 외 다른 곳에서는 늦게 받아들였다.

18세기 중엽에야 영국으로 처음 감자가 유입되었는데, 그 곳에서 감자는 양파수프, 물이 많은 오트밀 죽, 빵과 뿌리 음식(당근과 순무), 빵과 치즈로 이루어졌던 가난한 사람들의 식단에 새로운 활력을 불어넣어 주었다. 실제로 중요한 채소들은 신·구 양 대륙의 고대문명사회에서 재배되었던 것으로 알려져 있으며, 호박·감자·감미종(甘味種) 옥수·양파 등과 같은 몇몇 채소는 재배되면서 많이 변화되어 원종(原鍾)이 되는 야생종들을 확실히 찾을 수 없게 되었다.

[3]
채소의 분류
Classification of Vegetable

채소는 주로 식품으로 쓰이는 부위를 바탕으로 분류한다.

첫째, 잎채소[葉菜]에는 방울다다기양배추, 양배추, 상추, 시금치 등이 속한다.

둘째. 줄기채소[莖菜]에는 아스파라거스·콜라비가 속하며, 이 중에는 땅속줄기가 비대해진 돼지감자, 감자, 토란 등도 있다.

셋째, 꽃채소[花菜]에는 엉겅퀴, 브로콜리, 꽃양배추 등이 속한다.

채소의 분류

넷째 열매채소[果菜]에는 콩, 호박, 고추, 토마토, 가지, 오크라, 등이 열매채소에 속한다.

다섯째, 뿌리채소[根菜]에는 비트, 당근, 무, 순무가 속한다. 본서에서 분류기준은 부위를 바탕으로 채소를 분류하였고, 실제로 현장에서 채소와 같은 용도로 많이 쓰이는 버섯류를 추가하였다.

4 채소의 종류
Kind of Vegetable

1) 잎[엽채류]채소(Leaves Vegetable)

엽채류(葉菜類)는 배추, 양배추, 상추, 시금치 등과 같이 잎을 이용하는 것

양상추
Lettuce
(Laitue/레뛰)

산지 및 특성 국화과의 식물로 결구상추 또는 통상추라고도 한다. 품종은 크게 크리습 헤드(Crisp head)류와 버터 헤드(Butter head)류로 나뉜다. 크리습 헤드는 현재 가장 많이 재배되는 종류로 잎 가장자리가 깊이 패어 들어간 모양이고 물결 모양을 이룬다. 버터 헤드는 반결구이고 유럽에서 주로 재배하며, 잎 가장자리가 물결 모양이 아니다. 양상추는 샐러드로 많이 이용되며, 수분이 전체의 94~95%를 차지하고, 그 밖에 탄수화물·조단백질·조섬유·비타민C 등이 들어 있다. 양상추의 쓴맛은 락투세린(Lactucerin)과 락투신(Lactucin)이라는 알칼로이드 때문인데, 이것은 최면·진통 효과가 있어 양상추를 많이 먹으면 졸음이 온다.

용 도 주로 샐러드로 많이 사용한다.

시금치
Spinach
(Epinard
/에삐나르)

산지 및 특성 아시아 서남부가 원산지로 명아주과의 식물로 한국에는 조선 초기에 중국에서 전해진 것으로 보이며, 흔히 채소로 가꾼다. 높이 약 50cm이다. 시금치 100g 중에는 철 33mg, 비타민 A 2,600IU, B 1 0.12mg, B 2 0.03mg, C 100mg과 비타민 K도 들어 있어, 중요한 보건식품이다.

용 도 데치거나 볶아 곁들임 야채로 사용한다.

양배추
Cabbage
(Chou/슈)

산지 및 특성 지중해 연안과 소아시아가 원산지이다. 겨자과 식물로 잎은 두껍고 털이 없으며, 분처럼 흰빛이 돌고 가장자리에 불규칙한 톱니가 있으며, 주름이 있어 서로 겹쳐지고 가장 안쪽에 있는 잎은 공처럼 둥글며 단단하다. 양배추는 칼슘과 비타민이 많이 들어 있어 샐러드로 많이 이용되고, 유럽에서는 양배추 수프를 전통음식으로 즐기고 있다.

용 도 데치거나 볶기도 하며 주로 샐러드에 사용한다.

로메인
Romaine

산지 및 특성 로마 시대 때 로마인들이 즐겨 먹던 상추라고 하여 붙여진 이름이다. 에게해 코스섬 지방이 원산이어서 코스상추라고도 한다. 성질이 차고 쌉쌀한 맛이 있다. 로마를 지배했던 사제(카이사르)가 좋아했던 채소라 하여 시저샐러드(Caesar's Salad)라고 한다. 효능으로는 피부가 건조해 지는 것을 막아주고, 잇몸을 튼튼하게 하여 잇몸의 출혈을 막아준다.

용 도 시저 샐러드 등 고급 샐러드에 사용한다.

아루굴라
Arugula

산지 및 특성 십자화과(배추과) 식물로 약간 쌉쌀하고 향긋한 정통 이탈리아 야채이다. 성장속도는 대단히 빨라 2개월 정도면 수확하여 식탁에 올릴 수 있고, 2~3번 정도 더 수확할 수 있게 새싹이 올라온다. 명칭은 포켓(Rocket), 로큐테(Roqutte)라고도 불린다.

용 도 주로 샐러드나 생으로 곁들여 사용한다.

롤라로사
Lolla Rossa

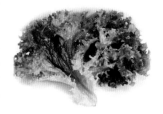

산지 및 특성 국화과 식물로 이탈리아어로 장미처럼 붉다는 뜻으로 색이 고운 이태리 상추이다. 다 자라면 뿌리 바로 끝에서 잘라야 영양가 손실이 적다.

용 도 주로 샐러드로 사용한다.

브루셀 수프라웃
Brussels Sprouts

산지 및 특성 양배추의 일종으로 아주 작은 양배추로 1700년경부터 경작되었다. 이 야채는 줄기에 작은 덩어리가 빽빽하게 붙어 있는 모습이 마치 녹색 포도송이처럼 보인다. 자세히 보면 모두 하나같이 작은 양배추와 같은 완성된 모양으로 붙어 있다. 지름이 2~4cm가 가장 좋은 상품이고, 늦가을에 생산되는 것이 비교적 질이 좋다.

용 도 끓는 물에 데친 후 버터에 소테하여 사용한다.

청경채
Bok Choy

산지 및 특성 중국이 원산지로 겨자과에 속하는 중국배추의 일종이다. 작은 배추모양으로 잎줄기가 청색인 것을 청경채, 백색인 것을 백경채라고 부르는 것에서 유래된 이름이다. 녹즙으로 마시면 위를 튼튼하게 하고 특히 변비와 종기에 효과가 있다. 씨는 탈모에 좋다. 특별한 향이나 맛은 없지만 매우 연하고 특히 칼슘과 인, 비타민C가 많다.

용 도 데쳐서 곁들임 야채나 볶음에 사용한다.

치커리
Chicory
(Chicoree
/쉬고레)

산지 및 특성 북유럽이 원산지이다. 국화과에 속하는 식물로 쓴맛이 강하게 나는 특징이 있다. 잎은 식용하고 굵은 뿌리는 건조시켜 음료를 만드는데 쓰인다. 치커리는 간을 튼튼하게 하고 콜레스테롤을 줄여주며 당뇨병의 예방에도 효과가 있다.

용 도 주로 샐러드로 사용한다.

라디치오
Radicchio

산지 및 특성 잎이 둥글고 백색의 잎줄기와 붉은색의 잎이 조화를 이뤄 아름다운 눈요기 채소이다. 레드치커리의 결구된 것을 일컫는데 제품의 대부분이 연중 국내에서 생산이 어려워 수입에 의존하고 있다. 쓴맛이 나는 이터빈이 들어 있어 소화를 촉진하고 혈 관계를 강화시킨다. 이탈리아가 원산지이다.

용 도 주로 샐러드로 이용한다.

벨지움 엔다이브
Belgium Endive

산지 및 특성 배추 속처럼 치커리 뿌리에서 새로 돋아난 싹으로 처음 브뤼셀 근처에서 생산되었다고 하여 지어진 이름이다. 쌉사름한 맛으로 입맛을 돋우며, 치콘의 배추보다 영양가가 높다. 당분이 풍부하여 몸에 잘 흡수하므로 다이어트 채소로 인기가 높다. 효능은 소화제와 이뇨제, 완화제로 쓰이며 류마티스와 관절염, 중풍 등을 예방하는 효과가 있다.

용 도 샐러드, 가니쉬로 이용한다.

단델리온
Dandelion

산지 및 특성 원산지는 유럽으로, 귀화식물로 서양의 민들레를 뜻한다. 건위, 강장, 이뇨, 해열, 이담, 완화작용을 하고 황달, 담석증, 변비, 류마티스, 노이로제, 야맹증, 천식거담, 오한, 발열, 배뇨곤란에 좋다. 유럽에서는 잎을 샐러드로 먹고, 뉴질랜드에서는 뿌리를 커피 대용으로 사용한다.

용 도 샐러드나, 차로 마실 수 있다.

배추
Napa Cabbage

산지 및 특성 원산지는 중국이며, 잎·줄기·뿌리를 다 먹을 수 있다. 푸른 부분에는 비타민, 니코틴산 등이 많으며, 배추 100g 중에는 비타민 A 33 IU, 카로틴 100 IU, 비타민 B1 0.05mg, 비타민 B2 0.05mg, 니코틴산 0.5mg, 비타민 C 40mg이 들어 있다. 연백(軟白)된 흰 부분에는 비타민 A가 없고 푸른 부분에 많다.

용 도 생식하거나, 김치를 담그는 데 이용한다.

**닷사이 &
그린 비타민**
*Datsai & Green
Vitamin*

산지 및 특성 닷사이의 어린 잎으로 각종 비타민이 풍부하고, 혈액수환 및 위를 튼튼하게 하는 효과가 있으며, 지혈, 해독, 당뇨, 빈혈에 효과가 있다. 추위에 잘 견디는 중국야채이다.

용 도 주로 샐러드로 이용한다.

2) 줄기채소(Stalks Vegetable)

아스파라거스, 죽순과 같이 어린 줄기를 이용하는 것이 여기에 속한다.

아스파라거스
*Asparagus
(Asperge
/아스뻬르쥐)*

산지 및 특성 백합과에 속하는 식물로 남유럽 원산으로서 기원전부터 재배하여 그리스, 로마 시대부터 먹기 시작한 고급채소이다. 아스파라긴과 아스파라긴산이 많은 것이 특징이며, 영양조성이 우수하다. 아미노산으로 잘 알려진 아스파라긴은 이 식물에서 처음 발견하였기 때문에 붙여진 이름이다. 어린 줄기를 연하게 만들어 식용한다.

용 도 곁들임 채소나 볶음 등에 사용한다.

셀러리
*Celery
(Celeri
/셀르리)*

산지 및 특성 미나리과에 속하며 남유럽, 북아프리카, 서아시아가 원산지이다. 본래 야생 셀러리는 쓴맛이 강하여 17세기 이후 이탈리아인들에 의해 품종이 개량되어 현재에 이르고 있다. 전체에 향이 있는 중요한 식재료이다.

용 도 샐러드나 볶음, 생선이나 육류의 부향제로 사용한다.

휀넬
Fennel

산지 및 특성 고대 로마에서부터 유래되었으며, 이태리에서 Finoccchio라고 불리는 플로렌스 펜넬과 주로 잎과 씨를 허브로 사용하는 펜넬 두 종류가 있다. 서양요리에는 대부분 플로렌스 펜넬의 뿌리가 사용되며, 각종 수산물요리에 최고의 궁합을 자랑한다.

용 도 소스, 스튜 등과 생선이나 육류의 부향제로 사용한다.

콜라비
Kohlrabi

산지 및 특성 품종은 아시아군과 서유럽군으로 분류되며, 비타민 C의 함유량이 상추나 치커리 등의 야채보다 4~5배가 많다. 아이들에게는 골격강화에 좋고 치아를 튼튼하게 하며, 즙은 위산과다증에 효과가 있다.

용 도 샐러드, 즙으로도 이용가능하다.

릭
Leek

산지 및 특성 백합과 식물로 지중해 연안이 원산지이며, 채소 또는 관상용으로 재배한다. 줄기는 파와 비슷해 굵고 연하며, 희지만 길이가 짧다. 잎은 파보다 크지만 납작하고 중간이 꺾여서 늘어진다. 잎은 너비 5cm 정도이고, 길이는 꽃줄기의 길이와 비슷하게 자란다

용 도 감자수프, 생선요리, 육류요리에도 사용한다.

양파
Onion
(Oignon
/오뇽)

산지 및 특성 백합과 식물로 서아시아 또는 지중해 연안이 원산지라고 추측하고 있다. 양파는 주로 비늘줄기를 식용으로 하는데, 비늘줄기에서 나는 독특한 냄새는 이황화프로필·황화알릴 등의 화합물 때문이다. 이것은 생리적으로 소화액 분비를 촉진하고 흥분, 발한, 이뇨 등의 효과가 있다. 또한 비늘줄기에는 각종 비타민과 함께 칼슘, 인산 등의 무기질이 들어 있어 혈액 중의 유해물질을 제거하는 작용이 있다. 비늘줄기는 샐러드나 수프, 그리고 고기요리에 많이 사용되며, 각종요리에 향신료 등으로 이용된다.

용 도 샐러드, 수프, 고기요리와 향신료용도 등으로 사용한다.

마늘
Garlic
(Ail/아이)

산지 및 특성 백합과 식물이며, 마늘의 어원은 몽골어 만끼르(manggir)에서 유래하는 것으로 추측되고 있다. 연한 갈색의 껍질 같은 잎으로 싸여 있으며, 안쪽에 5~6개의 작은 비늘줄기가 들어 있다. 마늘에는 곰팡이를 죽이고 대장균, 포도상구균 등의 살균효과도 있음이 실험에 의해 밝혀졌다. 마늘의 냄새는 황화아릴이며, 비타민 B를 많이 함유하고 있다.

용 도 굽거나 볶음, 향신료용도 등으로 사용한다.

샬롯
Shallot

산지 및 특성 백합과 식물로 비늘줄기는 여러 개가 모여 달리며, 양파껍질 같은 막질의 껍질로 싸여 있다. 높이 45cm 내외이며, 비늘줄기는 길이 3cm 정도이고 여러 개가 모여 달리며, 양파껍질 같은 막질의 껍질로 싸여 있다. 잎은 파의 잎처럼 속이 비어 있고 지름 5mm 정도이며, 길이 15~30cm로 꽃대보다 짧다. 비늘줄기는 향신료로, 잎은 파처럼 식용으로 한다.

용 도 주로 향신료용도, 특히 프랑스 요리 소스를 만들 때 많이 사용한다.

죽순
Bamboo Shoot
(Jeune Pousse
de bambou
/쥔느뿌쓰
드방브)

산지 및 특성 중국이 원산지로 대나무류의 땅속줄기에서 돋아나는 어리고 연한 싹이다. 성장한 대나무에서 볼 수 있는 형질을 다 갖추고 있다. 죽순은 4~5월에 나오며, 보통 왕대·솜대·죽순대 등의 죽순을 식용하는데 죽순대의 죽순을 상품으로 꼽는다. 단백질, 당질, 지질, 섬유, 회분(灰分) 외에 칼슘, 인, 철, 염분 등이 함유되어 있다.

용 도 볶거나 굽는 등 다양한 조리법으로 사용한다.

3) 꽃[화채류]채소(Flowers Vegetable)

꽃양배추와 같이 꽃망울을 이용하는 것

브로콜리
Broccoli
(Brocoli
/브로꼴리)

산지 및 특성 겨자과의 식물로 지중해 지방 또는 소아시아가 원산지이다. 양배추의 변종으로 중앙 축과 가지 끝에 녹색 꽃눈이 빽빽하게 난다. 영양가가 높고 맛이 좋다. 배추 중에서 꽃부분을 이용하는 대표적인 예라할 수 있다. 브로콜리를 선택할 때는 짙은 녹색과 꽃봉오리들이 서로 단단하게 붙어 있는 것이 좋다.

용 도 샐러드나 수프, 데치거나 볶아 곁들임 채소로 사용한다.

커리플라워
Cauliflower
(Chou-Fleur
/슈플뢰르)

산지 및 특성 겨자과의 식물로 지중해 연안이 원산지이다. 꽃은 4월에 보라색이나 흰색에서 노란색으로 변하고 꽃자루에 두툼한 꽃이 빽빽이 달려 하나의 덩어리를 이룬다. 이 노란색의 꽃봉오리를 식용한다.

용 도 샐러드나 수프, 데치거나 볶아 곁들임 채소로 사용한다.

아티쵸크
Artichoke
(Artichaut
/아흐알띠)

산지 및 특성 지중해 연안과 카나리 제도가 원산지이다. 엉겅퀴과에 속하는 식물로 꽃이 피기 전의 어린 꽃봉오리를 잘라 식용으로 사용하거나 통조림하여 사용한다. 비타민A·C, 칼슘, 철, 인, 이누린 등이 함유되어 있고, 특히 당뇨병 환자에게 좋다. 이뇨작용과 정혈작용이 있어 간장병, 신장병에도 쓰인다.

용 도 삶아서 곁들임 채소나 샐러드로 사용한다.

유채꽃
Rape Flower

산지 및 특성 겨자과에 속하는 식물로 밭에서 재배하는 두해살이풀로 "평지"라고도 한다. 길쭉한 잎은 새깃 모양으로 갈라지기도 하며, 봄에 피는 노란 꽃은 배추꽃과 비슷하다.

용 도 찬요리의 가니쉬로 사용한다.

오이꽃
Cucumber
Flower

산지 및 특성 박과의 한해살이 덩굴식물. 꽃은 양성화이며, 5~6월에 노란색으로 피고 지름 3cm 내외이며, 주름이 진다. 어린열매에 가시 같은 돌기가 있고 노란 꽃으로 찬 요리의 가니쉬로 사용하면 요리의 부가가치를 높일 수 있다.

용 도 찬요리의 가니쉬로 사용

4) 열매[과채류]채소(Fruits Vegetable)

생식기관인 열매를 식용하는 채소들로서 오이·호박·참외 등의 박과(科)채소, 고추·토마토·가지 등의 가지과 채소, 완두·강낭콩 등의 콩과 채소와 이 밖에 딸기, 옥수수 등이 이에 속한다. 위와 같이 참외, 수박, 토마토, 멜론, 딸기 등을 과일로 생각하기 쉬운데, 이것들이 바로 야채 중 과채류(과일 같은 채소)들이다.

토마토
Tomato
(Tomate
/또마뜨)

산지 및 특성 남아메리카 서부 고원지대 원산지이다. 가지과의 식물이며 열매는 장과로서 6월부터 붉은빛으로 익는다. 리코펜 외에도 강력한 항암물질을 함유하고 있다. 열매를 식용하거나 민간에서 고혈압, 야맹증, 당뇨 등에 약으로 쓴다. 열매에는 비타민 A와 C가 많이 들어 있다.

용 도 샐러드, 소스 등 다양하게 사용한다.

오이
Cucumber
(Concombre
/꽁꽁브르)

산지 및 특성 원산지는 인도의 북서부 히말라야 산계라고 하며, 박과에 속하는 식물이다. 열매는 장과로 원주형이며, 어릴 때는 가시 같은 돌기가 있고 녹색에서 짙은 황갈색으로 익는다. 오이는 중요한 식용작물의 하나이며, 즙액은 뜨거운 물에 데었을 때 바르는 등 열을 식혀주는 기능도 한다. 많은 품종이 개발되어 있다.

용 도 생으로 샐러드에 쓰거나 절임 등에 사용한다.

가지
Egg Plant
(Aubergine
/오베르진)

산지 및 특성 인도가 원산지이며, 가지과의 식물로 열대에서 온대에 걸쳐 재배하고 있다. 검은 빛이 도는 짙은 보라색이고 형태는 품종에 따라 다르다. 열매의 모양은 달걀 모양, 공 모양, 긴 모양 등 품종에 따라 다양하며, 한국에서는 주로 긴 모양의 긴 가지를 재배한다.

용 도 굽거나 볶음, 곁들임 채소로 사용한다.

파프리카
Paprika

산지 및 특성 맵지 않은 붉은 고추의 일종으로 헝가리에서 많이 재배되어 헝가리고추라는 이름으로도 불린다. 빨강, 노랑, 오렌지, 보라색, 녹색 등의 다양한 색깔이 있으며, 특히 오렌지의 4배에 가까운 비타민 C를 함유하고 있다.

용 도 곁들임 채소, 볶음 등에 다양하게 사용한다.

애호박
Zucchini &
Squash
(Courgette
/꾸르제뜨)

산지 및 특성 박과의 식물로 열대 및 남아메리카가 원산지이다. 주키니 호박이라 불리며, 덩굴이 거의 뻗지 않고 절성성(節成性)을 나타내는 페포계 호박이 애호박용으로 재배되었다.

용 도 곁들임 채소, 굽거나 볶아서 사용한다.

늙은 호박
Pumpkin
(Potiron
/뽀띠롱)

산지 및 특성 박과의 식물로 열대 및 남아메리카가 원산지이다. 과실은 크고 익으면 황색이 된다. 열매를 식용하고 어린 순도 먹는다. 다량의 비타민 A를 함유하고 약간의 비타민 B 및 C를 함유하여 비타민원으로서 매우 중요하다.

용 도 굽거나 찌며, 수프를 만드는 데 사용한다.

오쿠라
Okra

산지 및 특성 아프리카 북동부가 원산지이며, 아욱과에 속하는 식물이다. 질감이 독특하고 자를 때 끈적끈적한 액체가 농화제와 함께 나오는데, 수프와 스튜 요리에 유용하다. 오크라는 많은 자양분이 있어 자양, 강장에 효과적이고 독특한 맛을 즐기는데, 연중 꽃이 피고 열매를 맺는다.

용 도 스튜, 수프 등에 사용한다.

스트링 빈스
String Beans
(Haricot -Vert
/아리꼬벨)

산지 및 특성 껍질이 있는 스트링 빈스는 다 자라지 않은 어린 꼬투리를 수확하므로 대개가 부드럽고 향이 좋다. 하지만 꼬투리를 따라서 하나의 굵은 섬유질이 있으므로 조리를 하기 전에 제거하는 것이 좋다. 빈스를 조리할 때에는 통채로 조리할 수도 있지만 길이로 자르거나 엇비슷하게 잘라서 요리하기도 한다.

용 도 데쳐서 버터에 소테하여 곁들일 채소로 사용, 샐러드 등에 사용한다.

5) 뿌리[근채류]채소(Roots & Bulb Vegetable)

근채류(根菜類) 무, 순, 당근, 우엉 등과 같이 곧은뿌리와 고구마, 마 등과 같이 뿌리의 일부가 비대한 덩이뿌리[塊根]를 이용하는 것, 연근, 감자 등과 같이 땅속줄기[地下莖]가 발달한 것을 이용하는 것이 있다.

당근
Carrot
(Carotte
/까로뜨)

산지 및 특성 미나리과 식물로 홍당무라고도 하며, 아프가니스탄이 원산지이다. 뿌리는 굵고 곧으며 황색·감색·붉은색을 띠고, 이 뿌리 부분을 채소로 식용하는데, 비타민 A와 비타민 C가 풍부하다. 한방에서는 뿌리를 학슬풍(鶴風)이라는 약재로 쓰는데, 이질·백일해·해수·복부팽만에 효과가 있고 구충제로도 사용한다.

용 도 샐러드, 스튜 등 다양하게 사용한다.

무
Turnip
(Navet
/나베)

산지 및 특성 겨자과 식물이며 재배역사가 오래 된 야채로, 그 발상지에 대해서는 여러 가지 설이 있으나, 일반적으로는 카프카스에서 팔레스타인 지대가 원산지로 추정된다. 형태는 둥근 모양에서 막대 모양까지 품종에 따라 각각 다르다. 한국에서도 삼국시대부터 재배되었던 듯하나, 문헌상으로는 고려시대에 중요한 채소로 취급된 기록이 있다.

용 도 절임 또는 스튜 등에 사용한다.

비트(사탕무)
Beet Root
(Betterave
/베뜨라브)

산지 및 특성 명아주과에 속하는 식물로 원산지는 아프리카 북부와 유럽지역으로 알려져 있다. 비트의 빨간 색소는 베타시아닌이라고 하는 물질인데, 이것을 추출하여 비트레드라는 식용색소로 이용하기도 한다. 비트의 지상부는 어릴 땐 샐러드로 이용하고, 자라면 조리해서 먹는다. 녹색 부위가 뿌리보다 더 영양분이 많다.

용 도 즙을 이용하거나, 삶거나 생으로 샐러드에 사용한다.

연근
Lotus
(Lotus
/로뛰스)

산지 및 특성 연의 땅속줄기로 원산지는 인도와 이집트이며, 중국이 주생산지이다. 주성분은 녹말이고 아삭아삭한 입의 촉감이 특징이다. 백색이고 구멍의 크기가 고른 것이 좋다. 비타민과 미네랄의 함량이 비교적 높아 생채나 그 밖의 요리에 많이 이용한다. 뿌리줄기와 열매는 약용으로 하고 부인병에 쓴다.

용 도 볶거나 튀겨 사용한다.

셀러리 악
Celeriac

산지 및 특성 미나리과 식물로 밭에서 재배하며, 뿌리셀러리 또는 셀러리악이라고도 한다. 줄기의 부풀어 오른 밑부분을 먹는데, 떫은 맛이 강해 생식보다는 살짝 데쳐 먹는다.

용 도 채소로 먹고, 삶거나 수프, 스튜, 샐러드 등에 사용한다.

파스닙
Parsnip

산지 및 특성 미나리과 식물로 설탕당근이라고도 한다. 유럽과 시베리아가 원산지이며, 길가나 밭에서 자란다. 인삼처럼 생긴 곧은뿌리가 있으며 향기가 있다. 로마 시대부터 식용하거나 약으로 사용한 것으로 보이며, 채소로는 16세기에 보급되었다고 한다. 뿌리에 독특한 향기와 수크로오스가 들어 있으며, 얇게 썰어 수프를 만든다. 추위에 강하여 서늘한 곳에서 잘 자란다.

용 도 굽거나 얇게 썰어 수프에 사용한다.

도라지
Platy Codon

산지 및 특성 초롱꽃과 식물로 뿌리는 굵고 줄기는 곧게 자라며, 자르면 흰색 즙액이 나온다. 뿌리줄기에는 사포닌(인삼, 더덕의 약효성분)이 들어 있는데, 달이거나 믹서기에 갈아서 꾸준히 복용하면 가래나 심한 기침에 상당한 효과가 있다. 최근에는 항암작용을 한다는 연구보고가 있어 특히 주목을 받고 있다.

용 도 생으로 먹거나 절임, 튀김 등에 사용한다.

우엉
Burdock

산지 및 특성 국화과에 속하며 지중해 연안에서 서부 아시아에 이르는 지역이 원산지인 귀화식물이다. 뿌리를 식용한다. 뿌리에는 이눌린과 약간의 팔미트산이 들어 있다. 유럽에서는 이뇨제와 발한제로 쓰고 종자는 부기가 있을 때 이뇨제로 사용하며, 인후통과 독충(毒蟲)의 해독제로 쓴다.

용 도 조림, 구이, 볶음 등에 사용한다.

감자
Potato
(Pomme de terre
/뽐므드떼르)

산지 및 특성 페루, 칠레 등의 안데스 산맥이 원산지로, 온대지방에서 널리 재배한다. 땅속에 있는 줄기마디로부터 기는 줄기가 나와 그 끝이 비대해져 덩이줄기를 형성한다. 성분은 덩이줄기에 수분 75%, 녹말 13~20%, 단백질 1.5~2.6%, 무기질 0.6~1%, 환원당 0.03mg, 비타민 C 10~30mg이 들어 있다. 싹이 나거나 빛이 푸르게 변한 감자는 솔라닌(solanine)이라는 독성이 있어 많이 먹지 않도록 주의해야 한다.

용 도 수프, 튀김, 가니쉬, 알코올원료 등 다양하게 이용한다.

6) 버섯류(Mushroom)

균류(菌類) 중에서 눈으로 식별할 수 있는 크기의 자실체(子實體)를 형성하는 무리의 총칭. 산야에 널리 여러 가지 빛깔과 모양으로 발생하는 버섯들은 갑자기 나타났다가 쉽게 사라지기 때문에 옛날부터 사람의 눈길을 끌어, 고대 사람들은 땅을 비옥하게 하는 '대지의 음식물(the provender of mother earth)' 또는 '요정(妖精)의 화신(化身)'으로 생각하였으며, 수많은 민속학적 전설이 남아 있다. 고대 그리스와 로마인들은 버섯의 맛을 즐겨 '신(神)의 식품(the food of the gods)'이라고 극찬하였다고 하며, 중국인들은 불로장수(不老長壽)의 영약(靈藥)으로 진중하게 이용하여 왔다.

양송이
Bottom Mushroom
(Champignon /쌍피농)

산지 및 특성 서양송이·머시룸이라고도 한다. 주름버섯목 주름버섯과의 버섯으로 표면은 백색이며, 나중에 담황갈색을 띠게 된다. 살은 두껍고 백색이며, 주름은 자루 끝에 붙어 있고 밀생하며, 발육됨에 따라 흑갈색으로 된다. 자루는 백색이며 속이 꽉 차 있다.

용도 굽거나 볶음, 스튜 등에 사용한다.

표고
Shiitake
(Cepe/쎄쁘)

산지 및 특성 주름버섯목 느타리과의 버섯으로 갓의 표면은 다갈색이며, 흑갈색의 가는 솜털 모양의 비늘조각이 덮여 있고, 때로는 터져서 흰 살이 보이기도 한다. 처음에는 반구형이나 점차 펴져서 편평해진다.

용도 굽거나 볶음하여 가니쉬와 요리에 다양하게 사용한다.

느타리
Oyster

산지 및 특성 주름버섯목 느타리과의 버섯으로 표면은 어릴 때는 푸른빛을 띤 검은색이지만 차차 퇴색하여 잿빛에서 흰빛으로 되며, 매끄럽고 습기가 있다. 살은 두텁고 탄력이 있으며 흰색이다. 삶아서 나물로 먹는 식용 버섯이며, 인공재배도 많이 한다.

용도 주로 삶거나 굽거나, 볶아 샐러드나 가니쉬 등으로 사용한다.

팽이
Enoki

산지 및 특성 팽나무버섯을 팽이버섯이라고 부른다. 갓이 희고 중심부가 담갈색이고 살이 두꺼운 것일수록 품질이 좋다. 신체 면역체계를 자극하여 각종 바이러스 감염으로부터 보호하며, 암의 발생도 억제한다.

용도 주로 볶음에 사용하여 사용한다.

모렐
Morel

산지 및 특성 원추형 갓 모양의 버섯으로 색은 어두운 갈색에 가까운 황토색이나 갈색이다. 그물버섯이라고도 하고 독특한 맛과 향기를 가지며, 매우 고가품이다.

용도 각종 소스나 stuffing 재료로 사용한다.

●●●● 송로버섯(Truffle)

우리나라나 일본에서 최고로 치는 버섯은 가을의 상징이라 할 수 있는 송이다. 송이에서 풍기는 은은하고 아련한 솔향기를 맡기 위해 식도락가들은 거금을 치르는 걸 마다하지 않는다. 프랑스나 이탈리아 사람들이 가장 좋아하는 버섯은 송로(松露) 버섯이라고도 부르는 트러플(Truffle)이다. 흔히 프랑스의 3대 진미를 얘기할 때도 프와그라나 달팽이에 앞서 가장 먼저 거론되는 게 트러플이다. 우리나라에서는 전혀 나지 않아 모두 수입한다. 호텔 등 고급 프랑스 식당에서 트러플을 넣은 소스 정도는 맛볼 수 있는데, 본격적인 트러플 요리는 없는 것 같다. 관세품목분류상 송로버섯이라고 되어 있으나, 소나무와는 아무 관계가 없다. 떡갈나무 숲의 땅 속에서 자라는 이 버섯은 극히 못생겼고, 육안으로는 돌멩이인지 흙덩이인지 구분도 어렵다. 땅 속에서 채취한다면 식물 뿌리로 생각하기 쉽지만, 엄연히 버섯류다. 종균은 5~30cm 땅 속에서 자라며, 더러는 1m 깊이에서까지 발견되는 수도 있다. 트러플 사냥꾼은 개와 돼지다. 해마다 이맘때, 10월 들면 채취를 시작한다. 훈련된 개들을 데리고 (과거에는 돼지가 이용되기도 했으나, 차에 싣고 다니기가 번잡하여 요즘에는 대부분 개가 쓰임) 한밤중 떡갈나무 숲으로 나간다. 후각 집중력이 밤에 더 발휘될 뿐 아니라, 다른 사람들에게 발견 장소를 알리지 않으려는 뜻에서다. 트러플이 있는 장소를 발견하면 개들은 갑자기 부산해지며, 앞발로 땅을 파기 시작한다. 이 때, 주인은 개에게 다른 먹이를 던져주어 주의를 돌리고 고대유물 발굴하듯 조심스럽게 손으로 땅을 파서 꺼낸다. 야성적 숲의 향기와 신선한 땅 내음을 지닌, 비밀스럽게 땅 속에 숨겨진 이 버섯은 호두알만한 것부터 자그마한 사과 정도까지 다양한 크기인데, 인공재배가 안 되고 생산량도 적어 희소성이 높다.

로마제국 시대부터 식용했고, 프랑스 국왕 루이 14세 식탁에도 즐겨 올려졌다. 모두 30여 종이 있는데, 그 중 프랑스 페리고르산 흑색 트러플(Tuber Melanosporum)과 이탈리아 피에몬트 지방의 흰색 트러플(Tuber Magnatum)을 최고로 친다. 프랑스 흑 트러플은 물에 끓여 보관해도 향기를 잃지 않으나 이탈리아 백 트러플은 날 것으로만 즐길 수 있다.

프랑스의 페리고르(Perigord) 지역에서 나는 검정 트러플은 겉과 속이 까맣고 견과류처럼 생겼는데, 특유의 진한 향을 가지고 있다. 흰 트러플은 이탈리아의 알바(Alba)와 피에몬테지방에서 나는 것을 최고로 치는데, '이탈리아의 자존심'으로 불려질 만큼 유명하다. 주로 날것으로 아주 얇게 썰어서 샐러드와 같은 요리에 이용하며, 이 흰 트러플은 강하고 우아하면서도 원초적인, 형용할 수 없는 냄새를 지녀 같은 크기의 검정 트러플에 비해 서너배 높은 가격으로 팔린다. 또한 그 냄새와 가격으로 생기는 많은 사건들로 인해 이탈리아에서는 흰 트러플을 가지고 대중교통수단을 이용하는 것을 법으로 금지하고 있다.

프랑스 트러플을 이용한 가장 전통적인 음식은 이를 넣은 거위간 빠테이며, 수프·송아지 고기나 바닷가재 요리에 넣기도 한다. 누보 퀴진(현대식 프랑스 음식)으로 각광받은 폴 보큐즈가 개발한 트러플 수프는 단순한 부이용(국물)에 트러플과 거위간을 얇게 썰어 넣은 것이었다. 날것으로 제 맛을 내는 이탈리아 흰 트러플(실제는 엷은 갈색을 띰)은 샐러드를 만들거나 대패나 강판 같은 기구로 아주 얇게 켜서 음식 위에 뿌려 먹는다. 트러플을 넣어 먹을 요리는 그 맛이 단순한 것일수록 좋다. 그래야만 트뤼플 맛도 살고 요리 자체 맛도 살아나기 때문이다. 트러플은 에피타이저, 샐러드, 수프, 소스, 가니쉬로 사용한다.

① 병에 마리네이드한 블랙트러플
② 트러플 오일
③ Canning한 트러플

④이탈리아 피에몬트 지방의 흰색 트러플(Tuber Magnatum)
⑤ 프랑스 페리고르산 흑색 트뤼플(Tuber Melanosporum)
⑥⑦개를 이용해 트러플을 찾고 있는 모습

참고문헌

- 나영선, 서양조리실무개론, 백산출판사, 1996.
- 농촌진흥청 원예연구소 저장이용과, 과일 채소 맛있고 신선하게, 부민문화사, 2004.
- 동창옥, 과일 채소 알고 보면 보약이다, 신아출판사, 2005.
- 롯데호텔 직무교재, 1990.
- 오석태 외, 서양조리학 개론, 신광출판사, 1998.
- 이자와 본진 외, 이소운 역, 야채 과일 동의보감, 동도원, 2002.
- 인터콘티넨탈 직무교재, 1993.
- 장학길 외, 현대식품재료학, 지구문화사, 2000.
- Wayne Gisslen, Professional Cooking, Wiley, 2003.
- Paul Bouse, New Professional Chef, CIA, 2002.
- Sarah R. Labensky, Alan M. Hause, On Cooking, Prentice Hall, 1995.

사진출처

- http://cesantabarbara.ucdavis.edu/vgaug01.htm 양상추
- http://www.hormel.com/templates/template.asp?catitemid=114&id=820 시금치
- http://www.hort.purdue.edu/ext/senior/vegetabl/cabbage1.htm 양배추
- http://imagebingo.naver.com/album/image_view.htm?user_id=kye_kyong&board_no=27637&nid =8207 아루굴라
- http://imagebingo.naver.com/album/image_view.htm?uid=bluegie&bno=18020&nid=2638 로메인
- http://skfarm.co.kr/ 롤라로사, 닷사이
- http://www.foodsubs.com/Cabbage.html 브루셀 수프라웃
- http://imagebingo.naver.com/album/image_view.htm?user_id=buyever&board_no=14031&nid=2064 청경채
- http://photo.empas.com/fullup/fullup_48/photo_view2.html?psn=829 단델리온
- http://imagebingo.naver.com/album/image_view.htm?user_id=kye_kyong&board_no=27637&nid=8231 치커리
- http://imagebingo.naver.com/album/image_view.htm?uid=tinalee1052&bno=16792&nid=3237 단델리온
- http://www.goodnessdirect.co.uk/cgi-local/frameset/detail/F13055.html 벨지움 엔다이브, 릭
- http://blog.empas.com/songjaeim/4909212 배추
- 경향신문 2005-03-31 17:21 아스파라거스
- http://blog.naver.com/lyumy100.do?Redirect=Log&logNo=120007132244 셀러리
- http://www.vegetables.pe.kr/vegetablesgallery/herbs_vegetables/fennel_album.htm 휀넬, 콜라비
- http://blog.empas.com/bwithme/210786 양파
- http://blog.empas.com/times21ceo/11177939 마늘
- http://blog.naver.com/hugo7065.do?Redirect=Log&logNo=80002057677 살롯
- http://blog.naver.com/sleepinbaby.do?Redirect=Log&logNo=80001857393 죽순
- http://www.encyber.com 아티쵸크
- http://blog.empas.com/eyp1955/1236449 유채꽃

- http://photo.empas.com/hyeonki/hyeonki_10/photo_view2.html?psn=513 오이꽃
- http://search.empas.com/search/img.html?q=%C5%E4%B8%B6%C5%E4&cw=2945&wi=51&wm=48&fv=V&e=193 토마토
- http://blog.empas.com/hanlag/9696865 오이
- http://photo.empas.com/startis2/startis2_1/photo_view2.html?psn=5 가지
- http://photo.empas.com/flower486/flower486_50/photo_view2.html?psn=765 파프리카
- http://blog.empas.com/jjjjgs/10308930 늙은호박
- http://photo.empas.com/rlghaldnj/rlghaldnj_45/photo_view2.html?psn=777 당근
- http://blog.empas.com/petass/4305043 무
- http://blog.naver.com/formytears.do?Redirect=Log&logNo=100006918268 셀러리악
- http://food.oregonstate.edu/v/parsnip.html 파스닙
- http://blog.empas.com/dsy678/11073088 도라지
- http://photo.empas.com/hee0243/bumyeelove/photo_view2.html?psn=404 도라지
- http://imagebingo.naver.com/album/image_view.htm?uid=falca&bno=18979&nid=4082 우엉
- http://search.empas.com/search/img.html?q=%BE%E7%BC%DB%C0%CC&cw=293&wi=5a&wm=3f&fv=V&e=66 양송이
- http://blog.empas.com/yes3man/9641534 표고
- http://search.empas.com/search/img.html?q=%B4%C0%C5%B8%B8%AE%B9%F6%BC%B8&cw=109&wi=57&wm=46&fv=V&e=30 느타리
- http://blog.empas.com/leenamjin/5044726 팽이
- http://www.bostonmycologicalclub.org/Stories/0024_Optimists2003walk.html 모렐버섯
- http://www.egourmet.co.kr/ 조선일보 2005. 11. 20 송로버섯

과일
Fruit

1

과일[과실]의 개요
Summary of Fruit

과일이란 넓은 뜻으로는 나무나 풀의 열매로 식용이 되는 것을 총칭한다. 좁은 뜻으로는 '나무의 열매'라는 뜻이며, 목본성 식물의 열매로서 식용이 되는 것을 말한다. 관용적으로는 '나무의 열매'와 초본성 식물인 바나나, 파인애플 등 이외에 원예상 채소로 취급되는 멜론, 수박, 딸기 등도 포함한다.

과일은 꽃의 일부가 성장, 발달하여 변화한 것으로, 식용이 되는 부분은 그 종류에 따라 다르다. 성장함에 따라 꽃에서 열매로 변하는 것은 일반적으로 꽃자루는 열매자루가 되고, 꽃잎·수술·암술머리·암술대 등은 열매를 맺은 뒤에 떨어져 버린다. 꽃받침은 낙하하는 것과 잔존하는 것이 있다. 암술기부의 씨방이나 꽃턱이 열매가 된다. 씨방 속의 밑씨는 난세포와 극핵을 가지는데, 이것이 수분에 의해 화분관으로 보내지는 2개의 정핵과 각각 수정, 발육하여 종자가 된다.

이 종자의 성장에 따라 씨방벽이 살쪄서 식용이 되는 열매는 참열매라고 하는데, 복숭아·자두·살구·매실·감·포도·감귤류 등이 이에 속한다. 이 가운데 복숭아, 자두, 살구, 매실 등은 씨방의 중과피가 살쪄서 식용이 되고 내과피는 성장함에 따라 경화되어 딱딱한 핵을 만들어 그 속에 종자를 보호하게 된다. 감이나 포도의 경우는 중과피와 내과피가 살쪄서 식용이 된다. 감귤류에서는 중과피는 솜 모양을 하고 내과피에서 생긴 털에 액이 담겨져 식용이 된다.

꽃 턱이 살쪄서 과실이 된 것을 헛열매라고 하는데, 사과·배·비파·무화과 등이 이에 속한다. 외관의 상태에 따라 과일을 분류하면 건과와 액과로 나눌 수 있다. 건과는 익으면 그 껍질이 마르는 것으로 밤, 호두 등이 있다. 액과로는 과육에 수분이 많이 함유된 것으로 포도, 귤, 복숭아 등 다육과를 총칭하는 경우와, 중과피가 다육화한 포도 등을 가리키는 경우가 있다.

과일 중에는 종자가 있는 것과 없는 것이 있다. 무종자성은 밑씨가 발육하지 않고 씨방이 살쪄서 만들어지는 열매에서 볼 수 있는데, 이와 같은 과실의 발육현상을 단위결실이라고 한다. 일본 혼슈 귤, 씨 없는 바나나, 씨 없는 감, 씨 없는 포도 등이 이에 속한다. 단위결실을 일으키는 원인은 달라도 모두 유전학적 형질로써 씨 없는 열매가 생기기 때문에 이용하는 입장에서는 안성맞춤이다. 이에 대해 씨 없는 델리웨어, 씨 없는 수박, 씨 없는 여름 밀감 등은 저마다의 단위결실성을 이용하여서 인위적으로 씨 없는 열매를 유발시킨 것이다. 수분, 수정을 하지 않고 발육하는 과일에는 드물기는 하나 종자를 포함하고 그 종자가 반수성배(염색 체수가 보통의 반 정도 되는 것)를 갖고 있는 경우가 있다. 반수성배에서 발육하는 개체는 그 염색체를 배가함으로써 순부한 2배성 개체를 얻을 수 있어 육종상 귀하게 여겨진다.

과일의 맛은 표현하기 어려우나 일반적으로 단맛과 신맛이 주를 이루며, 떫은 맛, 과육의 촉감, 향기 및 색이나 형태 등도 맛의 결정에 영향을 미친다. 맛을 구성하는 성분은 숙도에 따라 변화하는데, 대부분은 나무에 달린 상태에서 익었을 때가 최고이다. 그러나 망고, 아보카도, 서양배, 멜론 등과 같은 후숙 과일은 수확 후 수일 간의 후숙으로 육질, 향기, 단맛, 신맛 등이 최고가 되는 것도 있다. 그러나 너무 익거나 수확 후 시일이 너무 지나면 여러 성분이 감소하고 과육이 시들어 맛이 현저하게 저하된다. 이와 같은 저장의 과성숙을 방지하기 위해서는 과일의 저장온도를 낮추고 과일의 호흡을 억제하는 것이 좋다. 그러므로 과일을 저장할 때는 저장고 안의 가스 조성을 바꾸고 저온저장을 하는 CA 저장법이 가장 효과적이다.

과일을 그 영양면에서 살펴보면 과일 속에는 수분이 85~90%로 가장 많고, 단백질 1~0.5%, 지방 0.3%, 당분과 섬유질의 탄수화물 10~12%가 함유되어 있다. 무기질은 0.4%로 카로틴과 칼륨이 들어 있고, 그 밖에도 비타민 C가 가장 많이 들어 있다. 과일의 맛은 단맛, 신맛이 주이고, 그 밖에 식감(食感)으로서 펙틴이 들어 있다. 이 단맛과 신맛의 균형은 완숙되었을 때가 최고이며, 미숙상태일 때는 단맛이 적고 신맛이 많아 맛이 떨어진다. 종류에 따라서는 떫은 맛이 나는 것도 있다. 과일이 익으면 단맛이 나는 것은 당분이 많아지는 원인도 있지만, 산의 양이 줄어드는 데도 크게 관계된다. 과일에는 과당·포도당·수크로오스 등이 약 10% 함유되어 있기 때문에 단맛이 난다. 특히, 포도의 경우는 약 20%에 달하여 단맛이 매우 강하나, 당분의 함량은 과일의 종류와 성숙도에 따라 다르다. 과일의 신맛은 말산, 시트르산, 타르타르산 등의 유기산에 의하며, 감귤류는 시트르산, 포도는 타르타르산, 사과는 말산이 각각 주체를 이룬다. 안토시아닌, 로티노이드, 플라보노이드, 엽록소 등의 천연색소들이 들어 있는데, 주된 것은 역시 안토시아닌이다. 과일의 향기성분은 수십 종이 있으며, 이들이 조화를 이루어 각종 과일의 독특한 향기를 낸다. 향기성분으로는 여러 종류의 에스테르, 알코올, 알데히드 등이 있다.

과일의 이용은 그 종류와 지역에 따라 다양하며 생식 외에 건조열매의 이용도 많은데, 견과는 과자 등으로 가공하여 이용하는 경우가 많다. 액과는 주스, 잼, 프리저브, 셔벳 등으로 이용하고, 감귤류의 과피는 마멀레이드의 원료가 된다. 그리고 대부분의 열매는 알코올 음료에 담가서 과실주를 만들 수 있고, 과일 그 자체를 발효재로 하여 알코올음료를 만들 수도 있다. 신선한 과일은 피클용으로 이용하거나 채소와 동일하게 이용하기도 한다. 아보카도, 라임, 베르가모트 등은 정유원료로 이용된다.

2

과일[과실]의 역사
History of Fruit

과수를 재배하기 시작한 곳은 이집트, 메소포타미아, 중국의 세 지역으로 중국에서 과일을 이용한 것은 매우 오래 되었는데, 원시적 농경이 이루어졌던 신석기 시대에 생식뿐만 아니라, 가공품으로서 잼이나 오매(껍질을 벗기고 짚불 연기에 그슬리어 말린 매실)로 이용되었다. 상고시대에는 농경문화가 가장 먼저 발달한 황하유역에서 오과(五果: 복숭아, 배, 매실, 살구, 대추) 및 감·밤·개암 등을 재배하였으며, 가공품으로도 이용하였다. 진나라 때에는 북방의 향과(멜론), 백과(은행), 비자(비자나무 열매), 조(대추), 마후도(중국다래), 이(배), 도(복숭아) 등이, 남방에서는 감귤류, 용안 등이 있었다. 「시경」, 「이아」, 「산해경」을 거쳐 「제민요술」이 나오는 무렵(6세기 전반)에는 중국산 과수의 부분이 기술되고 있어, 과일의 폭넓은 이용을 엿볼 수 있다. 그 후, 당나라 시대에 들어서면서 남·북간의 과수교환이 활발해졌다. 현종 양귀비를 위하여 여지(여주)를 광동에서 시안까지 운반케 했다고 한다. 중국에서 발달한 이러한 과일은 한국에서도 영향을 미쳤다.

한편, 유럽에서는 과일에 대한 기록을 신화에서 찾아 볼 수 있다. 무화과는 아담과 이브의 신화에도 나오며, 로마의 창시자로 일컬어지는 로물루스와 레무스가 숨어 살았던 동굴은 무화과로 덮여 있었다고 한다.

로마인은 예로부터 무화과를 번영의 상징으로 재배하고 생식하였을 뿐만 아니라, 건조열매나 잼의 재료로 많이 이용하였다. 포도의 역사도 오래 되어 생식 외에 포도주로서, 그리스도교에서는 의식에 사용되기도 하였다. 셈족 사이에서는 석류가 다산의 상징으로 귀하게 여겨졌다. 이와 같은 소아시아에서 근동, 지중해에 걸친 지역에서는 많은 과일들이 신앙과 관계를 갖고 발전하였다. 이중 열대지역인 동남아시아에서 생산되는 과일은 맛이 뛰어났기 때문에 일찍부터 유럽에 전해졌다.

바나나는 기원전 326년 알렉산더대왕이 인도를 공략할 때 처음 먹은 것이 계기가 되어 지중해 지역에서 재배가 시작되었다고 한다. 빵 나무가 영국의 캡틴 블라이에 의해 바운티호의 반란을 거쳐 고난 끝에 타히티에서 서인도 제도와 소앤틸리스 제도의 세인트 빈센트 섬에 도입된 것은 1793년의 일로, 그 후부터 섬 주민의 중요한 식량이 되고 있다. 신대륙과의 교류가 빈번해짐에 따라 아메리카 대륙의 열대지역에서 재배되던 파인애플, 파파야, 카카오 등도 기분의 야자나무, 바나나, 레몬, 오렌지 등과 함께 수요가 증대되어 오늘날의 기업적 대농장 발전에 기여하였다.

3
과일[과실]의 분류
Classification of Fruit

과실은 식물학적 분류에 따라 과(科)로 분류하면 열대산이 23과로 가장 많고 아열대가 4과, 온대 6과, 열대·아열대 공통 7과, 아열대·온대 공통 2과, 각 대 공통 7과로서 합계 47과이다. 과실이 씨방만으로 이루어진 것을 참열매라고 하고, 씨방(房) 외에 꽃턱과 화피(花 皮) 등으로 이루어진 것을 헛열매라 한다.

분포지대에 의한 분류는 다음과 같다.

＊ **열대과실** : 바나나, 파인애플, 망고 등
＊ **아열대과실** : 귤, 감, 올리브, 비파 등
＊ **온대과실** : 사과, 배, 포도, 복숭아, 자두, 나무딸기, 매실 등

형태학적 분류는 다양하기 때문에, 꽃차례·꽃·암술의 형태 등에 기준을 두어 다음의 3형으로 대별한다.

＊ **단과(單果)** : 1개의 암술을 가지는 꽃에서 많이 있으며, 열매는 주로 씨방이 발달한 것이다. 복숭아, 콩, 밀감, 망고, 감, 토마토, 피망 등이 있다.
＊ **복합과(複合果)** : 2개 이상의 이생(離生) 암술을 가지고 있어, 1개의 꽃에서 복수의 열매가 형성된다. 으름, 연꽃, 장미, 나무딸기 등이 있다.
＊ **집합과(集合果)** : 겉보기로는 1개의 열매처럼 보이지만 다수의 꽃에서 성숙한 열매가 조밀하게 집합한 것이다. 뽕나무열매(오디), 아나나스, 무화과, 파인애플 등이 있다.

과육이 발달된 형태에 따른 분류는 인과류, 준인과류, 핵과류, 장과류, 견과류로 분류한다. 본서에서 과일분류는 과육발달형태에 따라 분류하였고, 열대과일과 과채류를 추가하였다.

과일의 분류

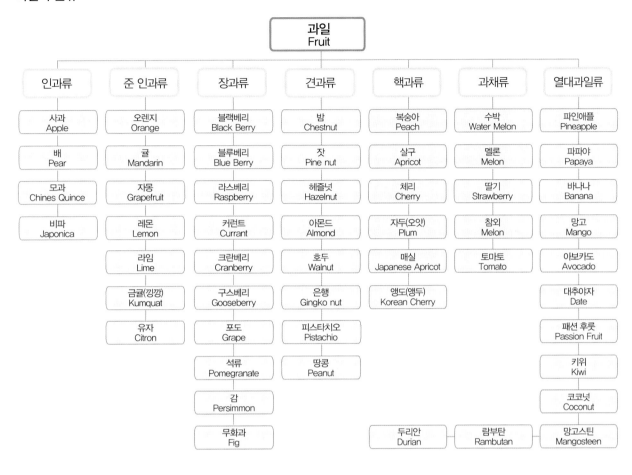

4
과일의 종류
kind of Fruit

본래 과실은 기후와 환경에 따라 특정지역에서만 자라던 것이 품종이 개량되면서 세계각지에 전파되어 많이 재배되었다. 과실의 종류는 2,800종이 되며, 재배되고 있는 것만도 약 300종이 된다.

1) 인과류(仁果類)

꽃턱이 발달하여 과육부(果肉部)를 형성한 것으로, 사과·배·비파 등이 이에 속한다.

사과
Apple

산지 및 특성 남·북반구 온대지역이 원산지이며, 대표적인 생산국은 미국, 중국, 프랑스, 이탈리아 등이다. 한국에서도 10여 종을 재배중이며, 알카리성 식품으로서 주성분은 탄수화물이며, 단백질과 지방이 비교적 적고 비타민 C와 무기질이 풍부하다.

용 도 생식하거나 잼, 주스, 파이, 타트, 젤리, 무스, 샤베트 만들 때 사용한다.

배
Pear

산지 및 특성 서양배와 중국배, 남방형 배로 나뉘어지며, 세 가지 모두 맛과 생김새가 다르다. 열매 중 80% 정도 먹을 수 있고 수분이 85% 정도 되며, 알카리성 식품으로 주성분은 탄수화물이며, 당분·유기산·섬유소 지방 등을 함유하고 있다. 기관지 질환에 좋다.

용 도 생식하거나 잼, 주스, 배숙, 고기를 연하게 할때 이용한다.

비파
Japonica

산지 및 특성 원산지가 중국과 일본의 남쪽지방이다. 비파나무 열매에는 당분, 능금산, 펩신이 들어 있으며, 비타민 A, 비타민 B, 비타민 C도 많이 들어 있다. 잎에는 진해, 거담, 청폐, 이수 등의 효능이 있어서 폐열해소, 기관지염, 구역, 애기 딸꾹질, 부종 등에 잎을 달여 마시기도 한다.

용 도 생식하거나 술을 담그기도 한다.

2) 준 인과류(準仁果類)

씨방이 발달하여 과육이 된 것으로 감, 감귤류가 이에 속한다.

오랜지
Orange

산지 및 특성 원산지는 중국 및 인도이며, 열매는 원형 및 타원형이다. 향기가 강하며, 단맛이 풍부하고 비타민류를 많이 함유하고 있으며, 품종에는 에스파냐계, 지중해계, 혈 밀감계, 네이블계가 있다.

용 도 생식하거나 주스, 마멀레이드를 만들어 먹는다.

귤
Mandarin

산지 및 특성 쥐손이풀 목운향과의 상록활엽교목. 한국, 중국, 일본, 동남아시아 등에 분포하며, 한국에서는 제주도에서 많이 재배한다. 비타민 A, C의 함량이 높고 기호도가 비교적 높은 과일이며, 감기예방에 좋다. 비타민 E도 많이 함유하고 있어, 동맥경화에 좋으며 소화장애에도 효과가 있다.

용 도 생식하거나 껍질을 말려 차를 끓여 먹기도 한다.

자몽 *Grapefruit*	 **산지 및 특성** 감귤속(Citrus)에 속하는 Grape Fruit의 열매이다. 원산지는 서인도제도의 자메이카로 여겨진다. 즙이 풍부하며 맛은 신맛, 단맛이 있으며, 쓴맛도 조금 섞여 있다. 반개만 먹어도 하루에 필요한 비타민C를 섭취할 수 있으며, 감기예방·피로회복·숙취에 좋다. **용 도** 생식하거나 주스를 만들어 이용한다.

산지 및 특성 감귤속(Citrus)에 속하는 Grape Fruit의 열매이다. 원산지는 서인도제도의 자메이카로 여겨진다. 즙이 풍부하며 맛은 신맛, 단맛이 있으며, 쓴맛도 조금 섞여 있다. 반개만 먹어도 하루에 필요한 비타민C를 섭취할 수 있으며, 감기예방·피로회복·숙취에 좋다.

용 도 생식하거나 주스를 만들어 이용한다.

자몽
Grapefruit

산지 및 특성 쥐손이풀목 산초과 상록과수. 감귤류의 일종이다. 원산지는 인도의 히말라야 산맥 동부의 산기슭이며, 캘리포니아나 지중해 지방에서 많이 재배된다. 비타민 C의 효과가 크고 시트르산을 많이 함유하고 있어, 어류나 육류요리에 넣으면 신선한 맛을 느낄 수 있다.

용 도 주스로 사용하고, 과즙을 식초로 사용, 마멀레이드를 만든다.

레몬
Lemon

산지 및 특성 원산지는 인도 북동부에서 미얀마 북부와 말레이시아이며, 아열대, 열대지방에서 재배한다. 과육은 황녹색으로 연하며 즙이 많고, 신맛이 나며 레몬보다 새콤하고 달다. 구연산의 함유를 통하여 신라임(Acid lime)과 단라임(Sweet lime)으로 구분된다.

용 도 피클이나 처트니로 이용, 주스로도 이용된다.

라임
Lime

산지 및 특성 금감이라고도 하며, 원산지는 중국이다.껍질째 식용하며, 향기롭고 시면서 약간 쓴맛이 있다.열매가 길쭉한 것을 긴알귤, 둥근 것을 둥근알귤, 동굴귤이라고도 한다. 겨울철 기침에 좋다.

용 도 잼으로 이용하거나 술을 담그기도 한다.

금귤(낑깡)
Kumquat

산지 및 특성 원산지는 중국 양쯔강 상류이며, 한국·중국·일본에서 생산되는데, 한국산이 가장 향이 진하고 껍질이 두텁다. 종류에는 청유자, 황유자, 실유자가 있다. 비타민 C, 유기산을 함유하고 있으며, 모세혈관을 보호하는 헤스페리딘이 들어 있어 뇌혈관장애와 풍을 막아 준다.

용 도 차로 이용하거나 설탕절임, 종자로는 오일을 만든다.

유자
Citron

3) 장과류(漿果類)

꽃턱이 두꺼운 주머니 모양이고 육질이 부드러우며 즙이 많은 과일로, 포도 등이 이에 속한다.

산지 및 특성 아시아, 유럽, 아메리카, 아프리카에 널리 분포하며, 종류가 다양하다. 비타민 C가 풍부하여 새콤달콤한 맛을 지니고 있다. 우리나라에서는 생과일을 구하기가 힘들어서 대개 통조림이나 냉동된 것을 이용하고 있다.

용 도 주스로 이용하거나 파이에 이용한다.

블랙 베리
Black Berry

블루 베리
Blue Berry

산지 및 특성　북아메리카가 원산지로 한국에도 정금나무에 산앵두나무가 있다. 이 열매 모두 식용할 수는 있으나 명칭은 블루 베리가 아니다. 달콤하면서도 신맛이 나며, 비타민 A가 많이 들어 있어 야맹증에 좋다. 비타민 C, E는 뇌기능에 좋아 기억력 향상에 도움을 주고 치매예방에 효과가 있다.

용 도　잼, 아이스크림, 케이크, 타르트 등 여러 요리에 이용한다.

라스베리
Raspberry

산지 및 특성　대부분 유럽이나 북아메리카 등지에 분포하여 재배되고, 달콤하고 즙이 많으며, 색에 따라 세 가지 종류의 라스베리로 분류된다. 향기를 맡으면 지방이 분해되고 식욕이 억제되는 효과가 있으며, 블랙 라스베리의 경우는 식도암 발생을 억제하는 효과가 있다.

용 도　생식하거나 술, 파이, 잼, 아이스크림 등에 이용한다.

커런트
Currant

산지 및 특성　유럽 북서부가 원산지이며, 붉은색이 나므로 붉은 커런트라고 하기도 한다. 검은 커런트는 유럽 및 중앙아시아가 원산지이고, 두 종류 모두 즙이 많고 신맛이 강하다. 검은 커런트는 발효시켜서 약용으로 사용가능하고, 비타민 C가 특히 많이 들어있으며, 칼슘, 인, 철 등도 포함되어 있다.

용 도　생식하거나 잼, 주스 또는 젤리로 이용한다.

크란베리
Cranberry

산지 및 특성　크란베리에는 박테리아가 체내에 부착하는 것을 막아 주는 효과가 있으며, 치주병·위궤양 등에서 효과를 발휘한다. 안토시아닌 색소는 야맹증, 시력개선 등의 효과가 있으며, 간기능의 개선에도 효과가 있다.

용 도　주스, 푸딩, 머핀 등 여러 가지 요리에 사용된다.

구스베리
Goose berry

산지 및 특성　유럽·북아프리카·서남아시아 원산으로 세계 각처에서 재배하며, 양까치밥나무라고도 한다. 높이는 1m 정도이고, 줄기는 가늘며 뭉쳐 나고 잔가지의 잎 밑부분에 가시가 있다. 열매는 붉은색·노란색·녹색으로 익으며, 달고 신맛이 난다.

용 도　생식하거나 잼을 만들어서 이용한다.

포도
Grape

산지 및 특성　코카서스 지방과 카스피 해 연안이 원산지이다. 성분으로는 당분이 많이 들어 있어 피로회복에 좋고 비타민 A·B·B2·C·D 등이 풍부해서 신진대사를 원활하게 하며, 무기질도 들어 있다. 근육과 뼈를 튼튼하게 하고 이뇨작용을 하며, 생혈 및 조혈작용을 하여 빈혈에 좋고 충치를 예방하며, 항암성분이 있어서 항암효과가 있다.

용 도　생식하거나, 건포도, 술, 잼, 주스 등으로 이용한다.

석류
Pomegranate

산지 및 특성　원산지는 서아시아와 인도 서북부 지역이며, 한국에는 고려초기에 중국에서 들어온 것으로 추정된다. 지름 6~8cm 정도의 둥근 모양이며, 단단하고 노르스름한 껍질이 감싸고 있다. 식용가능한 부분이 약 20%인데, 과육은 새콤달콤한 맛이 나고 껍질은 약으로 쓴다. 종류는 단맛이 강한 감과와 신맛이 강한 산과로 나뉜다

용 도　생식하거나 과일주, 에을 만들기도 한다.

감
Persimmon

산지 및 특성　한국·중국·일본이 원산지다. 주성분은 당질이고 떫은 맛이 있다. 떫은 맛은 타닌 성분 중 디오수프린인데, 이는 수용성이기 때문에 쉽게 떫은 맛을 나타낸다. 아세트알데히드가 타닌성분과 결합하여 불용성이 되면 떫은 맛이 사라진다. 비타민 A, B가 풍부하고 펙틴, 카로티노이드가 함유되어 있다.

용 도　생식하거나 말려서 곶감으로 이용한다.

무화과
Fig

산지 및 특성　주로 유럽·아메리카 등지에서 재배하며, 다양한 모양이 있다. 주요 성분으로는 당분(포도당과 과당)이 약 10% 들어 있어 단맛이 강하다. 유기산으로는 사과산과 시트르산을 비롯하여 암 치료에 효과가 있는 벤즈알데히드와 단백질 분해효소인 피신이 들어 있다. 그 밖에 리파아제, 아밀라아제, 옥시다아제 등의 효소와 섬유질 및 단백질이 풍부하다.

용 도　생식하거나 건과로 이용하고 각종 요리재료로 쓰인다.

4) 견과류(堅果類)

외피가 단단하고 식용부위는 곡류나 두류처럼 떡잎으로 된 것으로 밤, 호두, 잣 등이 이에 속한다.

밤
Chestnut

산지 및 특성　아시아, 유럽, 북아메리카 등이 원산지이며, 율자라고도 한다. 탄수화물, 단백질, 기타지방, 칼슘, 비타민 등이 풍부하여 발육과 성장에 좋다. 특히 비타민 C가 많이 들어 있어 피부미용과 감기예방 등에 효능이 있으며, 생밤은 비타민 C 성분이 알코올의 산화를 도와준다. 당분에는 위장기능을 강화하는 효소가 들어 있으며, 성인병 예방과 신장 보호에도 효과가 있다.

용 도　생식하거나 삶아 먹거나 쪄서 먹는 등 여러 가지로 이용

잣
Pine nut

산지 및 특성　해송자, 백자, 송자, 실백이라고도 한다. 속에 있는 흰 배젖은 향기와 맛이 좋으므로 식용하거나 약용한다. 성분은 지방유 74%, 단백질 15%를 함유하며, 자양강장의 효과가 있고, 올레산과 리놀레산으로 뇌 기능을 보강해주며, 설사증상이 있는 사람은 복용하지 않는 것이 좋다.

용 도　각종요리에 고명으로 사용되며, 죽을 끓여 먹기도 한다.

헤즐넛
Hezelnut

산지 및 특성　개암나무 열매로 주산지는 터키이다. 터키의 흑해 주변지역에서 전 세계 소비량의 70% 정도를 생산한다. 칼로리는 구운 헤이즐넛 1/4컵에 약 180칼로리 정도이다. 헤이즐넛에 있는 지방은 단순불포화 지방으로 항암물질로 널리 사용되는 택솔(taxol)이 들어 있다.

용 도　커피 향, 제과 제빵, 오일은 화장품이나 비누 샴푸를 만들때 사용한다.

아몬드 *Almond* 	**산지 및 특성** 터키가 원산지이고 편도라고도 한다. 건조한 곳에서 자라며 과육이 얇고 익으면 갈라져서 복숭아처럼 먹을 수 없어서 안에 들어 있는 핵인을 식용한다. 인은 엷은 붉은빛을 띤 갈색 내피가 있으며, 안에 노란빛을 띤 흰색의 배가 있다. 쓴 것은 아미그달린을 포함하고 있어 식용이 불가능하다. **용 도** 생식하거나, 초콜릿, 과자, 아이스크림 등에 이용된다.
호두 *Walnut*	**산지 및 특성** 유럽이 원산지이나, 중국 및 아시아에 분포한다. 호두의 화학성분은 지방유를 함유하고, 그 주성분은 리놀레산의 글리세리드이다. 또한 단백질, 비타민 B2·B1 등이 풍부하여 식용과 약용으로 많이 쓰인다. 소화기의 강화에도 효능이 있다. **용 도** 생식하거나 과자, 에로 이용한다.
은행 *Gingko nut* 	**산지 및 특성** 탄수화물, 지방, 단백질을 함유하고 있으며, 그 외에 카로틴, 비타민 C 등을 함유하고 있다. 청산배당체를 함유하고 있어, 많이 먹으면 식중독을 일으킬 수 있으므로 주의해야 한다. 한방에서는 진해, 거담 등의 효과가 있다고 본다. **용 도** 생식하거나 볶아서 사용하고 여러 음식에 고명으로 이용한다.
피스타치오 *Pistachio* 	**산지 및 특성** 중서아시아가 원산지이고, 열매는 달걀 모양의 타원형이다. 길이는 1.5cm 정도이며, 붉은빛을 띤 노란색이다. 과육을 제거한 흰 내과피가 피스타치오이다. 독특한 향이 있으며, 지방·철·비타민 B가 풍부하다. **용 도** 생식하거나 과자, 아이스크림 등에 이용된다.
땅콩 *Peanut* 	**산지 및 특성** 브라질을 원산으로 널리 재배되고 있으며, 국내에서 육성한 땅콩 품종으로는 대립종에 서둔땅콩·영호땅콩이 있으며, 소립종으로는 올땅콩을 장려하고 있다. 땅콩 종자에는 45~50%의 지방과 20~30%의 단백질이 포함되어 있어 영양가가 매우 풍부한 식품에 속한다. **용 도** 생식하거나 땅콩버터, 과자용 등으로 널리 쓰인다.

5) 핵과류(核果類)

내과피(內果皮)가 단단한 핵을 이루고, 그 속에 씨가 들어 있으며, 중과피가 과육을 이루고 있는 것으로, 복숭아·매실·살구 등이 이에 속한다.

복숭아
Peach

산지 및 특성 원산지는 중국이며, 과육색에 따라 백도와 황도로 나누어진다. 주요 생산국은 미국, 중국, 이탈리아 등이며, 한국에서도 재배하고 있다. 유기산과 펙틴이 풍부하다. 아스파라긴산을 많이 함유하고 있으며, 껍질은 니코틴을 제거하며, 발암물질인 니트로소아민의 생성을 억제한다.

용 도 생식하거나 통조림, 병조림, 주스, 잼으로 이용한다.

살구
Apricot

산지 및 특성 원산지는 아시아 동부이며, 한국에서도 생산하고 있다. 무기질 중 칼륨이 많이 들어있고, 민간에서는 해소, 천식, 기관지염에 좋다고 하여 약으로 쓰고, 최근에는 항암물질도 발견되어 항암식품으로 인정받고 있으나, 독성이 있으므로 섭취에 주의해야 하며, 덜 익은 과육은 몸에 좋지 않다.

용 도 건과, 잼, 통조림, 음료 등으로 이용한다.

체리
Cherry

산지 및 특성 북반구가 원산지이며, 가장 많이 자라는 곳은 아시아 동부이다. 모양은 심장형에서 거의 구형이며 노란색에서 붉은색, 거의 검은색까지 열매의 색깔이 다양하다. 비타민 A가 들어 있으며, 칼슘이나 인 같은 무기염류도 소량 함유하고 있다.

용 도 생식하거나 잼, 통조림으로 이용한다.

오얏(자두)
Plum

산지 및 특성 유럽 또는 아시아가 원산지이며, 동양계 자두, 유럽계 자두, 미국자두의 3종류가 경제적 재배가치를 인정받고 있다. 여름 과일로 알려져 있으며, 펙틴의 함량이 많고 카로틴을 포함하고 있으며, 한방에서는 진통, 해소, 신장염의 처방으로 쓴다.

용 도 생식하거나 견과, 잼, 과실주로 이용한다.

매실
Japanese
Apricot

산지 및 특성 원산지는 중국이며, 둥근모양이며, 매화나무의 열매이다. 과육의 85%는 수분 10%는 당질, 무기질과 유기산이 풍부하고 카로틴도 들어 있다. 알칼리성 식품으로 피로회복에 좋고 체질개선에 효과가 있다. 해독작용이 뛰어나 배탈이나 식중독에 도움이 되며 최근 항암식품으로도 알려졌다.

용 도 술로 이용하거나 잼, 절임, 주스나 건조시켜서 먹는다.

앵도(앵두)
Korean Cherry

산지 및 특성 원산지는 중국으로 새콤달콤한 맛이 나며, 주요 성분은 단백질, 지방, 당질, 섬유소, 비타민 등이다. 붉은 빛깔은 안토시아닌계 색소이며, 혈액순환을 촉진하고 수분대사를 활발하게 하는 성분이 들어 있으며, 폐기능을 도와 주어 가래를 없애고, 소화기관을 튼튼하게 하여 혈색을 좋게 한다.

용 도 생식하거나 잼, 주스, 앵두편, 화채, 주스로 이용한다.

6) 과채류(果菜類)

생식기관인 열매를 식용하는 채소들로서 수박, 참외, 머스크 멜론, 딸기, 토마토 등이 이에 속한다.

수박
Water Melon

산지 및 특성 현재 우리나라에서 재배하는 재래종 수박은 그 지방에 따라 국한되어 재배된다. 수박은 시원하고 독특한 맛이 있어 덥고 건조한 지역에서 많이 재배되며, 비타민 A와 소량의 비타민 C를 함유하며, 이뇨작용이 있어 신장염에 효과가 있는 것으로 알려져 있다.

용 도 생식하거나 주스, 화채로 이용한다.

머스크 멜론
Musk Melon

산지 및 특성 북아프리카·중앙아시아 및 인도 등을 원산지로 보고 있으나 중동에도 야생형을 재배하고 있기 때문에 단정하기 어렵다당질의 함량이 높아 당도가 높은 편이며, 칼륨이 많이 함유되어 있어, 칼륨이 배출되면서 각종 노폐물이 배출되어 건강에 좋으며, 고혈압·뇌경색의 예방을 도와 준다.

용 도 생식하거나 아이스크림, 주스에 이용한다

딸기
Strawberry

산지 및 특성 우리나라에서 재배되는 딸기의 종류도 매우 다양하다고 볼 수 있으며, 원산지는 북아메리카나 남아메리카로 보인다. 열매의 모양은 공 모양, 타원형이 있으며, 주요 성분으로는 탄수화물, 칼슘, 인, 카로틴 등이다. 비타민 중에서 비타민 C의 함량이 높다.

용 도 생식, 주스, 잼, 케이크, 아이스크림 등 여러 가지로 이용한다.

참외
Melon

산지 및 특성 박과 식물로 과대(瓜帶)라고도 한다. 영어로는 oriental melon 이라고 한다. 인도 원산의 덩굴성 한해살이풀로 줄기는 길게 옆으로 뻗고, 털이 있으며, 잎 겨드랑이에 덩굴손이 있다. 6~7월에 노란 꽃이 피고, 열매는 타원형으로 녹·황·백색으로 익으며, 단맛이 있다.

용 도 생식, 샐러드, 주스에 이용한다.

토마토
Tomato

산지 및 특성 남아메리카 서부 고원지대가 원산지이다. 가지과의 식물이며, 열매는 장과로서 6월부터 붉은빛으로 익는다. 리코펜 외에도 강력한 항암물질을 함유하고 있다. 열매에는 비타민 A와 C가 많이 들어 있다.

용 도 샐러드, 소스, 주스 등 다양하게 사용한다.

7) 열대(熱帶)과일

주로 열대지방에서 생산되는 과일로 바나나, 파인애플, 파파야, 망고스팅, 망고 등이 이에 속한다.

파인애플
Pineapple

산지 및 특성 중앙아프리카와 남아프리카 북부가 원산지으로서, 열매 모양은 원통 모양, 원뿔 모양, 달걀 모양 등이 있으며, 익으면 주황색에서 노란색으로 되고, 향기가 있다. 자당과 비타민 C, 칼슘 등의 영양소를 풍부하게 함유하고 있으며, 새콤달콤한 맛이 있다.

용 도 생식하거나 연육효과가 있어 고기와 함께 쓰인다.

파파야
Papaya

산지 및 특성 열대아프리카가 원산지이며, 열매는 공 모양 등 여러 가지가 있고, 빛깔은 녹색을 띤 노란색에서 붉은색을 띤 노란색으로 변하고, 과육은 짙은 노란색 또는 자줏빛을 띤 빨간색이며, 향기가 좋고 열매, 씨는 술이나 간장을 맑게 하는 데 쓰인다.

용 도 생식하거나, 설탕에 절인 과자를 먹기도 한다.

바나나
Banana

산지 및 특성 열대아시아가 원산지이며, 날것을 그대로 먹는 품종은 길이가 6~20cm, 지름이 3.5~5cm이다. 요리용 바나나는 길이가 30cm, 지름이 7cm이다. 열매의 색깔은 잿빛을 띤 흰색·노란색·귤색 등이 있고, 향기와 단맛 등에도 변화가 많다. 종자는 짙은 갈색이고, 편평한 둥근 모양이며, 지름이 5mm이다.

용 도 생식하거나 파이, 푸딩, 머핀 등을 만들어서 이용한다.

망고
Mango

산지 및 특성 열매는 5~10월에 익으며, 넓은 달걀 모양이고 길이 3~25cm, 나비 1.5~10cm인데, 품종마다 차이가 크다. 익으면 노란빛을 띤 녹색이거나 노란색 또는 붉은빛을 띠며, 과육은 노란빛이고 즙이 많다. 종자는 1개가 들어 있는데, 원기둥꼴의 양 끝이 뾰족한 모양이며, 약으로 쓰거나 갈아서 식용한다.

용 도 생식, 샐러드드레싱, 소스로 이용한다.

아보카도
Avocado

산지 및 특성 멕시코와 남아메리카가 원산지이며, 악어의 등처럼 울퉁불퉁한 껍질 때문에 악어배라고도 한다. 열매를 식용하기 위하여 재배한다. 열매는 녹갈색, 자줏빛을 띤 검은색 등이고 둥글거나 타원 모양 또는 서양배같이 생기며, 길이는 10~15cm이다. 종자는 1개씩 들어 있으며 매우 크다.

용 도 소스, 샐러드, oil 채취하는데 사용한다.

대추야자
Date

산지 및 특성 원산지는 이집트이며, 열매는 길이 3~5cm의 원형 또는 긴 타원형이며, 녹색에서 노란색을 거쳐 붉은색으로 익는다. 과육은 달며 영양분이 풍부하여 여행자에게는 중요한 식량으로 알려져 있다.

용 도 열매로 시럽, 알코올, 식초, 술을 만든다.

패션 후룻
Passion Fruit

산지 및 특성 열매는 둥글거나 타원형이며, 크기는 5cm 정도이고 검은 자주색으로 익는 것과 노란색으로 익는 계통이 있다. 대개 탁구공보다 조금 크고 속에 젤라틴 상태의 과육과 종자가 많으며, 매우 좋은 향기가 난다.

용 도 생식하거나 주스, 잼을 만들어서 이용한다.

키위
Kiwi

산지 및 특성 중국과 타이완이 원산지이지만 지금은 뉴질랜드와 캘리포니아에서 상업적으로 재배한다. 달걀 모양의 키위는 껍질이 갈색을 띤 녹색으로 털이 나 있으며, 단단하고 투명한 과육의 가운데에 자줏빛이 도는 검은색의 식용 가능한 씨가 있다. 구스베리와 비슷한 약간 신맛이 난다.

용 도 생식하거나 주스로 이용하며, 즙은 고기를 연화시키기도 한다.

코코넛
Coconut

산지 및 특성 연한 녹색의 열대 과일로서 즙이 많아 음료로 마신다. 열매 안쪽의 젤리처럼 생긴 과육은 단맛과 고소한 맛이 나 그대로 먹거나 기름을 짠다. 맨 바깥은 섬세하고 얇은 섬유층이고 안쪽은 두께 2~5cm의 촘촘한 섬유층을 이룬다. 1년에 4회 정도 수확하는데, 나무 1그루당 50~60개의 열매가 달린다. 잘 익은 것에는 지방 26%, 단백질 4g이 들어 있다.

용 도 기름은 요리의 소스, 식용유로 쓰고 비누·화장품에 사용한다.

망고스틴
Mangosteen

산지 및 특성 말레이시아가 원산지로 열매는 약간 납작한 공 모양으로 탁구공보다 조금 큰데, 지름이 4~7cm이며 꽃이 핀 다음 5개월 뒤에 자줏빛을 띤 검은색으로 익고 꽃받침이 붙어 있다. 향기가 있고 새콤달콤하여 열매 중의 여왕이라고 할 정도로 맛이 뛰어나다.

용 도 생식하며, 얼렸다가 디저트 과일로 사용한다.

람부탄
Rambutan

산지 및 특성 말레이시아가 원산지이고, 열매는 타원 모양이며 10~12개씩 모여 달리고 작은 달걀만한 크기이며, 7~8월에 붉은색으로 익고 길고 부드러운 돌기로 덮여 있다. 람부탄이란 말레이시아어로 털이 있는 열매라는 뜻인데, 돌기로 덮인 모양 때문에 생긴 이름이다. 열대지방의 중요한 과일로서 과육은 흰색이고 과즙이 많으며, 달고 신맛이 있다.

용 도 생식하며 디저트 과일로 사용한다.

두리안
Durian

산지 및 특성 원산지는 알려져 있지 않다. 과일 중의 왕자라는 별명을 지닌 크고 맛있는 열매를 생산하지만, 양파 썩은 냄새가 나므로 싫어하는 사람도 있다. 열매는 지름 20~25cm이고 타원형이거나 거의 둥글며, 7~8월에 갈색으로 익고 굵은 가시가 있으며 술과 함께 먹는 것은 금지(고열량 때문)되어 있다. 인도, 미얀마, 말레이시아 등지에서 재배된다.

용 도 생식하며, 잼·아이스크림·주스 등을 만들기도 한다.

참고문헌

• 농촌진흥청 원예연구소 저장이용과, 과일 채소 맛있고 신선하게, 부민문화사, 2004.
• 도미니크미셸 외, 나선희 역, 과일, 창해(새우와 고래), 2001.
• 동창옥, 과일 채소 알고 보면 보약이다, 신아출판사, 2005.
• 롯데호텔 조리직무교재, 1995.
• 장학길 외, 현대식품재료학, 지구문화사, 2000.

- 신라호텔 조리직무교재, 1995.
- 이자와 본진 외, 이소운 역, 야채 과일 동의보감, 동도원, 2002.
- 조리교재발간위원회, 조리체계론, 한국외식정보, 2002.
- 황종찬, 신비한 과일 요법, 태을출판사, 2001.
- Paul Bouse, New Professional Chef, CIA, 2002.
- Wayne Gisslen, Professional Cooking, Wiley, 2003.

사진출처

- http://blog.naver.com/ljn1358.do?Redirect=Log&logNo=20017983789 모과 과일
- http://blog.empas.com/ped6000/9122937 비파 과일
- http://imagebingo.naver.com/album/image_view.htm?user_id=gusltkfdkdjt&board_no=18046&nid=5964 자두 과일
- http://www.foodsubs.com/Fruitber.html 블랙베리
- http://blog.naver.com/asd01710.do?Redirect=Log&logNo=15256270 라스베리
- http://www.foodsubs.com/Fruitber.html 크란베리
- http://food.oregonstate.edu/a/goose.html 구스베리
- http://blog.empas.com/ym560cho/4530701 감
- http://blog.empas.com/locatesk/647375 석류
- http://blog.empas.com/squirrel1226/12017839 무화과
- http://blog.empas.com/gomi0224/10522208 밤
- http://pine-nut.wikiverse.org/ 잣
- http://www.i01000.com/maize94/asp/boardfiles/P9130023.JPG 배
- http://blog.empas.com/gomi0224/10265119 잣
- http://blog.naver.com/nstdaily.do?Redirect=Log&logNo=140017241611 헤즐넛
- http://blog.naver.com/n460330.do?Redirect=Log&logNo=60007721792 아몬드
- http://blog.empas.com/opok99/125931 호두
- http://blog.naver.com/zipzzang16.do?Redirect=Log&logNo=140002376152 땅콩
- http://www.greenholiday.com.sg/sin/1/bintantrip.html 파인애플
- http://blog.empas.com/yes3man/11794700 파파야
- http://www.vegetables.pe.kr/vegetablesgallery/fruit_vegetables/melon_album.htm 메론
- http://www.diamondstar.co.jp/phili_mango/phili_mango_image.htm 망고
- http://lancaster.unl.edu/food/ciq-avocado.htm 아보카도
- http://blog.empas.com/soyco007/6163851 대추야자
- http://blog.empas.com/chogok17/9455145 수박
- http://blog.empas.com/leebat/8425565 패션후룻
- http://news.naver.com/news 키위
- http://blog.empas.com/sung6002/1302167 딸기
- http://blog.empas.com/tambu1/10342350 두리안
- http://kr.image.yahoo.com/GALLERY/read.html?img_filename=3d49ab8c2d97 망고스틴
- http://kr.img.dc.yahoo.com/b8/data/sanyo_g/rambutan2.jpg 람부탄

Chapter 12
조리용어
Cooking Terminology

··· **학습목표**
• 조리에 필요한 조리용어(Cooking Terminology)를 부분별로 나누어 학습한다.
• 조리용어를 식재료별, 메뉴별, 알파벳순으로 명칭을 익히고 설명내용을 학습하여 현장적응 능력을 높이는 데 있다.

[1]

전채 조리용어
Cooking Terminology of Appetizer

* Appetit(아페티) : 식욕촉진제
* Canapes(까나페) : 한 입에 먹을 수 있는 구운 빵 조각 위에 여러 종류의 재료를 사용하여 만든 안주
* Caviar(까비아르) : 철갑상어의 알
* Finnan Haddie(피난아디) : 훈제한 대구
* Foie Gras(포아그라) : 거위의 간
* Friandise(프디앙디즈) : 맛있는 음식을 즐김, 식도락
* Froid(프로아) : 차가운 것
* Fromage(프로마쥐) : 치즈
* Garde Manger(가드 망제) : 육류나 생선류 등을 조리하기 위해 준비하는 주방의 일부 부서(Butcher)
* Garniture(가르니뛰르) : 불란서식으로 데코레이션하는 것
* Gerkins(거킨) : 절인 오이
* Hors-D'oeuvres(오르 되브르) : 식사순서에서 제일 먼저 제공되는, 식욕촉진을 돋구어 주는 요리
* Huitres(위뜨르) : 굴
* Langouste(랑구스트) : 바닷가재
* Olives(올리브) : 올리브 나무의 열매
* Saumon(소몽 휴메) : 훈제한 연어
* Truffes(트뤼프) : 송로 버섯

[2]

수프 조리용어
Cooking Terminology of Soup

1) 종류

* Potage Clair는 맑은 수프로 Consomme, Minestrone, 기타 Bouillon과 야채를 사용한 수프

✳ Potage Lie는 Roux나 Veloute를 사용하여 걸쭉하게 농도를 맞춘 수프 Cream Chicken Soup, Mushroom soup, Veloute를 사용한 수프 Clam, Chowder, Bisque Soup 등이 있다.

✳ Potage Puree는 당근, 감자, 강낭콩, 시금치와 같은 야채를 볶고 갈아서 걸쭉하게 만든 수프 Carrot Soup, Spinach Soup, Green Peas Soup, Potato Soup, Chestnut Soup, Broccoli Soup, Cauliflower Soup 등이 있다.

2) 용어

✳ Bisque : 새우, 게, 가재, 닭 등을 끓여 만든 Soup
✳ Borsch : 소고기와 야채로 만든 Soup
✳ Chicken Broth : 닭과 야채를 쌀 & 보리를 육수에 넣어 끓인 Soup
✳ Chicken Gumbo : 닭과 Okra를 이용하여 만든 Soup
✳ Chowder : 조개, 새우, 게, 생선류를 끓여 크래커를 곁들여 내는 Soup
✳ Consomme A la Royale : 달걀을 마름모꼴로 썰어 띄운 것.
✳ Consomme Brunoise : 야채를 주사위 모양으로 잘라 콘소메에 띄운 것.
✳ Consomme Celestine : Crepe를 구워 좁게 잘라 콘소메에 띄운 것.
✳ Consomme Julienne : 야채를 가늘게 썰어 콘소메에 띄운 것.
✳ Consomme Paysanne : 야채를 은행잎 모양으로 잘라 띄운 것.
✳ Consomme Printanier : 여섯 가지 이상의 야채를 작은 주사위 모양으로 잘라 띄운 것
✳ Minestrone : 이태리의 대표적인 Soup로서 각종 야채와 Bacon을 넣고 끓이는 Soup
✳ Moch Turtle : 자라 Soup
✳ Mulligatawny : 닭, 크림, 수프에 카레를 넣어 끓인 Soup
✳ Onion Gratin : 양파를 볶아 육수를 붓고 치즈를 곁들여 내는 Soup
✳ Potage Creme : 밀가루와 버터를 볶다가 Milk나 Creme을 넣어 만은 Soup
✳ Potage Puree : 각종의 야채를 익혀 걸러 내고 진하게 만든 Soup
✳ Potage Veloute : White Roux를 기본으로 하여 여러 종류의 Stock을 넣어 만든 Soup

3) 수프 곁들임 용어(Soup Garnish)

수프의 가니쉬는 일반적으로 날것은 쓰지 않는다. 수프에 따라서 건더기를 띄우는 것이 있고 띄우지 않는 것이 있다. 수프의 맛에 어울려야 한다.

✳ Croutes(크루트) : 식빵을 3mm 두께의 3각형, 4각형, 둥근 모양으로 잘라 팬에서 노르스름하게 구운 것이다.

✳ Crouton(크루톤) : 식빵을 두께, 크기 모두 1cm의 네모로 잘라 170~180도의 기름에 튀겨내어 종이를 깐 그릇에 두어 기름을 뺀 뒤 소금, 후춧가루를 약간 뿌린다. 버터에 볶기도 한다.

✳ Crepes(크레이프) : 볼에 달걀 1/4개, 소금 약간을 잘 섞고 밀가루 25g을 체에 쳐서 넣고 가볍게 혼합한다. 프라이팬에 기름을 조금 바르고, 이것을 떠놓아 양면을 구워 가늘게 썰거나, 네모, 둥근 모양 등으로 예쁘게 썰어 띄운다.

✳ Tomato(토마토) : 토마토 꼭지를 따고 끓는 물에 잠깐 담갔다가 건져, 껍질을 벗기고 칼집을 넣어 씨와 물기를 자아내고, 1cm 정도의 네모로 썰어 버터를 녹인 팬에 볶아 소량의 부이용을 붓고 3~4시간 끓여 소금으로 조미한다.

✳ Julienne(쥴리엔느) : 양파, 당근, 셀러리, 캐비지와 같은 채소류를 채 썰어서 볶은 것이다. 이외에 닭고기, 햄, 버섯 등을 채 썰어 쓰기도 한다.

✳ Brunoise(브루노아즈) : 양파, 당근, 셀러리를 2~3mm 네모로 썰어, 두꺼운 냄비에 버터를 녹인 것에 넣고 볶아서, 부이용을 붓고 5~6분간 약한 불에서 끓인다.

✳ Vermicelle(버미셀르) : 가늘게 뽑은 국수를 3~4cm 길이로 잘라, 삶아서 부이용에 담가 두었다가 사용한다.

✳ Riz(리쯔) : 쌀을 부이용에 넣어서 삶은 것이다.

✳ Royale(로열) : 볼에 달걀(전란 1개), 난황 1개, 부이용 1c, 우유 2Tbsp, 소금 약간을 넣고 거품이 일지 않도록 섞어 천에 받친다. 이것을 버터칠한 형(mould)에 붓고 중탕하여 익힌다. 익으면 꺼내어 식혀 다이야몬드 모양으로 잘라서 쓴다.

[3]
샐러드 조리용어
Cooking Terminology of Salad

✳ Andalouse(앙달루즈) : 토마토를 1/4로 잘라 줄리안으로 썰어 놓고, 맵지 않은 피망과 약간의 마늘, 다진 양파, 파슬리에 드레싱이나 소스를 넣어 양념하여 완성한다.

✳ Bagatelle(바가뗄) : 줄리안으로 썬 당근과 버섯, 아스파라거스 끝 부분에 드레싱이나 소스를 놓는다.

✳ Aida(아이다) : 곱슬곱슬한 롤라로사에 토마토를 얇게 썰어 두고, 야티쵸크 밑부분, 줄리안으로 썬 초록색 피망, 얇게 썰어 놓은 삶은 달걀 흰자를 위에 놓고, 굵은체에 내린 삶은 달걀의 노른자를 골고루 뿌려 덮고 겨자를 섞은 드레싱이나 소스로 양념한다.

✳ Chatelaine(샤뜰렌느) : 삶은 달걀, 송로버섯, 아티쵸크 밑부분, 감자 등을 얇게 썬다. 다진 타라곤(Tarragon)을 첨가한 드레싱이나 소스에 넣는다.

✳ Manon(마농) : 양상추 잎에, 1/4로 썬 왕귤을 넣고 레몬즙, 소금, 설탕, 후추 등을 넣은 드레싱이나 소스를 친다.

✳ Maralch'ere(마레세르) : Raiponce(초롱꽃과 식물), 선모의(Salsifis) 싹, 얇게 썬 Celeri-Rave를 감자와 무(Betterave)로 장식하고 줄로 썬 서양고추냉이를 첨가한 크림겨자 소스를 곁들인다.

✳ Mimosa(미모사) : 반으로 썬 상추의 속 부분에, 1/4로 썬 오렌지 껍질을 벗기고 씨를 뺀 포도를 가득 넣고 얇게 썬 바나나를 곁들여서, 크림과 레몬즙을 친다.

✳ Nicoise(니쯔와즈) : 초록색 제비콩에 1/4로 썬 토마토와 얇게 썬 구운 감자를, 염장 앤초비살, 올리브, 케이퍼(Caper) 등으로 장식하고 드레싱이나 소스를 끼얹는다.

✳ Ninon(니농) : 상추를 1/4로 썰어 담고, 1/4로 썬 오렌지 살 부분으로 장식한 다음, 오렌지 주스, 레몬즙, 소금, 식용유 등으로 소스를 만들어 양념한다.

✳ Paloise(빨로와즈) : 아스파라거스 끝 부분과 1/4로 썬 아티쵸크, 줄리안으로 썬 Celeri-rave에 겨자 친 소스를 끼얹는다.

✳ Russe(뤼즈) : Jardiniere로 썬 당근과 무, 작은 막대모양의 초록색 제비콩, 작은 완두콩, 네모로 썬 송로버섯 구운 것, 네모나게 썬 소 혀(Tongue), 햄, 바닷가재, 작은 오이, 소세지와 염장 앤초비살, 케이퍼(Caper)를 보기 좋게 장식하고 마요네즈 소스를 곁들인다.

✳ Alice(엘리스) : 네모지게 썬 신선한 파인애플을 준비하고, 양상추, 1/4로 썬 왕귤에 석쇠에 구워 으깬 개암을 뿌리고, 소금·후추·식용유·레몬즙 등으로 맛을 낸다.

✳ Chiffonnade(쉬포나드) : 상추, 로메인 상추, 물냉이 등을 준비하고, 삶아서 다진 달걀, 줄리안으로 썬 무를 담는다.

✳ Fantaisie(팡떼지) : 줄리안으로 썬 샐러리, 네모지게 썬 사과와 네모지게 썬 파인애플을 담고 주위에는 줄리안으로 썬 로메인 상추를 담는다.

✳ Florentine(플로랑띠느) : 로메인상추, 네모지게 썬 샐러리 및 둥글게 썬 초록색 피망을 준비하고, 쓴맛이 우러나도록 삶은 시금치의 줄기와 물냉이(Cresson) 잎을 담는다. 다음으로 소스를 준비한다.

✳ Mona-Lisa(모나리자) : 반으로 썬 상추의 속 부분 위에 줄리안으로 썬 사과와 송로버섯을 섞어서 각각 놓고, 별도로 소스 그릇에 케첩소스를 조금 넣어 마요네즈를 담아 서빙한다.

✳ Waldorf(월드로프) : 네모나게 썬 샐러리, 사과와 껍질 벗긴 호두를 믹싱볼에 담는다. 소스 그릇에 마요네즈 소스와 휘핑크림을 섞어서 믹싱볼에 있는 과일과 섞어 담는다.

앙뜨레 조리용어
Cooking Terminology of Entree

1) 앙뜨레 고기 굽는 용어

* Rare(Bleu) : 색깔만 살짝 내고 속은 따뜻하게 하여 자르면 속에서 피가 흐르도록 하여 만드는 방법
* Saignant(Medium rare) : Bleu보다 조금 더 익힌 것으로 자르면 피가 보이도록 하여야 한다.
* A Point(Medium) : 절반 정도를 익히는 것으로 자르면 붉은색이 있어야 한다.
* Cuit(Medium Welldone) : 거의 다 익히는 것으로 자르면 가운데 부분에 약간 붉은색이 있어야 한다.
* Bien Cuit(Welldone) : 속까지 완전히 익히는 것

2) 소고기를 이용한 앙뜨레 고기의 종류

* Chateaubriand : Filet의 가운데 부분을 두껍게 4~5cm로 잘라서 굽는 최고급 steak
* Tournedos : Filet의 앞쪽 끝 부분을 잘라내어 굽는 steak
* Filet Mignon : Filet의 꼬리 쪽에 해당하는 세모꼴 부분을 Bacon으로 감아 구워 내는 steak
* Sirloin Steak : 소 허리 등심에서 추출
* Porter House Steak : 소갈비를 중심으로 안심과 등심이 등뼈와 갈비뼈 사이에 있는 것으로, 안심이 35~40%이고 등심이 60~65% 정도로 붙어 있는 것
* T-bone Steak : 소갈비를 중심으로 안심과 등심이 등뼈와 갈비뼈 사이에 있는 것으로, 안심이 25~30%이고 등심이 70~75% 정도로 붙어 있는 것
* Rib eye Steak : 갈비살에서 추출하는 것으로 꽃등심이라고 부르기도 한다.
* Round Steak : 소 허벅지에서 추출
* Rump Steak : 소 궁둥이에서 추출
* Flank Steak : 소 배 부위에서 추출

3) 기타 앙뜨레

* Beignets : Fritter에 가까운 요리로 튀김요리가 비슷함
* Blanquett : 흰색 스튜로서 삶은 송아지 요리
* Bouchees : Pie에다 한 입에 먹기 쉽도록 새우, 조개류의 살을 조미해서 넣은 것
* Brochettes : 각종의 고기를 주재료로 야채를 사이사이 끼워 굽는 석쇠구이

＊ Coquilles : 조개껍질을 이용하여 여러 가지를 넣어 볶은 것

＊ Cotelettes : 영어로 cutlet이라 하며, 고기를 얇게 썰어 옷을 입혀 굽는 것

＊ Crepinettes : 고기를 저며서 돼지의 내장에 싸서 구운 것으로 순대와 비슷

＊ Croquettes : 닭, 날짐승, 생선, 새우 같은 것을 주재료로 하는 것

＊ Fricassee : 주로 날짐승고기를 사용하여 크림을 넣고 찌는 것

＊ Marengo : 닭을 잘라서 버터로 튀겨 달걀을 곁들인 요리

＊ Parmentier : 감자요리

＊ Pilaff : 볶음밥 같은 것으로서 쌀에다 고기 등을 넣어 볶는 것

＊ Ragout : 영어의 stew

＊ Rissoles : 날짐승의 내장을 저며서 파이껍질에 싸서 기름에 튀기는 것

[5 디저트 조리용어]
Cooking Terminology of Dessert

＊ Babarois : 크림, 달걀, 젤라틴을 원료로 만든 것

＊ Beignets : 과일에 반죽을 입혀서 식용유에 튀긴 것

＊ Blanc Manger : 밀크 콘스타치를 젤라틴으로 구운 것

＊ Charlotte Finger : 비스켓을 껍질로 하여 속에 우유를 넣어 차게 한 것

＊ Creme de Fromage : 치즈를 밀크에 붓고 후추, 소금, 파프리카 등을 푸딩 몰드에 넣어 차게 한 것

＊ Crepes : 밀가루, 설탕, 달걀 등으로도 만든 Pan Cake의 일종

＊ Ice Cream : 유지방을 사용한 빙과

＊ Mousse : 달걀과 크림을 섞어 글라스에 차게 한 것

＊ Pailles de Fromage : 밀가루+우유+버터에 치즈를 섞어 얇게 밀어서 동그랗게 만 다음 잘게 썰어 오븐에 구워 내는 것

＊ Peach Melba : 아이스크림 위에 복숭아 조림을 올려놓은 것

＊ Pudding : 밀가루, 설탕, 달걀 등으로 만든 젤리 타입의 유동물질

＊ Sherbet : 과즙과 Liquer로 만든 빙과

＊ Souffle de Fromage : 크림 소스에다 스위스 치즈나 가루 치즈를 섞어 오븐에 구워 내는 것

6

감자 조리용어
Cooking Terminology of Potato

✳ 베르니 포테이토(Berny Potato) : 크로켓 감자 반죽을 지름 3cm 정도로 둥글게 만들어 달걀과 알몬드 다진 것을 입힌다. 튀겨서 제공한다. 육류요리나 가금요리에 주로 이용한다.

✳ 보일드 포테이토(Boiled Potato) : 감자 한 개를 달걀 모양으로 깎은 다음, 반으로 자른다. 소금탄 물에 삶는다. 다 익으면 건져서 버터를 바르고 간을 한다. 파슬리 다진 것을 뿌려 제공한다. 생선요리에 주로 이용한다.

✳ 리본 포테이토(Chatouillard Potato/Pommes Ruban) : 15mm 넓이, 1~2mm 두께, 7~8cm 길이의 리본 모양으로 감자를 돌려서 깎은 다음 기름에 튀긴다. 육류요리나 가금요리에 주로 이용한다.

✳ 포테이토 칩(Chips Potatoes) : 껍질을 벗긴 감자를 1mm 정도의 두께로 얇게 슬라이스 한다. 물에 담그었다가 건져서 기름에 갈색으로 튀긴다. 소금으로 간을 한다. 샌드위치 가니쉬나 육류요리에 주로 이용한다.

✳ 프렌치 프라이 포테이토(Frech Fry Potatoes) : 감자를 1×1×6cm 정도의 굵기로 썰어 물에 담그어 둔다. 용도와 전문 주방장에 따라 크기는 약간 다를 수도 있다. 물에서 약간 익혀 내거나 아니면 기름에서 약간 튀긴 다음 식힌다. 다시 기름에 갈색으로 튀긴 다음 간을 한다. 샌드위치 가니쉬나 육류요리에 주로 이용한다.

✳ 로레테 포테이토(Lorette Potato/Pommes De Terre Lorette) : 크로켓(700g)용 감자 반죽에 치즈가루를 잘 섞는다. 약 40g 크기의 바나나 모양으로 만든다. 냉장고에 30분 이상 두어 굳게 한 다음 180~200도의 기름에서 갈색으로 튀긴다. 육류요리나 가금요리에 주로 이용한다.

✳ 알루메뜨 포테이토(Matchstick Potato/Pommes Allumette) : 감자를 성냥개비 크기와 굵기로 썰어서 기름에 튀긴다. 샌드위치 가니쉬나 육류요리에 주로 이용한다.

✳ 올리베뜨 포테이토(Olivette Potatoes) : 껍질 벗긴 감자를 소도구를 이용하여 올리브 모양과 크기로 파낸다. 버터로 오븐에서 구워 내거나, 약간 삶은 다음 기름에 튀긴다. 조리하는 방법에 따라 삶으면 생선요리에 튀기면 육류나 가금류에 사용한다.

✳ 파리지엥 감자(Parisienne Potatoes) : 껍질 벗긴 감자를 소도구(Melon Baler)를 이용하여 구슬 모양과 크기로 파낸다. 버터로 오븐에서 구워 내거나, 약간 삶은 다음 기름에 튀긴다. 육류요리나 가금요리에 주로 이용한다.

✳ 뽕−느쁘(Pont−Neuf Potatoes) : 0.6×0.6×6cm 크기로 자른다. 물에서 약간 삶아 기름에서 튀긴 다음 간을 한다. 샌드위치 가니쉬나 육류요리에 주로 이용한다.

✽ 와플 포테이토(Waffle Potatoes; Pommes Gaufrettes) : 감자를 물에 잘 씻은 다음, 껍질을 벗긴다. 만도 린에 두 번 밀어서 그물 모양으로 썰어 낸다. 감자가 얇으므로 부서지지 않도록 조심스럽게 다루어 튀겨 낸 후 간을 한다. 샌드위치 가니쉬나 육류요리에 주로 이용한다.

✽ 윌리암 포테이토(Williams Potatoes) : 크로켓 감자를 약 40g 크기의 꼭지 모양을 만든다. 꼭지 끝에 버미 세리 국수를 5cm 길이로 잘라 꽂아 준다. 냉장고에 30분 이상 두면 굳게 된다. 180~200도의 기름에서 갈색으로 튀긴다. 타월을 깔고 그 위에서 기름을 흡수시킨다. 육류요리에 주로 이용한다.

✽ 해쉬 브라운 포테이토(Hash Brown Potato) : 감자를 깨끗이 씻어서 물에 삶아 완전히 식힌 다음 껍질을 벗기고 강판으로 간다. 여기에 달걀, 우유, 소금으로 간을 한 다음 [이 때 콘비프(Corned Beef), 양파, 우 설(Ox Tongue) 등을 다져서 넣기도 한다] 둥그렇게 지름은 4~5cm 정도, 두께는 1~1.5cm 정도의 크기로 만들어, 팬에 버터를 두르고 갈색으로 구워 낸다. 아침 조식의 Breakfast에 달걀 요리와 함께 제공한다.

✽ 메쉬 포테이토(Mashed Potato) : 감자를 통째로 삶아 껍질을 제거하고 으깬 감자.(으깬 감자에 양파, 달 걀 노른자, 햄, 마늘 등을 넣어 조리하기도 한다. 육류·가금·생선요리 등 다양하게 이용한다.)

✽ 웨지 스킨 포테이토(Wedge Skin Potato) : 감자를 통째로 중간 정도 삶아 웨지형으로 잘라 밀가루에 케 이준 향료와 소금 후추로 간을 하고 튀긴다. 육류요리나 가금요리에 주로 사용한다.

✽ 더치스 포테이토(Duchess Potato) : 감자는 껍질 채로 삶는 것이 감자의 수용성 영양소의 손실을 최소화 할 수 있어 가장 바람직한 방법이다. 하지만 상황에 따라 껍질을 버끼고 썰어 삶아서 쓰는 경우도 있는 데, 이는 시간절약에 도움이 된다. 더치스 포테이토는 감자를 삶아 으깬 다음, 여기에 소금, 후추, 달걀노 른자, 넛멕 등을 넣어 간을 한 후 짜주머니에 넣어 모양있게 짠 다음 달걀 노른자를 바르고 오븐에서 색 을 내 완성한다. 육류요리나 가금요리에 주로 이용한다.

✽ 크로켓 포테이토(Croquette Potato) : 감자를 통째로 삶아 껍질을 제거한 후 소금, 후추, 달걀 노른자, 넛 멕 등을 넣어 지름 1.5~2cm, 길이 4~5cm의 크기로 만들어 밀가루, 달걀, 빵가루를 묻혀 튀겨 낸다. 육 류요리나 가금요리에 주로 이용한다.

✽ 퐁당뜨 포테이토(Fondante Potato) : 감자의 모양은 샤또 모양으로, 샤또보다는 약간 크고 굵게 만들어 로스트 팬에 버터와 스톡을 넣고 오븐에서 익혀 사용한다. 육류요리나 가금요리에 주로 사용한다.

✽ 리오네이즈 포테이토(Lyonnaise Potato) : 감자의 껍질을 제거하고 반으로 자른 다음 각을 없애고 둥근 형으로 만든 후 두께를 약 0.3~0.4cm 정도로 썰어 중간 정도로 삶아 놓는다. 팬에 정제 버터를 넣고 얇 게 썬 베이컨을 볶다가 슬라이스한 양파를 볶은 후 감자를 넣고 색이 날 정도로 볶아 완성한다. 이 감자 요리는 프랑스 리용 지방의 감자요리인데, 리용은 양파가 많이 생산되는 곳으로 유명하다. 그래서 이 감 자요리에는 반드시 양파가 들어가야 한다.

✽ 안나 포테이토(Anna Potato) : 감자의 껍질을 제거하고 지름 약 2.5~3cm 정도로 만들어 두께 약 0.2cm 로 썰어 기름에 살짝 튀겨 원형의 틀에 감자를 돌려 가며 겹겹으로 쌓으면서 모양을 만들어 오븐에서 갈 색이 나게 익혀 완성한다. 겹겹이 쌓지 않고 한 겹으로 만들어 정제버터를 바르고 팬에서 익히는 방법도

있다. 주로 육류요리에 많이 이용한다.

✳ 스킨 스터프드 포테이토(Skin Stuffed Potato) : 감자를 통째로 삶아 반으로 갈라 속 부분을 스푼으로 둥
글게 파낸 다음 기름에 튀겨 낸다. 튀겨 낸 감자 속에 으깬 감자, 베이컨과 양파 다져서 볶은 것, 소금,
후추, 넛맥 등 섞은 것을 넣고 치즈나 빵가루를 넣어 오븐에서 구워 사용한다. 육류요리나 가금요리에 주
로 사용한다.

✳ 샤또 포테이토(Chateau Potato) : 감자를 길이 약 5cm 정도, 굵기 1.5~2cm 정도 크기의 럭비볼 모양으
로 만들어 삶아 튀기거나 정제 버터에 볶아서 사용한다. 육류요리에 주로 사용한다.

✳ 그라당 라 드피노아 포테이토(Gratin a'la Dauphinoise Potato) : 감자의 껍질을 벗긴 다음, 0.2cm 정도
두께로 썰어 크림을 넣고 익힌 다음 Gryere Cheese를 위에 뿌려 갈색으로 색을 낸 후 완성한다. 다른
명칭으로 Cream Potato라고도 한다. 육류, 가금, 생선요리 등 다양하게 이용한다.

✳ 드핀 포테이토(Dauphine Potato) : 감자크로켓에 Chou를 첨가하여 콜크병 마개 모양으로 만들어 튀겨서
사용한다. 주로 육류요리에 사용한다.

[7]
기초조리용어
Basic Cooking Terminology

✳ A la ～(After the style or Fashion) : 풍의, ～식을 곁들이다.

✳ A la broche(cooked on skwer) : 꼬챙이에 고기를 꿰어 만든 요리

✳ A La Carte(아 라 카르트) : 정식요리와는 다르게 자기가 좋아하는 요리만을 주문하는 일품요리(一品料
理)를 말함

✳ A la king(served in cream sauce) : 크림소스로 육류, 가금류 등의 요리를 만드는 것

✳ A la mode(in the style of) : 어떤 모양의 형태(각종 파이류에 아이스크림을 얹어 내는 후식)

✳ A la vapeur(steamed) : 찜요리

✳ A l'huile d'olive(In Olive oil) : 올리브 기름

✳ Agneau(Lamb) : 새끼 양

✳ Au gratin(spinkled with crumbs and cheese baked brown) : 화이트 소스로 위에다 빵 가루나 치즈
를 뿌려 오븐에서 갈색으로 구운 요리

✳ Au jus(served with natural juice or gravy) : 식품 고유의 즙을 곁들임

✳ Au lait(with milk) : 밀크를 곁들임

✳ Au naturel(plan cooked) : 양념하지 않고 자연 그대로

✳ Ajouter(아주떼) : 더하다. 첨가하다.

✳ Abaisser(아베세) : 파이지를 만들 때 반죽을 방망이로 밀어 주는 것

✳ Appareil(아빠래이) : 요리시 필요한 여러 가지 재료를 밑장만하여 혼합한 것

✳ Arroser(아로제) : 볶거나 구워서 색을 잘 낸 후 그것을 찌거나 익힐 때 재료가 마르지 않도록 구운 즙이나 기름을 표면에 끼얹어 주는 것

✳ Aspic(아스픽) : 육류나 생선류 등 즙을 정제하고 제라틴을 혼합하여 요리의 맛을 배가시키고, 광택이 나고 마르지 않게 하는 것. 붓으로 사용하여 칠하는 것

✳ Assaisonnement(아세조느망) : 요리에 소금, 후추를 넣는 것

✳ Assaisonner(아세조네) : 소금, 후추, 그 외 향신료를 넣어 요리의 맛과 풍미를 더해 주는 것

✳ Beurre(Butter) : 버터

✳ Beurre Fondue(melted butter) : 약간 녹아 있는 상태

✳ Bien cuit(well-done(meat)) : 완전히 익은 상태

✳ Blanchir(Blanched) : 희게 하다.

✳ Boeuf(Beef) : 소고기

✳ Braise(Braised) : 열로 찐

✳ Blanquette(white meat in cream sauce) : 흰 소스에 조린 고기 요리

✳ Bombe(Fansh Desserts mode of ices, whipped cream and Various Fruits) : (2중빙과) 휘핑 크림이나 여러 가지 과일을 이용하여 만든 디저트 일종

✳ Barde(바르드) : 얇게 저민 돼지비계

✳ Barder(바르데) : 돼지비계나 기름으로 싸다. 로스트용의 고기와 생선을 얇게 저민 돼지비계로 싸서 조리 중에 마르는 것을 방지한다.

✳ Battre(바뜨르) : ① 때리다. 치다. 두드리다. ② 달걀 흰자를 거품기로 쳐서 올린다.

✳ Braiser(브래제) : 야채, 고기, 햄을 용기에 담아 혼드부, 부이용, 미르포아 등을 넣고 천천히 오래 익히는 것

✳ Bouquet-Garni(부케가르니) : 셀러리 줄기 안에 다임, 월계수 잎, 파슬리 줄기를 넣고 실로 묶은 것

✳ Brider(브리데) : (닭, 칠면조, 오리 등) 가금이나 야조의 몸, 다리, 날개 등의 원형을 유지하기 위해 실과 바늘로 꿰맨다.

✳ cafe noir(black coffee) : 블랙커피

✳ canape(small pieces of Toast or creckers with Food) : 얇은 빵 조각 위에 가공된 요리 물을 얹어 만든 오르되브르 즉, 작은 빵 조각이나 토스트, 크랙커 위에 정어리나 치즈, 엔초비 등을 얹어서 만든 식욕 촉진제의 일종으로 식전음료에 제공되는 술안주를 말함.

* Chaud(Hot) : 뜨거운 것

* Carte de jour(Daily menu) : 오늘의 메뉴

* Chiffonnade(Designates) : 가는 끈 모양으로 써는 것(야채, 양상추 샐러드에 사용)

* Compote(Fruit stewed in syrup) : 과일의 설탕 조림

* Crepe Suzette(thin French pancake) : 얇은 팬 케이크

* Cru(uncooked Raw) : 조리 안 된 생것

* Consomme(clear meat steak) : 맑은 소고기 수프

* Canard(Duck) : 오리

* Canneler(까느레) : 장식을 하기 위해 레몬, 오렌지 등과 같은 과일이나, 야채의 표면에 칼집을 낸다.

* Chiqueter(시끄떼) : 파이생지나 과자를 만들 때 작은 칼끝을 사용해서 가볍게 칼집을 낸다.

* Ciseler(시즈레) : 생선 따위에 불이 고루 들어가 골고루 익혀지도록 칼금을 낸다.

* Citronner(시뜨로네) : 조리 중 재료가 변색되는 것을 방지하기 위해 레몬즙을 타거나 문지른다.

* Clarifier(끄라리피에) : 맑게 하는 것

   ① 콘소메, 제리 등을 만들 때 기름기 없는 고기와 야채와 달걀 흰자를 사용하여 투명하게 한 것

   ② 버터를 약한 불에 끓여 녹인 후 거품과 찌꺼기를 걷어 내어 맑게 한 것

   ③ 달걀 흰자와 노른자를 깨끗하게 분류한 것

* Clouter(끄루떼)

   ① 향기를 내거나 장식하기 위해 고기, 생선, 야채에 목 모양으로 자른 재료를 찔러 넣다.

   ② 옥파에 크로브를 찔러 넣다.(베사멜 소스)

* Coller(꼬레)

   ① 젤리를 넣어 재료를 응고시킨다.

   ② 찬요리의 표면에(트르플, 피망, 제리, 올리브 등) 잘게 모양낸 장식용 재료를 녹은 제리로 붙인다.

* Coucher(꾸쉐)

   ① (감자 퓨레, 시금치 퓨레, 당근 퓨레, 슈, 버터 등을) 주둥이가 달린 여러 가지 모양의 주머니에 넣어서 짜 내는 것

   ② 용기의 밑바닥에 재료를 깔아 놓는 것

* Cuire(뀌이르) : 재료에 불을 통하게 하다. 삶다. 굽다. 졸이다. 찌다

* Demi-tasse(small cup of coffee) : 작은 커피 컵

* Decanter(Decanter) : 액체를 담은 그릇을 기울여 윗물을 다른 용기에 옮기는 것

* Du jour(of the day) : 오늘의

* Debrider(데브리데) : (닭, 칠면조, 오리 등) 가금이나 야조를 꿰맸던 실을 조리 후에 풀어 내는 것

* Decanter(데깡떼) : (삶아 익힌 고기 등) 마지막 마무리를 위해 건져 놓다.

* Deglacer(데그라세) : 야채, 가금, 야조, 고기를 볶거나 구운 후에 바닥에 눌어 붙어 있는 것을 포도주나 꼬냑, 마데라주, 국물을 넣어 끓여 녹이는 것. 주스 소스가 얻어진다

* Degorger(데고르제)

    ① 생선, 고기, 가금의 피나 오물을 제거하기 위해 흐르는 물에 담그는 것

    ② 오이나 양배추 등 야채에 소금을 뿌려 수분을 제거하는 것

* Degraisser(데그레세) : 지방을 제거한다.

    ① 쥬, 소스, 콘소메를 만들 때에 기름을 걷어 내는 것

    ② 고깃덩어리에 남아 있는 기름을 조리 전에 제거하는 것

* Delayer(데레이예) : (진한 소스에) 물, 우유, 와인 등 액체를 넣어 묽게 한다.

* Depouiler(데뿌이예)

    ① 장기간 천천히 끓일 때 소스의 표면에 떠오르는 거품을 완전히 걷어내는 것.

    ② 토끼나 야수의 껍질을 벗기는 것.

* Dorer(도레)

    ① 파테 위에 잘 저은 달걀 노른자를 솔로 발라서 구울 때에 색이 잘 나도록 하는 것

    ② 금색이 나게 한다.

* Dresser(드레세) : 접시에 요리를 담는다.

* Desosser(데조세) : (소, 닭, 돼지, 야조 등의) 뼈를 발라 낸다. 뼈를 제거해 조리하기 쉽게 만든 간단한 상태를 말함

* Dessecher(데세쉐) : 건조시키다. 말리다. 냄비를 센 불에 달궈 재료에 남아 있는 수분을 증발시키는 것

* Embrochette(broiled and skewer) : 꼬챙이에 구워 만든 요리

* En coquille(in the shell) : 조개껍질(모양의 그릇)

* En gelee(in jelly) : 젤리

* En papillote(baked in anoiled paper bag) : 기름종이로 싸서 굽는 것

* Epice(spice) : 양념

* Ebarber(에바르베)

    ① 가위나 칼로 생선의 지느러미를 잘라서 떼는 것

    ② 조리 후 생선의 잔 가시를 제거하고 조개껍질이나 잡물을 제거하는 것

* Ecailler(에까이에) : 생선의 비늘을 벗기는 것

* Ecaler(에까레) : 삶은 달걀 혹은 반숙달걀의 껍질을 벗기다.

* Ecumer(에뀌메) : 거품을 걷어 낸다.

* Effiler(에필레) : 종이 모양으로 얇게 썰다.(아몬드, 피스타치 등을) 작은 칼로 얇게 썬다.

* Egoutter(에구떼) : 물기를 제거하다. 물로 씻은 야채나 브란치했던 재료의 물기를 제거하기 위해 짜거나

걸러 주는 것

✽ Emonder(에몽데) : 토마토, 복숭아, 아몬드, 호두의 얇은 껍질을 벗길 때 끓는 물에 몇 초만 담궜다가 건져 껍질을 벗기는 것

✽ Enrober(앙로베) : 싸다. 옷을 입히다.

　① 재료를 파이지로 싸다. 옷을 입히다.

　② 초콜릿, 젤라틴 등을 입히다.

✽ Eponger(에뽕제) : 물기를 닦다. 흡수하다. 씻거나 뜨거운 물로 데친 재료를 마른 행주로 닦아 수분을 제거

✽ Etuver(에뛰베) : 천천히 오래 찌거나 굽는 것을 말한다.

✽ Evider(에비데) : 파내다. 도려 내다. 과일이나 야채의 속을 파내다.

✽ Exprimer(엑스쁘리메) : 짜내다. 레몬, 오렌지의 즙을 짜다. 토마토의 씨를 제거하기 위해 짜다.

✽ Farce[stuffing(Force meat)] : 잘게 다진 고기, 생선 종류를 야채에 넣는다.

✽ Filet(a boneless loin cut of meat or fish) : 고기, 생선, 허릿살 부분

✽ Flambee(a food served) : 요리에 남아 있는 털이나 나쁜 냄새를 제거하려고 코냑이나 리큐르를 사용, 불을 붙인다.

✽ Foie(Liver) : 간

✽ Fond(bottom) : 기초

✽ Fondue de Fromage(A melted cheese dish) : 치즈에 버터, 향료 따위를 섞어 불에 녹여 빵에 발라 먹는 알프스 요리

✽ Fournee(baked) : 구운 것

✽ Froid(cold) : 차가운

✽ Fume(smoked) : 훈제

✽ Frappe(Iced drink) : 잘게 부순 얼음

✽ Fricasse(braised meats or poultry) : 고기나 가금류의 뼈를 뺀 것

✽ Farcir(파르시르) : 속에 채울 재료를 만들다. 고기, 생선, 야채의 속에 채울 재료에 퓨레 등의 준비된 재료를 넣어 채우다.

✽ Ficeler(피스레) : 끈으로 묶다. 로스트나 익힐 재료가 조리 중에 모양이 흐트러지지 않게 실로 묶는 것

✽ Flamber(플랑베) : 태우다

　① 가금(닭 종류)이나 야금의 남아 있는 털을 제거하기 위해 불꽃으로 태우는 것

　② 바나나와 그래프 슈제트 등을 만들 때 꼬냑과 리큐르를 넣어 불을 붙인다. 베이키드 알라스카 위에 코냑으로 불을 붙인다.

　③ French Service 기법 중의 하나로 음식에 술의 향과 맛이 배게 하면서, 고객에게 볼거리를 제공하기

위해 '브랜디'나 '리큐르' 같은 특정한 술을 사용해서 불꽃을 만들어 보이면서 고객 앞에서 직접 조리하는 것을 말함.

＊ Foncer(퐁세)

① 냄비의 바닥에 야채를 깔다.

② 여러 가지 형태의 용기 바닥이나 벽면에 파이의 생지를 깔다.

＊ Fondre(퐁드르) : 녹이다. 용해하다. 야채를 기름과 재료의 수분으로 색깔이 나지 않도록 약한 불에 천천히 볶는 것을 말한다.

＊ Fouetter(퓌에떼) : 치다. 때리다. 달걀 흰자, 생크림을 거품기로 강하게 치다.

＊ Frapper(프라뻬) : 술이나 생크림을 얼음물에 담궈 빨리 차게 한다.

＊ Fremir(프레미르) : 액체가 끓기 직전 표면에 재료가 떠오르는 때의 온도로 조용하게 끓인다.

＊ Frotter(프로떼) : 문지르다. 비비다. 마늘을 용기에 문질러 마늘 향이 나게 하다.

＊ garni(garnished) : 야채를 곁들이는 고기요리

＊ grilled(grilled and broiled) : 고기를 직화로 구운

＊ Glacer(그라세) : 광택이 나게 하다. 설탕을 입히다.

① 요리에 소스를 쳐서 뜨거운 오븐이나 사라만다에 넣어 표면을 구운 색깔로 만든다.

② 당근이나 작은 옥파에 버터, 설탕을 넣어 수분이 없어지도록 익히면 광택이 난다.

③ 찬 요리에 젤리를 입혀 광택이 나게 한다.

④ 과자의 표면에 설탕을 입힌다.

＊ Gratiner(그라디네) : 그라땅 하다. 소스나 체로 친 치즈를 뿌린 후 오븐이나 사라만다에 구워 표면을 완전히 막으로 덥히게 하는 요리법

＊ Griller(그리에) : 석쇠에 굽다.

① 재료를 그릴에 놓아 불로 직접 굽는 방법

② 철판이나 프라이팬에 스라이스, 아몬드 등을 담은 후 오븐에서 색깔이 나도록 굽는 것

＊ Habiller(아비예) : 조리 전에 생선의 지느러미, 비늘, 내장을 꺼내고 씻어 놓는 것

＊ Hacher(아쉐) : 파세리, 야채, 고기 등을 칼이나 기계를 사용하여 잘게 다지는 것

＊ Hors d'oeuvre(Appetizers) : 전채

＊ Jardiniere(mixed vegetables) : 섞은 야채

＊ Julienne(cut into thin strips) : 야채를 실처럼 가늘고 길게 써는 것

＊ lyonnaise(with onions) : 양파를 곁들임

＊ Jambon(Ham) : 햄

＊ Lait(milk) : 우유

＊ Incorporer(앵코르뽀레) : 합체(합병하다). 합치다. 밀가루에 달걀을 혼합하다. 등등

＊ Larder(라르데) : 지방분이 적거나 없는 고기에 바늘이나 꼬챙이를 사용해서 가늘고 길게 썬 돼지비계를 찔러 넣는 것

＊ Lever(르베) : 일으키다. 발효시키다.

　① 혀넙치 살을 뜰 때 위쪽을 조금 들어 올려서 뜨다.

　② 파이지나 생지가 발효되어 부풀어 오른 것을 말한다.

＊ Lier(리에) : 묶다. 연결하다. 소스가 끓는 즙에 밀가루, 전분, 달걀 노른자, 동물의 피 등을 넣어 농도를 맞추는 것을 말한다.

＊ Limoner(리모네) : 더러운 것을 씻어 흘려 보내다.

　① (생선 머리, 뼈 등에 피를) 제거하기 위해 흐르는 물에 담그는 것

　② 민물이나 장어 등의 표면의 미끈미끈한 액체를 제거한다.

＊ Lustrer(뤼스뜨레) : 광택을 내다. 윤을 내다. 조리가 다 된 상태의 재료에 맑은 버터를 발라 표면에 윤을 낸다.

＊ Legumes(Hot vegetables) : 더운 야채

＊ Maitre d'Hotel(manager) : 식당의 우두머리

＊ Macedoine(Mixture of vegetable of Fruit) : 야채, 과일의 혼합물

＊ Melba pain grille(Melba toast) : 얇게 구운 흰색 빵

＊ Mouton(Agneau) : 성숙한 양

＊ Manier(마니에) : 가공하다. 사용하다. 버터와 밀가루가 완전히 섞이게 손으로 이기다.※ 수프나 소스의 농도를 맞추기 위한 재료

＊ Mariner(마리네) : 담궈서 절인다. 고기, 생선, 야채를 조미료와 향신료를 넣은 액체에 담궈 고기를 연하게 만들기도 하고, 또 냄새나 맛이 스미게 하는 것

＊ Masquer(마스꿰) : 가면을 씌우다. 숨기다. 소스 등으로 음식을 덮는 것. 불에 굽기 전에 요리에 필요한 재료를 냄비에 넣는 것

＊ Mijoter(미조떼) : 약한 불로 천천히, 조용히 오래 끓인다.

＊ Monder(몬데) : 아몬드, 토마토, 복숭아 등의 얇은 껍질을 끓는 물에 수초 간 넣었다가 식혀 껍질을 벗기는 것

＊ Mortifier(모르띠피에) : 고기를 연하게 하다. 고기 등을 연하게 하기 위해 시원한 곳에 수일간 그대로 두는 것

＊ Mouiller(무이예) : 적시다. 축이다. 액체를 가하다. (조리 중에) 물, 우유, 즙, 와인 등의 액체를 가하는 것.

＊ Mouler(무레) : 틀에 넣다. 각종 준비된 재료들을 틀에 넣고 준비한다.

＊ Napper(나뻬)

　① 소스를 앙뜨레의 표면에 씌우다.

　② 위에 끼얹어 주는 것을 말한다.

* Oie(goose) : 거위

* Oeuf(Egg) : 달걀

* Pain(bread) : 빵

* Puree(mashed) : 각종 애채를 삶아 걸쭉하게 만드는 것

* Petits Fours(Small pastry) : 작은 케이크

* Pomme de Terre(Potatoes) : 감자

* Pate(pate) : 반죽같이 묵처럼 만드는 것

* Paner(빠네) : 옷을 입히다. 튀기거나 소태하기 전에 빵 가루를 입히다.

* Paner a'langlaise(빠네아랑그레즈) : (고기나 생선 등에) 밀가루 칠을 한 후 소금, 후추를 넣은 달걀물을 입히고 빵 가루를 칠하는 것

* Parsemer(빠르서메) : 재료의 표면에 체에 거른 치즈와 빵 가루를 뿌린다.

* Passer(빠세) : 걸러지다. 여과되다. 고기, 생선, 야채, 치즈, 소스, 수프 등을 체나 기계류, 여과기, 시노와, 소창을 사용하여 거르는 것

* Peler(쁘레) : 껍질을 벗기다. 생선, 뱀장어, 야채, 과일의 껍질을 벗긴다.

* Petrir(뻬뜨리르) : 반죽하다. 이기다. 밀가루에 물이나 액체를 넣어 알맞게 반죽하다.

* Piler(삐레) : 찧다. 갈다. 부수다. 방망이로 재료를 가늘고 잘게 부수다.

* Pincer(뺑세) : 세게 동여 메다.

  ① 새우, 게 등 갑각류의 껍질을 빨간색으로 만들기 위해 볶다.

  ② 고기를 강한 불로 볶아서 표면을 단단히 동여매다.

  ③ 파이 껍질의 가장자리를 파이용 핀센트로 찍어서 조그만 장식을 하는 것

* Piquer(삐꿰) : 찌르다. 찍다.

  ① 기름이 없는 고기에 가늘게 자른 돼지비계를 찔러 넣다.

  ② 파이생지를 굽기 전에 포크로 표면에 구멍을 내어 부풀어 오르는 것을 방지하는 것

* Pocher(포쉐) : 뜨거운 물로 삶다.

  ① 끓기 직전 액체에 삶아 익히는 것

  ② 육즙이나 생선즙, 포도주로 천천히 끓여 익힌다.

* Poeler(쁘아레) : (냄비에) 찌고 굽다. 바닥에 깐 야채 위에 놓은 재료에 국물이나 액체를 가해 밀폐시켜서 재료가 가진 수분으로 쪄지도록 천천히 익히는 조리법

* Presser(쁘레세) : 누르다. 짜다. (오렌지, 레몬 등의) 과즙을 짜다.

* Roti(Roast) : 로스트(굽다)

* Rissole(browned) : 갈색

* Roux(a mixture of butter or Flour) : 버터와 밀가루를 혼합하는 것

✳ Rafraichir(라프레쉬르) : 냉각시키다. 흐르는 물에 빨리 식히다.

✳ Raidir(레디르) : 모양을 그대로 유지시키기 위해 고기나 재료에 끓고 타는 듯한 기름을 빨리 부어 고기를 뻣뻣하게 하다. 표면을 단단하게 한다.

✳ Reduire(레뒤이르) : 축소하다. 소스나 즙을 농축시키기 위해 끓여서 졸인다.

✳ Relever(러르베) : 높이다. 올리다. 향을 진하게 해서 맛을 강하게 하는 것

✳ Revenir(러브미르) : 찌고 익히기 전에 강하고 뜨거운 기름으로 재료를 볶아 표면을 두껍게 만든다.

✳ Rissoler(리소레) : 센 불로 색깔을 내다. 뜨거운 열이 나는 기름으로 재료를 색깔이 나게 볶고 표면을 두껍게 만든다.

✳ Rotir(로띠르) : 로스트하다. 재료를 둥글게 해서 크고 고정된 오븐에 그대로 굽는다. 혹은 꼬챙이에 꿰어서 불에 쬐어 가며 굽는다.

✳ Poulet(chicken) : 닭

✳ Salamander : 위에서 열이 공급되는 가열기구

✳ Saute(Fried Lightly) : 기름이나 버터를 팬에서 강한 불로 짧은 시간에 볶는 것

✳ Saisir(세지르) : 강한 불에 볶다. 재료의 표면을 단단하게 구워 색깔을 내다.

✳ Saler(사레) : 소금을 넣다. 소금을 뿌리다.

✳ Saupoudrer(소뿌드레) : 뿌리다. 치다.
　① 빵가루, 체로 거른 치즈, 슈가파우다 등을 요리나 과자에 뿌리다.
　② 요리의 농도를 위해 밀가루를 뿌리다.

✳ Singer(생제) : 오래 끓이는 요리의 농도를 맞추기 위해 도중에 밀가루를 뿌려 주는 것

✳ Sucrer(쉬끄레) : 설탕을 뿌리다. 설탕을 넣다.

✳ Suer(쉬에) : 즙이 나오게 한다. 재료의 즙이 나오도록 냄비에 뚜껑을 덮고 약한 불에서 색깔이 나지 않게 볶는 것

✳ Terrine(Earthen Ware crock) : 항아리에 넣어서 보관한 고기

✳ Table d'Hote(Full Course) : 정식(과정의 요리)

✳ Tasse(Cup) : 컵

✳ Tailler(따이예) : 재료를 모양이 일치하게 자르다.

✳ Tamiser(따미제) : 체로 치다. 여과하다. 체를 사용하여 가루를 치다.

✳ Tamponner(땅뽀네) : 마개를 막다. 버터의 작은 조각을 놓다. 소스의 표면에 막이 넓게 생기지 않도록 따뜻한 버터 조각을 놓아 주는 것을 말함

✳ Tapisser(따삐세) : 넓히다. 돼지비계나 파이지를 넓히는 것

✳ Tomber(똥베)
　① 떨어지다. 볶는다.

② 연해지게 볶는다.

＊ Tomber a'beurre(똥베 아뵈르) : 수분을 넣고 재료를 연하게 하기 위해 약한 불에서 버터로 볶는다.

＊ Tourner(뚜르네) : 둥글게 자르다. 돌리다.

① 장식을 하기 위해 양송이를 둥글게 돌려 모양 내다.

② 달걀, 거품기, 주걱으로 돌려서 재료를 혼합하다.

＊ Tremper(뜨랑빼) : 담그다. 적시다. 잠그다. (건조된 콩을) 물에 불리다.

＊ Trousser(트루세) : 고정시키다. 모양을 다듬다.

① 요리 중에 모양이 부스러지지 않도록 가금의 몸에 칼집을 넣어 주고 다리나 날개 끝을 가위로 잘라 준 후 실로 묶어 고정시키는 것

② 새우나 가재를 장식으로 사용하기 전에 꼬리에 가까운 부분을 가위로 잘라 모양을 낸다.

＊ Vin(wine) : 포도주

＊ Veau(Veal) : 송아지

＊ Vanner(바네) : 휘젓다. 소스가 식는 동안 표면에 막이 생기지 않도록 하며, 또 남아있는 냄새를 제거하고 소스에 광택이 나도록 천천히 계속 저어 주는 것

＊ Vider(비데) : 닭이나 생선의 내장을 뽑다.

＊ Zester(제스떼) : 오렌지나 레몬의 껍질을 사용하기 위해 껍질을 벗기다.

참고문헌

- 롯데호텔 직무교재, 1990.
- 박정준 외, 기초서양조리, 기문사, 2002.
- 신라호텔 직무교재, 1995.
- 염진철 외, 고급서양요리, 백산출판사, 2004.
- 오석태 외, 서양 조리학 개론, 신광 출판사, 2002.
- 정청송 외, 조리과학 기술사전, C. G. S, 2003.
- 정청송, 불어조리용어사전, 기전연구사, 1988.
- 정청송, 서양요리기술론, 기전연구사, 1990.
- 최수근, 서양요리, 형설출판사, 2003.
- 진양호, 현대서양요리, 형설출판사, 1990.
- 호텔 인터콘티넨탈 직무교재, 1993.
- 김헌철 외, 호텔식 정통서양요리, 훈민사, 2006.
- 조리교재발간 위원회, 조리체계론, 한국외식정보, 2002.
- Wayne Gisslen, Professional Cooking, Wiley, 2003.
- Paul Bouse, New Professional Chef, CIA, 2002.
- Sarah R. Labensky, Alan M. Hause, On Cooking, Prentice Hall, 1995.

2부
서양조리 기초실기

Chapter 1
기본 조리준비

··· 학습목표
- 조리사들의 조리복(위생복), 조리모자, 앞치마, 바지, 조리화 등의 착용 목적과 착용방법, 역할 등을 학습하여 조리실습시에 신체를 보호하고 효율적이고 위생적인 조리를 할 수 있게 하는 데 있다.
- 조리시에 가장 많이 사용하는 칼을 날카롭게 하기 위해 숫돌과 쇠칼갈이 봉을 사용하여 연마하는 방법을 학습하므로 효율적으로 칼을 사용할 수 있게 하는 데 있다.
- 조리를 하기위해 필요한 여러 가지 식재료 및 조리기구 등을 조리전에 미리 기본 재료준비(Mise en place)하는 방법을 학습하므로 효율적이고 바람직한 조리작업이 될 수 있게 하는 데 있다.

조리위생복 착용

위생복은 조리종사원의 신체를 열과 가스, 전기, 위험한 주방기기, 설비 등으로 보호하는 역할을 하면서, 또한 음식을 만들 때 위생적으로 작업하는 것을 목적으로 한다. 따라서 자주 갈아 입어 주는 것이 중요하며, 더럽혀지거나 오염이 되지 않도록 하는 것이 중요하다.

1) 조리위생복 착용 모습

위생모자는 머리카락을 가려 음식에 떨어지는 것을 방지하며, 이마의 땀을 흡수하는 역할을 한다. 청결하고 구겨지지 않게 관리하고 똑바로 쓴다.

스카프는 머리카락과 땀이 음식에 떨어질 때 걸러 방지하는 역할을 하며, 때로는 다쳤을 때 응급처치할 때 사용하기도 한다. 너무 늘어지게 매지 말고 되도록 짧고 단정하게 맨다.

위생복은 가슴 부분에 두 겹의 천이 대어져 있는 것은 가슴에 화상을 입거나 오물이 묻는 것을 방지하기 위한 것이며, 원형의 단추를 사용하는 것은 뜨거운 물이나 기름 등이 튀었을 때 빠르게 벗기 위해서이다. 자신의 몸에 적당한 크기를 입고 소매는 너무 많이 걷지 않는다.

앞치마는 상의와 바지에 음식물이 튀어 얼룩이 생기는 것을 방지하기 위해 착용하며, 끈은 단정하게 정하게 매듭지어 묶는다.

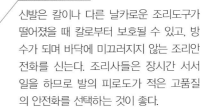

바지는 긴 바지를 입어야 하며, 땀 흡수가 잘되고 편한 것으로 선택해서 입는다.

신발은 칼이나 다른 날카로운 조리도구가 떨어졌을 때 칼로부터 보호될 수 있고, 방수가 되며 바닥에 미끄러지지 않는 조리안전화를 신는다. 조리사들은 장시간 서서 일을 하므로 발의 피로도가 적은 고품질의 안전화를 선택하는 것이 좋다.

2) 앞치마 착용방법

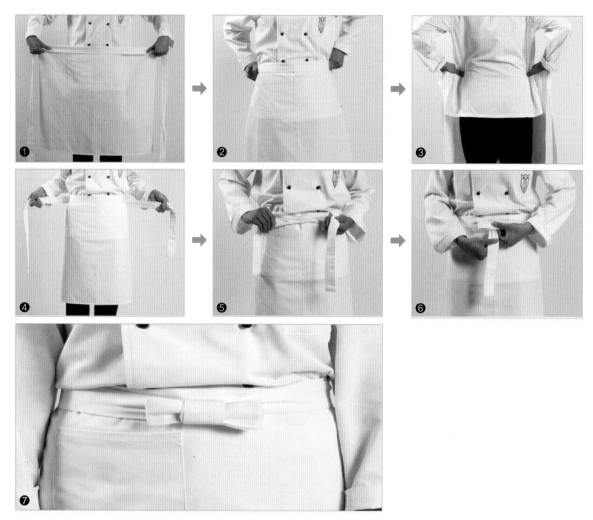

① 앞치마를 허리춤에 자연스럽게 갖다 댄다.
② 끈을 허리 뒤쪽으로 돌린다.
③ 앞치마 끈을 쥔 상태에서 위생복 상의 양쪽을 당겨 등 쪽을 꾸겨짐이 없이 한다.
④ 앞치마 끈을 앞쪽으로 다시 돌린다.
⑤ 앞치마 끈을 묶는다.
⑥ 묶은 앞치마 끈을 나비넥타이 모양으로 매듭을 만든다.
⑦ 나비넥타이 모양으로 매듭을 만든 모양

3) 스카프 착용방법

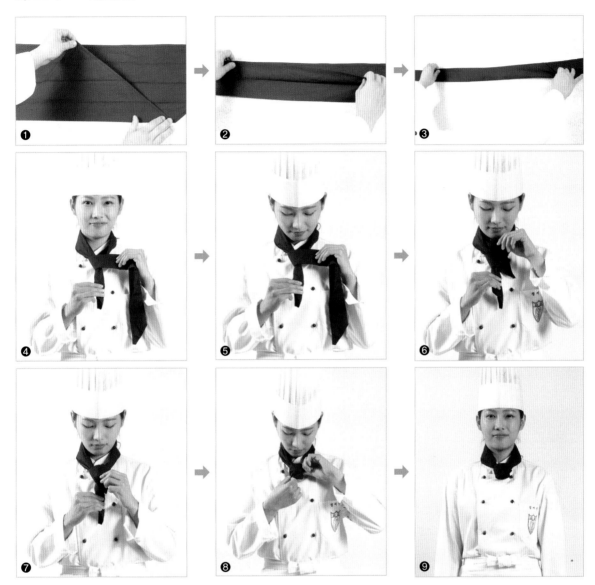

① 삼각형인 머플러는 반으로 접는다.
② 다시 반으로 접는다.
③ 넓이기 4~4.5cm 정도 되게 접는다.
④ 접은 머플러를 목에다 두르고 왼손 쪽을 길게 잡는다.
⑤ 고개를 숙이고 넥타이 매는 방법으로 돌린다.
⑥ 안으로 집어넣는다.
⑦ 집어넣은 것을 빼낸다.
⑧ 다시 말아 넣어 끝이 보이지 않게 처리한다.
⑨ 머플러를 착용한 모습

2
기본 조리도구 준비

1) 숫돌에 칼 갈기

요리가 완성되기까지의 만들어지는 과정을 보면 준비과정, 즉 식재료를 씻고, 다듬고, 자르는 것이 70~80% 정도이고 불 위에서 볶거나 삶거나 튀기는 과정은 20~30% 정도이다. 준비과정에서 가장 많이 사용하는 도구가 바로 칼이다. 이렇게 주방에서 많이 사용하는 칼의 날은 항상 예리하고 날카롭게 세워서 사용해야 한다. 칼의 날을 세우기 위해서는 숫돌에 문질러 날카롭게 만드는 것이 가장 좋다. 무딘 칼은 예리하게 날이 선 칼보다 사용하는 데 더 위험하다. 왜냐하면 무딘 칼은 식재료를 썰기 위해서 많은 힘이 필요하므로 잘못 사용하였을 때는 크게 다칠 수 있기 때문이다.

숫돌로 칼을 가는 순서(오른손잡이 기준)

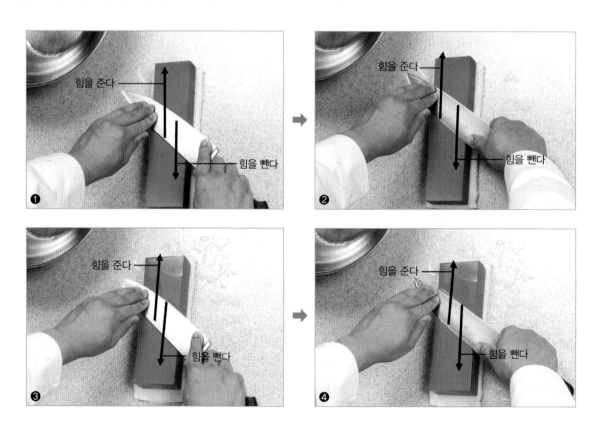

※ 먼저 숫돌을 물에 20∼30분 정도 담그어 수분이 충분히 흡수된 후에 사용한다.

※ 테이블위에 숫돌을 고정하는 방법은 젖은 행주를 접어 밑에 넣는 방법이나 숫돌 고정틀을 사용한다.

① 입자가 거친 숫돌로 칼날이 앞쪽으로 향하게 해서 밀 때는 힘을 주고 당길 때는 힘을 뺀다. 갈면서 물을 자주 숫돌에 뿌려 쇳가루를 없애 준다. 편날 연마일 때는 이쪽을 80∼90% 정도 갈아 주고, 양날 연마일 때는 50% 정도만 갈아 준다.

② 칼을 뒤집어 반대쪽을 ①과 같은 방법으로 갈아 준다. 편날 연마일 때는 이쪽은 10∼20% 정도 갈아 주고 양날 연마 일 때는 50%를 갈아 준다.

③ 거친 숫돌에서 갈은 다음에 고운 숫돌로 갈아 주면서 날을 세운다.

④ 칼을 뒤집어 반대쪽을 갈아 주면서 완전하게 날을 세운다.

⑤ 칼을 가는 중간중간에 날의 상태를 확인한다.(초보자들은 칼날 만질 때 베일 우려가 있으므로 만지지 않는 것이 좋다.)

올바른 숫돌 사용법

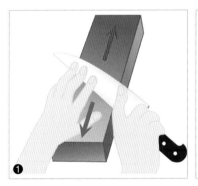

60∼70°

① 올바른 숫돌 사용 모습

② 숫돌과 칼날의 각도는 60∼70°정도가 적당하다

③ 장기간 숫돌을 사용하면 그림과 같은 형태로 되는데 이런 숫돌로 칼을 갈면 칼날에 손상이 간다. 이럴 때는 전용 숫돌 갈이를 이용하든가, 거친 방수 샌드페퍼에 문질러 평평하게 만들어 사용해야 칼날의 손상을 막을 수 있다.

숫돌과 칼날의 각도

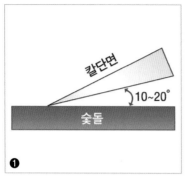 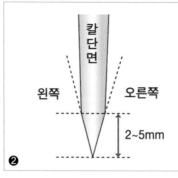 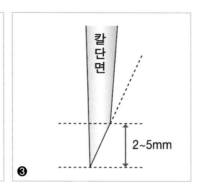

① 숫돌과 칼날의 각도는 10~20°정도가 좋다.
② 양날 연마할 때에 2~5mm 정도 길이로 칼날의 각을 세운다.(다용도 칼, 과일칼 등을 갈을 때 사용하는 방법)
③ 편날 연마할 때에 2~5mm 정도 길이로 칼날의 각을 세운다.(프랜치 나이프 등을 갈을 때 사용하는 방법)

편날 연마 시 올바로 갈려진 칼날의 모양(오른손잡이 기준)

※ 일반적으로 가장 많이 사용하는 프랜치 나이프(French Knife)를 편날 연마를 해서 사용한다.
　편날 연마한 칼은 식재료를 슬라이스(Slice)하거나 채를 써는데 가장 효율적이다.

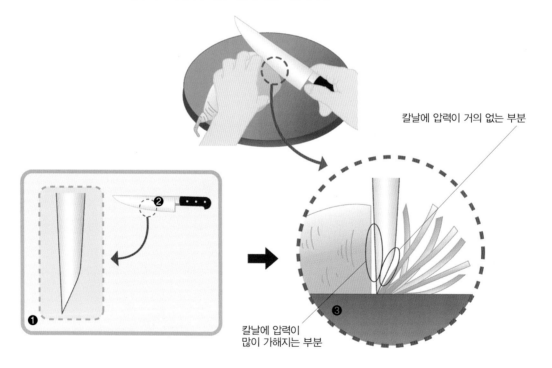

① 잘 갈려진 편날 연마 칼날의 모양
② 식재료를 써는 모습
③ 식재료 써는 모습을 확대하여 본 것으로 재료가 일자로 똑바로 잘린다.

편날 연마 시 잘못 갈려진 칼날의 모양(오른손잡이 기준)

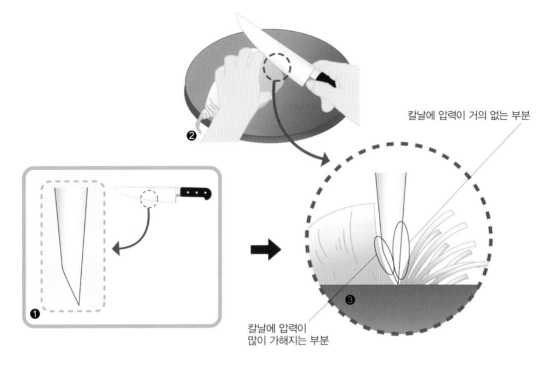

칼날에 압력이 거의 없는 부분

칼날에 압력이 많이 가해지는 부분

① 잘못 갈려진 편날 연마 칼날의 모양
② 식재료를 써는 모습
③ 식재료 써는 모습을 확대하여 본 것으로 재료가 둥글게 잘려진다. 그 이유는 자르고자 하는 재료부분은 딱딱하여 칼날에 압력이 많이 가해지고 잘려진 부분은 칼날에 압력이 덜 가해지기 때문이다.

2) 쇠 칼갈이 봉에 칼갈기

쇠 칼갈이 봉은 식재료를 써는 과정에서 칼날이 잘 안 든다고 느낄 때, 임시로 잘 들게 할 때 사용하는 방법이다.

칼갈이 봉으로 칼 가는 방법(칼갈이 봉을 세워서 갈 때)

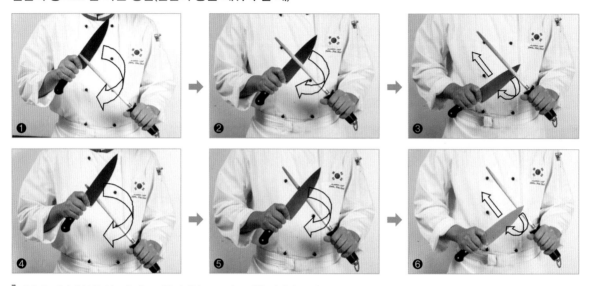

① ② ③ 칼갈이 봉은 약 45° 정도 기울여 왼손으로 잡고 칼을 칼갈이 봉에 10~20°의 각도로 그림과 같이 반원형을 그리며 문지른다.
④ ⑤ ⑥ 칼을 반대쪽으로 해서 반복적으로 문질러 주는데 한 쪽면을 3~4번 정도 문질러 주는 것이 적당하다.

칼갈이 봉으로 칼 가는 방법(칼갈이 봉을 밑으로 향해서 갈 때)

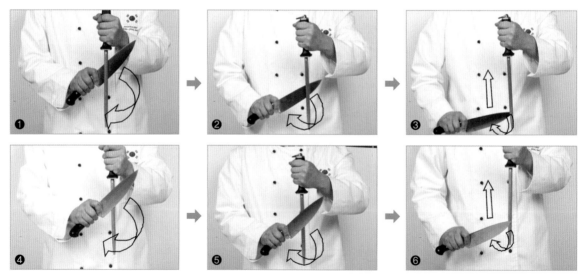

① ② ③ 칼갈이 봉이 밑으로 향하게 왼손으로 잡고 칼은 10~20° 정도의 각도로 반원형을 그리며 문질러 준다.
④ ⑤ ⑥ 칼의 반대쪽도 같은 방법으로 반복적으로 문질러 준다.

3

기본 재료준비

Mise en place

조리에 필요한 재료 및 도구를 사전에 준비하는 것으로, 우리말로는 적재적소라고 할 수 있는데, 구체적으로 그 날의 작업을 위하여 필요한 기본적인 식재료를 준비해 놓고 조리도구들을 쓰기 편한 위치에 준비해 놓는 것으로 실제로 조리가 시작되기 전에 모든 준비활동을 완결하는 것이다.

일반적으로 서양조리에서 기본적으로 준비하는 식재료들은 주방의 운용형태와 생산되는 조리목적에 따라 다르겠지만 일반적인 준비는 다음과 같다.

1) 부케와 향신료 주머니 만들기

(1) 부케가르니(Bouquet Garni) 만들기

부케가르니(Bouquet Garni)는 셀러리, 릭, 다임, 통후추, 파슬리줄기 등으로 만들며 주로 신선한 허브를 사용한다. 용도는 육수나 수프, 소스 끓일 때 사용하고, 향이 우러나오면 꺼낸다.

① 부케가르니 재료
② 부케가르니를 묶는 모습
③ 완성된 부케가르니의 모양

(2) 향신료 주머니(Sachet d'epice/Spice bag) 만들기

향신료 주머니(Sachet d'epice)는 소창(Cheese Cloth)에 필요로 하는 각종 향신료를 넣어 만드는데, 주로 잘게 부서진 것이나 가루로 된 것을 넣어 만들고 육수나 수프 소스 끓일 때 향을 얻기 위해 사용한다.

① 향신료 주머니의 재료
② 향신료 주머니 만들기
③ 향신료 주머니를 육수 끓이는 데 넣고 나중에 꺼내기 쉽게 손잡이에 묶는 모습

2) 파슬리, 양파, 마늘 등 다지기

(1) 양파다지기(Onion Chopping)

양파는 다져서 수프나 소스, 각종 요리에 기초재료로 사용한다. 사용빈도가 높기 때문에 미리 준비해 두는 것이 조리시간을 단축할 수 있다.

꼭지 부분

① 양파를 세로로 반을 자른 후 뿌리가 있는 꼭지 부분이 몸의 반대편으로 해서 칼집을 넣는다.
② 중간에 칼집을 넣는다.
③ 칼집을 낸 양파를 가로로 썰면 잘게 다져진다.

(2) 파슬리 다지기(Parsley Chopping)

다진 파슬리는 조리과정에 각종 요리에 섞어 쓰기도 하고 조리를 마무리 할 때 고명으로 많이 쓰이는 것으로 미리 준비해 두는 것이 조리에 효율성을 높일 수 있다.

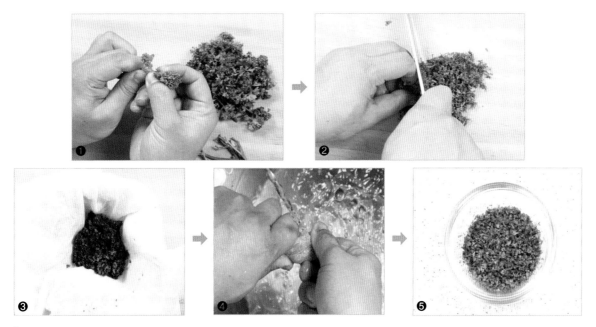

① 파슬리를 물에 잘 씻어 불순물을 제거한 다음, 파슬리 줄기에서 잎을 분리한다.
② 분리한 파슬리 잎을 칼로 곱게 다진다.
③ 다진 파슬리를 면보에 넣는다.
④ 흐르는 물에서 조물조물하여 파슬리의 파란 물을 빼낸 후 물기를 짜낸다.
⑤ 물기를 제거한 다진 파슬리

3) 오니언 피퀘(Onion Pique), 오니언 브흐리(Onion Brule)

(1) 오니언 피퀘(Onion Pique)

오니언 피퀘(Onion Pique)는 양파와 정향, 월계수 잎으로 만들어지며, 수프나 소스를 만들 때 사용하는데, 주로 베샤멜소스나 벨로떼소스를 만들 때 사용한다.

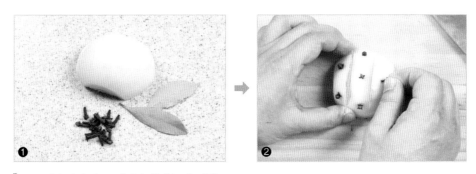

① 오니언 피퀘 재료준비(양파, 월계수, 잎, 정향)
② 양파를 가로로 칼집을 넣어 월계수 잎을 꽂고 정향을 그림과 같이 꽂아 완성한다.

(2) 오니언 브흐리(Onion Brule)

오니언 브흐리(Onion Brule)는 양파를 두툼하게 자르고 팬에 온도를 높게 하여 검은색이 날 때까지 그을려 만들고 연한 갈색이 필요한 스톡이나 콘소메 수프에 주로 사용한다.

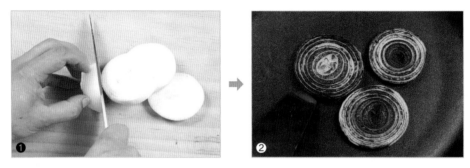

① 오니언 브흐리를 만들기 위해 양파를 두툼하게 자른다.
② 프라이팬을 달구어 양파의 표면을 태운다

4) 기본 미르포아(Basic Mirepoix), 화이트 미르포아(White Mirepoix)

기본 미르포아(Basic Mirepoix)는 양파 50%, 당근 25%, 셀러리 25%의 비율로 만들어지며, 스톡이나 수프, 소스 등을 만들 때 사용한다.

화이트 미르포아(White Mirepoix)는 양파 25%, 셀러리 25%, 대파나 릭 25%, 파스닙 25%의 비율로 만들어지며, 생선스톡을 끓일 때 주로 사용한다.

① 미르포아를 써는 방법은 되도록 웨지(wedge)형으로 써는 것이 좋다(재료 간에 서로 붙는 것을 방지하기 위해).
② 일반적인 미르포아(Basic Mirepoix)는 양파 50%, 당근 25%, 셀러리 25%의 비율로 만든다.
③ 화이트 미르포아(White Mirepoix)는 양파 25%, 셀러리 25%, 대파 25%, 파스닙 25%의 비율로 만들고, 주로 생선스톡을 끓일 때 쓰인다.

5) 토마토 껍질 제거

토마토는 껍질을 벗겨 원하는 형태로 썰어 수프나 소스를 만들 때 사용하고, 요리에 가니쉬로도 많이 사용한다.

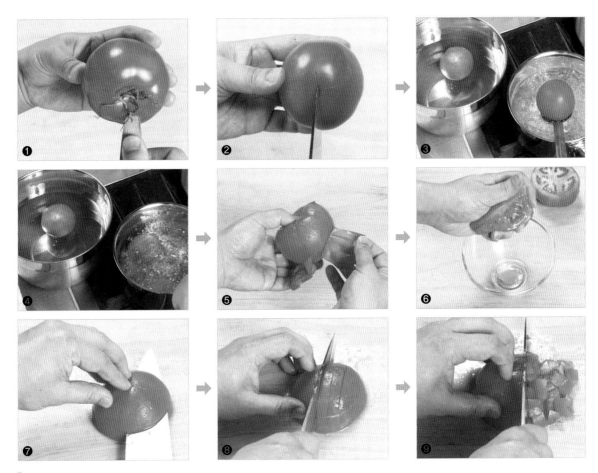

① 토마토 꼭지 부분을 도려 낸다.
② 토마토 윗부분을 십자형으로 칼집을 낸다.
③ 찬물을 준비하고 끓는 물에 토마토를 넣는다.
④ 끓는 물에 토마토를 넣고 약 3초 정도 후에 꺼내 얼음물이나 찬물에 빠르게 식힌다.
⑤ 껍질을 제거한다.
⑥ 가로로 반을 자른 후 씨와 젤리를 제거한다.
⑦⑧⑨ 토마토 콘카세를 만들기 위해 그림과 같이 약 0.5~0.7cm의 두께로 자른다.

6) 피망/파프리카 껍질 제거

피망이나 파프리카는 껍질을 벗겨 사용하면 매우 연하고 부드러워 샐러드나 소스를 만들 때 사용하고, 가니쉬로 사용하기도 한다.

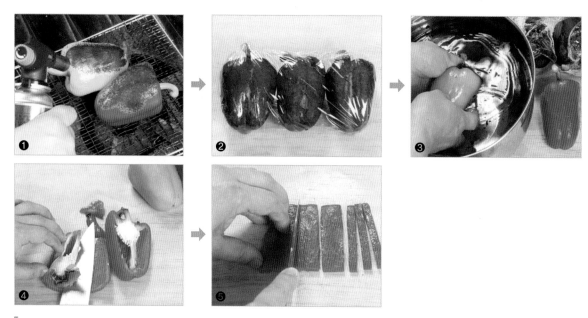

① 피망이나 파프리카를 그릴이나 스토브 위에서 또는 토오치 램프를 이용하여 표면을 검게 그을린다.
② 그을린 피망이나 파프리카를 습기가 껍질에 스며들게 랩이나 비닐로 싸서 놓는다.
③ 물에서 그을린 껍질을 제거한다.
④ 잘라서 씨를 제거한다.
⑤ 원하는 형태로 썰어서 사용한다.

7) 마늘 으깨는 방법

마늘은 으깨서 수프나 소스, 각종 요리할 때 사용한다.

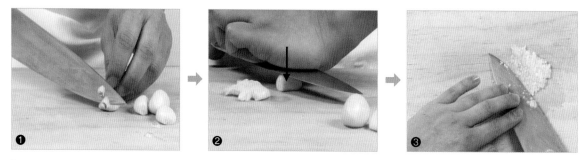

① 마늘의 꼭지부분을 제거한다.
② 칼 면을 마늘 위에 대고 눌러 으깬다.
③ 으깬 마늘을 다진다.

8) 계량변환법

(1) 무게

미국식	(약자)		미터법	(약자)
1¼ ounce	(oz)		8 grams	(g)
½ ounce	(oz)		15 grams	(g)
1 ounce	(oz)		30 grams	(g)
4 ounce	(oz)		115 grams	(g)
8 ounce	(oz)	= ½ pound (lb)	225 grams	(g)
16 ounce	(oz)	= 1 pound (lb)	450 grams	(g)
32 ounce	(oz)	= 2 pound (lb)	900 grams	(g)
40 ounce	(oz)	= 2¼ pound(lb)	1 kilogram	(kg)

(2) 부피 계량 변환

미국식	(약자)		미터법	(약자)
1 teaspoon	(t.s)	= ⅓ Tablespoon (T.S)	5 milliliters	(ml)
1 Tablespoon	(T.S)	= 3 teaspoons (t.s)	15 milliliters	(ml)
1 fluid ounce	(fl.oz)	= 2 Tablespoons (T.S)	30 milliliters	(ml)
2 fluid ounces	(fl.oz)	= ¼ cup (c)	60 milliliters	(ml)
8 fluid ounces	(fl.oz)	= 1 cup (c)	240 milliliters	(ml)
16 fluid ounces	(fl.oz)	= 1 pint (pt)	480 milliliters	(ml)
32 fluid ounces	(fl.oz)	= 1 quart (qt)	950 milliliters	(ml)
128 fluid ounces	(fl.oz)	= 1 gallon (gal)	3.75 liters	(l)

(3) 무게와 계량 평균 변환률

계량단위	약자	계량단위	약자
16 Tablespoons	(T.S)	1 cup	(c)
1 gill	(gil)	½ cup	(c)
1 cup	(c)	8 ounces	(oz)
2 cup	(c)	1 pint	(pt)
2 pints	(pt)	1 quart	(qt)
4 quarts	(qt)	1 gallon	(gal)
8 quarts	(qt)	1 pack	(pc)
4 pecks	(pc)	1 Bushel	(bus)
1 ounce		28.35 grams	(g)
16 ounces		1 pound	(lb)
1 kilogram		2.2 pound	(lb)

(4) 섭씨, 화씨온도 변환

섭씨(℃)	화씨(℉)
0	32
4	40
60	140
65	150
75	170
100	212
135	275
150	300
175	350
190	375
205	400
220	425
230	450
245	475
260	500

- 화씨(℉)를 섭씨(℃)로 바꾸는 공식 = 9÷5×(℉−32)
- 섭씨(℃)를 화씨(℉)로 바꾸는 공식 = 5÷9×(℃+32)

Chapter 2
기본 칼 및 프라이팬 사용방법
Method of Using the Knife & Handling the Frypan

··· 학습목표

- 기본적으로 칼을 다루는 방법(Method of Using the Knife)에서 칼 잡는 방법과 식재료 써는 방법, 칼날 부위에 따라 써는 방법, 칼의 안전수칙 등을 학습하므로 칼을 안전하게 사용하고 조리시 생산의 효율성을 높이는 데 있다.
- 프라이팬 사용방법(Handling the Frypan)을 당겨서 뒤집기와 들어서 뒤집기 등을 학습하므로 프라이팬 사용을 효율적으로 할 수 있게 하는 데 있다.
- 조리를 하기위해 필요한 여러 가지 식재료 및 조리기구 등을 조리전에 미리 기본 재료준비(Mise en place)하는 방법을 학습하므로 효율적이고 바람직한 조리작업이 될 수 있게 하는 데 있다.

1

칼 사용방법
Method of Using the Knife

1) 칼의 구성(Composition of the Knife)

칼의 명칭

칼날끝(Tip)   칼등(Back)   덧받침(Bolster)   리벳(Rivet)

칼날(Edge)   칼날 뒤꿈치(Edge Heel)   손잡이(Handle)

> 칼날(Knife Blade) : 항상 예리하고 날칼롭게 유지한다.
> 칼끝(Knife Tip) : 항상 뾰족하게 유지한다.
> 손잡이(Knife Handle) : 기름기나 이물질이 묻지 않게 깨끗하게 유지한다.
> 칼 뒤꿈치(Butt) : 칼의 안전성을 위해 되도록 칼 뒤꿈치가 있는 칼을 선택한다.

2) 기본 칼 잡는 방법(Method of Griping the Knife)

칼을 잡는 방법에는 다음에 나오는 세 가지 방법을 많이 사용한다.

(1) 칼의 양면을 잡는 방법

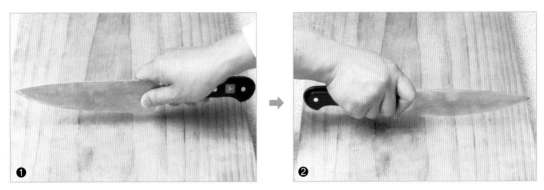

❶   ❷

> ① 일반적으로 칼을 사용해 식재료를 절단할 때 가장 많이 칼 잡는 방법으로 그림과 같이 오른손 엄지와 검지손가
> 락이 칼날 면을 잡은 형태로 한다. 그림은 손 안쪽에서 본, 칼 잡은 모습
> ② 손등 쪽에서 본, 칼 잡은 모습

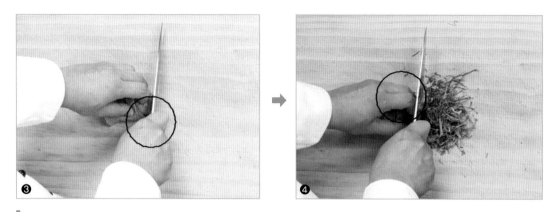

③ 손 위쪽에서 본, 칼 잡은 모습
④ 칼로 식재료를 썰을 때 왼손 검지손가락 첫째 마디를 구부리고 칼 면에 닿게 하고 썬다.

(2) 칼 등쪽에 엄지를 얹고 잡는 방법

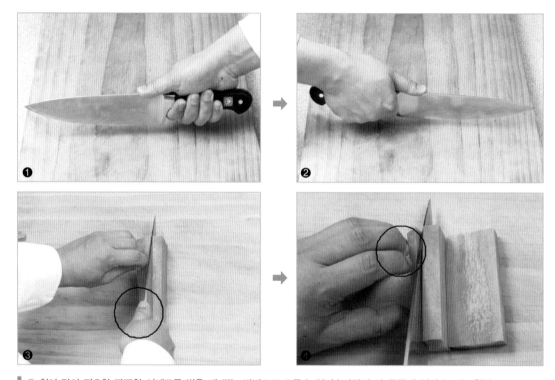

① 힘이 많이 필요한 딱딱한 식재료를 썰을 때 잡는 방법으로 오른손 엄지손가락이 칼 등쪽에 있어 누르는 힘이
　　강하다. 손 안쪽에서 본, 칼 잡은 모습
② 손등 쪽에서 본, 칼 잡은 모습
③ 손 위쪽에서 본, 칼 잡은 모습
④ 칼로 식재료를 썰을 때는 항상 왼손 검지나 중지를 구부려서 식재료를 잡고 썬다.

(3) 칼등 쪽에 검지를 얹고 잡는 방법

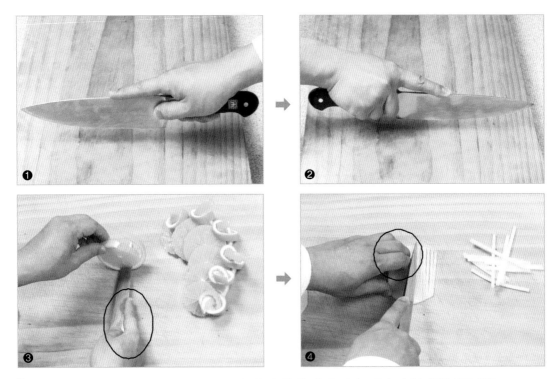

① 칼의 끝 쪽을 사용할 때 잡는 방법으로 비교적 섬세한 작업을 할 때 필요하며, 오른손 검지손가락을 칼등 위쪽
　에 얹어 놓고 잡는다. 손 안쪽에서 본 칼 잡은 모습.
② 손등 쪽에서 본, 칼 잡은 모습.
③ 손 위쪽에서 본, 칼 잡은 모습.
④ 왼손의 검지와 중지는 항상 구부리고 썰기를 한다.

3) 기본 식재료를 써는 방법(Basic Cutting Techniques)

재료를 써는 방법에는 밀어 썰기, 당겨 썰기, 내려 썰기 등이 있다.

(1) 밀어 썰기

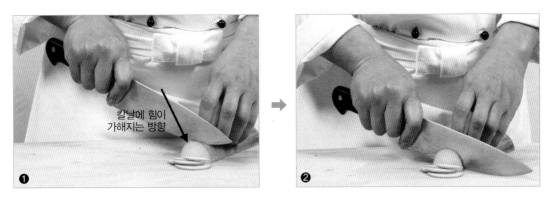

칼날에 힘이
가해지는 방향

① 칼을 밀면서 식재료를 써는 방법으로 그림과 같이 화살표 방향으로 힘을 가해 썬다. 식재료를 밀어 썰거나 당겨
　썰어야 잘 썰릴 뿐 아니라, 잘려진 면도 깨끗하게 된다.
② 밀어 썰기한 모습

(2) 당겨 썰기

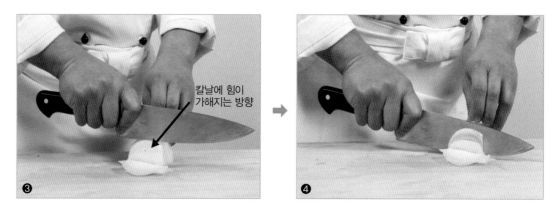

③ 칼을 당기면서 써는 방법으로 그림과 같이 화살표 방향으로 힘을 가해 썬다. Slice할 때 가장 빠르게 썰 수 있는
방법이다.
④ 당겨 썰기한 모습

(3) 내려 썰기

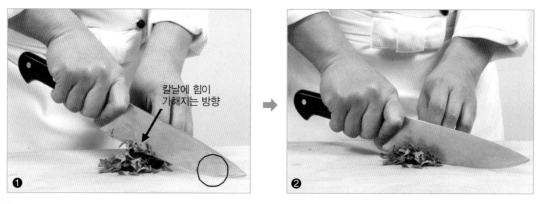

① 칼을 내려 써는 방법으로 칼끝 쪽을 도마에 붙이고 화살표 방향으로 힘을 가해 썬다. 주로 재료를 다질 때 많이
사용하는 방법이다. 이 방법이 손을 다칠 확률이 가장 적은 방법으로 조금만 연습하면 쉽게 할 수 있다.
② 내려 썰기한 모습

4) 칼날 부위에 따라 써는 방법

① 칼날의 끝 쪽 부분을 사용하는 방법으로 식재료를 편으로 얇게 썰거나 작은 재료를 썰 때 사용하는 방법이다.
② 칼날의 중앙 부분을 사용하여 써는 방법으로 빠르게 채로 썰 때 쓰이고 가장 많이 사용하는 부분이다.
③ 칼날의 안쪽 부분을 사용하는 방법으로 내려 썰기할 때나 딱딱한 재료를 썰 때 사용하는 방법이다.

5) 칼을 사용하는 올바른 자세

칼을 사용하는 올바른 자세로 다리는 어깨 넓이로 하고, 그림과 같이 똑바로 선 자세에서 고개만 약간 숙여 칼쪽을 응시하며, 오른손은 칼의 손잡이를 움직이지 않게 힘 있게 잡고 왼손의 검지와 중지의 마지막 마디를 그림의 원 안에서처럼 구부려서 식재료를 잡고 구부린 부분이 칼 면에 닿게 하여 썬다.

6) 칼의 안전수칙

- 칼을 사용할 때는 시선을 칼끝에 두며, 정신을 집중하고 자세를 안정된 자세로 작업에 임한다.
- 주방에서 칼을 들고 다른 장소로 옮겨 갈 때는 칼끝을 정면으로 두지 않으며, 지면을 향하게 하고 칼날은 뒤로 가게 한다.
- 칼을 떨어뜨렸을 경우, 잡으려 하지 않는다. 한 걸음 물러서면서 피한다.
- 주방에서는 아무리 바쁜 상황이라도 뛰어다니지 않는다.
- 칼로 Can을 따거나 기타 본래 목적 외에 사용하지 않는다.
- 칼을 보이지 않는 곳에 두거나 물이 든 싱크대 등에 담궈 두지 않는다. 물속이 보이지 않는 상태라면 손을 베일 수 있어 더욱 위험하다. 또한 금속성의 다른 물질과 부딪칠 염려가 있고 가급적 다른 금속제품(냄비, 프라이팬, 나이프, 포크 등)과 함께 넣지 말아야 한다.

- 칼을 사용하지 않을 때는 안전함에 넣어서 보관한다.
- 칼이 스테인레스 스틸이라도 과일이나 야채의 산(acids)이 칼날에 그대로 남아 있으면 점 같은 녹이 생길 수도 있으니 깨끗이 닦은 후 보관한다.
- 칼을 물이 고여 있는 싱크대에 넣지 않아야 한다.
- 칼날 보호를 위해서는 나무 도마가 가장 좋지만 세균이나 위생이 염려된다면 재질이 좋은 플라스틱 항균 도마를 사용하는 것이 좋다.
- 칼은 예리하게 잘 길들여졌을 때가 무뎌진 칼을 그대로 사용할때 보다 안전하다. 왜냐하면 작업시 덜 힘을 주게 되며, 또 덜 힘을 주면 칼을 쥐고 정확하게 재료를 자를 수 있기 때문이다.
- 재료에 맞는 적합한 칼 크기와 모양의 칼로 적합한 목적에 맞게 사용하면 쉽게 작업할 수 있다.

[2]
프라이팬 다루는 방법
Handling the Frypan

1) 프라이팬을 당겨서 뒤집기

① 재료를 프라이팬 중앙에서 조금 앞쪽에 놓는다. 프라이팬을 들지 않고 순간적으로 당겨서 재료를 뒤집는 방법이다.
②③④⑤ 프라이팬을 화살표 방향으로 순간적으로 힘차게 당긴다.
⑥재료가 프라이팬에서 한 바퀴 돌아 뒤집힌 모습

2) 프라이팬을 들어서 뒤집기

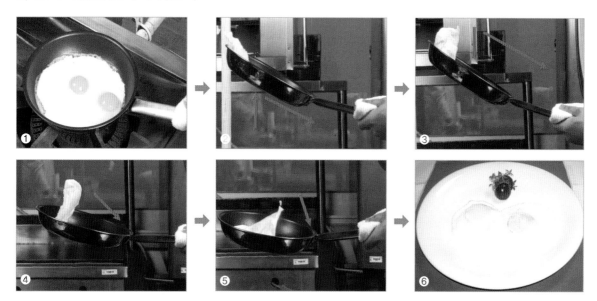

① 달걀을 익히는 모습
② 프라이팬을 들어서 내리면서 앞으로 당겨 재료를 뒤집는 방법이다.
③④ 프라이팬을 화살표 방향으로 힘을 가하면서 뒤집는다.
⑤ 프라이팬에서 달걀이 한 바퀴 돌아 뒤집어진 모습
⑥ 달걀이 오버 미디움(Over Medium)된 모습

Chapter 3
기본 채소 썰기
Basic Vegetable Cutting

··· 학습목표
- 기본적인 채소 썰기(Basic Vegetable Cutting)의 외국어 명칭을 학습한다.
- 양식조리에 많이 쓰이는 채소 썰기의 크기와 형태, 써는 방법, 사용용도 등을 학습하므로 현장 적응 능력을 향상시키는 데 있다.

1

기본적인 채소 썰기 및 용어

Basic Vegetable Cutting and Terminology

채소는 단독으로 또는 육류나 생선의 곁들임 재료로 요리에 사용된다. 형태를 자유로이 변형할 수 있는 야채의 특징과 향, 색상, 질감상의 특색을 이용하여 다른 요리에 첨가함으로써 요리의 품위를 한층 더 높일 수 있다.

동일한 채소일지라도 요리의 종류에 따라 형태와 모양, 그리고 크기를 다르게 해야 그 요리의 독특한 맛을 향유할 수 있다. 요리를 하기 위하여 채소를 써는 모양과 크기는 다음과 같다.

1) 줄리앙(julienne)

채소나 요리의 재료를 네모막대형으로 써는 작업으로 크기나 두께에 따라서 가는 줄리앙과 중간 줄리앙, 굵은 줄리앙으로 나뉜다.

화인 줄리앙(Fine julienne)으로 써는 순서

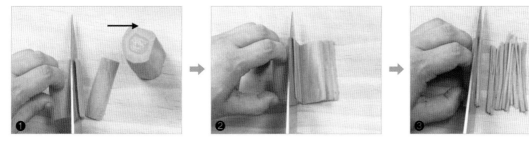

① 둥근 당근이 도마에 고정되어 안전하게 썰 수 있게 잘라 낸다.
② 편(slice)으로 썬다.
③ 편으로 썬 것을 여러 장 겹쳐 세로로 길게 썰면 화인 줄리앙(Fine julienne)으로 썰어진다.

여러 가지 줄리앙

① ❶   ② ❷   ③ ❸

① 굵은 줄리앙 또는 바또넷(Large Julienne or Batonnet) : 0.6×0.6×6cm 길이로 네모막대형 채소 썰기 형태이다.
② 중간 줄리앙 또는 알류메뜨(Julienne or Allumette) : 0.3×0.3×6cm 길이로 성냥개피 크기의 야채 썰기 형태이다.
③ 가는 줄리앙(Fine julienne) : 0.15×0.15×5cm 정도의 길이로 가늘게 채썰은 형태로 주로 당근이나 무, 감자, 셀러
　리 등을 조리할 때 자주 쓰인다.

2) 다이스(dice)

　　채소나 요리재료를 주사위 모양으로 써는 작업을 가리키는 것이며, 주로 정육각형을 기본으로 그 크기
를 증감한다.

화인다이스(Fine Dice) 써는 순서

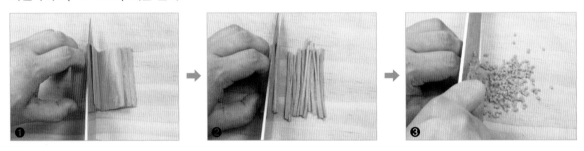

① 얇은 편(slice)으로 썬다.
② 편으로 썬 것을 여러 장 겹쳐 세로로 길게 썰면 화인줄리앙(fine Julienne)이 된다.
③ 화인줄리앙으로 썬 것을 가로로 썰면 화인다이스(Fine Dice)로 썰어진다.

여러 가지 다이스

① 라지 다이스(Large dice or Cube) : 2×2×2cm 크기의 주사위형으로 기본 네모썰기 중에서 가장 큰 모양으로
정육면체 형태이다.
② 미디움다이스(Medium dice) : 1.2×1.2×1.2cm 크기의 주사위형으로 정육면체 형태이다.
③ 스몰다이스(Small dice) : 0.6×0.6×0.6cm 크기의 주사위형으로 정육면체 형태이다.
④ 부르노와즈(Brunoise) : 0.3×0.3×0.3cm 크기의 주사위형으로 작은 형태의 네모썰기로 정육면체 형태이다.
⑤ 화인 부르노와즈(Fine Brunoise) : 0.15×0.15×0.15cm 크기의 주사위형으로 가장 작은 형태의 네모썰기로 정육
면체 형태이다.

3) 빼이잔느(Paysanne)

1.2×1.2×0.3cm 크기의 직육면체로 납작한 네모 형태이며, 야채수프에 들어가는 야채의 크기이다.

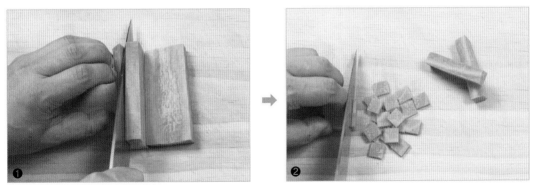

① 1.2cm 두께의 편으로 썬 다음, 화살표 1번과 같이 세로로 두께 1.2cm로 썰면 막대기 형태로 썰어진다.
② 막대기 형태로 썰어진 당근을 가로로 두께 0.3~0.4cm 정도의 두께로 썰면 빼이잔느 형태가 된다.

4) 쉬포나드(chiffonade)

실처럼 가늘게 써는 것으로 바질 잎이나 상치 잎 등 주로 허브 잎 등을 겹겹이 쌓은 다음, 둥글게 말아서 가늘게 썬다.

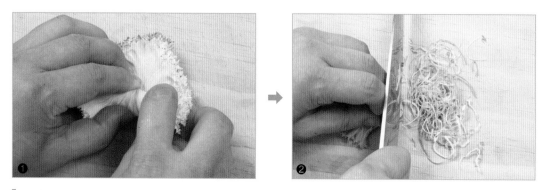

① 야채의 얇은 잎을 썰 때는 둥글게 말아서 썰면 균일하게 썰 수 있고 효율적이다.
② 둥글게 말은 야채를 얇게 썰면 쉬포나드형이 된다.

5) 콩카세(concasse)

토마토를 0.5cm 크기의 정사각형으로 써는 것으로, 주로 토마토의 껍질을 벗기고 살 부분만을 썰어 두었다가 각종 요리의 가니쉬나 소스에 사용한다.

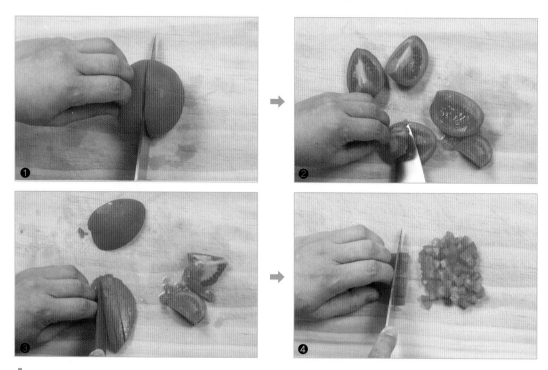

① 토마토의 껍질을 제거한 후 1/4등분한다.
② 토마토의 속 안에 있는 젤리를 제거한다.
③ 토마토를 0.5cm 정도의 넓이로 길게 자른다.
④ 길게 자른 토마토를 가로로 0.5cm 정도의 넓이로 자르면 토마토 콘카세가 된다.

6) 샤토(chateau)

달걀 모양으로 가운데가 굵고 양쪽 끝이 가늘게 5cm 정도의 길이로 써는 것을 말한다. 샤토는 썬다기보다는 다듬기가 더 어울리고 선이 아름답게 일정한 각도로 휘어지게 깎이도록 해야 한다.

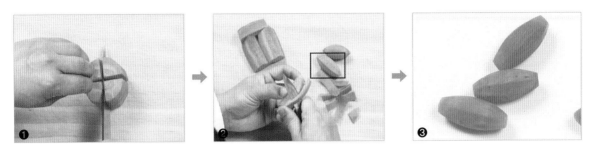

① 당근을 ¼등분한다.(당근이 가늘 경우에는 통째로 깎는다.)
② 작은 칼을 사용하여 깎을 때 칼이 쉬지 않고 처음부터 끝까지 한번에 깎아야 면이 깨끗하다.
③ 가운데가 통통하고 양 끝은 각이 진 형태가 샤토형이다.

7) 에망세(Emence)

야채를 얇게 저미는 것을 말하며, 영어로는 Slice라 한다.

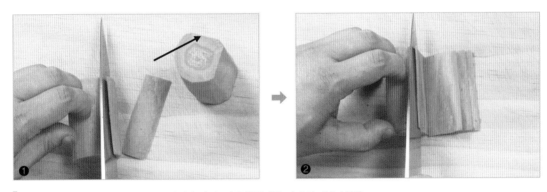

① 둥근 당근이 도마에 고정되어 안전하게 썰 수 있게 한쪽면을 먼저 잘라낸다.(1번)
② 원하는 두께의 편(slice)으로 썬다.

8) 야세(Hacher/Chopping)

야채를 곱게 다지는 것으로 영어로는 Chopping이라 한다.

① 양파의 꼭지 부분을 앞 쪽으로 향하게 하고 세로로 칼집을 넣는다.
② 그림과 같이 중간에 칼집을 넣는다.
③ 그림의 원 안에서처럼 왼손 검지손가락의 끝마디는 구부려 양파를 잡고 다진다.

9) 마세도앙(Macedoine)

야채 마세도앙은 3가지 야채, 즉 당근, 무, 그린 빈을 익힌 다음, 다이스해서 섞어 Butter-saute하여 수프, 소스, 생선, 가금류, 육류 등 더운 요리의 곁들임 야채로 이용하거나 찬 음식의 샐러드 또는 스터핑으로 이용한다.

과일 마세도안은 여러 가지 과일을 다이스로 썰어 시럽에 마리네이드하여(럼을 넣기도 함), 여러 가지 요리의 곁들임으로 이용한다.(마세도앙 요리법은 알렉산더 대왕의 아버지인 필립 2세가 왕으로 즉위한 시기에 발칸 반도의 마세도니아(Macedonia) 지역에서 유래하였다.)

① 사과나 과일 종류를 두께 1.2cm 정도의 편으로 썬다.
② 편으로 썬 것을 두께 1.2cm 정도의 두께로 썰면 막대기형이 된다.
③ 막대형으로 썰어진 것을 가로로 1.2cm 정도의 두께로 썰면 마세도앙이 된다.

10) 올리벳트(Olivette)

중간 부분이 둥근, 마치 위스키통이나 올리브 모양으로 써는 방법을 말한다. 이 방법 역시 썬다기보다는 "깎는다", "다듬는다"가 더 어울린다.

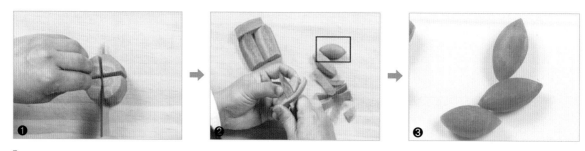

① 당근을 ¼등분한다.(당근이 가늘 경우에는 통째로 깎는다.)
② 작은 칼을 사용하여 깎을 때 칼이 쉬지 않고 처음부터 끝까지 한번에 깎아야 면이 깨끗하다.
③ 가운데가 통통하고 양끝 뾰족한 형태가 올리베또 형이다.

11) 뚜르네(tourner)

감자나 사과, 배 등의 둥근 과일이나 뿌리야채를 돌려 가며 둥글게 깎아 내는 것을 말한다.

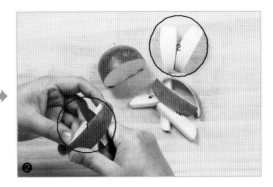

▌① 사과를 둥글게 깎기 위해 웨지(wedge)형으로 썬다.(뚜르네는 과일이나 야채를 둥글게 깎는 것)
▌② 원 안에 1번은 작은 칼을 이용해 사과를 둥글게 깎는 모습, 2번은 완성된 뚜르네 모양

12) 파리지엔(parisienne)

야채나 과일을 둥근 구슬 모양으로 파내는 방법으로 파리지엔 나이프를 사용한다. 요리목적에 따라서 그 크기를 다르게 할 수 있는데, 크기는 파리지엔 나이프의 크기에 달려있다.

▌과일이나 야채 등을 조리기구를 이용하여 둥글게 깎는다.

13) 쁘랭따니에(Printanier) 로진(Lozenge)

두께 0.4cm 가로세로 1~1.2cm 정도의 다이아몬드형으로 써는 방법을 말한다.

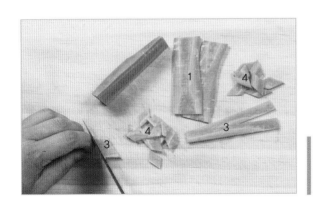

▌두께 0.4cm 정도의 편으로 썬다 : 1번
편으로 썬 것을 세로로 1~1.2cm로 썬다 : 2번
그것을 어슷하게 다이아몬드 모양으로 썬다 : 3번
완성된 모양 : 4번

14) 퐁 느프(Pont Neuf)

0.6×0.6×6cm의 크기로 써는 것을 말한다.(예: 가늘게 썰은 French Fry Potatoes)

① 두께 0.6cm 정도의 편으로 썬다.
② 편으로 썬 것을 세로로 두께 0.6cm 정도로 썰면 퐁 느프가 된다.
③ 가로세로 1cm, 길이 5~6cm로 썰은 것을 일반적으로 French fry potato라 한다.

15) 뤼스(Russe)

0.5×0.5×3cm 크기로 길이가 짧은 막대기형으로 써는 것을 말한다.

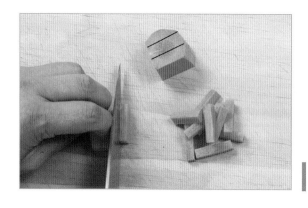

길이 3cm 자른 당근을 두께 0.5cm 정도의 편으로 썬 후
세로로 0.5cm 정도로 썬다.

16) 민스(Mince)

야채나 고기를 잘게 다지는 것인데, 주로 고기 종류를 다지거나 으깰 때 많이 쓰이는 조리용어이다.

17) 캐롯비취(Carrot Vichy)

0.7cm 정도 두께로 둥글게 썰어 가장자리를 비행접시 모양으로 둥글게 도려 내어 모양을 내는 것.

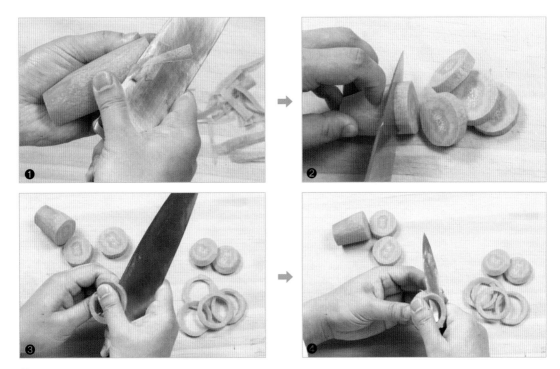

① 당근의 껍질을 칼이나 필 나이프로 제거한다.
② 약 0.7cm 정도의 두께로 자른다.
③ 둥글게 자른 당근의 각진 부분을 깎아 내면 비행접시 모양이 된다.(칼 사용이 숙련된 사람은 주로 큰칼을 사용하여 깎는다.)
④ 작은 칼을 사용하여 각진 부분을 깎아 낸다.(초보자들은 작은 칼을 사용하는 것이 용이하다.)

18) 롱델(Rondelle)

둥근 야채를 두께 0.4~1cm 정도로 자르는 것을 말한다.

둥근 야채를 두께 0.4~1cm 정도로 자른다.

Chapter 4
기본 과일 자르기
Basic Fruit Cutting

… 학습목표
- 레스토랑에서 많이 사용하는 과일을 모양내서 자르는 방법(Fruit Cutting Methods), 순서, 접시에 담는 방법(Fruit Presentation Methods) 등을 학습하므로 실기 응용 능력을 향상시키는 데 있다.
- 전문조리사들이 사용하는 기술인 사과 돌려 깎기에 필요한 사과 잡는 방법, 칼을 잡는 방법, 사과를 깎는 순서 등을 학습하므로 조리기술 능력 향상에 있다.

사과 모양내 자르기
Cutting Apple

사과 모양내기는 세로와 가로로 썰어서 모양내는 방법이 있다.

사과를 세로로 1/8 등분하여 씨 있는 부분을 잘라낸다.

사과의 껍질 부분에 원하는 모양의 칼집을 내고 칼집낸 부분의 껍질을 얇게 깎아 낸다.

사과를 반으로 자른다.

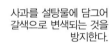

사과를 설탕물에 담그어 갈색으로 변색되는 것을 방지한다.

사과의 씨 있는 부분을 V자 형태로 잘라낸다.

사과를 가로로 원하는 두께로 자른 후 끝 쪽 부분에 칼집을 내고 칼집 낸 부분의 껍질을 깎아 낸다.

2
바나나 모양내 자르기
Cutting Banana

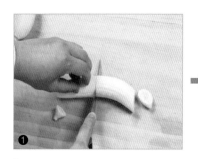  

① 바나나 껍질을 제거하고 양쪽 끝을 평행이 되게 자른 후 길이를 1/2등분한다.
② 양쪽 끝 부분을 0.5cm 정도 남기고 바나나를 길이로 칼집을 넣는다.
③ 칼집 낸 부분을 경계로 양쪽을 대각선으로 칼집을 낸다.

3

수박 모양내 자르기

Cutting Watermelon

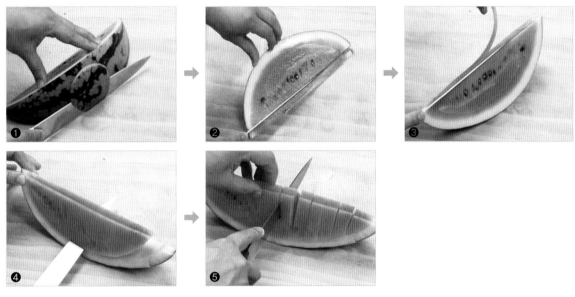

① 수박을 웨지형으로 자른 후 껍질 쪽을 잘라 낸다. ② 수박의 안쪽 부분을 약 1cm 정도 잘라 낸다.
③ V자 형태로 칼집을 내어 잘라 낸다. ④ 껍질 쪽의 흰 부분과 속살의 빨간 부분을 경계로 칼집을 낸다.
⑤ 일정한 간격으로 칼집을 낸다.

4

머스크멜론 모양내 자르기
Cutting Muskmelon

 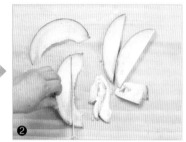 

① 메론을 웨지형으로 자른다
② 메론의 안쪽 부분을 잘라 낸다.
③ 껍질 부분을 약간 도톰하게 잘라 내는데, 칼이 한 번에 쉬지않고 처음부터 끝까지 가게 잘라 내야 면이 곱게 잘린다.

5
오렌지 모양내 자르기
Cutting Orange

① 오렌지를 일정한 두께로 자른다.
② 껍질 부분을 칼집을 넣어 자르는데 끝 부분은 약 1cm 정도 남긴다.
③ 칼집을 넣어 잘라 낸 오렌지의 껍질 부분을 일정한 방향으로 묶는다.

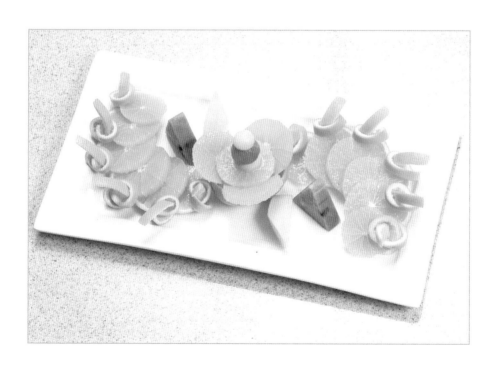

6
키위 모양내 자르기
Cutting Kiwi

  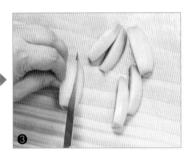

① 키위를 양쪽 끝을 잘라 내고 세로로 깎는다. 이 방법은 키위를 세로로 자를 때 주로 사용한다.
② 키위를 돌려 가면서 깎는 방법으로, 주로 둥글게 자를 때 사용한다.
③ 키위를 세로로 자르는 모습

7

파인애플 모양내 자르기
Cutting Pineapple

① 파인애플을 세로로 길게 자른다. ② 껍질 부분을 잘라낸다.
③ 파인애플 중앙의 억센 부분에 칼집을 낸다. ④ 껍질과 살 부분의 경계에 칼집을 낸다.

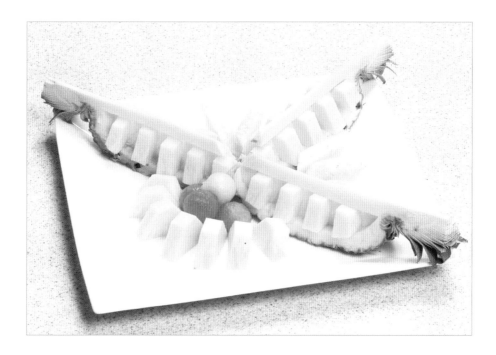

8

사과 돌려 깎기
Turning Cut Apple

1) 사과와 칼 잡는 방법

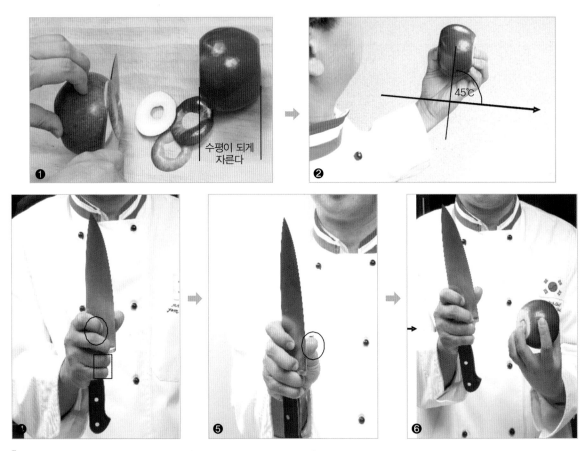

① 사과의 양 쪽 끝을 수평이 되게 자른다(너무 많이 자르지 않도록 한다).
② 사과는 왼손으로 사과의 꼭지부분이 엄지손가락에 오도록 잡는다. 왼 팔뚝을 겨드랑에 가볍게 붙이고 손목은
   그림과 같이 안쪽으로 구부려서 잡는다. 정면을 응시했을 때 사과의 각도는 45℃ 정도가 되게 잡는 것이 가장
   이상적이다.
③ 칼 잡는 방법은 오른손의 검지와 중지가 칼의 면 쪽에 위치하게 하고, 무명지와 약지로 칼의 손잡이를 잡는다.
④ 엄지손가락은 칼 면과 칼날 위에 가볍게 올려놓는다(엄지손가락으로 칼날의 각도를 조정한다).
⑤ 오른손에는 칼을 잡고 왼손에는 사과를 잡고 돌려 깎기를 하려는 모습

2) 사과 돌려 깎는 방법

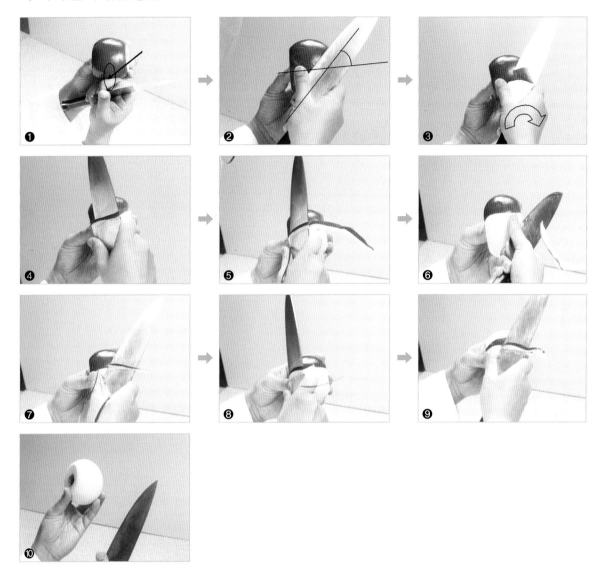

① 중지의 가운데 부분이 사과를 평행으로 자른 부분의 가운데에 위치하도록 한다(돌려 깎기 할 때 중심축이 된다).
② 사과와 칼의 각도가 45℃ 정도가 되게 한다.
③ 칼을 잡은 오른손을 팔목만 오른쪽으로 돌려서 깎는다. 처음 시작할 때는 사과를 천천히 돌려 깎는다.
④ ①의 중심축을 움직이지 않게 하고 손목만을 움직여서 사과를 돌려 깎기 한다.
⑤⑥⑦⑧⑨ 연속동작
⑩ 사과 돌려 깎기가 완성된 모양

Chapter 5

기본 조리방법
Basic Cooking methods

··· **학습목표**
- 기본조리방법(Basic Cooking methods)의 기본 개념을 이해하고 조리시 열전달 방법과 조리방법의 외국어 명칭을 학습한다.
- 조리방법에서 건식열 조리방법(Dry Heat Cooking Methods), 습식열 조리방법, 혼합열 조리방법(Combination cooking methods)으로 나누어 조리방법 각각의 특징, 조리방법, 사용되는 식재료, 장점, 단점, 필요한 전처리, 사용되는 열원 등을 학습하므로 현장 적응 능력 향상에 있다.

1
조리시 열전달방법

조리를 하는 것은 일정한 에너지를 전달하여 요리를 생산하는 과정을 말한다. 그런데 에너지 종류는 여러 가지가 있겠지만, 조리에 가장 많은 부분을 차지하는 열에너지가 대표적이다. 에너지는 요리의 색, 맛, 향, 풍미, 모양 등을 바꾸어 놓는다. 조리를 하는 이유는 두말할 나위도 없이 요리를 조리 이전의 단계보다 더 발전시키기 위함이다.

조리시에 열전달은 크게 대류(Convection), 전도(Conduction), 방사(Radiation) 등으로 구분되는데, 재료에 따라서 그 방식도 달리한다.

열전달은 분자의 빠른 이동으로 이루어지는데, 요리는 이러한 열전달에 의해 조리되고, 그 모양이나 영양분의 상태가 변화하게 된다. 따라서 조리시에 발생하는 단백질의 변화나 설탕, 녹말, 기름이나 물의 작용을 이해하면 어느 정도 조리의 원리를 파악할 수 있다.

1) 전도(Conduction)

전도야 말로 조리에서 대부분을 차지하고 있다. 이 원리는 어떠한 열원에서 다른 곳으로 전달되어 조리되는 방식인데, 직접적으로 열을 가하여 다른 곳으로 옮겨 가는 원리이다. 예를 들어, 난로에 가스불이 후라이팬에 닿으면 곧 프라이팬은 뜨거워지게 되고, 그 표면에서 조리를 하게 되는 것이다. 따라서 전도를 이용한 조리는 금속성 기구가 주류를 이루고 있다. 금속 중에서도 알루미늄이나 구리 등은 조금씩 차이가 있지만, 프라스틱이나 유리보다는 훨씬 더 열전도율이 빠른 것은 상식으로도 알 수 있다.

전도에 있어서 물은 공기보다 좋은 매개체이다. 가령, 100℃의 물속에서 감자가 익는 시간과 100℃의 오븐에서 같은 크기의 감자가 익는 시간을 실험해 보면 금방 알 수 있다.

2) 대류(Convection)

대류식은 열의 흐름이 순환되면서 조리가 진행되는 것을 말하는데, 대류는 전도와 함께 이루어진다. 대류현상은 끓는 물에서 쉽게 설명이 되는데, 폿(Pot)의 아래 부분에서 더워진 물이 위로 올라가고, 위에서 식은 물은 아래로 내려오는 순환작용이 끝임없이 진행된다. 이것은 공기나 기름에서도 같은 원리가 작용된다. 여기에는 크게 두 가지로 자연대류와 강제대류가 있다.

(1) 자연대류(Natural Convection)

이것은 앞에서 언급한 바와 같이 더운 물질은 위로 올라가는 성질과 차거운 것은 아래로 내려오는 성질을 이용한 것으로, 풋의 물에 분자운동이 자연스럽게 위와 아래를 오가면서 순환되는 것이다. 기본적으로 분자운동을 이용하여 스톡(Stock)이나 기름, 공기의 흐름을 자연스럽게 놔두면 그 안에서 조리가 이루어진다.

(2) 강제대류(Mechanical Convection)

자연대류는 분자운동에 의해서 이루어지기 때문에 원하는 만큼 흐름의 속도를 조절할 수 없다. 예를 들어, 빵을 굽는다고 하면 자연대류가 이루어지는 오븐은 한쪽 또는 부분적으로 색이 나므로 전체적인 온도전달이 이루어 지지 않는 것을 알 수 있다. 따라서 팬(Fans)이나 다른 기계를 이용하여 강제적으로 공기를 순환시켜줌으로써 기계의 구석구석까지 온도가 골고루 전달시키는 것을 말한다. 이렇게 되면 공기나 물의 순환을 빨리 할 수 있고 구석구석까지 골고루 열이 전달되어 원하는 조리시간이나 온도에 유지가 가능하다. 현대에 와서는 이러한 원리를 이용한 오븐과 같은 조리기구들이 전문조리 주방에서 많이 사용되고 있다.

3) 방사(Radiation)

방사조리원리는 조리재료에 물리적인 접촉이 없이 열을 전달하여 식품을 조리한다. 조리재료에 열이 전달되는 방법은 빛에 파장과 부딪힘으로써 에너지가 재료에 작용하여 조리가 이루어진다. 방사를 원리로한 조리기구는 크게 두 가지 형태로 나누어지는데, 한 가지는 적외선을 이용한 방법과 다른 한 가지는 초단파를 이용한 조리기구이다.

(1) 적외선

적외선을 이용하는 조리법은 전기를 에너지로 바꾸어 빛을 발산하는데, 이 빛에는 높은 열을 포함하고 있어 빛이 재료에 닿으면 조리가 이루어진다. 경우에 따라서는 에너지를 세라믹, 즉 자기재료에 열을 가하면 방사열 효과가 커지기 때문에 이 열을 식품에 전달시켜 조리가 이루어지도록 한다. 우리가 흔히 볼 수 있는 적외선 조리기구로는 살라맨더(Salamander), 토스터(Toaster), 브로일러(Broiler)와 같은 것이 있다.

(2) 초단파

최근 들어 초단파를 이용한 오븐과 같은 여러 기구들이 등장하는데, 이것은 빛의 파장인 초단파가 식품을 통과하면서 식품 속에 존재하는 물 분자의 운동을 일으켜, 이 마찰과 열을 원리로 하여 조리하는 것이다.

초단파를 이용한 조리는 다른 어느 원리보다 빠르게 조리되는 장점이 있다. 그 이유는 식품전체부분을 초단파가 통과하면서 동시에 조리가 진행되기 때문이다. 전체부분을 고르게 조리할 수 있는 것도 역시 초단파 조리방법의 장점이다.

　　그러나 초단파 조리법에 단점도 여러 가지가 있다. 특히, 짙은 색이 요구되는 요리와 장시간 조리해야 하는 요리는 초단파 방법을 피하는 것이 좋다. 그 이유는 초단파 조리는 식품에 포함하고 있는 습기가 충분해야 하므로, 요리적정습기가 없어진다든가 마른 재료는 조리가 진행되지 않기 때문이다.

　　초단파 조리법을 이용할 때에는 열에 내구성을 가진 유리제품이나 플라스틱용기를 이용하고 금속성 용기나 기구는 피해야 한다. 흔히 사용하고 있는 스테인레스나 쇠로된 조리기구를 사용했을 때에는 초단파가 금속물질의 반응에 의해 방향변화와 함께 불꽃이 튀며, 기계에 치명적인 손상을 입히기 때문이다.

기본 조리방법 모형

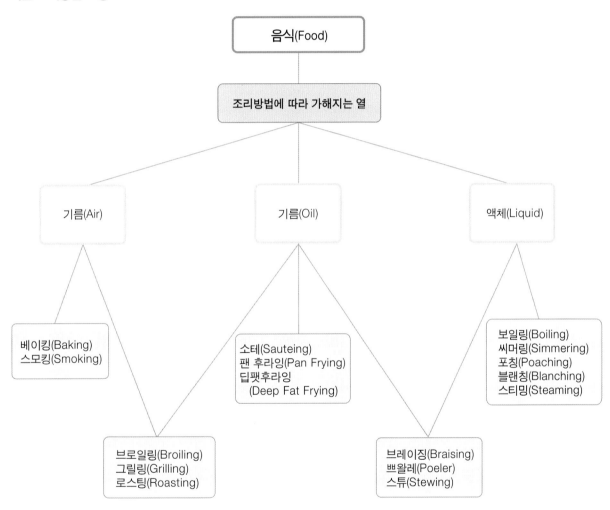

2
건식열 조리방법
Dry Heat Cooking Methods

식품의 조리는 공기(air), 기름(fat), 물(Water), 증기(Steam)에 의해서 이루어진다. 이것들을 흔히 조리 '매개체(media)'라고 하는데, 일반적으로 건식열과 습식열, 복합조리방법의 형태로 구분한다.

건식열에 의한 조리방법은 조리하고자 하는 재료의 특성에 따라서 재료에 직접적으로 열을 가하거나 간접 또는 불꽃을 이용하기도 한다. 재료의 한쪽 부분 또는 여러 면으로 열을 가하여 요리의 색이나 모양을 살리기도 한다. 기름을 매개체로 이용할 때는 기름의 양이나 온도를 조리의 목적에 따라 조절한다.

1) 구이(Broiling)

석쇠 위쪽에 열원이 있는 Over Heat 방식이다. 최초의 열은 매우 고온으로 1,000도 이상이지만 방사에 의해 철판 또는 금속성 조리기구로 전달된 최종온도는 조리에 알맞게 된다. 식재료에 직접적으로 열이 닿게 되면 재료에 손상을 입게 되므로 금속성 조리기구에 열을 먼저 가한 다음, 적정온도가 되었을 때 재료를 넣어 조리한다.

따라서 처음 열원에서 직접적으로 조리기구에 열을 가하고, 다음으로 조리매개체에 열을 가하여 조리에 알맞은 온도가 되었을 때 재료를 넣는다. Grilling보다는 조금 빠르게 조리를 할 수 있는 장점이 있는 반면, 석쇠의 온도를 조절하는 데 어려움이 있다. 우리나라에서는 Broiling보다는 Grilling을 더 많이 이용하는 편이다.

구이(Broiling)하는 방법과 순서

① 브로일링(Broiling)할 안심에 소금과 굵게 으깬 후추로 간을 한다.
② 브로일러의 석쇠를 원하는 온도까지 예열시킨다.

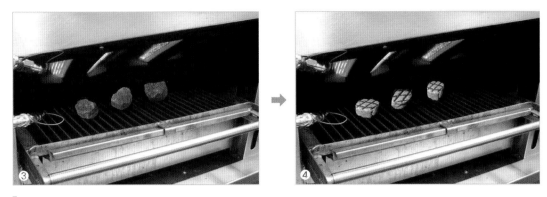

③ 예열된 석쇠에 안심을 올리고 굽는다.
④ 한쪽 면에 색이 나면 뒤집어서 색을 내며 굽는다.

2) 석쇠구이(Grilling)

구이와 성격이 비슷하게 보이지만 석쇠 바로 아래에 위치한 열원으로부터 에너지를 받아 조리를 하는 Under Heat 방식으로 훈연의 향을 돋울 수 있는 장점과 석쇠의 온도조절이 용이하다. 석쇠는 철판을 달구어 음식이 붙지 않게 구워야 하는데, 육류는 줄무늬가 나도록 굽는다. 구울 때 일반적으로 숯이나 가스, 전기의 열원을 이용한다. 조리할 음식이 소량일 때는 숯을 많이 이용하는데 참숯의 경우, 음식 특유의 맛을 더해 준다. 우리의 돼지갈비, 소갈비 등의 바비큐 요리도 여기에 속하는 조리법이라 할 수 있다. 최근 영업주방에서는 가스를 사용하여 Grilling을 가장 많이 하고 있다.

석쇠구이(Grilling)하는 방법과 순서

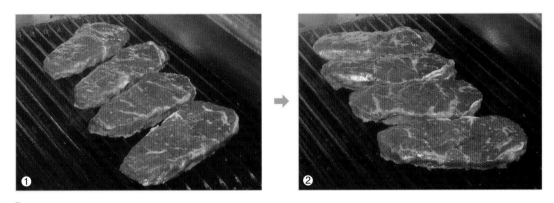

① 등심을 예열된 석쇠에 45° 정도의 대각선으로 놓고 석쇠에 닿는 부분이 색이 날 때까지 굽는다.
② 색이 나면 반대로 돌려 놓고 색이 날 때까지 굽는다.

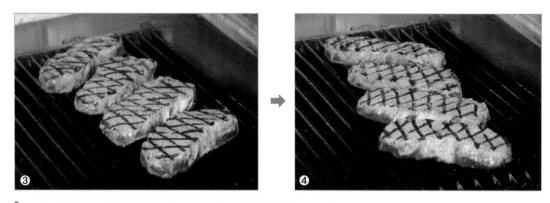

┃ ③④ 색이 난 등심을 뒤집어서 앞에 방법과 같은 방법으로 돌려 가며 굽는다.

• Grilling은 조리재료에 일정한 굽기 모양(바둑무늬)을 새김으로써 요리에 시각적 효과를 높이기도 한다.

• 바닷가재를 구울 때는 석쇠를 달구어 기름칠하고 식초로 닦아 내고 줄무늬색을 낸 다음 버터를 칠하여 오븐에 익히는 것이 좋다.

• 생선구이요리는 화력을 적절히 이용하는 기술이 필요하다.(가자미, 농어, 광어 등)

• 기름이 많은 등심이나 삼겹살 같은 부위는 기름이 흘러 불이 붙으므로 표면만 갈색이 나도록 구운 다음 오븐에서 익혀야지, 그렇지 않고 연기에 그을리면 고기맛이 변한다.

• 숯불에 고기 양념한 것을 구울 때는 빠른 시간 내에 굽는 것이 요령이며, 센 불에 표면을 갈색이 나도록 구운 다음 약한 불에 은근히 익혀 먹는 것이 좋다.(갈비)

3) 로스팅(Roasting)

로스팅(Roasting)은 서양요리를 만드는 대표적인 조리법으로, 불어로는 '로티'라고 하고, 우리말로는 '오븐굽기' 정도로 부르면 된다. 원래 우리는 이러한 조리법이 없었기 때문에 로스팅이란 말을 한다. 이것은 육류나 가금류 등을 통째로 혹은 큰 덩어리의 고기를 Oven 속에 넣어 굽는 방법으로, 뚜껑을 덮지 않은 채로 조리한다. 굽는 동안 육즙이 빠져 나오는 것을 최소화하기 위하여 고기덩어리를 오븐에 넣기 전에 Saute를 하여 갈색으로 낸 후에 넣는다. 또는 오븐의 온도를 처음에는 고온으로 하여 육 고기의 표면을 수축시켜 익힌 다음, 온도를 다시 낮추어 충분한 시간을 들여 속까지 익도록 한다.

대류형식의 열기가 전체적으로 골고루 돌게 되면 전도에 의해서 식재료가 조리되는데, 표면이 갈색으로 바뀌면서 당류의 캐러멜화 현상이 두드러진다. 온도는 재료와 조리목적에 따라서 차이가 있지만, 일반적으로 캐러멜화(Caramelization)가 시작되는 170~220도에서 시작되므로 미리 오븐의 온도를 예열시키는 것이 좋다.

로스팅의 경우 가열온도는 맛이나 색에 영향을 미치며 생선과 고기의 경우, 저온에서 장시간 구우면 지방이나 단맛 성분이 손실되고 수분도 손실되어 분량이 줄어든다. 생선을 통째로 구울 때에는 한쪽은 40% 정도 구운 다음에 뒤집어 굽는 것이 좋다.

커다란 고깃덩어리의 육류를 로스팅할 때 원하는 익힘 정도보다 한 단계 덜 익었을 때 오븐에서 꺼내는 것이 좋다. 그 이유는 오븐에서 꺼낸 고기 덩어리가 잠열에 의해 일정시간 동안 계속적으로 익혀지기 때문이다. 이것을 캐리오버 쿠킹(Carryover Cooking)이라 하는데, 일반적으로 큰 고깃덩어리의 육류는 오븐에서 꺼낸 후 약 5~10분 정도 조리가 계속 진행되며, 육류의 내부 온도가 상승하게 된다. 또한 뜨거운 오븐에서 꺼낸 고깃덩어리는 30~50분 정도의 휴지기간이 필요하다. 그 이유는 뜨거운 열에 육질의 세포가 팽창되어 있기 때문이다. 만약, 고기덩어리를 오븐에서 꺼내 바로 썰면 육즙의 손실로 고기가 질기고 맛이 없다.

기름기가 없는 육류를 로스팅할 때는 바딩(Barding)과 라딩(Larding)을 한 육류를 조리하는 것이 좋다. 바딩과 라딩은 육류의 조리과정 중에 맛과 향, 수분을 유지하기 위해서 로스팅 전에 이루어지는 특별한 기술이다. 바딩(Barding)은 기름기 없는 육류의 표면을 지방으로 감싸준 후 로스팅하는 것으로 베이컨이나 얇게 썰은 지방(Fatback)을 사용한다. 로스팅한 고기의 표면이 갈색이 나도록 하기 위해 오븐에서 고기를 꺼내기 수분 전에 지방을 제거한다. 라딩(Larding)은 가늘고 긴 지방을 라딩 튜브(Larding Tube)를 이용해 지방이 없는 고깃덩어리 가운데에 삽입하는 것으로, 특별한 경우에 야채를 지방대신 사용하기도 한다. 지방분이 없는 고기에 인위적으로 지방을 첨가해 줌으로써 고기내부의 수분을 유지시켜 주어, 고기의 퍽퍽함을 없애주고 부드러운 육질을 얻을 수 있다.

터키나 아랍 지방에서 주로 많이 사용하는 오픈 스핏 로스팅(Open Spit Roasting)은 주로 양념된 양고기나 소고기, 닭고기를 쇠막대기나 긴 꼬챙이에 꽂아 개방된 불 위나 옆에서 식재료를 천천히 회전시키면서 로스팅하는 방법이다.

로스팅(Roasting)하는 방법과 순서

① 돼지등심의 변형을 막기 위해 실로 묶고 소금과 후추 또는 다른 향신료를 뿌려 준비한다.
② 예열된 그리들(Griddle)이나 소테팬(Saute Pan)에서 연한 갈색으로 색을 낸다.
③ 로스팅 팬(Roasting Pan)에 미르포아(MirePoix)을 깔고 오븐에서 로스팅한다.

4) 굽기(Baking)

Oven 안에서 건조열로 굽는 방법으로 Bread류, Tart류, Pie류, Cake류 등 빵집에서 많이 사용된다. 조리속도는 느리지만, 음식물의 표면에 접촉되는 건조한 열은 그 표면을 바싹 마르게 구워 맛을 높여 준다. 주로 제과에서 빵을 구울 때 쓰는 조리용어로 두꺼운 케이스에 반죽을 담아 오븐에 굽는다.

요구된 온도에 맞추고 오븐 안에 모울드(mould)를 사용하거나 기름칠한 시트(sheet) 혹은 rack에 음식을 놓는다. 그리고 바라던 정도로 구워 낸다.

조리법에 따라서 열을 조정한다. 또한 낮은 온도에서 식재료를 건조시키는 데 사용하기도 하고 감자요리나 pasta요리, 그리고 여러 종류의 생선과 햄 등을 요리할 때 사용한다.

베이킹(Baking)하는 방법과 순서

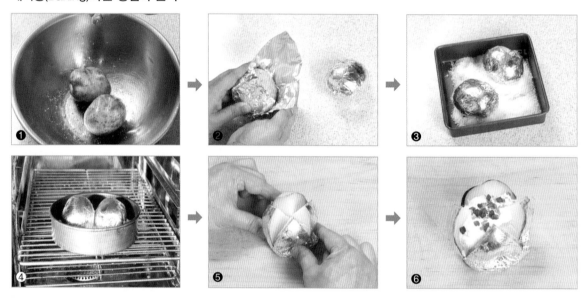

① 통감자를 깨끗이 씻어 굵은 소금을 뿌린다.
② 쿠킹호일로 통감자를 감싼다.
③ 쿠킹팬에 굵은 소금을 깔고 위에 감자를 놓는다.
④ 오븐에서 감자를 베이킹(Baking)한다.
⑤ 익은 감자에 열십자로 칼집을 넣어 감자 그림과 같이 중앙부분을 눌러 칼집 낸 부분이 벌어지게 한다.
⑥ 벌어진 감자 위에 사우어 크림(Sour Cream)과 베이컨 볶은 것, 차이브 다진 것 등을 넣고 완성한다.

5) 소테(Sauteing)

소테는 건식열 조리방법 중에서도 전도열에 의한 대표적인 조리방법으로 얇은 Saute pan이나 Fry pan에 소량의 Butter 혹은 salad oil을 넣고 채소나 잘게 썬 고기류 등을 200℃ 정도의 고온에서 살짝 볶는 방법이다. 소테 조리는 많은 양을 조리하기보다는 적은 양을 순간적으로 실행하는 매우 효과적인 조리방법이다. 예열된 소테 팬에 적은 양의 기름을 두르고 연기가 발생할 때쯤 시작하면 좋은 결과를 얻을 수 있다. 소테는 필요 이상으로 조리되는 것을 막기 위해서는 재빨리 섞거나 흔들어 주는 것이 요리의 색이나 모양을 지키는 기술이다. 또한 소테 조리를 하는 목적은 식품의 영양소 파괴를 최소화하면서 식품에서 맛있는 즙이 빠져 나오는 것을 방지하기 위함이다. 육류의 경우, 표면에 소테를 함으로써 표면의 기공을 막아 육즙의 손실을 최소화하는데, 스테이크를 조리할 때 먼저 센 불에 소테한 후 오븐에서 로스팅하는 것이 바로 이러한 방법을 사용하는 좋은 예이다.

소태 요리법은 요리가 생기기 시작하면서부터 나온 요리법으로 쉽고 맛있는 요리를 만드는 조리법 중의 하나이다. 소테는 세 가지의 맛, 즉 팬의 기름 맛, 철판의 맛, 식품에서 나온 즙 맛이 조화 있게 합쳐져야 한다.

소테(Sauteing)하는 방법과 순서

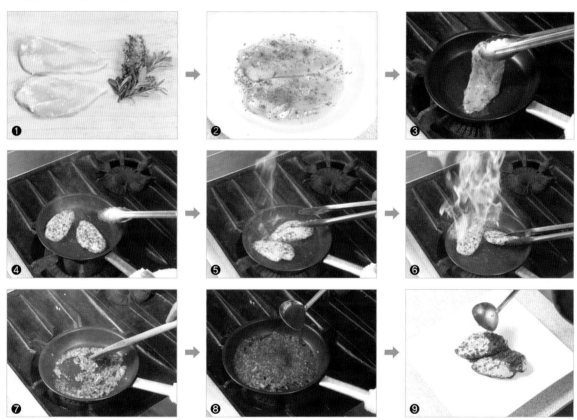

① 소테하기 위해 준비된 닭 가슴살과 신선한 향신료
② 닭 가슴살에 신선한 향신료, 소금, 후추, 올리브 오일 등으로 마리네이드(Marinade)한다.
③ 예열된 소테팬에 닭 가슴살을 넣고 소테한다.
④⑤⑥ 소테는 높은 열에서 하기 때문에 소테하는 과정에서 종종 불꽃이 일어나며 후람베(Flambe)가 되는 경우가 있다.
⑦ 소테한 팬에 양파 다진 것을 넣고 볶는다.
⑧ 양파 다진 것이 갈색으로 볶아지면 브라운 스톡이나 데미글라스를 넣고 소스를 만든다.
⑨ 소테한 닭 가슴살 위에 만든 소스를 뿌린다.

소테할 때는 ① 소테할 재료의 물기를 완전히 제거한다. ② 팬을 완전히 달구어야 한다.(그렇지 않을 경우 팬에 음식이 달라붙는다) ③ 팬은 철판을 사용하는 것이 좋다. ④ 팬은 사용 후 잘 닦아 기름을 발라 두는 것이 좋다. ⑤ 닦을 때 솔을 사용하면 흠집이 생겨 사용할 때 불편하다.

소테의 또다른 형태로 스웨팅(Sweating) 기술이 있다. 스웨팅은 소테과정에서 식재료에 색상이 나지 않도록 은근히 볶는 기술이다. 이것은 불에서 팬에 뚜껑을 덮거나, 또는 많은 양의 식재료를 한꺼번에 팬에 넣어 할 수 있는 것으로 스웨팅의 습열조리는 원래의 건열조리로 변화하게 된다. 예를 들어, 약한 색상의 야채 퓌레 수프를 조리한다면 야채가 색상이 나지 않도록 하고 단맛을 배가시키기 위해 스웨팅하는 것이 바람직하다.

스터 프라잉(Stir Frying) 역시 소테의 또다른 방식으로 주로 중국요리를 할 때 소테팬 대신 중식프라이팬(Wok)을 사용하여 소량의 기름을 넣고 강한 불에서 작은 조각의 식재료를 재빨리 볶아 내는 조리기술이다.

6) 팬 프라이(Pan Frying)

팬 프라이는 소테와 동일하나 조리시작할 때의 표면온도는 소테보다 비교적 낮으며, 조리시간도 길다. 팬 프라이를 할 때 연기가 날 정도는 아니라도 충분히 예열이 되어 있어야 하는데, 그 이유는 조리할 재료에 필요 이상으로 기름이 스며드는 것을 막아야 하기 때문이고, 낮은 온도에서 시작하면 완성되었을 때 요리의 질감이 떨어지기 때문이다. 팬 프라잉을 시작하는 온도는 소테보다 조금 낮은 170~200도가 적합하다.

기름이 첨가되는 양에 따라 달걀 프라이, 생선 튀김, 채소 볶기 등의 조리방법을 구분하면, 기름에 살짝 튀기는 것을 소테라고 하고, 많은 기름을 이용하면 영어로 Fat Frying, 불어로 Frire라고 한다.

팬 프라이(Pan Frying)하는 방법과 순서

① 팬 프라이 하기 위해 두드림 망치로 두드려 고기를 얇게 펴고 소금과 후추로 간을 한다.
② 밀가루를 묻힌다.　③ 달걀물을 묻힌다.　④ 빵가루를 묻힌다.
⑤ 팬에 오일을 170℃ 정도로 예열시킨 후 오일은 튀김 재료의 1/2~1/3 정도 잠기게 하여 튀긴다.
⑥ 한쪽 면이 완전히 색이 나면 뒤집어서 색을 낸다.

7) 튀김(Deep Fat Frying)

튀김은 건식열 조리방법에서 기름의 대류(Convection)원리를 이용하는 대표적인 조리방법으로 기름에 음식물을 튀기는 방법이다. 튀김 온도는 수분이 많은 채소일수록 비교적 저온으로 하며, 생선류·육류의 순으로 고온처리 한다.

튀기는 조리법은 식품을 고온 기름 속에서 단시간 처리하므로 영양소나 열량이 증가되고 기름의 풍미가 첨가된다. 수분, 단맛의 유출을 막고 기름을 흡수함으로써 풍미를 더해 준다. 쇼트닝, 버터, 기름을 이용하여 튀기는 조리방법으로 140~190℃가 좋고, 주로 육류, 가금류, 채소, 생선요리에 이용된다. 특히, 채소는 영양성분이나 그 외의 다른 수용성 물질이 용출되어 손실되는 일도 적어 채소 조리법으로는 이상적이다.

기름으로 튀기는 방법, 즉 튀김기를 이용하는 것은 조리속도가 매우 빠르다. 왜냐하면 기름의 열전도율이 공기의 열전도율보다 6배 정도 높기 때문이다. 기름이 오래 되면 산패되어 산뜻하게 튀겨지지 않고 튀겨도 거품만 많이 나며, 기름색이 검어 튀김 자체가 검게 되고, 먹으면 설사를 할 우려가 있다. 튀길 때 재료를 한꺼번에 많이 넣으면 온도가 급강하하여 기름이 재료에 흡수되므로 적당량씩 넣어 튀겨 내는 것이 좋다.

튀김에는 다음과 같은 두 가지 방법이 있다.

(1) 스위밍 방법(Swimming Method)

많은 양의 기름에서 내용물이 헤엄치듯 떠다니면서 익는 방법으로 반죽이 입혀진 재료나 재료의 크기가 큰 것을 튀길 때 주로 사용한다.

스위밍(Swimming Method)하는 방법과 순서

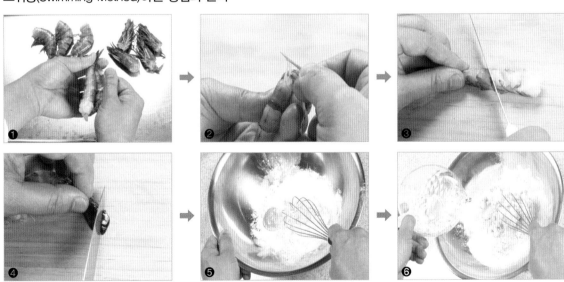

① 새우머리와 껍질을 제거한다.
② 새우의 내장을 꼬지를 이용해 제거한다.
③ 튀기는 과정에서 새우가 구부러지는 것을 방지하기 위해 배 쪽에 칼집을 넣는다.
④ 새우의 꼬리부분을 잘라 낸다(꼬리에 물집이 있는 경우에 튀김과정에서 뜨거운 기름이 튈 수 있기 때문이다).
⑤ 밀가루를 체에 내린 후 달걀노른자를 넣고 섞어 준다.
⑥ 찬물을 부으며, 반죽을 한다.

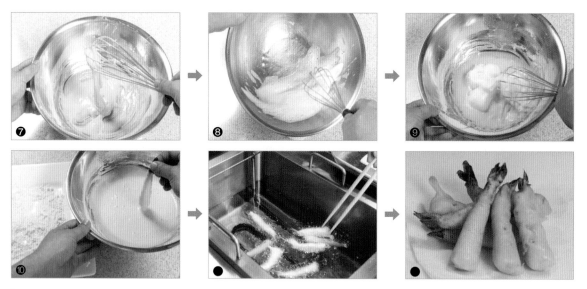

⑦ 반죽의 농도는 되직하게 만든다(달걀 흰자가 들어가기 때문이다).　⑧ 달걀 흰자를 거품기로 쳐서 거품을 만든다.
⑨ 만들어 놓은 튀김반죽에 달걀 흰자 거품을 넣어 섞는다.　　　　　⑩ 튀김반죽에 새우를 묻힌다.
⑪ 170℃ 정도로 예열된 튀김기름에 튀긴다.　　　　　　　　　　　　⑫ 완성된 새우튀김

(2) 바스켓 방법(Basket Method)

많은 양의 기름에서 재료를 basket에 넣어서 튀기는 방법으로 반죽이 입혀지지 않은 것이나 재료가 비교적 작은 것을 튀길 때 사용한다.

바스켓(Basket Method)하는 방법과 순서

① 감자 삶을 물에 소금을 넣는다.　　　　　　　　　② 감자를 삶을 때 완전히 삶지 말고 70% 정도만 삶는다.
③ 삶은 감자에 물기를 제거한다.　　　　　　　　　④ 바스켓에 삶은 감자를 넣는다.
⑤ 약 180℃ 정도로 예열된 기름에 튀긴다.　　　　　⑥ 연한 갈색으로 튀겨진 프렌치 프라이 포테이토

3

습식열 조리방법
moist-heat cooking methods

습식열 조리방법은 습기를 가진 열을 재료에 가하여 대류(Convection) 또는 전도(Conduction) 방식으로 조리하는 것이다. 직접적으로 물속에서 조리되기도 하지만, 수증기를 일정한 공간 속에 투입하여 그 속에서 압력과 함께 조리하는 방식이다.

1) 끓이기(Boiling)

끓이기는 식재료를 육수나 물, 액체에 넣고 끓이는 방법으로, 식재료에 따라 여러 가지 방법으로 끓일 수 있다. 생선과 채소는 다량의 수분을 함유하므로 국물을 적게 넣고 끓이고, 건조한 것이나 수분이 적은 것은 국물을 많이 한다. 찬물에서부터 재료(육류나 채소)를 넣고 끓일 경우에는 세포막이 열리므로 맛을 손실할 우려가 있으나, 뜨거운 물에 데칠 경우는 세포막이 열리지 않으므로 맛을 보존할 수 있다.

(1) 찬물로 시작해서 끓이는 방법

식재료의 겉표면이 거칠거나 딱딱할 경우, 감자가 수분을 흡수케 하여 골고루 익기를 원할 때 쓰는 조리법이다.

- 육류의 경우, 육수를 만들기 위해서는 찬물에 은근히 거품을 거둬 내면서 끓여야 맑은 육수를 만들 수 있다. 이 때, 단백질이 파괴되지 않도록 계속 열을 가해야 한다.
- 거품나는 재료는 뚜껑을 닫지 않고 끓인다.
- 끓이는 시간은 재료별로 정확히 알아야 한다.
- 물이 끓으면 화력을 조절하여 은근히 끓여야 한다.

찬물로 시작해 끓이는 방법

① 국물을 필요로 하는 육수를 끓일 때는 반드시 찬물에서 시작하여 끓여야 한다.
② 육수를 끓이고 있는 모습

(2) 더운물로 시작해서 끓이는 방법

식재료(육류, 채소, 파스타)를 빨리 익게 하고 영양적으로 비타민을 보존하며, 식품 고유의 색을 보존하기 원할 때 쓰는 방법이다.

- 채소를 삶은 물은 수용성 비타민과 무기질이 많으므로 채소를 삶을 때 물을 적게 넣거나 되도록 채소 삶은 물을 이용하는 것이 좋다. 외국의 경우, 채소국물을 이용하여 수프를 끓이기도 한다.
- 파스타(국수, 스파게티)는 뚜껑을 열고 소량의 기름을 넣은 후 끓는 물에 삶아야만 전분의 젤라틴화를 막으므로 서로 붙지 않는다.

더운물로 시작해 끓이는 방법

① 파스타나 국수류는 끓는 물에서 시작하여 끓여야 한다. 끓는 물에 스파게티를 넣기 전에 소금과 오일을 넣고 스파게티는 부러트리지 말고 삶는다.
② 끓는 물에 스파게티를 넣고 처음에는 저어 주면서 삶아야 면끼리 달라붙지 않는다.

2) 은근히 끓이기(Simmering)

은근히 끓이기는 낮은 불에서 대류현상을 유지하지만 조리하는 재료가 흐트러지지 않도록 조심스럽게 끓이는 것을 의미한다. 온도는 85~96도 사이에서 비교적 높은 열을 유지하면서 내용물이 계속적으로 조리되도록 하여야 한다. 이 조리법에 사용되는 매개체인 액체도 삶기에 사용되는 것과 동일하다. 은근히 끓이기의 목적은 요리될 재료를 습식열로 인하여 부드럽게 하기 위함과 국물을 우려내기 위해 주로 사용한다.

은근히 끓이는(Simmering) 방법

① 콘소메를 끓이기 시작하는 단계
② 콘소메를 약한 불 위에서 씨머링(Simmering)하고 있다.

3) 삶기(Poaching)

삶기는 액체온도가 재료에 전달되는 전도형식의 습식열 조리방법이다. 삶기는 달걀이나 단백질 식품 등을 비등점 이하의 온도(65~92℃)에서 끓고 있는 물, 혹은 액체 속에 담가 익히는 방법인데, 그 이유는 낮은 온도에서 조리함으로써 단백질 식품의 건조하고 딱딱해짐을 방지하고 부드러움을 살리는 데 있다. 삶기를 할 때 재료에서 향이나 풍미를 살리기 위하여 스톡(stock), 부용(Bouillon), 식초를 섞은 물을 많이 사용한다.

- 육수나 court−bouillon에 포도주를 이용하여 익히는 경우, 되도록 적은 양의 액체를 사용하여 식품의 형태가 흐트러지지 않도록 해야 한다.
- 홀랜다이즈 소스(Hollandaise sauce)를 만들 경우에는 85~90℃ 정도의 온도로 중탕을 하는데, 뚜껑을 덮지 않고 휘핑한다.
- 생선의 경우, 냄비에 버터를 두르고 소금과 후추를 친 후 생선을 놓고 생선육수, 포도주 등을 약간 뿌려 불 위에 냄비를 올린다. 그 다음 기름종이(버터껍질, 쿠킹호일)를 덮어 낮은 온도의 오븐에서 5~10분 정도 익힌 후 생선을 꺼내 접시에 담고, 냄비 속의 남은 육수에 크림을 넣고 소스를 만들어 생선 위에 뿌려 준다.

Poaching에는 다음과 같은 두 가지 방법이 있다.

(1) 살로우포칭(Shallow Poaching)

적은 양의 야채스톡이나, 닭 육수, 생선육수, 백포도주를 사용하여 생선류나 가금류를 요리하는데, 액체의 양은 내용물의 1/2 이하로 넣고 조리하는 것이 좋다. 일반적으로 Shallow Poaching할 때 생선이나 가금류 밑에 다진 양파나 살롯을 깔고 기름종이로 덮은 다음, 약 85℃ 정도에서 조리한다. 이 조리법의 장점은 재료를 익히고 난 후에 남은 액체를 졸여서 크림이나 버터를 첨가하여 소스를 즉석에 만들어 사용할 수 있는 장점이 있다.

샬로우포칭(Shallow poaching)하는 방법과 순서

① 샬로우 포칭(Shallow Poaching)할 냄비에 버터를 바른다.
② 다진 양파를 바닥에 깔고 생선살을 놓고 레몬즙을 뿌린다.
③ 생선살 위에 백포도주를 뿌려주고, 생선살 옆으로 생선스톡을 조금 부어 준다.
④ 불 위에서 뚜껑을 닫고 약한 불에서 포칭한다.
⑤ 생선살이 다 익으면 스패출라(Spatula)를 이용해 냄비에서 꺼내 접시에 담아 놓는다.
⑥ 생선살을 꺼낸 냄비에 생크림을 붓고 졸여 소스를 만든다.
⑦ 졸여서 농도가 난 소스를 거른다.
⑧ 거른 소스에 차이브 다진 것을 섞어 생선 위에 뿌린다.

(2) 서브머지포칭(Submerge Poaching)

냄비나 포트에다 많은 양의 야채스톡, 닭육수, 생선육수를 담고 85~90℃ 정도의 온도에서 가금류나 해산물류를 넣고 서서히 익히기도 하는데, 수란을 만들 때 조리하는 방법이다. 재료가 처음에는 가라앉지만 익으면 대부분 재료가 뜬다. 갑각류는 2% 정도의 소금을 넣은 후 삶으면 색이 더욱 선명하다.

서브머지포칭(Submerge Poaching)하는 방법과 순서

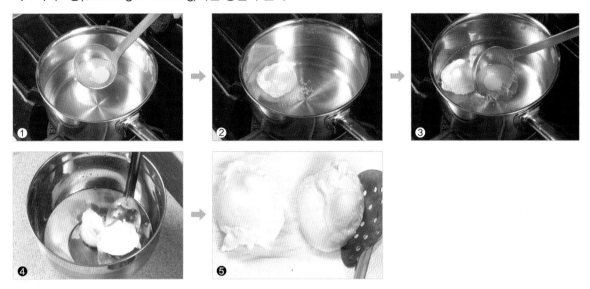

① 포칭할 신선한 달걀을 국자에 조심스럽게 깨서 넣는다.
②③ 포칭할 뜨거운 물에 조심스럽게 넣고 포칭한다.
④ 슬로티드 스푼(Slotted Spoon)을 사용해 포칭한 달걀을 꺼내 따끈한 물에 넣어 식초의 신 맛을 없앤다.
⑤ 물기를 제거한 후 제공한다.

4) 데침(Blanching)

데침은 짧은 시간에 재빨리 재료를 익혀 내기 위한 목적으로 사용되는 조리법으로 적은 양의 식재료를 많은 양의 물 또는 기름 속에 집어넣어 짧게 조리하는 방법이다. 데침은 기름과 물을 매개체로 하여 재료를 익히는데, 높은 열에서 시작하고 재료와 매개체의 비율은 1 : 10 정도를 유지해야 한다. 데침에 주로 사용되는 재료는 푸른색을 지닌 야채로서 엽록소를 높은 열에서 고정화하기 위함인데, 데친 후에는 즉시 찬물에 담그어 식혀야 한다.

(1) 물에 데칠 경우

물을 100℃까지 끓게 한 후 식품을 잠깐 넣어 익힌다. 익힌 후 얼음물에 넣어 식혀 낸다.(시금치, 청경채, 감자, 베이컨 등). 물과 식품의 비율은 10:1 정도가 좋다. 깨끗한 육수를 얻기 위해 뼈를 찬물에 넣고 끓여 데쳐 내어 불순물을 제거시킨다.

- 채소의 경우, 소금을 첨가하면 비타민, 무기질, 색소의 손실을 막을 수 있으며, 또한 시금치, 미나리 등 진초록색을 선명하게 나타내기 위한 방법이기도 하다.
- 토마토의 껍질을 제거하기 위해 뜨거운 물에 데치는 경우도 있다.
- 시금치, 근대, 아욱 같은 채소는 수산(oxalic acid)이 많으므로 데칠 때 뚜껑을 열고 데친 후 찬물에 헹구어 수산을 용출시켜야 한다. 그렇지 않으면 채소류가 가지고 있는 칼슘과 함께 수산화칼슘이 되어 담석증의 요인이 되기도 한다.

블랜칭(Blanching)하는 방법과 순서

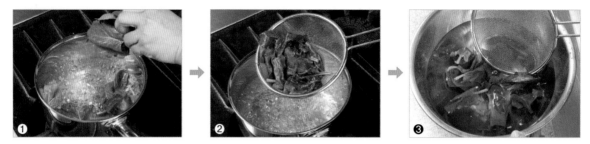

① 시금치를 끓는 물에 넣는다.
② 끓는 물에 넣고 4~5초 정도 후에 건져 낸다.
③ 얼음물이나 찬물에 빠르게 식힌다.

(2) 기름에 데칠 경우

- 생선, 채소, 육류의 기름 온도는 130℃ 정도가 적당하며, 물에 데칠 때 같이 넣었다가 꺼내면 된다. (피망의 얇은 막을 제거하기 위해 기름에 튀기면 잘 벗겨진다.)
- 데칠 때 식품의 형태가 변하지 않도록 해야 하고 단백질이 많은 식품은 오래 데치면 안 된다.
- 생선을 기름에 데칠 때는 생선에 소금을 20% 정도 뿌려 10-20분간 두었다가 데치면 생선의 단맛을 보존하고, 비린내가 제거된다.

5) 증기찜(Steaming)

증기찌기는 수증기 대류를 이용하는 방법으로 수증기의 열이 재료에 옮겨져 조리되는 원리이다. 수증기는 공기 중으로 퍼져 나가는 속도가 매우 빠르므로 일정한 공간을 확보해야 조리가 가능하다. 증기를 사용하는 조리는 액체를 담고 액체와 수증기를 분리시킬 수 있는 분리대를 설치한 후, 그 위에 재료를 놓고 뚜껑을 덮어 수증기를 모아 조리를 한다. 이 방법은 음식의 신선도를 유지하기 좋으며, 100도 이상에서 시작하며, 작은 공간에서도 대량으로 조리할 수 있는 있고 Boiling에 비하여 풍미와 색채를 살릴 수 있는 장점이 있다.

증기찌기에는 압력을 사용하여 조리하는 방법과 압력을 사용하지 않고 하는 방법이 있다.

증기찜(Steaming)하는 방법과 순서

① 스티머(Steamer)에 생선 살을 넣는다.
② 기름종이나 뚜껑을 덮고 열을 가해 스티밍(Steaming)한다.
③ 스티밍으로 익힌 생선

6) 글레이징(Glazing)

설탕이나 버터, 육즙 등을 농축시켜 음식에 코팅시키는 조리방법이다.

샐러맨더나 오븐에 넣어 갈색이 나도록 한다든지 프라이팬에서 당근 샤또나 야채를 설탕, 버터 등을 넣고 졸여서 반짝반짝 윤기나게 하는 조리법이다.

글레이징(Glazing)한 당근

4
복합조리방법
Combination cooking methods

복합조리방법은 습식열과 건식열을 모두 포함하는 조리방법으로 조리진행과정에서 또는 열원이 두 가지 원리를 모두 포함하고 있다. 다만, 색을 내는 조리방법에서는 처음으로 건식열 조리방법을 쓰고, 다음으로 조리를 마무리하는 단계에서는 습식열 조리방법을 사용하는 것이 일반적이다. 특히, 복합 조리방법은 맛이나 영양가의 손실을 최소화하고 재료를 부드럽게 조리하기 위한 방법으로 육류 조리시에 매우 효과적이다.

1) 브레이징(Braising)

브레이징은 서양요리에서 건식열과 습식열 두 가지 방식을 이용한 대표적인 조리방법으로 우리나라의 찜과 비슷한 조리법이다. 일반적으로 브레이징하는 재료는 덩어리가 크고 육질이 질긴 부위나 지방이 적게 함유된 고기를 조리하는 방법이다. 지방이 적은 고기일 경우, 때로는 Larding(라딩 : 고기 속에 인위적으로 지방을 삽입하는 조리방법)을 하여 지방을 넣어서 브래이징한다. 브레이징은 먼저 고깃덩어리를 건식열로 높은 온도에서 주위를 갈색이 나도록 구워 주어 육류내부에 있는 주스가 빠져 나오는 것을 막아 준 후 육류나 생선, 야채, 소스, 향신료를 넣고 간접열을 이용하여 오븐 속에서 가열하는데, 온도가 너무 높으면 고기의 육질이 질겨지므로 180℃ 정도에서 소스를 계속 뿌려 주면서 익힌다. 소스는 팬에 1/4 정도 유지시키면서 스푼으로 계속 떠서 고기에 뿌리면 소스가 고기에 완전히 배어 맛이 좋다. 브레이징할 때 발생한 주스는 따로 모아서 소스로 사용한다.

• 소고기의 경우, 높은 온도에서 색을 낸 다음 팬에 채소를 깔고 포도주, 소스 등을 뿌린 다음 천천히

가열하여 조리한다. 고기가 다 익으면 고기는 꺼내고 남은 채소, 소스 등은 체로 걸러 소스로 사용한다.(고기의 경우 질긴 고기 요리법이다. 목살, 엉덩이살 등)

- 채소의 경우, 낮은 온도로 오븐을 조절한 다음 셀러리, 대파 등을 팬에 넣고 육수를 약간 넣어 익힌다. 뚜껑을 닫는 것이 채소를 푹 무르게 하는 데 도움이 된다.
- 생선은 포도주를 팬에 1/3 정도 넣어 은근히 익힌 다음 뚜껑을 열고 생선을 꺼내 접시에 담고 즙은 생크림과 향신료를 넣어 소스에 뿌려 준다.

브레이징(Braising)하는 방법과 순서

① 지방층이 없는 고기에 지방을 넣어 준다.(Larding)
② 라딩(Larding)한 고기에 소금과 후추로 간을 한다.
③ 예열된 브레이징 팬에 고기를 갈색으로 소테한다.
④ 고기를 꺼낸 소테한 팬에 미르포아(Mirepoix)를 넣고 갈색으로 볶은 후 브라운 스톡(Brown Stock)이나 데미글라스(Demi Glace)를 넣는다.
⑤ ④에 고기를 넣는다. (고기가 1/3~1/4 정도 잠기게 소스를 넣는다)
⑥ ⑦뚜껑을 덮고 오븐 안에서 브레이징한다. (뚜껑을 덮지 않고 브레이징할 경우에는 고기의 표면이 딱딱해질 우려가 있으므로 가끔 소스를 고기 위에 뿌려 건조되는 것을 방지해야 한다)
⑧ 브레이징이 완성된 모습
⑨ 브레이징한 고기를 써는 모습

2) 스튜(Stewing)

스튜 역시 건식열과 습식열을 겸해서 사용하는 조리방법이다. 스튜는 작은 덩어리를 높은 열로 표면에 색을 낸 다음 습식열로 조리하는 것이 특징이다. 스튜를 할 때는 소스를 충분히 넣어 재료가 잠길 정도로 하고 완전히 조리될 때까지 건조되는 일이 없도록 해야 한다. 보통 브레이징보다는 조리시간이 짧은데, 그 이유는 브레이징에 비하여 주재료의 크기가 작기 때문이다.

스튜(Stewing)하는 방법과 순서

① 스튜할 식재료　　　　　　　　　　　　② 다진 마늘과 고기를 갈색으로 소테한다.
③ ②에 야채를 넣고 볶은 후 밀가루를 넣고 볶는다.　④ ③에 토마토 패스트(Tomato Paste)를 넣고 볶는다.
⑤ ④에 데미글라스(Demi Glace)를 넣고 끓인다.　⑥ 완성된 비프스튜

3) 쁘왈레(Poeler)

팬(pan) 속에 재료를 넣고 뚜껑을 덮은 다음, Oven 속에서 온도를 조절해 가면서 조리하는 방법이다. 이 조리법은 140~210℃의 온도로 오븐 안에서 뚜껑 있는 팬을 이용하여 채소와 함께 가금류, 육류를 조리하는 방법인데, 뚜껑을 덮어야 한다. 소스를 계속 육류에 뿌려 주면서 익힌 다음 고기를 꺼내 포도주나 갈색 소스를 넣어 데그레이즈(Deglaze)한 후 졸여서 체에 걸러 소스로 사용한다.

Chapter 6

기본육류(Beef, Lamb, Veal, Pork) 이해와 손질

··· **학습목표**

- 소고기(Beef), 돼지고기(Pork), 양고기(Lamb) 등 많이 쓰이는 육류의 골격구조와 가공부위를 사진을 통해 인지하고 외국어로 된 명칭을 학습한다.
- 소고기의 등급(Grade of Beef)별 분류기준과 육류의 보조손질, 육류의 굽기 정도, 각 육류별 안심과 등심의 손질방법 및 취급방법을 학습하므로 육류 다루는 기술적 능력 향상에 있다.

1

소고기 손질
Trimming the Beef

1) 소의 골격구조와 가공부위

소고기 부위와 연도

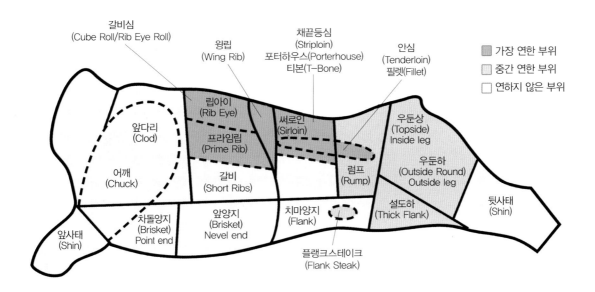

※자료 : 뉴질랜드식육공사 제공

소의 골격구조

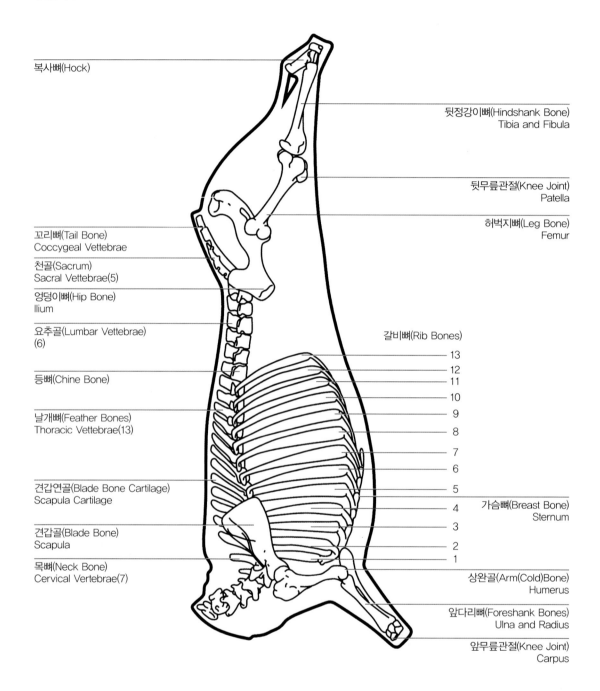

복사뼈(Hock)

뒷정강이뼈(Hindshank Bone)
Tibia and Fibula

뒷무릎관절(Knee Joint)
Patella

허벅지뼈(Leg Bone)
Femur

꼬리뼈(Tail Bone)
Coccygeal Vettebrae

천골(Sacrum)
Sacral Vettebrae(5)

엉덩이뼈(Hip Bone)
Ilium

요추골(Lumbar Vettebrae)
(6)

등뼈(Chine Bone)

날개뼈(Feather Bones)
Thoracic Vettebrae(13)

견갑연골(Blade Bone Cartilage)
Scapula Cartilage

견갑골(Blade Bone)
Scapula

목뼈(Neck Bone)
Cervical Vertebrae(7)

갈비뼈(Rib Bones)

13
12
11
10
9
8
7
6
5
4
3
2
1

가슴뼈(Breast Bone)
Sternum

상완골(Arm(Cold)Bone)
Humerus

앞다리뼈(Foreshank Bones)
Ulna and Radius

앞무릎관절(Knee Joint)
Carpus

※자료 : 뉴질랜드식육공사 제공

소고기 1차 및 2차 가공부위(1)

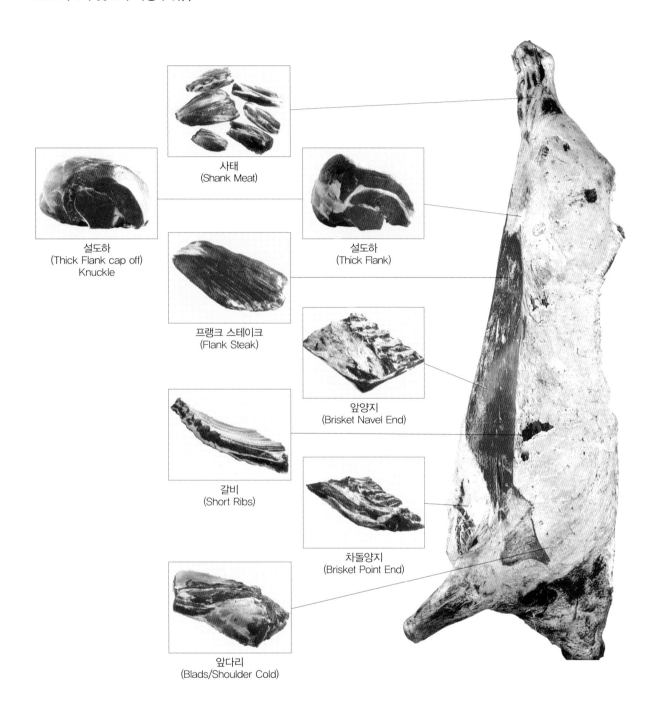

사태
(Shank Meat)

설도하
(Thick Flank cap off)
Knuckle

설도하
(Thick Flank)

프랭크 스테이크
(Flank Steak)

앞양지
(Brisket Navel End)

갈비
(Short Ribs)

차돌양지
(Brisket Point End)

앞다리
(Blads/Shoulder Cold)

※자료 : 뉴질랜드식육공사 제공

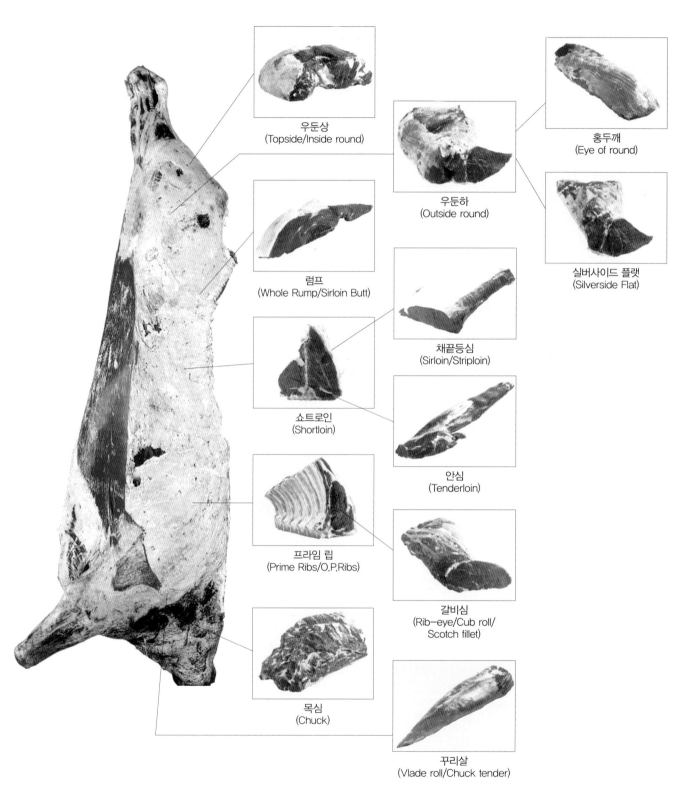

우둔상
(Topside/Inside round)

우둔하
(Outside round)

홍두깨
(Eye of round)

럼프
(Whole Rump/Sirloin Butt)

채끝등심
(Sirloin/Striploin)

실버사이드 플랫
(Silverside Flat)

쇼트로인
(Shortloin)

안심
(Tenderloin)

프라임 립
(Prime Ribs/O.P.Ribs)

갈비심
(Rib-eye/Cub roll/
Scotch fillet)

목심
(Chuck)

꾸리살
(Vlade roll/Chuck tender)

※자료 : 뉴질랜드식육공사 제공

2) 소고기 등급(Grade of Beef)

산지에서 도축장에 보내진 가축은 생체검사를 거쳐 도살하면 해체검사를 실시한다. 내장과 생육에서 이상이 발견되면 축산가공물 처리법에 따라 생육을 폐기처분한다. 미국은 농무성을 대표하는 소고기의 품질분류전문가인 연방고기검사관이 식육의 품질에 따른 수육의 등급제도(Meat Greding System)의하여 품질분류를 한다.

도살한 직후의 소고기를 비롯한 모든 동물성 어육류는 사후강직의 과정을 거치게 된다. 사후강직은 일종의 숙성과정으로, 소를 도살하면 당의 분해와 신장력 상실로 인하여 조직이 단단해지면서 탄력이 있다. 사후경직기간 동안 단백질이 분해되어 숙성하게 되면 육질이 연하고 맛이 좋아진다. 소고기의 경우에 0℃에서 10일 정도, 8~10℃에서 4일, 17℃에서 3일 정도 걸린다.

냉동된 소고기는 냉장온도에서 하루 정도 보관하여 서서히 해동하는 것이 바람직하다. 냉동은 급속냉동을 한 경우에 조직의 파괴가 적으나, 해동은 완만한 해빙방법이 근조직의 파괴를 적게 한다. 사후강직이 덜 된 생육을 냉동시킨 고기는, 급격한 해동경직 현상이 일어나게 한다. 해동시에 흘러나오는 육즙의 양만큼 손실이 오게 되는데, 물 먹인 소의 경우는 감량이 15%에 달하기도 한다.

등급분류기준은 상강도, 조직도, 지방과 조직의 빛깔, 그리고 향기에 근거하고 있다. 수분과 단백질이 지방으로 변하여 대리석 같은 얼룩무늬 형태로 골격근에 남게 되는데, 이것을 마블링이라 한다. 이러한 지방교잡정도(상강도)는 근육조직에 산포되어 있는 지방질의 양과 모양으로 측정한다. 마블링이 잘된 고니는 비육이 잘된 소에서 생산된 고기로, 고기의 향과 맛이 뛰어나고 연하다.

지방색은 흰 노란색보다는 흰색에 가까울수록 좋으며, 덩어리진 지방보다는 작은 좁쌀처럼 미세한 지방이 살코기(조직) 속에 그물 조직같이 산포된 것이 좋다. 조직도는 육질의 조직형태와 비율을 의미하며, 결이 곱고 윤기가 나는 육질이 대체로 우수하다. 고기의 빛깔은 선홍색의 육질이 대체로 양질의 것이다. 빨간색은 수분이 많은 것이며, 암갈색은 나이가 많은 소고기다. 고기의 향기는 익힐 때 휘발되는 냄새를 말하며, 향기로운 냄새가 좋다.

① ② ③ ④

미국정부의 도장 ① 연방검사 규격에 합격한 육제품에 표시 ② 모든 가공육이나 유제품이 연방정부의 검사를 받았다는 표시
③④ 연방정부에서 검사하고 등급을 정한 가공 가금류 제품이나 신선하거나 냉동한 가금류에 표시

일반적으로 소고기 분류기준은 8등급이 있다.

① **최상급(Prime)** : 고급호텔이나 전문식당에서 주로 사용하며, 총 생산량의 4%미만이기 때문에 가격이 비싸다. 육질은 연한 그물 조직이며, 단단한 우유 빛의 두꺼운 지방으로 쌓여 있으므로 숙성시키기에 적합하다.

② **상등급(Choice)** : 최상급보다 마블링이 적으나 육질은 연한 그물 조직이며, 맛과 육즙이 풍부하다. 생산량도 많고 경제적인 가격이므로 인기도 좋으며 소비량도 많다.

③ **상급(Good)** : 지방의 함량이 적기 때문에 요리하면 덜 수축되는 경제적인 소고기이다.

④ **표준급(Standard)** : 살코기의 비율이 높고, 지방의 함량이 적으며, 위의 등급보다 맛이 떨어진다.

⑤ **판매급(Commercial)** : 성우육으로 맛은 풍부하지만 질기기 때문에 연해지도록 천천히 요리하여야 한다.

⑥ **보통급(Utility)**, ⑦ **분쇄급(Cutter)**, ⑧ **통조림급(Canner)** : 위의 등급보다 맛과 향은 떨어지지만 경제적으로 유리하기 때문에 제조가공하거나 기계에 갈아서 사용하기에 적합하다.

미국육류수출협회   NAMP

US등급의 도장

3) 소 안심 손질(Trimming The Beef Tenderloin)

안심이란 소의 등뼈 안쪽으로 콩팥에서 허리 부분까지 이르는 가느다란 양쪽 부위를 말한다. 안심이 맛있는 것은 안심의 주위는 지방으로 둘러싸여 있지만, 안심 자체는 지방이 거의 없고 부드러운 육질을 갖고 있기 때문이다. 샤토브리앙은 안심부위 중 가장 넓은 부분에 해당하는 것으로 프랑스 사람들은 이를 스테이크의 백미로 치고 있다. 이는 19세기 프랑스의 귀족작가였던 샤토브리앙의 이름에서 유래된다. 당시 샤토브리앙은 자신의 요리장이었던 몽미레이유에게 안심을 가장 맛있게 구어 올 것을 지시했으며, 안심을 구어 오면 항상 다른 부위는 남기고 가장 넓은 부분만을 맛있게 먹어, 이것이 세상에 알려지면서 그 귀족의 이름을 따 샤토브리앙으로 불리게 된 것이라고 한다. 도르네도는 안심 중 지방기가 가장 적어 퍽퍽하기 때문에 얇게 자른 돼지고기 지방으로 가장자리를 둘러싸 굽는다. 이와 같은 맥락으로 필레미뇽에도 베이컨을 말아 굽는다.

안심(Tenderloin) 손질 방법과 순서

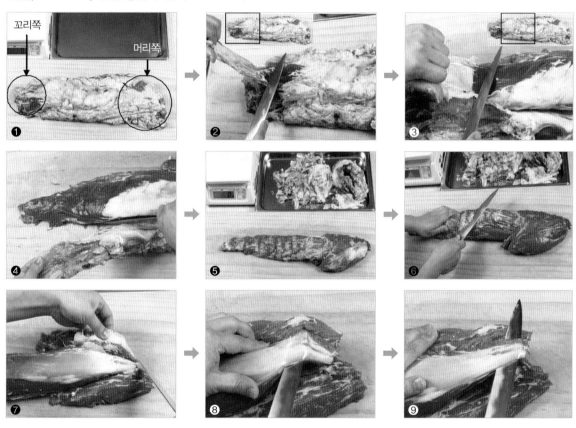

① 지방이 붙어 있는 소 안심　　② 꼬리 쪽에 있는 힘줄과 지방을 제거한다.

③ 머리 쪽에서부터 지방과 힘줄을 제거한다. 제거방법은 지방을 안심 꼬리 쪽 방향으로 잡아당기며, 칼집을 내주면서 제거한다.

④ 안심 옆줄에 있는 안심날개(Chain Muscle) 부분을 제거한다.

⑤ 큰 지방만 제거한 안심 뒤쪽 부분

⑥ 안심 뒤쪽은 연하고 지방이 비교적 고루 분포되어 있는 부분으로 조심스럽게 다듬는다.

⑦ 안심 머리 부분에 있는 실버스킨(Sliver Skin)를 분리한다.

⑧⑨ 실버스킨에 칼끝을 찔러 넣어 분리한다.

⑩ 왼손으로 실버스킨을 당기면서 칼날이 실버스킨 쪽으로 기울게 하여 서서히 힘을 주면서 잘라 낸다.

⑪ 실버스킨을 제거한 모습　　⑫ 안심을 부위별로 자른 모습

① 안심을 자르는 모습　　② 자른 안심을 전자저울에서 그램(gm) 수를 확인하는 모습

③ 안심을 가장 가는 부분인 휠렛미뇽(Filet Mignon)에 베이컨을 감는 모습

안심부위별 명칭

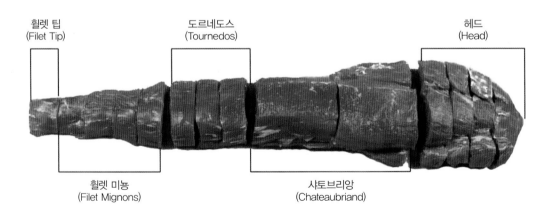

휠렛 팁 (Filet Tip)　　도르네도스 (Tournedos)　　헤드 (Head)

휠렛 미뇽 (Filet Mignons)　　샤토브리앙 (Chateaubriand)

4) 소 등심 손질(Trimming The Beef Sirloin)

영국 왕 찰스 2세(1660-1685)는 스테이크를 매우 좋아했는데, 하루는 신하에게 자신이 좋아하는 스테이크의 부위가 어느 부위인지를 물었고, 신하는 "등심(loin)입니다"라고 답했다. 그러자 국왕은 그 고기는 매일 식사 때마다 나를 즐겁게 해주니 기사(Knight)직위를 수여하겠다고 했으며, 그 신하는 재빨리 기사에게 부쳐지는 존칭어인 Sir를 loin 앞에 붙여 그 뒤부터 등심 중 가장 맛있는 부위는 Sirloin으로 불리게 된 것으로 전해지고 있다.

등심(Sirloin) 손질 방법과 순서

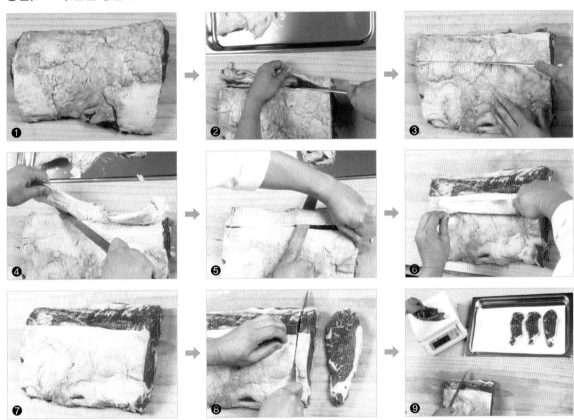

① 지방이 붙어 있는 소 등심
② 등심의 두꺼운 부분의 끝 쪽에 있는 지방과 힘줄을 제거한다.
③ 등심의 두꺼운 부분에 있는 지방에 칼집을 그림과 같이 넣는다.
④ 칼집을 낸 부분의 지방을 제거한다.
⑤ 칼집을 낸 부분의 두꺼운 힘줄을 그림과 같이 제거한다.
⑥ 등심의 나머지 부분에 있는 지방을 적당한 두께(0.5cm)로 남기고 제거한다.
⑦ 손질을 끝낸 소 등심
⑧ 소 등심을 자르는 모습
⑨ 필요한 크기로 써는 모습

5) 육류의 보조 손질(Assist Handling of Beef)

(1) 바딩(Barding)

바딩은 육류표면을 기름을 이용하여 조리시에 지나치게 건조되는 것을 방지하기 위한 사전조리기술이다. 특히, 흰살 육류는 육질 속에 지방함량이 부족하여 건식 열조리 후 육질이 단단해지게 되는데, 이것은 바딩이 충분히 이루어지지 않았기 때문이다. 바딩은 소고기나 돼지고기의 경우, 육질표면에 존재하는 지방분을 완전히 제거하지 않고 적당량을 남겨두어 로스팅(Roasting)을 할 때 열에 의해서 육질을 감싸며 흘러내리도록 해준다. 이렇게 해줌으로 육질 속에 수분이 밖으로 빠져 나가지 않고 맛과 함께 그대로 남아 있도록 해주는 것이다. 그러나 가금류의 경우, 표면지방함량이 부족하여 외부지방을 가금류 주변에 감싸주어 이러한 효과를 보는 것도 바로 바딩 작업 중에 하나이다.

바딩(Barding)하는 방법

▌ ① 로스팅(Roasting)할 고기가 표면에 지방이 없을 경우, 돼지 지방을 얇게 썰어 위에 놓고 끈으로 묶는다.
▌ ② 바딩(Barding)이 완성된 모습

(2) 라딩(Larding)

라딩은 바딩과 비교하여 바딩이 표면에 지방질로 육류를 감싸 주어 수분증발을 억제하기 위해서 외부에서 지방을 공급해 주었다면 라딩은 지방이 부족한 육류내부에 지방을 공급해 주는 조리방법이다. 라딩 목적은 일반적으로 오랜 시간 조리를 하는 브레이징(Brasing)과 같은 조리법에 사용되는데, 조리를 하는 동안 육질 속에 수분과 맛, 향을 증가시켜 줌으로써 품질을 향상시킨다.

라딩에 사용되는 기름은 주로 돼지기름을 이용하는데, 가늘게 썰은 다음 라딩기구를 이용하여 육질 속에 채워 넣는다. 그러나 육질 속에 지방분이 많이 포함된 경우에는 라딩을 하지 않는다.

라딩(Larding)하는 방법

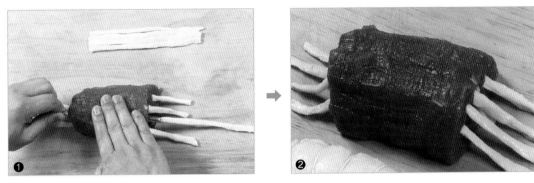

> ① 돼지 등심 쪽에 있는 지방을 가늘고 길게 잘라 라딩바늘(Larding Needle)을 이용해 고기에 지방을 넣고 있다.
> ② 라딩(Larding)이 된 모습

(3) 육류 마리네이드(Meat Marinade)

마리네이드란 육류에 향을 첨가하고 보다 더 부드럽게 만들기 위해서 양념을 한 액체에 담가두는 일련의 조리행위이다. 마리네이드는 비교적 간단하게, 허브(Herbs)와 소금, 후추(Salt and Pepper), 오일(Oil)을 넣어 갈은 다음 육류를 담아 두는 방법에서 여러 가지 재료를 특성을 고려하여 요리마다 제각기 와인(Wine), 과일(Fruits) 등 여러 재료를 넣는 것까지 매우 다양한 방법이 있다. 송아지 고기처럼 향이 약한 육류는 가볍고 순한 마리네이드를 하고, 소고기나 엽수류는 강한 향을 넣어 마리네이드한다. 포도주가 기본이 되는 마리네이드는 육류색에 따라서 연한색은 백색 포도주를, 붉은 육류는 적색 포도주를 사용하면 된다. 와인으로 마리네이드를 하면 와인 속에 포함되어 있는 산이 육류속에 포함되어 있는 결합조직에 영향을 주어 육질을 부드럽게 한다. 대부분의 마리네이드는 산을 함유하고 있기 때문에 반드시 유리나 세라믹 또는 스테인리스 스틸 용기에 보관해야 한다. 알루미늄 용기는 사용해서는 안 된다.

육류 중에는 송아지고기(Veal)나 돼지고기(Pork)와 같이 숙성기간이 짧은 것은 마리네이드 기간 역시 단시간에 끝내야 한다. 그러나 소고기나 양고기(Lamb)는 72시간까지도 마리네이드가 가능하다. 마리네이드에 소요되는 시간은 썬 육류조각의 크기와도 관련이 있다. 마리네이드를 할 때에는 재료들을 전체적으로 골고루 섞어 일정하게 맛이 들도록 하고 뚜껑이 있는 기구를 사용하여 뚜껑을 꼭 덮어 냉장상태에서 실시한다. 또한 중간중간 위와 아래를 뒤집어 주어 전체적으로 고르게 마리네드될 수 있도록 한다.

6) 육류의 굽기 정도(Degrees of Meat Cooking)

육류를 굽는 온도는 조리목적에 따라서 조금씩 차이가 있다. 덩어리가 큰 붉은색 육류(Red Meats)는 초기에 매우 높은 열에 의해서 표면을 카라멜화시킨 다음 굽는 것이 좋다. 이렇게 함으로써 육류 속에 포함되어 있는 향, 맛, 육즙이 밖으로 새어 나오지 않고 그대로 유지가 된다. 그러나 작은 덩어리에 고기를 석쇠구이나 철판구이를 할 때 초기온도가 너무 높으면 내부까지 조리되기 전에 타는 결과를 초래한다.

육류를 구울 때는 송아지 고기나 돼지고기, 가금류와 같이 조리가 끝났을 때 내부온도가 높아야 하는 것과 소고기나 양고기처럼 내부온도를 조절해야 하는 종류가 있는데, 내부까지 완전히 익혀야 하는 육류는 초기온도를 비교적 낮게 하여 조리되는 속도를 완만하게 하여야 한다. 이렇게 내부까지 완전히 익어야 하는 육류조리가 끝났을 때 표면은 짙은 황금색이 나야 한다. 붉은색 육류는 고객의 취향에 따라서 그 굽기의 정도를 조절해 주어야 하고 고객이 요구하는 경우, 조리사는 그 욕구에 알맞도록 조리를 해야 하는 의무가 있다. 조리사가 고기 굽는 정도와 기술을 충분히 이해하지 못하고 있으면 주문된 요구를 충족시킬 수 없게 된다.

육류의 굽기 구분

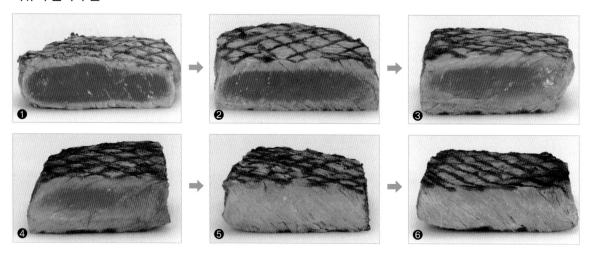

> ① 레어(Rare) : 짙은 붉은색. 따뜻한 육즙이 풍부하다. 매우 부드럽다.
> ② 미디움 레어(Medium Rare) : 선명한 붉은색. 육즙이 풍부하고 더 따뜻하다. 부드럽다.
> ③ 미디움(Rare) : 옅은 붉은색. 핑크빛 육즙이 베어있으며 따뜻하다. 부드러우며 탄력이 있다.
> ④ 미디움 웰던(Medium Well Done) : 핑크빛 붉은색. 맑은 핑크빛 육즙이 조금 있다. 단단하고 탄력이 느껴진다.
> ⑤ 웰던(Well Done) : 옅은 회색. 맑은 육즙이 조금 있다. 단단하다.
> ⑥ 베리 웰던(Very Well Done) : 돌회색. 뻣뻣하고 육즙이 거의 없다. 매우 단단하다.

※자료 : 뉴질랜드식육공사 제공

고기 굽기 정도를 구분하는 기준은 블루(Blue or Verry Rare), 래어(Rare), 미디엄래어(Medium Rare), 미디엄(Medium), 미디엄웰(Medium Well), 웰던(Well Done)으로 나뉜다. 이렇게 나누는 기준은 조리되었을 때 육류내부 색깔과 내부온도 차이에 있다. 덩어리가 큰 것은 오븐(Oven)에서 시작하여 오븐에서 끝내지만, 작은 크기에 육류는 처음 석쇠나 철판 또는 프라이팬에서 색깔을 낸 다음 오븐에서 그 굽기의 정도를 조절할 수 있다.

2
양고기 손질
Trimming the Lamb

1) 양의 골격구조 및 가공부위

양고기 부위와 연도

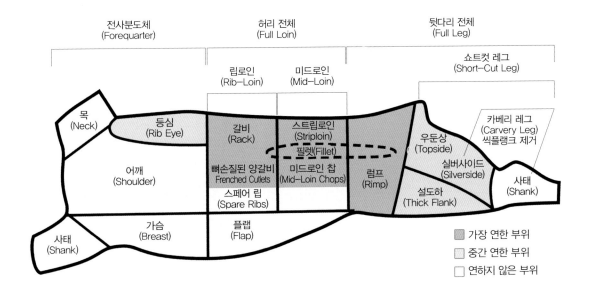

전사분도체 (Forequarter)
허리 전체 (Full Loin)
뒷다리 전체 (Full Leg)

쇼트컷 레그 (Short-Cut Leg)

립로인 (Rib-Loin)
미드로인 (Mid-Loin)

목 (Neck)
등심 (Rib Eye)
갈비 (Rack)
스트립로인 (Striploin)
필렛(Fillet)
우둔상 (Topside)
카베리 레그 (Carvery Leg) 씩플랭크 제거

어깨 (Shoulder)
뼈손질된 양갈비 Frenched Cutlets
미드로인 찹 (Mid-Loin Chops)
럼프 (Rimp)
실버사이드 (Silverside)
사태 (Shank)

스페어 립 (Spare Ribs)
설도하 (Thick Flank)

사태 (Shank)
가슴 (Breast)
플랩 (Flap)

가장 연한 부위
중간 연한 부위
연하지 않은 부위

※자료 : 뉴질랜드식육공사 제공

양의 골격구조

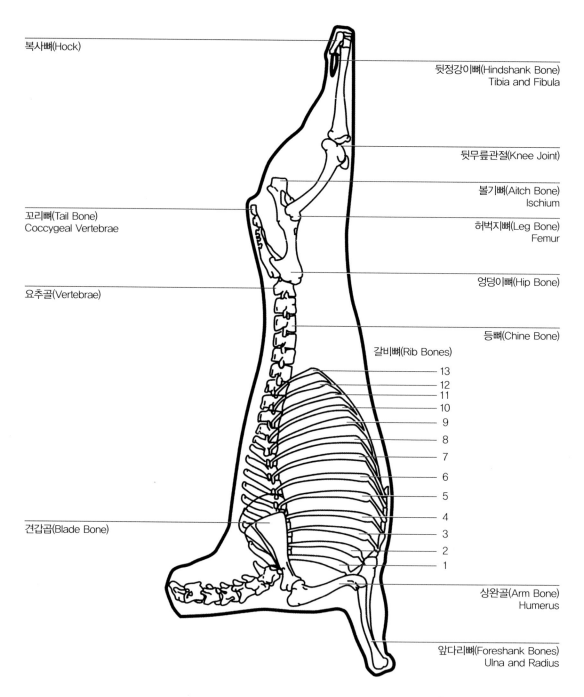

복사뼈(Hock)

뒷정강이뼈(Hindshank Bone)
Tibia and Fibula

뒷무릎관절(Knee Joint)

볼기뼈(Aitch Bone)
Ischium

허벅지뼈(Leg Bone)
Femur

꼬리뼈(Tail Bone)
Coccygeal Vertebrae

엉덩이뼈(Hip Bone)

요추골(Vertebrae)

등뼈(Chine Bone)

갈비뼈(Rib Bones)

13
12
11
10
9
8
7
6
5
4
3
2
1

견갑골(Blade Bone)

상완골(Arm Bone)
Humerus

앞다리뼈(Foreshank Bones)
Ulna and Radius

※자료 : 뉴질랜드식육공사 제공

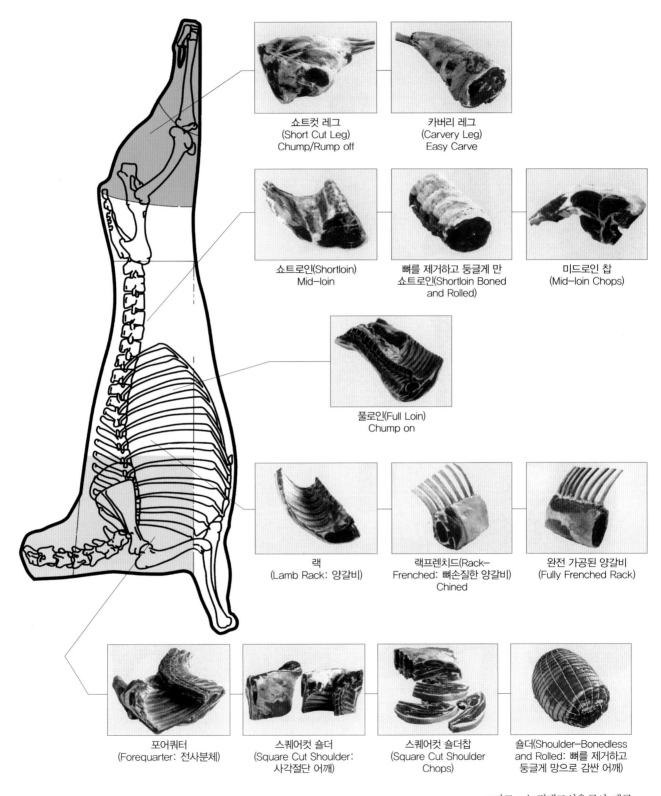

쇼트컷 레그
(Short Cut Leg)
Chump/Rump off

카버리 레그
(Carvery Leg)
Easy Carve

쇼트로인(Shortloin)
Mid-loin

뼈를 제거하고 둥글게 만
쇼트로인(Shortloin Boned
and Rolled)

미드로인 찹
(Mid-loin Chops)

풀로인(Full Loin)
Chump on

랙
(Lamb Rack: 양갈비)

랙프렌치드(Rack-
Frenched: 뼈손질한 양갈비)
Chined

완전 가공된 양갈비
(Fully Frenched Rack)

포어쿼터
(Forequarter: 전사분체)

스퀘어컷 숄더
(Square Cut Shoulder:
사각절단 어깨)

스퀘어컷 숄더찹
(Square Cut Shoulder
Chops)

숄더(Shoulder-Boneless
and Rolled: 뼈를 제거하고
둥글게 망으로 감싼 어깨)

※자료 : 뉴질랜드식육공사 제공

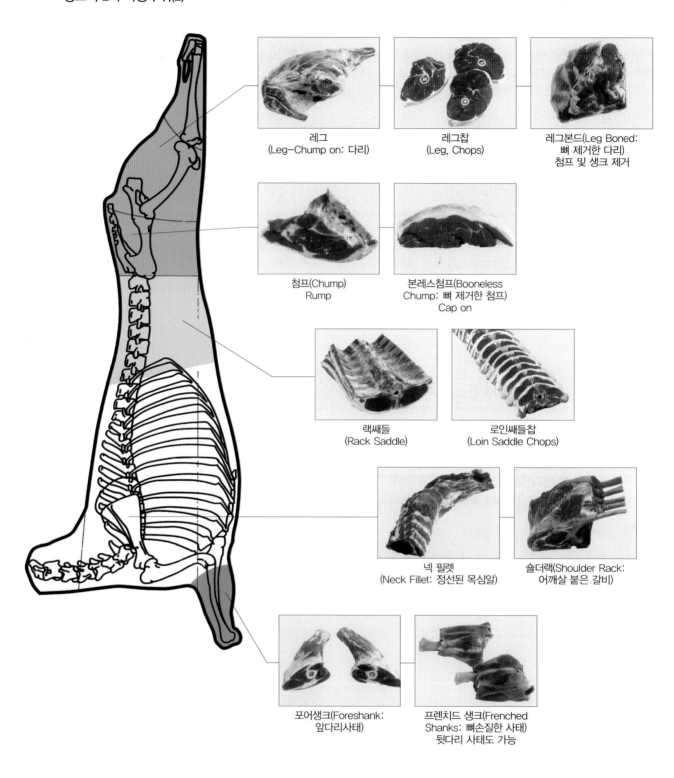

레그
(Leg-Chump on: 다리)

레그찹
(Leg, Chops)

레그본드(Leg Boned:
뼈 제거한 다리)
첨프 및 생크 제거

첨프(Chump)
Rump

본레스첨프(Booneless
Chump: 뼈 제거한 첨프)
Cap on

랙쌔들
(Rack Saddle)

로인쌔들찹
(Loin Saddle Chops)

넥 필렛
(Neck Fillet: 정선된 목심알)

숄더랙(Shoulder Rack:
어깨살 붙은 갈비)

포어생크(Foreshank:
앞다리사태)

프렌치드 생크(Frenched
Shanks: 뼈손질한 사태)
뒷다리 사태도 가능

※자료 : 뉴질랜드식육공사 제공

2) 양갈비 손질(Trimming The Lamb Chop)

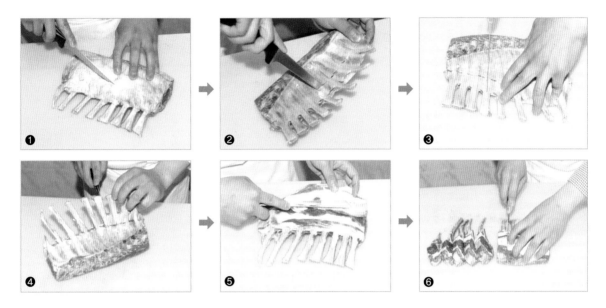

① 양갈비의 등쪽 부분에 본 나이프(Boning Knife)를 이용해 칼집을 낸다.
② 양갈비 안쪽 부분의 뼈 사이에 칼집을 넣는다.
③ 그림과 같이 뼈에 붙어 있는 힘줄막에 칼집을 넣는다.
④ 뼈 사이사이의 지방과 힘줄을 제거한다.
⑤ 양갈비 등쪽에 남아 있는 지방을 제거한다. 이렇게 손질한 상태가 램랙(Lamb Rack)이다.
⑥ 뼈 사이에 칼을 넣어 잘라 램찹(Lamb Chop)을 만든다.

3
송아지
Trimming the Veal

1) 송아지의 골격구조 및 가공부위

송아지의 골격구조

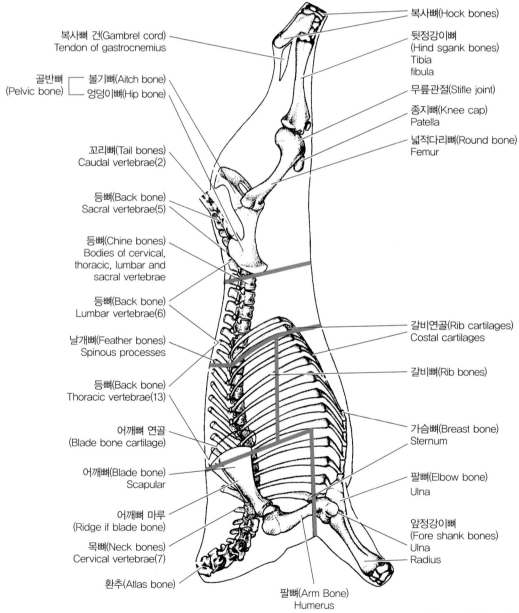

복사뼈 건(Gambrel cord)
Tendon of gastrocnemius

골반뼈 — 볼기뼈(Aitch bone)
(Pelvic bone) — 엉덩이뼈(Hip bone)

꼬리뼈(Tail bones)
Caudal vertebrae(2)

등뼈(Back bone)
Sacral vertebrae(5)

등뼈(Chine bones)
Bodies of cervical,
thoracic, lumbar and
sacral vertebrae

등뼈(Back bone)
Lumbar vertebrae(6)

날개뼈(Feather bones)
Spinous processes

등뼈(Back bone)
Thoracic vertebrae(13)

어깨뼈 연골
(Blade bone cartilage)

어깨뼈(Blade bone)
Scapular

어깨뼈 마루
(Ridge if blade bone)

목뼈(Neck bones)
Cervical vertebrae(7)

환추(Atlas bone)

팔뼈(Arm Bone)
Humerus

복사뼈(Hock bones)

뒷정강이뼈
(Hind sgank bones)
Tibia
fibula

무릎관절(Stifle joint)

종지뼈(Knee cap)
Patella

넓적다리뼈(Round bone)
Femur

갈비연골(Rib cartilages)
Costal cartilages

갈비뼈(Rib bones)

가슴뼈(Breast bone)
Sternum

팔뼈(Elbow bone)
Ulna

앞정강이뼈
(Fore shank bones)
Ulna
Radius

※자료 : 미국육류수출협회 제공

송아지고기 표준 기본부위

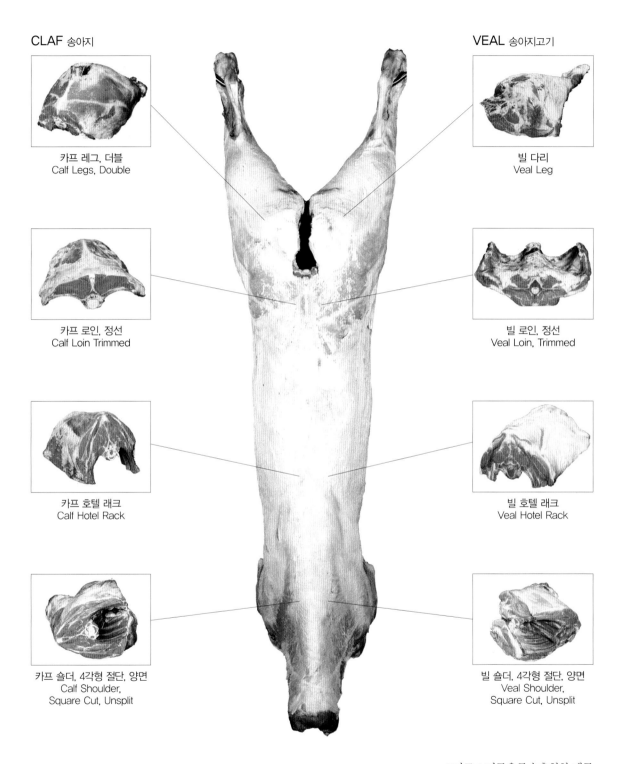

CLAF 송아지

카프 레그, 더블
Calf Legs, Double

카프 로인, 정선
Calf Loin Trimmed

카프 호텔 래크
Calf Hotel Rack

카프 숄더, 4각형 절단, 양면
Calf Shoulder,
Square Cut, Unsplit

VEAL 송아지고기

빌 다리
Veal Leg

빌 로인, 정선
Veal Loin, Trimmed

빌 호텔 래크
Veal Hotel Rack

빌 숄더, 4각형 절단, 양면
Veal Shoulder,
Square Cut, Unsplit

※자료 : 미국육류수출협회 제공

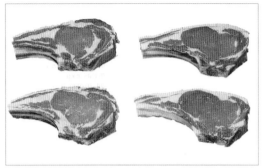

Rib chops

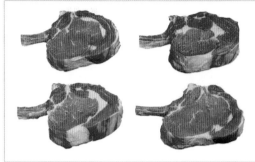

Rib chop french style

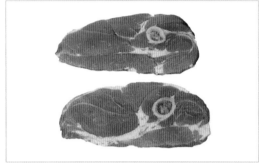

Arm chops

Loin chops

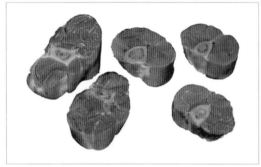

Osso buco

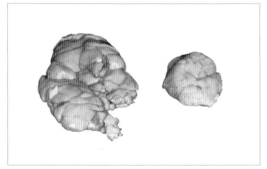

Sweetbreads

※자료 : 미국육류수출협회 제공

[4] 돼지 손질
Trimming the Pork

1) 돼지 골격구조 및 가공부위

돼지의 골격구조

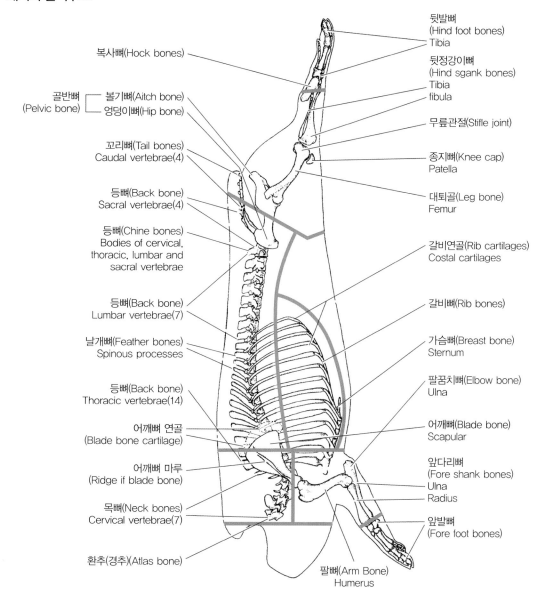

복사뼈(Hock bones)

골반뼈 ┌ 볼기뼈(Aitch bone)
(Pelvic bone) └ 엉덩이뼈(Hip bone)

꼬리뼈(Tail bones)
Caudal vertebrae(4)

등뼈(Back bone)
Sacral vertebrae(4)

등뼈(Chine bones)
Bodies of cervical,
thoracic, lumbar and
sacral vertebrae

등뼈(Back bone)
Lumbar vertebrae(7)

날개뼈(Feather bones)
Spinous processes

등뼈(Back bone)
Thoracic vertebrae(14)

어깨뼈 연골
(Blade bone cartilage)

어깨뼈 마루
(Ridge if blade bone)

목뼈(Neck bones)
Cervical vertebrae(7)

환추(경추)(Atlas bone)

뒷발뼈
(Hind foot bones)
Tibia

뒷정강이뼈
(Hind sgank bones)
Tibia
fibula

무릎관절(Stifle joint)

종지뼈(Knee cap)
Patella

대퇴골(Leg bone)
Femur

갈비연골(Rib cartilages)
Costal cartilages

갈비뼈(Rib bones)

가슴뼈(Breast bone)
Sternum

팔꿈치뼈(Elbow bone)
Ulna

어깨뼈(Blade bone)
Scapular

앞다리뼈
(Fore shank bones)
Ulna
Radius

앞발뼈
(Fore foot bones)

팔뼈(Arm Bone)
Humerus

※자료 : 미국육류수출협회 제공

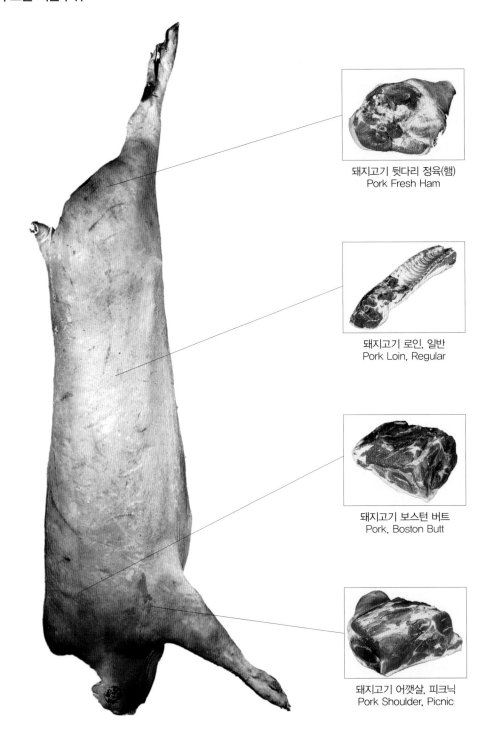

돼지고기 뒷다리 정육(햄)
Pork Fresh Ham

돼지고기 로인, 일반
Pork Loin, Regular

돼지고기 보스턴 버트
Pork, Boston Butt

돼지고기 어깻살, 피크닉
Pork Shoulder, Picnic

※자료 : 미국육류수출협회 제공

돼지고기 중요 부위별 명칭

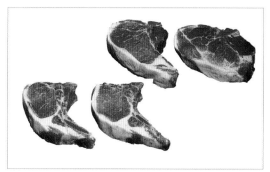

Center-cut loin chop, bone-in

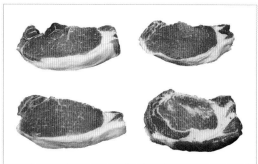

Center-cut loin chop, boneless

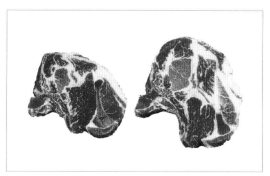

Shoulder Loin Chop, bone-in

Tenderloin

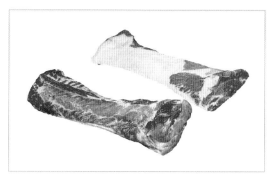

Loin, Full, Boneless

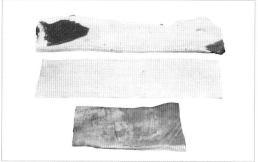

Back fat

※자료 : 미국육류수출협회 제공

2) 돼지 등심(Pork Loin) 묶는 방법

돼지 등심(Pork Loin) 묶는 방법과 순서

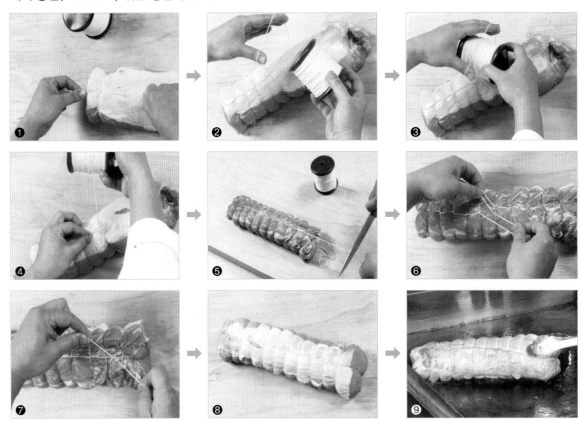

① 돼지등심을 실로 묶는 첫 시작 단계
②③④⑤⑥⑦ 그림과 같이 묶어 준다.
⑧ 묶음이 완성된 돼지등심의 모습
⑨ 묶은 돼지등심을 소테(Saute)하는 모습

Memo

Chapter 7
기본 어패류(Fish/shell) 손질

··· 학습목표
• 어패류(Fish/shell)의 형태와 구조를 이해하고 외국어로 된 명칭을 학습한다.
• 어패류를 종류별(kind of Fish/shell)로 분류하여 손질방법, 순서 등을 학습하여 어패류 다루는 기술적 능력 향상에 있다.

1

생선 손질
Trimming of the Fish

1) 라운드 피시(Round Fish)

라운드 피시는 머리를 중심으로 꼬리 쪽을 향하면서 둥근 원형이나 오발(Oval)형으로 꼬리까지 이어진 형태를 말한다.

(1) 라운드 피시의 구조(Structure of Round Fish)

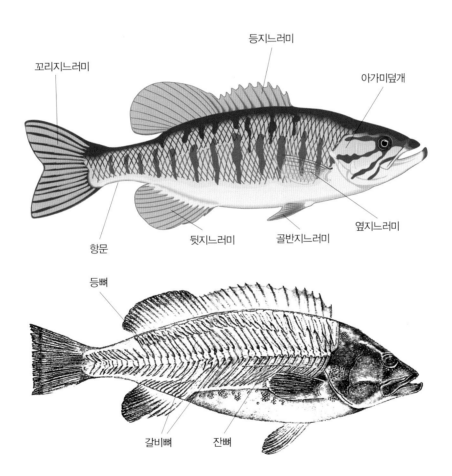

(2) 농어 손질(Dressing and Filleting of Bass) 방법과 순서

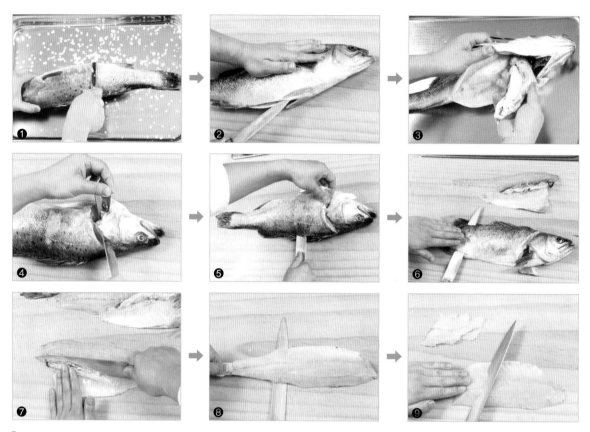

① 농어의 비늘을 제거한다.
② 배 쪽에 칼집을 넣는다.
③ 내장을 꺼낸다.
④ 아가미 쪽에 칼집을 사선으로 비스듬히 넣는다.
⑤⑥ 아가미 쪽에서부터 꼬리 쪽 방향으로 그림과 같이 뼈와 살을 분리한다.
⑦ 생선 휠렛(fillet)의 배 쪽 부분에 있는 잔뼈를 제거한다.
⑧ 껍질 제거는 꼬리 쪽에서 시작하여 그림과 같이 제거한다.
⑨ 원하는 크기로 잘라 사용한다.

(3) 도미 손질(Dressing and Filleting of Snapper) 방법과 순서

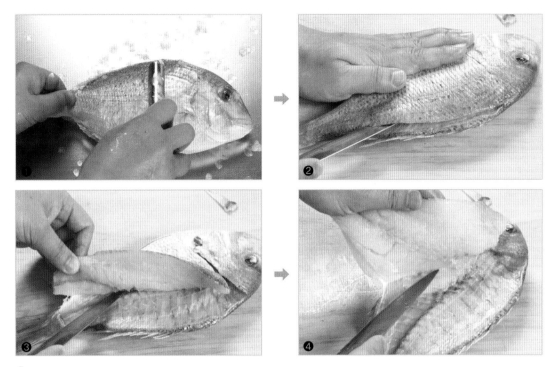

① 도미의 비늘을 제거한다.
② 아가미 쪽에 대각선으로 칼집을 넣은 후 등쪽에 칼집을 넣어 꼬리 쪽으로 칼집을 낸다.
③④ 그림과 같이 뼈에서 살을 분리한다.

2) 플랫 피시(Flat Fish)

(1) 플랫 피시의 구조(Structure of Flat Fish)

플랫 피시(Flat fish)는 납작한 모양을 하는 비대칭형의 몸통을 가진 생선이다.

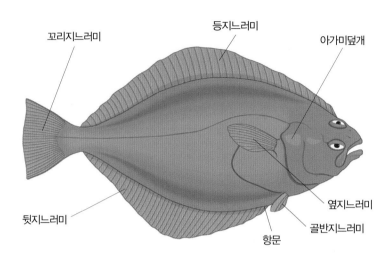

꼬리지느러미 등지느러미 아가미덮개

뒷지느러미 항문 옆지느러미 골반지느러미

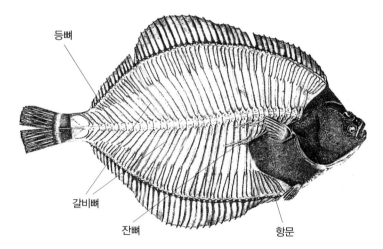

등뼈

갈비뼈

잔뼈 항문

(2) 가자미 손질(Dressing and Filleting of Flounder) 방법과 순서

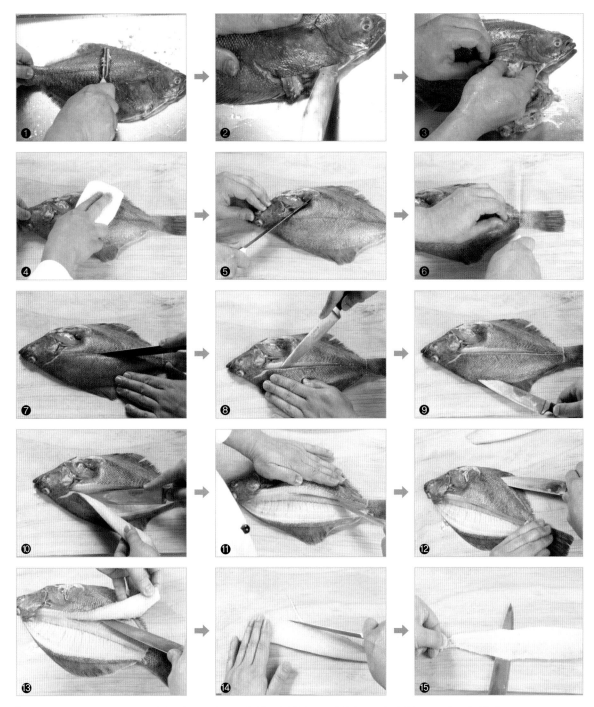

① 비늘을 제거한다. ② 배 쪽에 칼집을 넣는다. ③ 내장을 제거한다. ④ 가자미를 도마 위에 놓고 물기를 제거한다.
⑤ 아가미 쪽에 사선으로 칼집을 넣는다.(머리를 잘라 내기도 한다.) ⑥ 꼬리 쪽에 칼집을 넣는다.
⑦ 그림과 같이 생선 중앙에 선을 따라 칼집을 낸다. ⑧ 왼손으로는 살을 당기면서 칼끝을 이용해서 칼집을 낸다.
⑨ 칼끝을 이용해 생선 가장자리에 칼집을 낸다. ⑩ 꼬리 쪽에서부터 그림과 같이 뼈와 살을 분리한다.
⑪⑫⑬ 반대쪽 살도 ⑧⑨⑩번과 같은 방법으로 분리하면 된다. ⑭ 휠렛(Fillet)을 손질한다.
⑮ 꼬리 쪽에서부터 껍질을 제거한다.

(3) 도브솔 손질(Dressing and Filleting of Dover Sole) 방법과 순서

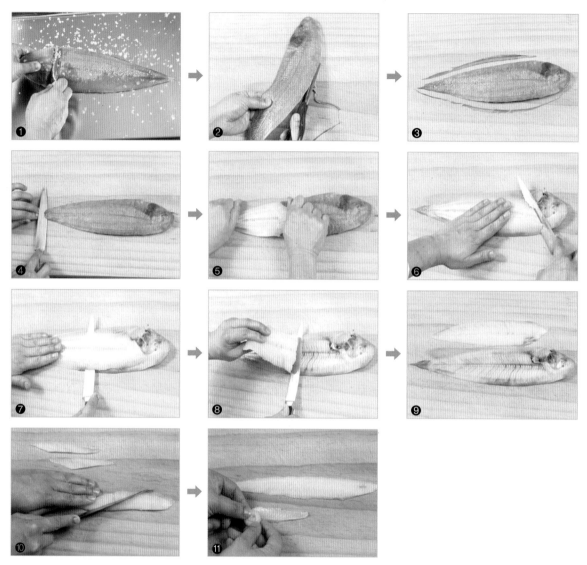

① 비늘을 제거한다.
② 조리용 가위나 칼로 지느러미를 제거한다.
③ 지느러미를 제거한 모습.(지느러미를 제거해야 껍질이 잘 벗겨진다.)
④ 꼬리 쪽에 칼집을 넣는다.
⑤ 미끄러우므로 손에 굵은 소금을 묻히고 그림과 같이 껍질을 제거한다.
⑥ 아가미 쪽에 칼집을 넣는다.
⑦⑧ 얇고 날카로운 칼로 뼈와 살을 분리한다.
⑨ 뼈와 살을 분리해 놓은 모습.
⑩⑪ 필요한 크기로 자른다.

연체류의 손질
Handling of Mollusks

1) 두족류(Cephalopods)

(1) 오징어 손질(Handling of Cuttle Fish) 방법과 순서

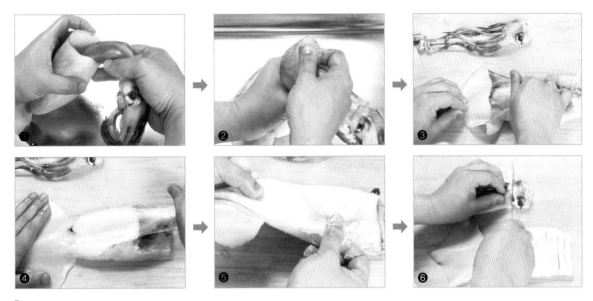

① 몸통과 머리를 분리한다.
② 몸통 안쪽에 있는 뼈를 제거한다.
③④⑤ 손에 굵은 소금을 묻히고 머리 쪽에서부터 껍질을 제거한다.
⑥ 머리 부분을 손질한다.

2) 쌍각류(Bivalves)

(1) 관자 손질(Handling of Scallop) 방법과 순서

①② 클램 오프너(Clam Opener)를 이용해 관자의 껍질을 연다.
③ 관자 내장을 제거한다.

(2) 조개손질(Handling of Clam)

▌ ①②③ 클램 오프너(Clam Opener)를 이용해 조개의 껍질을 연다.

(3) 홍합손질(Handling of Mussels)

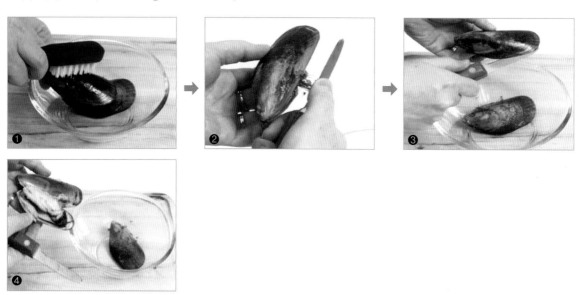

▌ ① 홍합이 껍질에 붙어 있는 불순물을 솔을 사용해서 닦아낸다.   ② 홍합에 붙어있는 이음매(Hinge)를 떼어낸다.
▌ ③ 홍합 칼을 사용해 껍질을 연다.   ④ 껍질을 연(Open) 모습

(4) 굴 손질(Handling of Oyster)

▌ ①② 굴 칼을 사용해 껍질을 연(Open)다.   ③ 굴 껍질 한쪽을 제거한 모습

3
갑각류 손질
Trimming of the Crustaceans

1) 바닷가재의 구조(Structure of the Lobster)

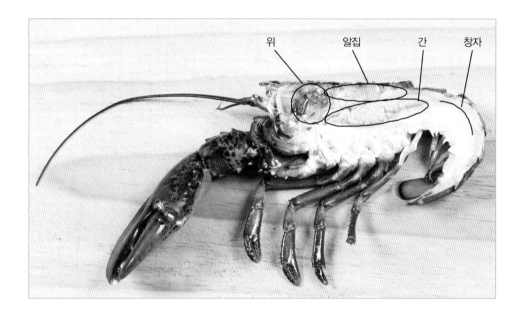

위 알집 간 창자

2) 바닷가재 손질(Handling of Lobster) 방법과 순서

(1) 등쪽으로 칼집 넣어 반으로 가르기

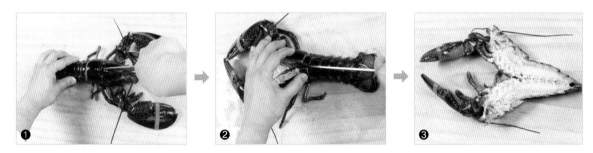

① 바닷가재 등쪽으로 칼집을 넣는다.
② 세로로 반을 가른다.
③ 반으로 자른 모습

(2) 배쪽으로 칼집 넣어 반으로 가르기

① 배 쪽으로 칼집을 넣는다.
② 반으로 자른 모습
③ 내장을 제거한다.

(3) 꼬리 살 분리하기

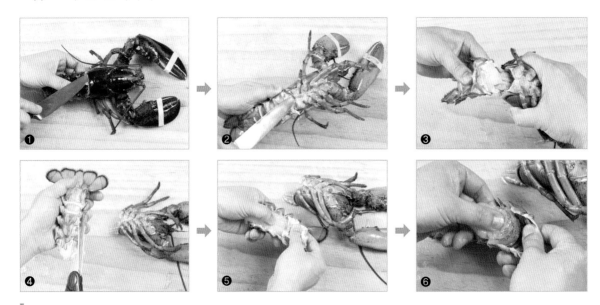

①② 칼끝으로 꼬리와 몸통 사이에 칼집을 넣는다.
③ 몸통과 꼬리를 분리한다.
④ 가위나 칼을 이용하여 꼬리 안쪽에 막을 자른다.
⑤ 자른 막을 제거한다.
⑥ 꼬리의 껍질과 살을 분리한다.

3) 새우손질(Handling of Shrimp) 방법과 순서

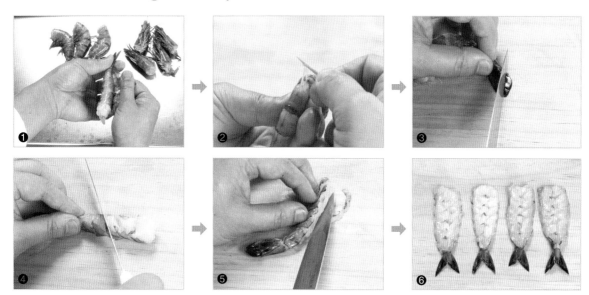

① 새우의 껍질을 제거한다.
② 꼬지를 이용해 내장을 제거한다.
③ 꼬리 부분을 자른다.(물집이 있는 꼬리를 뜨거운 기름에 넣었을 때는 기름이 튀어 화상을 입을 수도 있다).
④ 새우의 배 쪽에 칼집을 넣는다.(조리과정에서 구부러지는 것을 방지하기 위해서이다.)
⑤ 새우의 등 쪽에 칼집을 넣어 넓게 편다.
⑥ 새우를 반으로 갈라 편 모습.

Chapter 8

기본 가금류 손질
Basic Cutting of Poultry

··· **학습목표**
가금류(Poultry) 손질하는 기본 개념을 이해하고 닭의 부위별 손질 방법 및 순서 등을 학습하여 닭을 손질하는 기술적인 능력 향상에 있다.

1
닭 손질(Cutting of Chicken) 방법과 순서

1) 닭 1/2, 1/4, 1/8 등분내기

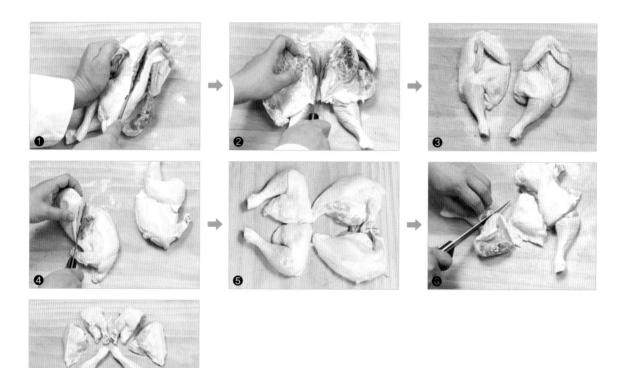

① 닭의 등뼈를 그림과 같이 제거한다.
② 등뼈를 제거하고 가슴살을 반으로 자르면 1/2등분이 된다.
③ 1/2등분한 모습.
④ 닭 다리와 가슴살을 분리하면 1/4등분이 된다.
⑤ 1/4등분한 모습.
⑥ 닭 다리를 반으로 자르고 가슴살을 반으로 자르면 1/8등분이 된다.
⑦ 1/8등분한 모습

2) 닭 다리 뼈 발라 내기

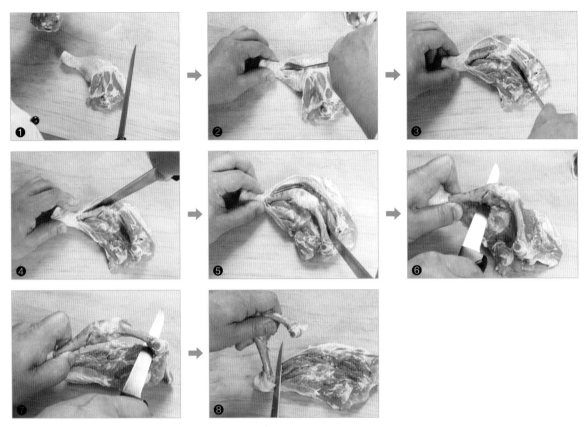

①②③ 왼손으로 닭 다리를 잡고 칼끝을 이용하여 그림과 같이 뼈 안쪽에 칼집을 넣는다.
④⑤ 칼끝으로 그림과 같이 뼈 밖의 쪽에 칼집을 넣는다.
⑥⑦ 뼈와 살 사이에 칼을 넣어 분리한다.
⑧ 뼈를 잘라 낸다.

3) 닭 날개 뼈 발라 내기

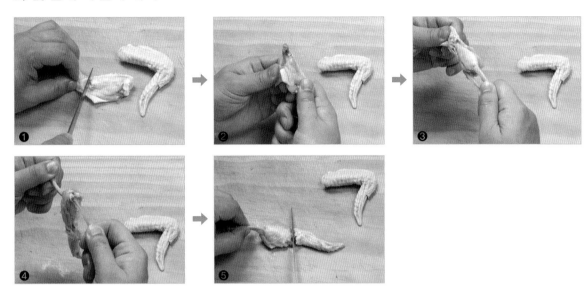

① 닭 날개 안쪽에 마디 바로 밑에 그림과 같이 칼집을 낸다.
② 칼집 낸 닭 날개를 양 손으로 그림과 같이 꺾는다.
③ 그림과 같이 뼈와 날개 끝 쪽을 잡고 당긴다.
④ 작은 뼈를 제거한다.
⑤ 날개 끝 쪽을 잘라 낸다.

4) 닭 다리 분리와 가슴살 분리하기

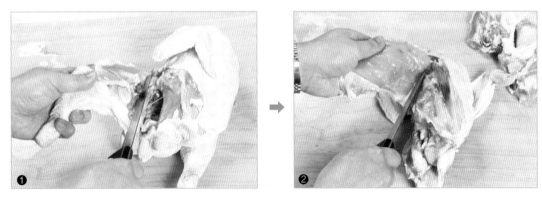

① 닭 다리를 왼손으로 잡고 그림과 같이 몸통에서 분리한다.
② 닭 가슴 중앙에 칼집을 넣어 그림과 같이 가슴살을 분리한다.

5) 통째로 뼈 제거하는 방법과 순서(Galantine용)

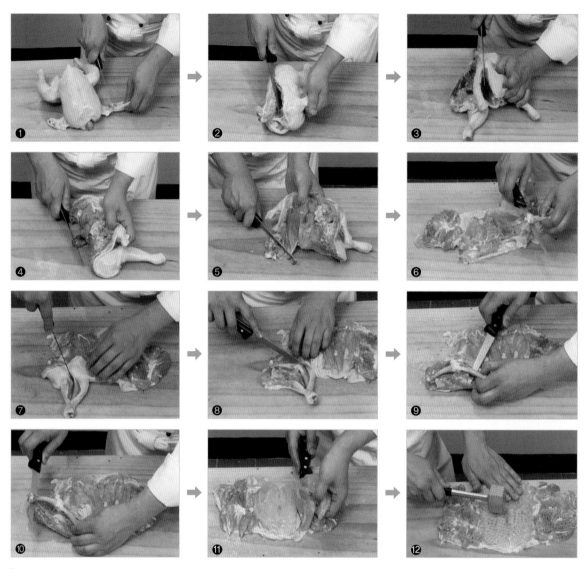

① 닭 날개를 한 마디만 남기고 자른다.
②③ 닭의 등뼈를 제거한다.
④ 닭 가슴에 있는 물렁뼈를 제거한다.
⑤ 닭 가슴살에 붙어 있는 잔뼈를 제거한다.
⑥ 날개 뼈를 제거한다.
⑦ 칼끝을 이용하여 그림과 같이 뼈 안쪽에 칼집을 넣는다.
⑧ 칼끝으로 그림과 같이 뼈 밖의 쪽에 칼집을 넣는다.
⑨⑩ 뼈와 살 사이에 칼을 넣어 그림과 같이 분리한다.
⑪ 치킨 갈란틴용은 가슴살이 두꺼우면 그림과 같이 조금 잘라 낸다.
⑫ 두드림 망치로 고르게 두드려 편다.

2
[닭 묶기(trussing Chicken) 방법과 순서]

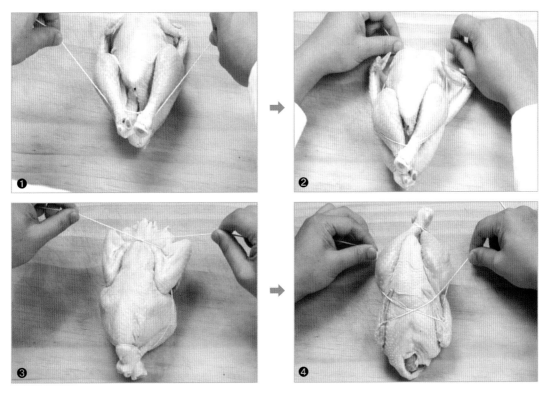

① 먼저 실로 닭의 다리 부분을 묶는다.
②③ 실이 다리 부분에서 가슴을 지나 날개를 고정한다.
④ 그림과 같이 다시 앞쪽 부분을 지나 뒤로 묶어 준다.

Chapter 9
기본 육수
Basic Stock

··· **학습목표**
- 서양조리에서 가장 기본이 되는 육수(Stock)의 개념을 이해하고 육수의 구성요소, 육수 생산시 주의해야 할 사항, 외국어로 된 명칭 등을 학습한다.
- 육수의 분류(Classification of Stock)를 색에 따라 분류하고 만드는 방법과 순서, 사용용도, 보관 방법 등을 학습하므로 육수의 응용 능력과 조리기술적인 능력을 향상시키는 데 있다.

1

육수의 개요
Summary of Sauce

　　서양요리에서 스톡은 가장 기본이자 요리의 시작이다. 스톡은 모든 요리의 맛을 좌우하는 요소로써 수프(Soup), 소스(Sauce)를 비롯하여 모든 요리에 바탕을 이루고 있다고 할 수 있다. 스톡은 소고기(Beef), 닭고기(Chicken), 생선(Fish), 야채(Vegetable)와 같이 재료본래의 맛을 낸 국물로서 요리 본래의 깊은 맛을 낼 수 있도록 만들어져야 한다. 스톡은 운동을 많이 한 부위의 고기, 즉 네크(Neck), 쳐크(Chuck), 레그(Leg), 브리스켓(Brisket), 생크(Shank), 테일(Tail) 등을 이용하는 것이 좋다. 스톡은 우리나라의 육수에 해당한다. 이러한 스톡은 화이트 스톡과 브라운 스톡으로 구분된다. 앙트레의 주재료가 흰색이면 화이트 스톡을 쓰고, 갈색이면 브라운 스톡을 쓴다.

　　스톡은 일단 만들어지면 얼마 동안 보관하면서 필요할 때마다 사용하게 되는데, 일단 만들어진 스톡은 다른 이물질이나 향이 스며들지 않도록 보관에도 각별히 주의해야 한다.

2

육수의 구성요소
ingredient of stock

　　스톡의 종류가 각기 다르다 할지라도 스톡에 사용되는 재료는 그 스톡의 기본재료인 뼈(Bones)와 맛을 돋구기 위한 야채, 즉 "미르포와(Mirepoix)", 물(Water)로 구성되어 있다.

1) 뼈(Bones)

　　맛있는 스톡을 생산하기 위해서는 뼈의 선택이 가장 중요하다. 그것은 뼈가 스톡생산에 주재료라는 것을 의미한다. 뼈를 고를 때는 색상, 향, 뼈가 포함하고 있는 함유물들을 자세하게 살펴본 후 결정해야 한다. 서양요리에서는 전통적으로 육가공주방(Butcher Shop)에서 육류생산 작업 시 뼈를 모아 두었다가 스톡을 만들 때 제공하였지만, 오늘날에는 스톡생산에 필요한 뼈를 용도에 따라서 개별적으로 구매를 하고 있다.

스톡 생산시에 뼈를 선택하는 가장 주된 이유는 뼈는 각자 고유한 자신의 향을 갖고 있다. 쇠뼈인 경우는 소고기 향, 닭 뼈는 닭고기 향, 생선은 생선 향을 고유하게 가지고 있기 때문이다. 이 중에서 뼈 속에 포함되어 있는 연골(Cartilage), 단백질에 일종인 콜라겐(Collagen : 아교질이라고도 함)과 젤라틴(Gelatin)이 포함되어 있어 물과 함께 높은 열을 가하면, 이러한 성분들이 물에 용해되어 영양학적으로도 높은 가치를 지니게 된다.

각종 뼈

① 소뼈 ② 닭뼈 ③ 생선뼈

(1) 소뼈와 송아지뼈(Beef and Veal Bones)

서양요리 스톡 중에서 가장 많이 쓰이고 다양한 용도를 갖고 있는 것이 비프스톡(Beef Stock)과 빌 스톡(Veal Stock)이다. 소와 송아지뼈에는 근육과 뼈를 연결하는 힘살(Collagen)과 연골(Cartilage)이 많이 포함되어 있다. 이 중에서 콜라겐(Collagen)은 조리과정에서 물과 함께 젤라틴으로 변하게 된다. 따라서 완성된 스톡에는 풍부한 단백질과 무기질이 포함되어 있다. 소뼈와 송아지 뼈 중 스톡을 생산하는 데 가장 좋은 부분은 등뼈(Back Bone), 목뼈(Neck), 다리뼈(Shank Bones)순이다. 이들 뼈가 콜라겐과 연골의 함유량이 높기 때문이다.

소뼈와 송아지뼈는 길이 약 7~10cm크기로 잘라 사용하는 것이 스톡 생산시 맛과 향을 추출하기 용이하다.

(2) 닭뼈(Chicken Bone)

우리나라에서는 닭뼈가 다른 뼈에 비하여 가격조건이 좋기 때문에 사용빈도가 높게 나타난다. 목뼈와 등뼈가 스톡을 생산하기 좋은 부분이나 일반적으로 닭뼈는 전체적인 부분을 모두 사용하여도 무방하다. 닭뼈로 스톡을 생산할 때에는 크기에 따라서 절반 또는 4등분하기도 한다. 다만, 다루기 편리한 방법을 택하면 된다. 닭은 뼈만 가지고 내용물이 풍부한 스톡을 생산하기 어려우면 통째로도 스톡을 생산할 수 있다.

(3) 생선뼈(Fish Bones)

생선스톡을 생산하기 위해서는 주로 바닷속 바닥에 붙어 살아가는 가자미과에 속하는 광어(Halibut), 솔(Sole), 터봇(Turbot)과 같은 흰살 생선뼈를 주로 사용한다.

스톡에 사용하지 않는 생선뼈로는 연어(Salmon), 참치(Tuna), 고등어(Mackeral)와 같이 기름기가 많은 생선과 색을 지닌 것으로 다른 요리에 맛과 색깔에 영향을 주기 때문이다. 스톡을 만들기 위한 뼈는 망치칼로 지느러미와 아가미는 잘라 내고 찬물에 씻어 피와 다른 이물질을 제거한 다음 사용한다.

(4) 기타 잡뼈(Other Bones)

위에서 살펴본 뼈들 외에도 요리목적에 따라서 양(Lamb), 사슴(Venison), 토끼(Rabbit) 등도 화이트(White) 또는 브라운(Brown)색으로 만들어 사용한다. 이러한 뼈들은 특징이 뚜렷하여 가능한 혼합하여 사용하는 것을 피하고 불가피한 경우는 한정된 요리에만 사용하여야 한다. 또한 허브(Herb)와 스파이스(Spice)를 곁들여 특정 냄새를 줄일 수도 있다.

2) 미르포와(Mirepoix)

스톡에 향과 맛을 돋구기 위하여 양파(Onion), 당근(Carrots), 셀러리(Celery)와 같은 야채들을 미르포와라 한다. 요리장에 따라서 그 비율에는 차이가 있지만 전통적으로 50%의 양파와 25%의 셀러리, 25%의 당근을 미르포와의 비율로 사용한다. 브라운스톡(Brown Stock)을 생산할 때에는 양파껍질을 넣기도 하는데, 색깔을 선명하게 하기 위함이다.

스톡에 사용되는 야채는 모양이나 크기에 신경을 쓰지 않아도 된다. 다만, 크기에 있어서는 스톡을 끓이는 시간에 따라서 조금씩 차이를 보인다. 최근에 와서는 화이트 스톡(White Stock)을 생산할 때 파슬리(Parsnips)와 버섯(Mushroom), 대파(Leek)를 사용하는 요리장들도 늘어나는 추세이다. 그렇지만 기본적으로 양파와 당근, 셀러리는 빠지지 않고 다만 몇 가지 야채들을 개성에 따라서 조금씩 추가하는 데 그치고 있다. 화이트 미르포아(White Mirepoix)는 양파 25%, 셀러리 25%, 대파나 릭 25%, 파스닙 25%의 비율로 만들어지며 생선스톡을 끓일 때 주로 사용한다.

미르포와(Mirepoix)

① 기본 미르포와(Basic Mirepoix)
② 화이트 미르포와(White Mirepoix)

3) 양념류(Seasoning For Stock)

　　스톡은 장시간 조리되기 때문에 첨가되는 재료들로부터 맛을 뽑아내기 충분하다. 따라서 스톡에 첨가되는 부수재료들도 대부분이 통째로 사용하는 것이 일반적이다. 스톡에 첨가되는 부수적인 재료들은 통후추(Pepper Corn), 월계수 잎(Bay Leaves), 다임(Thyme), 파슬리줄기(Parsley Stems), 마늘(Garlic)을 사용한다. 이러한 재료들은 조리시작단계에 첨가하는 것이 통례로 되어 있다. 이러한 부재료는 부케가르니(Bouquet Garni)라 하며, 실 또는 소창에 싸서 마지막 단계에 제거하기 쉽게 만든다.

　　소금은 중요한 양념 중에 하나이나 스톡을 생산할 때에는 사용하지 않는다. 그 이유는 스톡은 용도가 매우 다양하고 때에 따라서는 소량이 될 때까지 졸여서 사용해야 하므로 소금기가 남아 있으면 대단히 짠맛이 날 수 있다. 뿐만 아니라 다른 주방으로 공급되는 경우는 얼마 만큼에 소금이 포함되어 있는지를 알수 없기 때문에 조리과정에서 혼란이 발생된 소지가 있다. 이러한 이유들 때문에 스톡에는 소금을 첨가하지 않으며, 스톡이 사용될 요리의 조리단계에서 소금을 첨가하는 것이 보다 더 적정한 맛을 낼 수 있다.

여러 가지 향신료

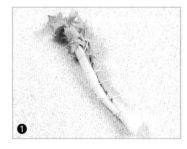

① 부케가르니　② 향신료 주머니　③ 여러 가지 향초

스톡에 사용되는 3대 재료

뼈 ▷	스톡의 성격	쇠뼈, 송아지뼈, 닭뼈, 생선뼈, 기타 잡뼈 등 단백한 맛을 내는 뼈
야채 ▷	스톡의 풍미	미르쁘아 양파(50%), 당근(25%) 셀러리(25%) 등 사용
향신료 ▷	스톡의 향	통후추, 월계수잎, 파슬리 줄기, 다임, 마늘 등을 주머니와 다발형태로 사용

3
육수의 종류
kind of Stock

스톡의 분류

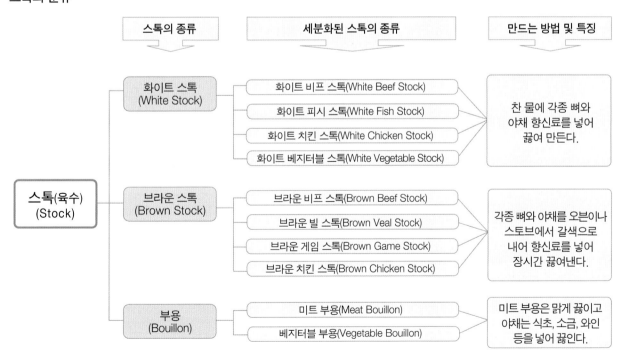

스톡의 종류	세분화된 스톡의 종류	만드는 방법 및 특징
화이트 스톡 (White Stock)	화이트 비프 스톡(White Beef Stock) 화이트 피시 스톡(White Fish Stock) 화이트 치킨 스톡(White Chicken Stock) 화이트 베지터블 스톡(White Vegetable Stock)	찬 물에 각종 뼈와 야채 향신료를 넣어 끓여 만든다.
브라운 스톡 (Brown Stock)	브라운 비프 스톡(Brown Beef Stock) 브라운 빌 스톡(Brown Veal Stock) 브라운 게임 스톡(Brown Game Stock) 브라운 치킨 스톡(Brown Chicken Stock)	각종 뼈와 야채를 오븐이나 스토브에서 갈색으로 내어 향신료를 넣어 장시간 끓여낸다.
부용 (Bouillon)	미트 부용(Meat Bouillon) 베지터블 부용(Vegetable Bouillon)	미트 부용은 맑게 끓이고 야채는 식초, 소금, 와인 등을 넣어 끓인다.

스톡(육수) (Stock)

1) 화이트 스톡(White Stock)

화이트 스톡은 스톡 중에서도 가장 기본으로 닭, 송아지(Veal) 또는 소(Beef)뼈를 야채와 함께 끓인 다음 약간에 양념을 한 것이다. 다른 요리에 색 변화를 주지 않기 위하여 짙은 색을 내지 않고 맛만을 우려낸 것이다.

화이트 스톡은 조리목적에 따라서 농도를 진하게 또는 연하게 생산하고 소뼈(Beef)·송아지(Veal)뼈, 닭 (Chicken)뼈 등 다양한 뼈로 생산이 가능하다. 화이트 스톡에는 향과 맛, 젤라틴이 풍부하게 함유되어야 하고, 색은 투명하거나 약간의 회색빛을 띤다. 경우에 따라서는 소뼈와 닭 뼈, 송아지뼈를 섞어 써도 무방하다.

스톡을 본격적으로 조리하기 전에 뼈를 살짝 삶아 내는 경우도 있는데, 요리장의 개성에 따라서 조금씩 차이는 있다. 뼈를 살짝 삶아내는 데 찬성하는 것은 깨끗한 스톡을 생산하기 위함이고, 뼈를 삶는 데 반대하는 것은 삶아 내는 동안 향과 다소의 영양분이 빠져 나간다는 의견 때문이다.

화이트 스톡 만드는 과정

① 스톡을 생산하기 위해 준비된 닭뼈와 미르포와(Mirepoix), 향신료
② 찬물에서 먼저 닭뼈를 끓인다.
③ 끓이는 과정에서 불순물이나 기름이 위로 떠오르면 그림과 같이 건져 낸다.
④ 야채와 향신료 주머니(Sachet)를 넣는다.
⑤ 약한 불로 서서히 끓인다.
⑥ 스톡이 충분히 우러났으면 소창이나 융에 거른다.

(1) 기본 화이트 스톡(Basic of white Stock) 생산량 15L

●●●● **준비재료**

* 뼈(송아지(Veal), 닭(Chicken), 소(Beef) 중에서 선택) ············· 8kg
* 물(Water, 냉수) ·· 18L
* 미르포와(Mirepoix) "당근, 셀러리, 양파" ························ 1200g
* 월계수 잎(Bay Leaves) ··· 3pc
* 말린 다임(Dried Thyme) ·· 3g
* 통후추 으깬 것(Peppercorn Crushed) ······························ 3g
* 파슬리 줄기(Parsley Stems) ·· 10pc

●●●● **만드는 방법**

① 소뼈나 송아지 뼈는 약 7~10cm 길이로 잘라 깨끗하게 씻는다. 닭뼈는 1/2 또는 1/4등분하여 깨끗하게 씻는다.

② 스톡포트(Stock Pot)에 뼈를 담고 냉수를 완전히 잠길 정도까지 담고 센 불에서 살짝 끓이면 불순물이 표면으로 떠오른다. 이 때, 물과 함께 불순물을 버린다.

③ 18L에 냉수를 다시 붓고 미르포와와 허브를 첨가한 다음, 은근하게 끓인다.

④ 표면 위로 불순물이 떠오르면 계속적으로 스키머(Skimmer)로 제거하고 스톡포트 주위로 남아 있는 불순물 띠도 젖은 타올로 닦아낸다.

⑤ 약 6~8시간 정도 지속적으로 은근하게 끓인다.

⑥ 깨끗한 융(Cheese Cloth)로 걸러 식힌 다음, 냉장고에 보관한다.

2) 브라운 스톡(Brown Stock)

브라운 스톡 역시 화이트 스톡에서와 같은 뼈와 야채를 이용하지만, 이 재료들을 높은 열에서 카라멜화(Caramelized), 즉 색을 낸 다음에 물과 함께 낮은 불에서 장시간 우려낸 국물이다. 따라서 짙은 갈색을 나타낸다. 완성된 스톡에는 좋은 향을 포함해야 하고, 혼탁하지 않은 진한 갈색과 뼈로부터 우러나온 풍부한 단백질을 함유하고 있어야 한다.

브라운 스톡과 화이트 스톡의 가장 큰 차이점은 브라운 스톡에 사용되는 뼈와 미르포와(Mirepoix)를 높은 열에서 카라멜화(Caramelizing;높은 열에서 색을 낼 때 모든 재료 속에 포함되어 있는 당분이 열에 의해서 표면이 갈색으로 변하는 과정)한다는 점과 토마토 패스트(Tomato Paste)와 같은 토마토 부산물이 첨가된다는 것이다. 따라서 브라운 스톡에서는 보다 더 강한 육즙향이 난다.

뼈를 오븐에 굽는 방법(Caramelizing Bones)

① 갈색을 내기 위해 오븐에 구울 뼈는 씻지 말고 깨끗하게 손질한다.

② 적당하게 잘라진 뼈를 약간 깊이가 있는 팬 위에 겹치지 않도록 가지런히 놓는다.

③ 섭씨 190~200도 정도로 오븐에서 약 1시간 구워 준다. 고르게 색이 나지 않을 경우, 한두 번 정도 조심스럽게 뒤집어 주고 타지 않도록 조심한다.

④ 짙은 갈색으로 변하면 스톡포트로 뼈를 옮기고, 팬에 남아 있는 맛을 완전히 옮기기 위해 데그라이즈 (Deglaze/Deglacer)한 다음 폿에 붓는다.

■ 데글라이즈(Deglaze/Deglacer)란(고기나 야채를 굽고 난 후 조리기구 바닥이나 옆면에 눌러 붙거나 남아 있는 영양소 및 맛을 보다 더 효과적으로 사용할 목적에 스톡이나 와인 같은 액체를 첨가하여 열에 의해 불린 다음, 소스와 같은 기초요리로 사용하는 조리법)

야채 색 내는 방법(Caramelizing Mirepoix)

① 뼈를 구울 때 사용했던 팬이나, 새로운 팬에 약간에 기름을 두르고 비등점까지 열을 가한다.

② 높은 열로 야채를 짙은 갈색이 날 때까지 볶아 준다.

③ 토마토 패스트를 넣고 2분 정도 더 볶은 다음 스톡포트에 담는다.

④ 토마토를 첨가할 때에는 생토마토 또는 가공토마토 어느 것을 사용해도 무방하나 토마토 패스트를 사용할 때에는 떫은 맛을 줄이기 위해 볶아 주는 것이 좋다.

브라운 스톡 만드는 과정

① 브라운 스톡에 필요한 소뼈, 미르포와(Mirepoix), 향신료
② 소뼈를 오븐에서 갈색으로 구워 낸다.
③ 갈색으로 구워 낸 뼈와 야채, 토마토 패스트, 향신료
④ 스톡포트에 갈색으로 구워낸 소뼈를 넣고 찬물을 붓고 끓인다.
⑤ 소뼈를 구운 팬에 물이나 스톡을 붓고 데글라세(Deglacer)한다.
⑥ 데글라세한 국물을 끓고 있는 스톡에 붓는다.
⑦ 끓고 있는 동안에 표면 위로 떠오르는 불순물이나 기름을 제거한다.
⑧⑨ 갈색으로 낸 채소에 토마토 패스트를 함께 넣어 볶아 스톡에 넣는다.
⑩ 약한 불에서 서서히 끓인다.
⑪ 건더기를 건져내고 소창에 거른다.
⑫ 냉장실에서 보관되어 굳은 브라운 스톡

(1) 기본 브라운 스톡(Basic of Brown Stock) 생산량 10L

●●●● **준비재료**

- 쇠뼈 또는 송아지뼈(Beef Bone or Veal Bone) ·················· 6kg
- 물(Water) ··· 15L
- 미르포와(Mirepoix) ·· 1kg
- 토마토 패스트(Tomato Paste) ·· 200g
- 월계수 잎(Bay Leaf) ··· 2pc
- 말린 다임(Dried Thyme) ·· 3g
- 검은 통후추 으깬 것(Peppercorn Crushed) ······················ 2g
- 쪽마늘 깐 것(Garlic Cloves) ··· 3pc
- 파슬리 줄기(Parsley Stems) ·· 10pc

●●●● **만드는 방법**

① 뼈는 길이 7~10cm 크기로 잘라 로스팅 팬에 가지런히 깔아 섭씨 200도 오븐에서 짙은 갈색이 나도록 굽는다. 한두 번 정도 뒤집어주어 색이 골고루 나도록 한다.
② 갈색이 난 뼈를 스톡포트(Stock pot)에 담고 구을 때 발생한 기름을 따로 보관한다.
③ 로스팅 팬에 남아 있는 잔존물에 물을 붓고 데글레이징(Deglazing)한다.

④ 데글레이징한 육수와 물을 스톡포트에 뼈가 완전히 잠길 수 있도록 붓고 끓인다.

⑤ 뼈를 구워 낸 후 데글레이징한 로스팅 팬에 따로 모아 두었던 기름을 두르고 미르포와를 넣고 역시 짙은 갈색이 나도록 볶아 준다. 토마토 페이스트를 넣고 약 3분 정도 더 볶은 다음, 끓고 있는 스톡포트에 넣는다.

⑥ 향신료와 나머지 재료들을 모두 넣고 은근히 졸이는데 약 5~6시간 정도 졸인다. 중간 중간 떠오르는 불순물을 제거해 준다.

⑦ 고운 체에 걸러 냉각한 다음, 생산 날짜와 시간을 표시하고 냉장고에 보관한다.

3) 생선스톡(Fish Stock)

생선스톡은 생선뼈와 갑각류의 껍질을 사용할 수 있는데, 반드시 깨끗하게 씻어야 한다. 하지만 육류스톡과 같이 데쳐내는 것은 금물이다. 그 이유는 생선뼈를 데칠 경우 대부분에 생선향이 빠져 나가기 때문이다. 생선스톡을 생산할 때에는 비교적 짧은 시간에 이루어지는데, 30~40분정도면 생선뼈나 갑각류의 향이 충분하게 우러나기 때문이다. 따라서 생선스톡에 사용되는 미르포, 즉 야채들은 작은 크기로 썰거나 얇게 썰어 짧은 조리시간 내에 맛과 향이 완전히 빠져 나올 수 있도록 해야 한다.

생선스톡 만드는 과정

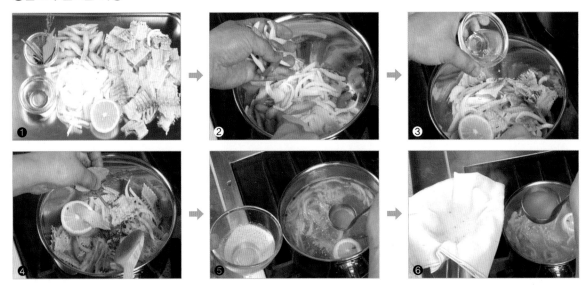

① 생선스톡 만드는 데 필요한 식재료

② 스톡 포트에 소량의 버터를 넣고 화이트 미르포와(White Mirepoix)와 생선뼈를 넣고 색이 나지 않게 약한 불에 볶는다.

③ 와인과 레몬주스를 넣고 졸인다.

④ 향신료와 찬물을 붓고 약한 불에서 서서히 끓인다.

⑤ 끓이는 동안에 표면 위로 떠오르는 불순물과 기름을 제거한다.

⑥ 약 30분 정도 끓인 후 소창이나 융에 거른다.

(1) 기본 생선스톡(Basic of Fish Stock) 생산량 10L

●●●● **준비재료**

- 버터(Butter) ·································· 60g
- 화이트 미르포와(White Mirepoix) ·································· 1kg
- 파슬리 줄기(Parsley Stems) ·································· 15pc
- 생선뼈(Fish Bone) ·································· 6kg
- 드라이 백포도주(Dry White wine) ·································· 1000ml
- 후레쉬 레몬주스(Lemon Juice) ·································· 2ea
- 물(Water) ·································· 10L
- 양송이(Bottom Mushroom) ·································· 100g
- 후레쉬 다임(Fresh Thyme) ·································· 2g

●●●● **만드는 방법**

① 스톡포트에다 버터를 녹인다.
② 양파와 파슬리 줄기, 생선뼈를 넣고 색이 나지 않게 낮은 불로 열을 가하여 볶는다.
③ 뼈에서 주스가 흘러나오고 생선뼈가 흰색으로 완전히 굳어지면 와인과 레몬주스를 뿌려 준 다음에 졸여 준다.
④ 물이나 스톡을 붓고 나머지 재료를 모두 넣은 다음에 약 30분 정도 중불에서 끓인다.
⑤ 처음 끓어오를 때 불순물을 제거하고 두 번 더 조리 중에 불순물을 제거해 준다.
⑥ 깨끗한 융이나 소창에 걸러 냉각시킨 다음, 만든 날짜와 시간을 적어 냉장고에 보관한다.

4) 야채스톡(Vegetable Stock)

야채스톡은 야채와 향료만을 사용하여 만들기 때문에 다른 동물성 스톡과는 달리 단백질인 젤라틴 성분이 함유되어 있지 않다. 야채스톡은 보다 더 깔끔한 맛이나 가벼운 향을 내기 위한 음식에 다른 육류스톡을 대신하여 쓸 수 있고, 특히 최근 들어 증가추세에 있는 야채주의자(Vegetarian) 요리를 만들기 위한 기초재료로 활용할 수 있다.

야채스톡은 여러 가지 재료를 한꺼번에 섞어서 생산할 수도 있고 조리 목적에 따라서 한 가지 또는 두 가지 이상의 야채를 이용하여 생산할 수도 있다. 그러나 여러 가지를 섞어 생산한다고 항상 좋은 야채스톡을 생산할 수 있는 것은 아니다.

야채스톡에는 비타민, 무기질과 같이 동물성 스톡에서 얻을 수 없는 여러 가지 영양소가 함유되어 있고, 특히 콜레스테롤이 전혀 없어 식이요법 목적으로 하는 요리생산에 기초재료로 이용할 수 있다.

① 야채스톡 만들 때 필요한 식재료 준비
② 찬물을 붓고 끓인다.

● ● ● ● **산출량 4L**

● 샐러드유(Salad Oil)	60ml
● 양파(Onion)	115g
● 대파(Green Onion)	115g
● 양배추(Cabbage)	60g
● 셀러리(Celery)	60g
● 당근(Carrot)	60g
● 토마토(Tomato)	60g
● 마늘(Garlic)	3개, 으깬 것
● 찬물(Cold Water)	1.5리터
● 파슬리 줄기	5g
● 월계수 잎	1ea
● 으깬 검은 통후추	3g
● 신선한 타임	3g

● ● ● ● **만드는 방법**

① 낮고 두꺼운 바닥의 넓은 팬이나 낮은 냄비에 오일을 가열해서 야채를 넣어 준다.
② 뚜껑을 덮고 3~5분간 야채를 물기가 배어 나오도록 볶아 준다.
③ 필요하다면 물, 와인, 향초 주머니를 넣고 35~40분간 서서히 끓여 준다.
④ 스톡을 걸러 낸다. 당장 사용하거나 나중에 사용할 수 있도록 식혀서 보관할 수 있다.

5) 꾸르 부용(Court bouillon)

꾸르 부용(Court bouillon)은 생선을 데치거나 삶을 때 사용하기 위한 조리용 육수로서 와인이나 식초와 같은 산성과 함께 물에 향신재료들을 넣고 끓여서 준비한다. 생선뼈나 갑각류의 껍데기를 꾸르 부용에 넣어서 끓여 줄 때 이를 nage라 한다.

① 꾸르부용(Court Bouillon) 만들 때 필요한 식재료 준비
② 찬물을 붓고 끓여 사용한다.

●●●● 산출량 4L

- 당근(Carrot) ·································· 340g
- 양파(Onion) ·································· 450g
- 찬물(Cold Water) ·························· 4.75리터
- 화이트 와인 식초(White Wine Vinegar) ·········· 240ml
- 소금(Salt) ·································· 필요한 만큼(선택사항)
- 타임(Thyme) ································ 2g
- 월계수 잎(Bay Leaf) ························ 3ea
- 파슬리 줄기(Parsley Stem) ················· 5g
- 통후추 ···································· 3g

●●●● 만드는 방법

① 통후추를 제외한 모든 재료들을 섞어서 50분간 끓인다.
② 통후추를 넣고 10분간 더 끓여 준다.
③ 코트 부용은 조리의 중간단계에서 사용되거나 신속히 식혀서 나중에 사용할 수 있도록 보관한다.

4

육수 생산시 주의해야 할 점
Stock Making

스톡은 보기에는 간단하고 단순한 것 같아도 스톡이 생산되는 원리를 알지 못하면 질 좋은 스톡을 생산하기 힘들다. 스톡은 우선적으로 고유한 맛을 충분히 우려내고 색상에서도 깨끗함을 유지해야 한다.

스톡생산 단계에서 숙지해야 할 점 을 알아보기로 하자.

1) 찬물에서 시작(Start The Stock in Cold Water)

스톡을 생산할 때에는 반드시 찬물로 재료를 충분히 잠길 정도까지 부은 다음 시작한다. 찬물은 뼈 속에 남아 있는 핏기와 불순물을 용해시킨다. 다음으로 열을 가했을 때 이러한 불순물은 굳어져서 표면 위로 떠오르게 된다. 이 때, 불순물을 쉽사리 제거할 수 있다.

뜨거운 물로 스톡을 시작하면 불순물이 빨리 굳어지고 뼈 속에 있는 맛들이 우러나지 못함은 물론이고 스톡이 혼탁해진다. 스톡을 끓이는 중에 물이 뼈 표면 밑으로 내려가면 다시 물을 부어 잠길 수 있도록 한다. 뼈는 물속에 잠긴 상태에서 맛이 우러나는 것이고, 한편으로 산소와 접하게 되면 뼈의 색깔이 검게 변하므로 결국에는 스톡 색상에 영향을 주기 때문이다.

2) 센불에 시작하여 낮은 불로(Simmer the Stock Gently)

스톡이 끓기 시작하면 불의 세기를 조절하여 스톡의 온도가 섭씨 약 90도를 유지하며 은근하게 끓여준다. 은근히 끓는 동안 뼈 속에 포함되어 있는 맛과 향이 물속으로 용해될 수 있도록 충분한 시간을 두고 조리해야 한다. 은근히 끓이는 것은 스톡을 맑게 생산하기 위함인데, 센불에서 스톡의 내용물 움직임이 빨라지면 불순물과 기름기가 물과 함께 엉키어 혼탁해진다. 따라서 스톡은 일단 끓기 시작하면 불을 줄인 다음에 조용히 끓여 주고, 그 상태를 유지해야 한다.

3) 거품 및 불순물제거(Skim the Stock Frequently)

스톡 생산시 표면 위로 떠오르는 불순물은 처음 끓어오르기 시작할 때 가장 많다. 이럴 때에는 거품과 함께 떠오르는 것을 스키머(Skimmer)로 제거해 주면 된다. 그러나 끓고 있는 동안 계속해서 조금씩 불순물이 표면 위로 떠오르는데, 이것을 제거하지 않으면 물속에 섞여 스톡을 혼탁하게 하는 원인이 되므로 일정한 시간을 두고 계속적으로 불순물을 제거해 주어야 한다. 특히, 스톡포트(Stock Pot) 주위로 붙어 있는 기름띠는 젖은 타올로 닦아 주면 보다 더 깨끗한 스톡을 만들 수 있다.

4) 스톡 걸러 내기(Strain the Stock Carefully)

일단 완성된 스톡은 내용물과 국물을 서로 분리해야 한다. 스톡을 깨끗하고 투명하게 유지하기 위해서는 국물 속으로 야채나 뼈, 다른 불순물이 섞이지 않도록 해야 한다. 최근에는 스톡포트가 구조적으로 잘 되어 있어 바닥에 붙어 있는 꼭지로 국물을 분리하면 쉽게 스톡을 걸러 낼 수 있다. 그러나 이러한 스톡포트가 준비되어 있지 않을 때에는 스톡 생산에 사용된 뼈와 야채 등의 내용물이 부서지지 않도록 조심스럽게 국물을 분리하여야 한다.

스톡 표면 위에 기름기나 불순물이 많이 남아 있는 경우는 국물을 분리하기 전에 제거하고, 일단 걸러 낸 스톡 위로 기름기가 떠 있을 경우는 양이 많으면 국자로 조심스럽게 걷어 내고, 국자사용이 불가능할 경우는 흡수지를 이용하여 걷어낸다. 마지막으로 원뿔체(China Cap)와 소창(Cheese cloth)을 통과시켜 보다 더 깨끗한 스톡을 만든다.

5) 냉각(Cool the Stock Quickly)

서양요리에서 스톡은 거의 모든 요리에 기본적으로 사용하므로 스톡 생산은 대량으로 이루어진다. 이렇게 한꺼번에 대량으로 생산되면 사용될 때까지 얼마 기간동안 저장을 해야 한다. 무엇보다 냉각상태가 양호해야 스톡 변화가 지연되고 안전하게 스톡을 보관할 수 있다.

스톡을 거른 후에는 재빨리 식히는 것이 좋은데, 열전달이 빠른 금속기물을 사용하는 것이 플라스틱이나 다른 재질보다 식는 시간이 절감되고, 박테리아 증식기회를 줄인다. 금속용기에 담은 스톡은 얼음을 넣은 냉수에 식혀야 하는데, 바닥과 용기 사이에는 공간을 확보할 수 있는 블럭이나 쇠로된 망을 깔아 물 순환이 용이하도록 한 다음, 용기에 담긴 스톡 표면보다 밖의 물의 표면이 약간 높을 정도로 물높이를 조절한다. 냉각되는 중에도 스톡을 한 번씩 저어 주어 보다 더 빨리 냉각되도록 한다.

스톡 식히는 방법

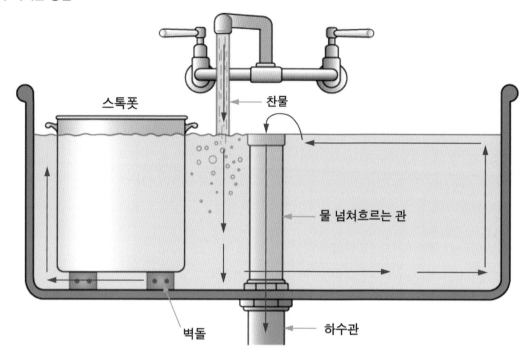

스톡폿

찬물

물 넘쳐흐르는 관

벽돌

하수관

6) 저장(Store the Stock)

일단 냉각된 스톡은 뚜껑이 있는 용기로 옮겨 담아 냉장고에 보관하게 된다. 냉장고에서 보관하며, 냉각이 된 스톡은 잔존하는 기름기가 표면에서 굳어 있게 되는데, 이 때 슬로티드 스푼(Slotted Spoon)과 같은 기구로 떠내면 기름이 거의 제거된다.

스톡을 담은 용기 뚜껑에는 만든 날짜와 시간을 기록하여 객관적으로 스톡이 생산된 시기를 알 수 있도록 한다. 스톡을 보다 더 오랜 시간 저장하고자 할 때는 냉동시켜 보관한다. 냉장보관 스톡은 3~4일 내에 사용하고, 냉동보관된 스톡은 5~6개월까지도 보관이 가능하다.

스톡 생산하는 방법

찬물로 시작	뼈 속 내용물 용해를 쉽게 함
센불로 시작, 약불로 마무리	오랜 시간 은근히 끓임
거품과 불순물 제거	스톡이 혼탁해지는 것 방지
투명하게 걸러내기	재료와 국물 분리작업
순환냉수에 급속냉각	스톡이 상하는 것 방지
생산일자 기록저장	선입 선출 효율적 저장

Chapter 10
기본 소스

··· **학습목표**
• 소스(Sauce)의 개념을 이해하고 소스의 어원과 역사, 소스의 구성요소 등을 학습한다.
• 소스의 분류(Classification of Sauce)를 색과 주재료에 따라 분류하고 각 소스별 만드는 방법과 순서, 사용용도, 파생소스 등을 학습하여 소스의 응용능력과 조리기술적인 능력을 향상시키는 데 있다.

1

소스의 개요
Summary of Sauce

1) 소스의 의미

소스(sauce)란 서양요리에서 맛이나 빛깔을 더 좋게 하기 위해 식품에 넣거나 위에 끼얹는 액체 또는 반유동상태의 조미료를 총칭한다. 주로 스톡에 향신료를 넣고 풍미를 낸 뒤 농후제*로 농도조절을 해 음식에 뿌리는 것을 말한다. 기본적인 모체소스로는 베샤멜소스, 벨루떼소스, 브라운소스, 토마토소스, 홀랜다이즈소스 등이 있고, 이 모체소스에 첨가되는 각종 재료에 의해 수많은 소스가 파생되어 만들어진다.

●●●● **농후제(Thickening agents)**
소스의 농도를 조절하는 데 쓰이는 식품을 총칭하며, 루·녹말·크림·달걀 노른자 등이 있다. 농후제는 음식이 입에 남는 시간을 연장시키고 요리의 외관에 영향을 주며, 최소의 양으로 최대의 효과를 내야 한다.

2) 소스의 어원

소스(sauce)에 대한 어원은 고대 라틴어 "Salus"에서 유래되었는데, "Sails"는 소금을 첨가한다는 "Salted"의 옛말로, 이것이 발전되면서 소스라는 말로 유래된 것으로 추측된다.

3) 소스의 역사

(1) 고대 로마 시대

바닷물에 여러 양념 및 물, 와인이나 식초를 넣어 조린 황금색의 소스 사용. 바닷물, 와인, 올리브오일을 섞어 단순소스로 사용했는데, 여기에 허브를 첨가해 복합소스로 사용했다. 또한 로마가 비잔틴 시대에 들어와서는 후추, 커리엔더와 같은 향신료가 첨가된 소스를 사용했다.

(2) 중세기

향이 매우 강한 소스와 단맛, 신맛을 강조한 소스가 주류를 이루었는데, 육류의 전형적인 소스로는 계피, 겨자, 레드와인에 꿀이나 설탕으로 단맛을 낸 것이었다. 이 당시의 농후제로는 사용하다 남거나 말린 빵 조각이 쓰였다고 전해진다. 이외에도 과일주스나 포도, 꿀, 허브 등 여러 가지 재료를 섞어서 향이 매우 강한 소스를 사용했다. 아마도 이 당시엔 저장시설이 발달되지 않아 육류보관시에 나는 냄새를 소스로 극복하려고 했다.

(3) 프랑스 시대

14~16세기에는 요리의 맛, 모양, 감촉 등을 중시하였으며, 크림과 육즙을 사용한 소스가 많았다. 기욤 테일이 쓴 책에는 "cameline"이라는 소스에 대한 것이 나와 있는데, 이 소스는 와인에 구운 빵을 넣어 불린 다음, 갈아서 각종 향신료를 넣고 식초를 곁들임으로써 신맛을 약간 강조한 소스였다.

(4) 르네상스 시대

이 시대의 가장 중요한 사실은 소스에 육수를 사용했다는 점과, 농후제로 크림과 버터와 달걀노른자를 사용했다는 점이다. 또한 후추의 사용이 급증하였고, 단맛이 나는 소스에는 과일류가 기초가 되었다. 르네상스 사람들과 이태리 사람들은 조리할 때 발생한 즙을 모아서 와인, 향신료와 섞어 만든 소스를 즐겨 사용하였다.

(5) 17~18세기

프랑스 요리의 아버지로 불리우는 바르네가 프랑스 요리에 대한 기법과 예절 등을 기록한 책을 발간하였는데, 이 책이 소스에 대해 가장 큰 영향을 끼친 것은 소스의 농도를 조절하는 루의 개발 및 사용방법을 소개했다는 점이다. (벨루떼 소스가 대표적인 예) 또한 그는 육수와 소스를 생산할 때에 향과 맛을 내기 위해 첨가하는 향신료 다발인 "부케 가르니"를 대중화하는 데에 큰 공헌을 하였다.

(6) 18세기 초

프랑스의 미르포와 백작이 양파, 셀러리, 당근을 스톡의 향과 풍미를 높이기 위해 사용했는데, 차후이 방법이 객관화되어 당시 거의 모든 조리사들이 미르포와를 소스의 기초인 스톡 생산에 사용하였다.

(7) 19세기 초

카렘에 의해 수백 가지의 현대식 소스가 보다 더 질적으로 높은 생산방식으로 소개되고 이어졌다. 그가 쓴 소스 생산이론과 방법은 현대에도 기본사전으로 사용된다.

2
소스의 기본구성요소
Basic Ingredient of Sauce

1) 스톡(Stock)

스톡은 소스의 맛을 좌우하는 가장 기본이 되는 요소라고 할 수 있다. 소고기, 닭고기, 생선, 야채와 같은 재료의 본 맛을 낸 국물로서, 요리본래의 깊은 맛을 낼 수 있도록 생산되어져야 한다. 스톡이 만들어지면 얼마 동안 보관하며 필요할 때마다 사용하게 되는데, 보관시 이물질이나 다른 향이 스며들지 않도록 각별히 주의해야 한다. 스톡에는 화이트 스톡(White stock), 브라운 스톡(Brown stock), 생선 스톡과 퓨멧(Fish stock and fumet), 부용(Bouillon) 등이 있다.

2) 농후제(Thickening agents)

소스에 사용되는 농후제는 대부분 녹말이 젤라틴화되는 원리를 이용한 것이다. 젤라틴화란 물과 함께 열을 가했을 때 끈끈해지는 현상을 말하는데, 소스가 끈끈해지면 구강 내에 머무르는 시간이 늘어남으로써 맛을 느낄 수 있는 시간이 길어지고, 음식의 감촉을 좋게 함으로써 맛의 느낌을 후각이나 촉각 등으로 확대시킬 수 있다. 자신의 특성은 최소화하고 소스 기본재료의 특성을 최대화하는 재료가 농후제로서는 적격이다.

(1) 루(Roux)

서양요리의 대표적인 소스 농후제로서 팬에 버터와 밀가루를 동량으로 넣고 볶아 낸 것을 말한다. 버터의 지방성분이 밀가루의 성분 하나하나를 싸서 쉽게 풀어지고 서로 엉기는 것을 방지한다.

① 화이트 루(White roux)
밀가루와 버터를 넣어 볶다가 방울이 올라오고 밝은 색을 띠게 되면 조리를 중지한다. 색을 필요로 하지 않는 소스나 수프에 사용된다.

② 브론디 루(Blond / pale roux)
화이트 루보다 조금 더 색을 낸 것으로 밀가루에서 캐러멜화가 시작되기 바로 전에 조리를 중지한다. 은은한 향을 필요로 하는 소스에 사용하며, 상아색 등 약한 색을 내는 소스에 주로 사용한다.

③ 브라운 루(Brown roux)
짙은 갈색이 나게 볶은 것이다. 육류 계통의 요리 등 향이 강하고 짙은 소스에 주로 이용된다. 브라운 루는 열이 많이 가해지는 관계로 밀가루에 포함되어 있는 글루텐 성분이 줄어들기 때문에 이것으로 농도를 조절할 때에는 다른 화이트 루나 블론디 루보다 조금 더 많은 양이 필요하다.

Roux 만드는 과정

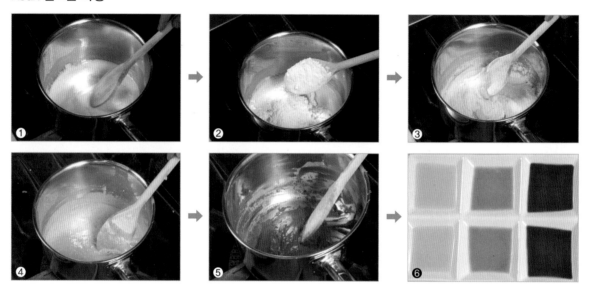

① 자루냄비에 버터를 녹인다.　　② 버터에 밀가루를 넣고 볶는다.
③ 볶는 과정에서 루에 기포가 생기면서 끓어오르면 화이트 루가 완성된 것이다.
④ 화이트 루에서 조금 더 볶으면 블론디 루가 완성된다.
⑤ 블론디 루에서 계속 더 볶으면 루가 갈색으로 변하면서 브라운 루가 완성된다.
⑥ White Roux　　⑦ Blond(Pale)Roux　　⑧ Brown Roux

④ 루(Roux)를 혼합하는 방법

루(Roux)를 스톡(Stock)과 혼합하여 농도를 맞출 때, 루와 스톡의 온도가 서로 반대일 때 혼합하는 것이 가장 잘 풀리며 좋은 결과를 얻을 수 있다.

루(Roux)에 뜨거운 스톡(Hot Stock)을 넣어 혼합하는 방법

※ 이 방법은 소량의 루(Roux)를 사용할 경우 쉽게 사용가능하나 대량 조리에는 적절하지 않다.(양식 조리기능사 시험에서 만들어야 하는 소량의 베샤멜소스나 벨로테 소스 등을 만들 때 사용하는 방법이다.)

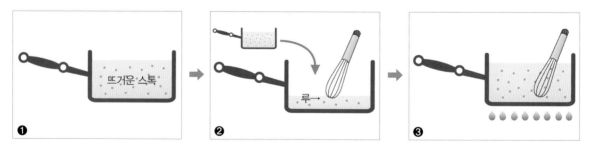

① 뜨거운 스톡(Hot Stock)을 준비한다.
② 전체 스톡의 약 1/3 ~1/4 정도를 루에 넣고 거품기(Whisk)로 저으면서 잘 풀어 준다. 3~4회를 나누어 넣어 혼합하여 농도를 맞춘다.
③ 은근히 끓일 때 까지 거품기로 저으면서 덩어리가 지지 않도록 잘 풀어준다. 끓기 시작하면 거품기에서 나무주걱으로 바꾸어 바닥이 눌지 않도록 자주 젓는다.

뜨거운 스톡(Hot Stock)에 루(Roux)를 넣어 혼합하는 방법

※ 이 방법은 뜨거운 스톡(Hot Stock)에 루(Roux)를 넣어 혼합하는 방법으로 루(Roux)덩어리가 풀어져 기본적인 농도가 될 때까지 가열하면 안된다.

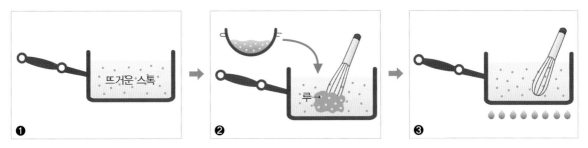

① 뜨거운 스톡(Hot Stock)을 준비한다.
② 뜨거운 스톡(Hot Stock)에 루(Roux)를 넣고 거품기를 사용하여 잘 풀어준다. 가열하면 안된다.
③ 가열하여 은근히 끓을 때까지 거품기로 저으면서 덩어리가지지 않도록 잘 풀어 준다. 끓기 시작하면 거품기에서
　나무주걱으로 바꾸어 바닥이 눌지 않도록 자주 저어준다.

차가운 스톡(Cold Stock)에 루(Roux)를 넣어 혼합하는 방법

※ 이 방법은 루(Roux)를 혼합하는 방법 중에서 가장 효율적인 방법이다. 루(Roux)덩어리를 완전하게 풀어서 사용하는 방법으로 초보자도 쉽게 할 수 있고, 대량 조리시에 많이 사용하는 방법이다.

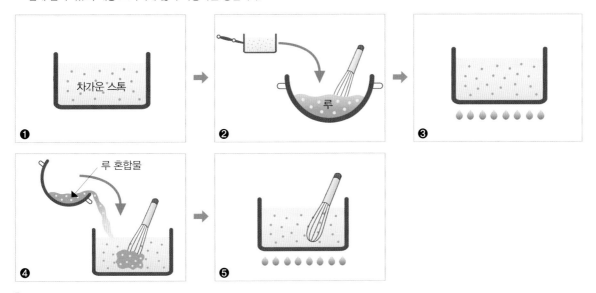

① 차가운 스톡(Cold Stock)을 준비한다.
② 전체 스톡의 1/4 ~ 1/5 정도의 차가운 스톡(Cold Stock)을 루(Roux)에 넣으면서 거품기로 잘 혼합한다.
③ 스톡을 가열하여 비등점 까지 끓인다.
④ 뜨거운 스톡에 ②의 혼합물을 넣고 고루 섞일 때까지 거품기로 잘 풀어준다.
⑤ 가열하여 은근히 끓을 때까지 거품기로 저으면서 덩어리가지지 않도록 잘 풀어 준 후 끓기 시작하면 거품기에
　서 나무주걱으로 바꾸어 바닥이 눌지 않도록 자주 저어준다.

⑤ 루를 사용할 때 주의 할 점(Guidelines for Using Roux)

첫째, 알루미늄과 같은 연철로 된 기물은 거품기를 사용할 때 마찰로 인하여 금속성 냄새와 소스의 색이 변화될 우려가 있다.

둘째, 바닥이 두꺼운 소스포트를 사용하여 장시간 조리할 때 바닥에 눌러 붙어 타는 것을 방지하여야 한다.

셋째, 너무 뜨거운 상태에 있는 루를 사용하는 것은 피해야 한다. 상온에서 루는 기름기가 완전히 고체 상태로 변하는 것이 아니므로 사용하는 데는 별로 지장이 없다. 따라서 상온에 두고 사용하는 것이 바람직하다. 너무 높은 열이 있는 상태에서 루를 사용하면 액체와 결합 시 심한 물방울이 튀어 매우 위험하다. 물론 스톡이 너무 차가운 경우에도 루가 단단하게 덩어리짐으로 인하여 거품기로 젓기가 대단히 어렵다.

넷째, 루를 한꺼번에 너무 많이 사용하는 것을 피해야 한다. 루는 소스가 끓기 이전에 농도가 발생하므로 조금씩 첨가하여 농도를 조절하는 것이 바람직하다. 이때에 소스를 어느 정도까지 농축시킬 것인가를 미리결정하고 루를 사용하여야 하는데 오래시간동안 농축할 경우 농축에 의해서도 농도가 발생하기 때문이다.

(2) 전분(Starch)

매우 부드러운 분말로 이루어져 있으며, 옥수수·감자·고구마·애로우 루트 등이 있다. 서양요리에서는 농후제로서의 전분은 사용이 적은편인데, 그 이유는 전분의 사용이 간편하지만 분리되기 쉽고 농도조절을 한 후 식으면 다시 열을 가해도 처음 같은 품질이 나오지 않기 때문이다. 애로우루트(Arrowroot)는 열대지방의 칡뿌리에서 추출한 전분으로 맛은 일반전분과 비슷하지만 강도가 강하다. 칡 쓰임새는 일반 전분과 같은 방법으로 사용하지만 쉽게 분리되지 않고 반응도 대단히 빠르며, 사용 후에도 일반 전분보다 윤기가 매우 투명하고 향이 미세하여 값이 비교적 비싼 편이다. 전분을 소스의 농도제로 사용할 때는 와인에 풀어서 사용하는 것이 좋다.

(3) 베르마니에(Beurre manie)

밀가루와 버터를 같은 비율로 섞은 것으로, 밀가루와 버터를 반죽하여 서로 완전히 섞어 부드러워질 때까지 비벼 주거나 나무주걱으로 저어 주면 덩어리가 콩알 정도의 크기로 서로 뭉쳐 있게 된다. 이것을 소스의 농도를 조절할 때 적당량을 넣어 가며 저어 주면 쉽게 풀어진다. 사용이 용이해 흔히 쓰이며, 베르마니에 포함된 버터 성분은 소스의 향과 빛을 좋게 한다.

베르마니에 만드는 과정

① 믹싱볼에 버터와 밀가루를 동량으로 넣고 섞어 준다.
② 베르마니에를 섞어 완성된 모습

(4) 리애종(Liaison)

리애종은 일반적으로 달걀 노른자에 생크림이나 우유를 풀어서 사용한다. 소스가 충분히 뜨거워진 상태에서 노른자를 거품기로 저어 가며, 덩어리지지 않게 천천히 넣어 준다. 달걀 노른자가 굳어지는 온도는 65~70℃ 사이로, 소스와 결합하여 농도를 유지할 수 있는 온도는 82~85℃ 정도이다. 85℃를 넘게 되면 덩어리가 생기고 굳어지게 되므로 일단 달걀 노른자를 사용하여 농도조절이 된 소스는 60~85℃ 사이의 적정온도를 유지해야 한다.

달걀 노른자 리에종 만드는 과정

① 달걀 노른자에 크림을 섞어 준다.
② 고루 섞어 완성된 리에종 모습

대표적인 농후제

루 → 밀가루 + 버터 → 화이트 / 브론디 / 브라운

녹말 → 옥수수 / 감자 / 애로우 루드

베르마니 → 밀가루 + 버터

리애종 → 달걀 노른자 / 크림

소스의 기본체계도

주재료 → 소스의 성격을 결정함

농후제 → 소스의 농도와 외관

모체소스 → 기본소스 분류

파생소스 → 요리의 성격에 적합한 소스화

3

소스의 분류
Classification of Sauce

1) 색에 의한 소스 분류

소스의 분류는 17C에 와서부터 프랑스에서 차가운 소스와 더운 소스로 분류되었다. 그 후 모체소스와 파생소스를 구분하면서 다시 갈색소스와 흰색소스를 체계화시켜 수많은 소스를 만들었다. 소스의 분류는 엄격히 말해 재료 한 가지가 달라져도 재분류되어야 하나, 어떤 원칙이나 법적으로 규정된 것이 없기 때문에 소스의 분류는 경험과 상식에 의해서 분류되고 요리하는 사람의 취향에 따라 달라질 수 있다. 일반적으로 색에 의한 분류, 용도별·맛과 색·주재료 사용에 따른 분류로 구분할 수 있다. 본서에서는 국제적으로 가장 많이 사용하는 색에 의한 분류와 주재료 사용에 따라 분류하였다.

색에 의한 소스 분류(5대 모체 소스)

색 분류	갈색	흰색	미색(블론드색)	적색	노란색
모체 소스	**Demi Glace** Sauce	**Bechamel** Sauce	**Veloute** Sauce	**Tomato** Sauce	**Hollandaise** Sauce
내용 설명	주재료는 브라운 스톡을 농축시켜 만드는 소스로 데미글라스, 혼드보, 에스파뇰, 브라운소스를 모체소스로 사용한다.	주재료는 우유와 흰색 루로 만들어지며, 주로 닭 요리, 생선, 채소 등 다양하게 사용한다.	주재료는 생선스톡, 닭 육수, 송아지 육수 등으로 만드는 소스로 주로 생선이나 닭요리에 사용하다.	주재료는 토마토와 육수로 만들어지며, 주로 피자, 파스타요리에 많이 사용한다.	주재료는 달걀 노른자와 정제버터로 만들어지며, 주로 생선요리, 채소, 달걀 요리 등에 사용한다.
파생 소스	Chateaubriand Maderia Colbert Bigarade Porto Zingara Hunter Perigueux Perigourdin Bordelaise	Mornay Cream Nantua Modern Cardinal Mustard Soubise Caper	Alleamande Supreme Albufera Aurora Ivory Bercy Cardinal Normandy Albufera	Provencale Bolonaise Napolitan Pizza Meat	Bearnaize Foyot Maltase Mousseline Chantilly Rachel

2) 주재료에 의한 소스 분류

소스를 사용되는 주재료를 중심으로 분류하였다. 여기서는 사용되는 주재료를 크게 육수소스 군, 유지소스군, 디저트소스군인 3군으로 분류하였고, 모체소스를 13계로 구분하여 다시 모체소스와 파생소스로 분류하여 정리하였다.(본서의 소스분류는 최수근 저서의 "소스의 이론과 실제"의 분류표를 참고하여 재작성하였으며, 소스에 관한 자세한 사항은 "소스의 이론과 실제"를 참고 하면 많은 도움이 되리라 생각된다.)

주재료에 의한 소스 분류(육수 소스군)

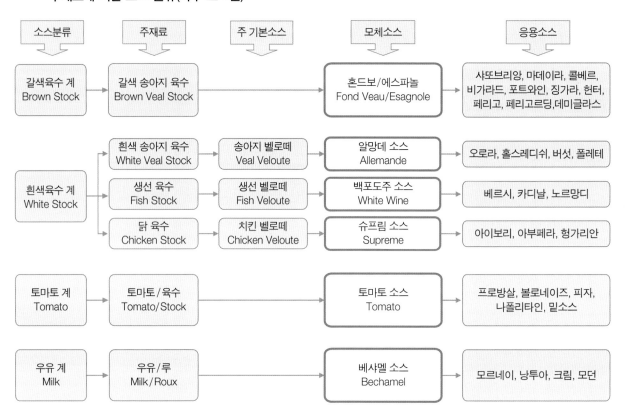

주재료에 의한 소스 분류(유지 소스군)

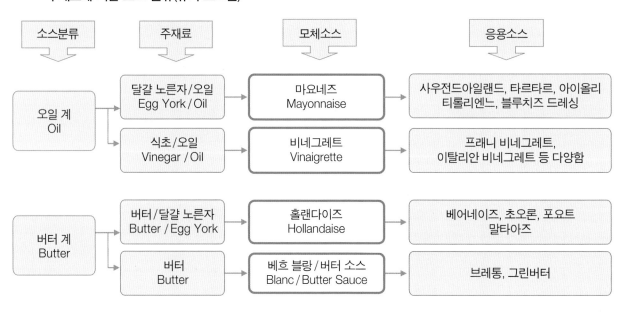

주재료에 의한 소스 분류(디저트 소스군)

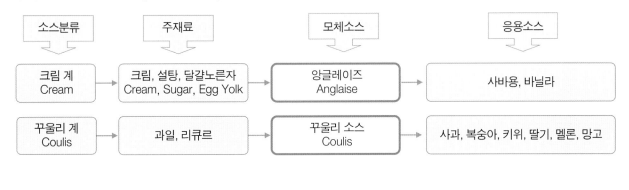

4
소스의 종류
kind of Sauce

1) 베샤멜 소스(Bechamel sauce)

우유와 루에 향신료를 가미한 소스로 프랑스 소스 중 가장 먼저 모체소스로 사용 되었으며, 프랑스의 황제 루이14세 시절 그의 집사였던 루이스 베샤멜(Louis de Bechamel)의 이름에서 유래되었다. 초기의 베샤멜 소스는 농도가 짙은 송아지 벨루떼(Thick veal veloute)에 진한 크림(Heavy cream)을 첨가하여 만들었다. 하지만 오늘날의 베샤멜 소스는 화이트 루(White roux)에 우유를 넣어 농도를 내고 약간의 양념을 첨가하여 달걀, 그라탕과 같은 요리에 사용하고 있다. 베샤멜 소스를 보다 더 부드럽게 생산하기 위해서는 우유를 루(Roux)에 넣었을 때 덩어리가 생기지 않고 완전히 풀어진 상태에서 야채와 향신료를 함께 넣고 간을 해야 한다. 색은 짙은 크림색의 윤택이 있어야 하며, 다른 재료들을 감쌀 수 있을 정도의 농도가 되어야 한다. 우유와 루의 맛이나 향이 지나치게 소스에 남아 있어서는 안 된다.

베샤멜 소스 분류

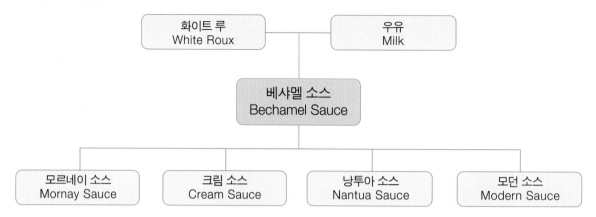

```
┌─────────────────┐        ┌─────────────┐
│   화이트 루      │        │    우유     │
│  White Roux     │        │    Milk     │
└─────────────────┘        └─────────────┘
            │                    │
        ┌───────────────────────┐
        │    베샤멜 소스         │
        │  Bechamel Sauce       │
        └───────────────────────┘
```

모르네이 소스	크림 소스	낭투아 소스	모던 소스
Mornay Sauce	Cream Sauce	Nantua Sauce	Modern Sauce

(1) 기본 베샤멜 소스(Bechamel Sauce) 1L 생산시

●●●● **준비재료**

- 양파(Onion) ··· 25g
- 우유(Milk) ·· 1L
- 밀가루(Flour) ··· 40g
- 정제버터(Clarified Butter) ·························· 40g
- 넛멕(Nutmeg) ··· 0.2g
- 클로브(Cloves) ··· 1ea
- 월계수 잎(Bay leaf) ····································· 1ea
- 소금과 후추(Salt and Pepper) ···················· 각 0.1g

●●●● **만드는 방법**

① 양파에 클로브(Clove)를 고정시키고 우유와 함께 바닥이 두꺼운 소스 팬에서 약 20분 정도 약한 불에서 끓인 다음 식힌다.

② 새 소스팬에 정제된 버터와 밀가루를 넣어 화이트 루를 만든다.

③ 식은 우유에서 양파와 클로브를 제거하고 천천히 화이트 루에 넣어 가며 위퍼로 휘저어 준다. 덩어리가 생기지 않도록 끓어오를 때까지 계속적으로 젓는다.

④ 끓기 시작하면 불을 줄이고 넛멕과 소금, 후추로 간을 하고 약 30분 정도 더 약한 불에서 은근히 끓여 준다.

⑤ 소스를 차이나캡과 소창(China Cap and Cheese cloth)을 사용하여 걸러 낸 다음, 일정한 그릇에 담고 표면이 마르지 않도록 녹인 버터를 발라 준다.

베샤멜 소스 만드는 과정

① 베샤멜 소스 만드는 데 필요한 식재료 준비   ② 자루냄비에 버터를 넣고 다진 양파를 볶아 준다.
③ 밀가루를 넣고 화이트 루가 될 때까지 볶는다.   ④ 우유를 3~4번 정도로 나누어 넣고 잘 풀어준다.
⑤ 바닥이 타지 않게 저어 준다.   ⑥⑦⑧ 소스를 소창에 넣고 그림과 같이 반대로 틀어짜면서 거른다.

(2) 베샤멜 파생 소스

＊ 크림 소스(Cream sauce) : 베샤멜 소스 + 끓여서 식힌 크림 + 레몬주스

＊ 모네이 소스(Mornay sauce) : 베샤멜 소스 + 그레이어 치즈 + 파마산 치즈 + 크림 + 버터

＊ 낭투아 소스(Nantua sauce) : 베샤멜 소스 + 생크림 + 갑각류에서 추출한 버터 + 파프리카

＊ 모던 소스(Modern sauce) : 베샤멜 소스 + 버터에 볶은 양파

2) 벨루테 소스(Veloute sauce)

화이트 스톡이나 생선스톡에 루(Roux)를 사용함으로써 농도를 내며, 재료에 따라 많은 파생 소스를 만들어 낼 수 있는데, 그 이유는 화이트 스톡이나 생선스톡이냐에 따라 생산되는 벨루떼가 다르고 생산된 각각의 벨루테에서 파생되는 소스가 또 나누어지기 때문이다.

벨루테 소스를 좀더 풍미 있고 부드럽게 생산하기 위해서는 본래의 맛을 좌우하는 스톡의 품질이 제일 중요한데, 스톡은 그 재료의 본래 맛이 부드러우면서도 깊게 배어 있어야 한다. 또, 벨루테 소스를 생산할

때에는 자연스러운 육수향이 깃들게 해야 하고 색은 밝은 상아색을 유지하며, 맛이 깊어야 한다. 농도는 요리에 사용된 재료를 덮을 수 있고 소스가 음식에 충분히 묻어나 요리와 같이 맛을 느낄 수 있어야 한다.

벨루테 소스 분류

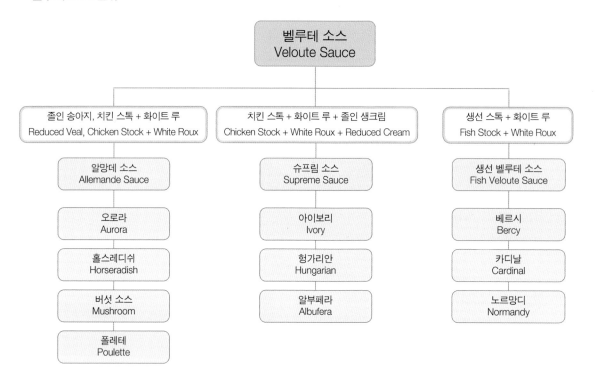

(1) 기본 벨루테(Basic Veloute) 1L 생산

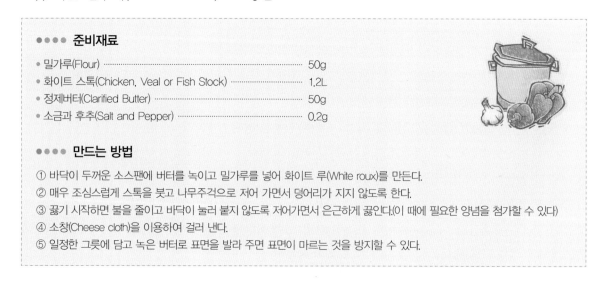

●●●● **준비재료**

- 밀가루(Flour) ··· 50g
- 화이트 스톡(Chicken, Veal or Fish Stock) ·········· 1.2L
- 정제버터(Clarified Butter) ······························ 50g
- 소금과 후추(Salt and Pepper) ························· 0.2g

●●●● **만드는 방법**

① 바닥이 두꺼운 소스팬에 버터를 녹이고 밀가루를 넣어 화이트 루(White roux)를 만든다.
② 매우 조심스럽게 스톡을 붓고 나무주걱으로 저어 가면서 덩어리가 지지 않도록 한다.
③ 끓기 시작하면 불을 줄이고 바닥이 눌러 붙지 않도록 저어가면서 은근하게 끓인다.(이 때에 필요한 양념을 첨가할 수 있다)
④ 소창(Cheese cloth)을 이용하여 걸러 낸다.
⑤ 일정한 그릇에 담고 녹은 버터로 표면을 발라 주면 표면이 마르는 것을 방지할 수 있다.

벨루테 소스 만드는 과정

① 벨루테 소스를 만드는 데 필요한 식재료 준비
② 자루냄비에 버터를 넣고 밀가루를 섞어 화이트 루가 될 때까지 볶는다.
③④ 화이트루가 완성되면 스톡을 3∼4번 정도 나누어 넣고 잘 풀어 준다.
⑤ 향신료 주머니(Sachet d'epice/Spice bag)를 넣고 저어 주면서 끓이고 걸러서 사용한다.

(2) 생선벨루테 파생 소스

＊ 베르시 소스(Bercy sauce) : 생선스톡 + 생선벨루테 + 다진 샬롯 + 버터 + 화이트 와인

＊ 카디날 소스(Cardinal sauce) : 생선스톡 + 생선벨루테 + 생크림 + (파프리카/캐넌 고춧가루) + 바닷
가재 살 + 버터

＊ 노르망디 소스(Normandy sauce) : 생선스톡 + 생선벨루테 + 양송이 + 달걀 노른자 + 생크림

(3) 화이트 벨루떼(치킨/송아지) 파생 소스

알망데(리애종 사용) 파생 소스

＊ 오로라 소스(Aurora sauce) : 알망데 소스 + 토마토 페이스트 + 버터

＊ 홀스래디쉬(Horseradish sauce) : 알망데 소스 + 생크림 + 머스타드 가루 + 홀스래디쉬 갈은 것

＊ 버섯 소스(Mushroom sauce) : 알망데 소스 + 양송이 + 레몬 주스 + 버터

＊ 폴레테 소스(Poulette sauce) : 알망데 소스 + 다진 샬롯 + 양송이 + 크림 + 레몬 주스

슈프림(크림 사용) 파생 소스

* 헝가리안 소스(Hungarian sauce) : 슈프림 소스 + 양파 다진 것 + 파프리카 + 버터

* 아이보리 소스(Ivory sauce) : 슈프림 소스 + 그라스비안

* 알부페라 소스(Albufera sauce) : 슈프림 소스 + 그라스비안 + 고추맛을 낸 버터

3) 브라운 소스(Brown sauce)

에스파뇰 소스(Espagnole sauce)라고도 불리우는 브라운 소스는 오랜 시간 동안 끓이기 때문에 그 맛을 매우 깊숙하게 느낄 수 있고 향도 풍부하다. 일반적으로 브라운 스톡과 브라운 루(Brown roux), 미르포와와 토마토를 주재료로 하여 생산되는데, 주로 데미글라스로 육류에 사용한다. 파생 소스는 육류요리에 전반적으로 사용되는 광범위한 소스군을 형성한다.

브라운 소스 분류

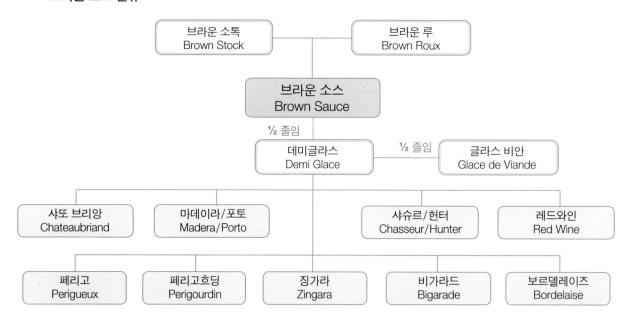

(1) 기본 브라운 소스(Basic of Brown Sauce) 10L 생산

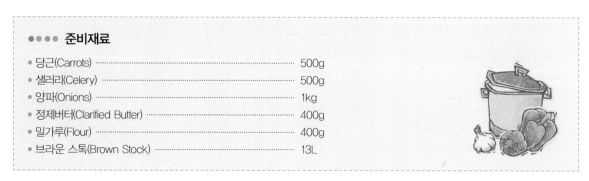

●●●● **준비재료**

- 당근(Carrots) ································· 500g
- 샐러리(Celery) ································· 500g
- 양파(Onions) ································· 1kg
- 정제버터(Clarified Butter) ················· 400g
- 밀가루(Flour) ································· 400g
- 브라운 스톡(Brown Stock) ················· 13L

- 토마토 퓌레(Tomato Puree) ···································· 500g
- 월계수 잎(Bay leaf) ·· 1ea
- 말린 다임(Dried Thyme) ······································ 2g
- 통후추 으깬 것(Black Pepper Crushed) ························ 1/2tsp
- 파슬리 줄기(Parsley stems) ·································· 10g
- 소금과 후추(Salt and Pepper) ································· 적당량

●●●● 만드는 방법

① 양파와 당근, 셀러리는 길이 2cm정도의 크기로 잘라 버터에 짙은 갈색이 날 때까지 볶아 준다.

② 갈색으로 볶은 Mirepoix에 토마토 패스트를 넣고 잘 볶은 다음, 향신료와 파슬리 줄기, 브라운 스톡을 넣고 끓기 시작하면 불을 줄이고 은근하게 졸인다.

③ 2시간 정도 은근하게 끓이면서 떠오르는 불순물은 수시로 제거한다.

④ 소스팬에 밀가루와 버터를 넣고 브라운 루를 만든다. (브라운 소스에 사용하는 루의 기본은 브라운 루지만 최근에는 브라운 루를 사용하지 않고 베르마니에를 사용하거나 화이트 루를 사용하는 추세이다.)

⑤ 차가운 브라운 스톡을 브라운 루에 넣고 덩어리가 지지 않도록 잘 저은 다음, 끓고 있는 소스에 넣고 충분히 끓여준다.

⑥ 미세한 차이나 캡이나 소창에 걸러 소금과 후추로 간을 하고 흐르는 찬물에 식혀, 만든 날짜와 시간을 표기하고 냉장고에 보관한다.

브라운 소스 만드는 과정

① 브라운 스톡을 준비한다.
② 미르포와(Mirepoix)를 갈색으로 볶은 후 토마토 패스트를 넣고 볶는다.
③ 브라운 스톡을 넣고 끓인다.
④ 충분히 우러나면 소창에 거른다.
⑤ 냉장고에서 굳은 완성된 브라운 소스

(2) 기본적인 데미그라스 소스(Basic of Demi-Glace) 2L 생산시

●●●● **준비재료**
- 브라운 스톡(Brown Stock) ·· 2L
- 브라운 소스(Brown Sauce) ·· 2L

●●●● **만드는 방법**
① 브라운 스톡과 브라운 소스를 같이 섞어 소스 팬에 담고 열을 가해 준다.
② 절반정도까지 졸여 준다.
③ 고운체에 걸러 쉐리나 마데이라와인을 첨가한 다음, 소금과 후추로 간을 하여 사용한다.

(3) 데미글라스 생산시 주의사항(Product Demi-Glace)

브라운 스톡에서 생산되는 브라운 소스는 브라운 계통 소스를 대부분 포함하고 있다. 데미그라스는 브라운 소스와 브라운 스톡을 같은 비율로 하여, 다시 절반 정도로 졸이면 된다. 다시 말하면 브라운 소스 절반과 브라운 스톡 절반으로 열을 가하여 절반 정도만 졸이면 된다. 일반적으로 마무리 단계에서 적당량에 마데이라(Madeira) 또는 쉐리(Sherry), 와인(Wine)을 첨가하여 좀더 향과 맛을 보충한다. 물론, 브라운소스에 다양한 부재료를 직접 첨가하여 몇 가지 파생소스를 생산하기도 한다.

데미그라스는 풍미나 향, 맛에 있어서 부드러워야 하고 덩어리가 생기지 말아야 한다. 기초재료인 브라운 스톡에서 뼈를 구울 때 생성된 짙은 향이 깊이 스며 있어야 하고 사용된 루는 구수한 맛과 향을 충분히 지니고 있어야 한다. 물론, 미르포와 역시 갈색으로 구워 토마토와 함께 소스 생산시에 짙은 초콜릿색처럼 윤기가 나야 한다. 마지막 단계에서는 너무 농도가 짙거나 덩어리가 있어서는 안 된다.

(4) 브라운 파생 소스

＊ **샤토브리앙 소스(Chateaubriand sauce)** : 데미글라스 + 화이트 와인 + 다진 샬롯 + 레몬 주스 + 후추 + 버터 + 다진 타라곤

＊ **마데라, 포트 소스(Madeira, port sauce)** : 데미글라스 + (마데라/포트와인)

＊ **레드와인 소스(Red wine sauce)** : 데미글라스 + 다진 샬롯 + 레드와인 + 버터

＊ **버섯소스(Mushroom sauce)** : 데미글라스 + 나팔버섯 + 버섯 삶은 물 + 레몬주스 + 버터

＊ **트러플 소스(Perigueux sauce)** : 데미글라스 + 마데라 와인 + 트러플(송로버섯)

＊ **신화 소스(Sour and hot sauce)** : 데미글라스 + 다진 샬롯 + 화이트 와인 + 식초 + 피클 + 다진 타라곤 + 다진 파슬리 + 다진 처빌+버터

＊ **씨어로 소스(Vinegar and white sauce)** : 데미글라스 + 식초 + 화이트 와인 + 각종 향신료 + 버터

＊ **로버트 소스(Robert sauce)** : 데미글라스 + 다진 양파 + 화이트 와인 + 디종 머스타드 + 설탕 + 피클

4) 토마토 소스(Tomato sauce)

토마토 소스를 생산하기 위해서는 좋은 토마토 및 야채와 화이트 스톡, 농후제가 필요한데, 현재는 농후제로 농도를 맞추지 않고 토마토와 야채, 허브, 스파이스 등 여러 가지 재료들을 혼합하여 퓨레 형식으로 농도를 조절하고 있다. 토마토 소스는 다른 일반 소스들과 비교했을 때 그 입자가 매우 크고 거친데, 어떤 면에서는 이러한 특징이 장점으로 작용한다. 토마토 소스를 보다 더 맛있고 향과 풍미 및 느낌이 좋도록 생산하려면 사용되는 야채와 향신료도 중요하지만, 시거나 떫지 않고 너무 달지 않은 토마토 자체의 맛이 가장 중요하다. 또한 토마토 소스는 생산되었을 때 색이나 농도가 요리의 재료와 어울려 조화를 이룰 수 있어야 한다.

토마토 소스 분류

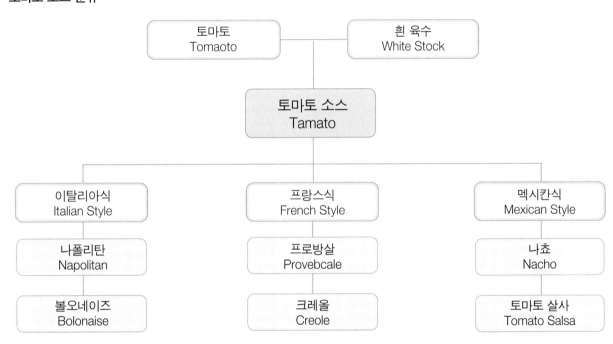

(1) 기본 토마토 소스(Basic of Tomato Sauce) 10L 생산시

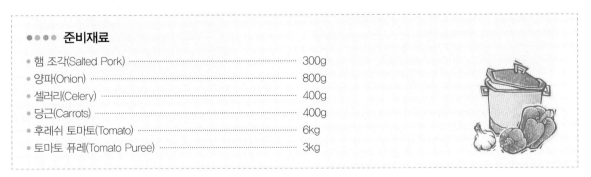

●●●● **준비재료**

- 햄 조각(Salted Pork) ····································· 300g
- 양파(Onion) ··· 800g
- 셀러리(Celery) ·· 400g
- 당근(Carrots) ··· 400g
- 후레쉬 토마토(Tomato) ······························· 6kg
- 토마토 퓨레(Tomato Puree) ···························· 3kg

- 말린 다임(Dried Thyme) ································ 3g
- 월계수 잎(Bay leaves) ································ 5pc
- 마늘(Garlic) ································ 10ea
- 파슬리줄기(Parsley Stems) ································ 15ea
- 화이트 스톡(White Stock) ································ 5L
- 소금(Salt) ································ 30g
- 설탕(Sugar) ································ 50g
- 검은 통후추 으깬 것(Black Pepper Crushed) ················ tsp

●●●● **만드는 방법**

① 소스 포트에 햄 조각과 마늘을 넣고 기름기가 흘러나오도록 열을 가해 준다.

② 양파, 셀러리, 당근 다진 것을 넣고 색깔이 투명해지고 물기가 스며 나와 냄새가 구수해질 때까지 볶아 준다.

③ 토마토는 미리 끓는 물에 블란치하여 껍질과 씨를 제거해 둔 것을 퓨레와 함께 넣는다. 이 때에 향신료와 통후추 으깬 것, 설탕, 소금을 넣는다.

④ 화이트 스톡을 붓고 약 2~3시간 정도 토마토가 으깨지고 다른 재료에서 맛이 완전히 우러나도록 은근하게 끓여준다.

⑤ 향신료 다발을 제거하고 굵은 체나 후드밀(Food Mill)에 내려 냉각시킨 다음, 만든 날짜와 시간을 기재하고 냉장고에 보관한다.

토마토 소스 만드는 과정

① 토마토 소스 만들 때 필요한 식재료 준비
② 자루냄비에 올리브유를 넣고 다진 양파를 연한 갈색이 날 때까지 볶는다.
③ 토마토 으깬 것과 토마토 패스트를 넣고 졸이다가 스톡을 붓고 끓인다.
④ 충분히 끓인 후 그림과 같이 후드 밀(Food Mill)에 내려 사용한다.

(2) 토마토 파생 소스

✽ 프랑스식 토마토 소스(Creole tomato sauce) : 토마토 소스 + 양파 + 셀러리 + 마늘 + 향신료 + 푸른
고추 + 타바스코 소스

✽ 밀라노식 토마토 소스(Milanese tomato sauce) : 토마토 소스 + 버섯 + 햄 + 소 혀

✽ 이태리안 미트 소스(Bolognaise sauce) : 토마토 소스 + 마늘 + 다진 당근 + 다진 양파 + 다진 양
송이 + 다진 셀러리 + 다진 소고기

✽ 멕시칸 스타일 살사 소스(Salsa sauce) : 토마토 소스 + 다진 마늘 + 다진 푸른 고추 + 다진 붉은
고추 + 레드와인 + 타바스코 소스 + 올리브 오일 + 다진 커리엔더

※ 멕시칸 옥수수칩인 "토틸라"와 함께 사용하면 좋다.

> ●●●● **토틸라(Tortilla)**
> 둥글고 납작한 빈대떡 모양의 빵으로 멕시코 사람들의 주식. 원형으로 늘여서 구워 만들며, 여러 가지 재료를 넣어 먹는다.

5) 홀랜다이즈 소스(Hollandaise sauce)

기름의 유화작용을 이용해 만든 소스이다. 달걀 노른자가 다량 함유하고 있는 자연유화성분 "레시틴
(Lecithin)"의 영향과 따뜻한 버터, 소량의 물, 레몬 주스, 식초 등이 서로 작용하여 생성된다. 소량의 액체
와 달걀 노른자를 섞으며 따뜻한 버터를 첨가하게 되면 난황 속의 유화제가 기름의 입자 하나하나를 감싸
서 수분과 함께 고정시키는 역할을 한다.

완성된 홀랜다이즈 소스는 매우 부드럽고 표면이 반짝거리며, 잘 익은 레몬과 같이 밝은 노란색을 띠
게 된다. 물론, 풍미도 매우 깊다. 완성된 소스는 어떠한 덩어리나 분리현상을 보여서는 안 된다. 기본적으
로 가장 많이 들어갔으므로 버터향은 당연히 나야 하지만, 이 버터향에 달걀, 식초, 레몬향이 어울려 전혀
새로운 향을 포함하고 있는 것이 특징이다. 농도는 너무 되서는 안 되고 마요네즈보다는 좀더 묽고 연해야
한다.

> ●●●● **유화작용**
> 기름과 물처럼 서로 섞이지 않는 재료들에 일정한 물리적인 힘을 가해 줌으로써 서로 고르게 퍼져서 섞이는 현상.
>
> ●●●● **레시틴(Lecithin)**
> 인지질의 일종으로, 난황·콩기름·간·뇌 등에 다량 존재하는 유화제이다.

홀랜다이즈 소스 분류

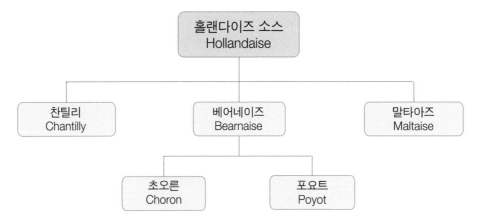

(1) 기본 홀랜다이즈 소스(Basic of Hollandaise Sauce) 3L 생산시

●●●● 준비재료

- 흰 통후추 으깬 것(White Pepper Corn Crushed) ·············· 1tsp
- 식초(White Vinegar) ··· 350ml
- 물(Water) ·· 250ml
- 달걀노른자(Egg Yolks) ·· 20ea
- 레몬주스(Lemon Juice) ·· 100ml
- 정제버터(Clarified Butter) ··· 2L
- 소금과 후추(Salt and Pepper) ··· 0.2g

●●●● 만드는 방법

① 소스팬에 물과 식초, 으깬 후추를 넣고 1/3로 졸인다.

② 스테인레스 볼에 식초와 후추를 넣어 졸인 물을 고운 체에 내린 다음 달걀 노른자를 넣는다.

③ 스테인레스 볼을 이중탕에 올리고 위퍼로 천천히 저어준다. 달걀 노른자가 크림형태로 변하고 농도가 나타나며, 표면에 윤기가 돌기 시작하면 레몬 주스를 첨가한다.(이 때, 절대로 달걀 노른자가 익지 않도록 이중탕의 온도를 유지해 주어야 한다.)

④ 버터를 조금씩 넣어 가면서 위퍼로 계속 저어 주어 유화가 일어나도록 한다. 일단, 유화현상이 정상궤도에 오르면 버터의 양을 조금 늘려도 된다.

⑤ 버터를 모두 첨가하고 완전히 유화현상이 끝났을 때 소금과 후추로 간을 한다. 필요하면 소창에 걸러 이중탕에 온도를 유지하며 둔다.

⑥ 가능한 빨리 고객에게 제공한다.

홀란다이즈 소스 만드는 과정

① 홀랜다이즈 소스 만들 때 필요한 식재료 준비
② 중탕으로 정제버터를 만든다.
③ 정제된 버터에 불순물을 제거한다.
④ 자루냄비에 다진 양파, 월계수 잎, 통후추, 파슬리 줄기, 식초, 백포도주 등을 넣고 졸인다.
⑤ 졸여진 국물을 소창에 거른다.
⑥⑦ 믹싱볼에 졸인 국물과 달걀 노른자를 넣고 85~90℃ 정도 되는 물에 중탕해서 거품기(Whisk)로 계속 저으
　　면서 크림 소스 농도가 될 때까지 익힌다.
⑧⑨ 젖은 행주를 말아 믹싱볼이 움직이지 않게 한다.
⑩ 그림과 같이 익힌 달걀 노른자에 정제버터를 넣으면서 거품기로 저어 유화시켜 만든다.
⑪ 완성된 홀란다이즈 소스는 중탕으로 40~50℃ 정도 온도에서 보관해야 한다.

(2) 홀랜다이즈 소스를 만들 때 주의사항(Product of Hollandaise)

① 온도(Temperatures)

홀랜다이즈 소스를 생산할 때 온도는 매우 중요한 요소로서 작용한다. 처음 소스 생산을 시작할 때 이중탕으로 달걀 노른자와 향신료를 가미한 액체를 사용하게 되는데, 천천히 저으면서 크림형태를 유지해야 한다. 이때에 온도가 너무 높으면 농도가 지나쳐 달걀이 덩어리 현상을 보이게 된다. 정제된 버터의 온도 역시 따뜻한 상태를 유지해야 하는데, 버터의 온도가 너무 높을 경우는 달걀을 익히는 결과를 초래하므로 버터 온도유지에 신경을 써야 한다.

② 버터 정제(Clarified Butter)

홀랜다이즈 소스 생산시 정제되지 않은 버터를 사용할 수도 있지만 정제되지 않는 버터는 수분과 우유에서 발생된 불순물이 존재하기 때문에 생산된 소스가 원하는 만큼 깨끗하지 못하다.

일반적으로 버터는 80%의 지방과 15%의 물 5%의 우유 잔존물로 구성되어 있다. 따라서 깨끗한 지방만을 사용하기 위해서는 15%의 물과 5%의 우유 잔존물을 제거하는 것이 바람직한데, 정제시에 이러한 불순물이 다시 섞이지 않도록 완전히 제거해 주어야 한다.

③ 위생(Sanitation)

홀랜다이즈 소스를 생산하기 위해서 적정온도를 유지하게 되는데, 이온도는 미생물이 생장하기에 매우 적합한 환경을 만들어 주는 결과를 가져오게 된다. 예를 들어, 박테리아의 생장적정온도는 섭씨 4~60도이다. 그런데 홀레다이즈 소스 온도가 60도를 넘어가면 단백질이 굳어져 생산을 할 수 없고, 역시 온도가 섭씨 7도 이하로 떨어지면 버터가 굳어지므로 생산이 불가능하다. 이렇게 소스 생산이 미생물의 생장환경과 같은 공간에서 이루어지므로 홀랜다이즈 소스에 안전성을 확보하기 위해서는 다음과 같은 몇 가지 수칙을 준수하여 소스 생산에 임해야 한다.

- 소스 생산에 사용되는 기구 및 기물은 항상 청결하고 깨끗한 것을 이용한다.
- 소스 생산 계획을 고객에게 제공되는 시간과 가장 가깝게 설정하고 가능한 빨리 사용하며, 2시간 이상 보존하는 것은 절대 피한다.
- 소스의 양을 적게 만들어 즉시 사용한다.
- 사용하다 남은 소스와 새로운 소스를 절대 섞지 않는다.
- 소스를 생산할 때 위에서 나열한 사항들을 염두에 두고 조리를 하면 보다 더 안전하고 효과적으로 홀랜다이즈 소스를 고객에게 제공할 수 있다.

④ 분리되었을 때(Broken The Hollandaise)

가끔 홀랜다이즈 소스를 생산하다 보면 분리되는 경우가 발생한다. 이 현상은 유화가 안된 상태로 덩어리가 생기고 농도가 묽어지며, 외관상태가 매끄럽지 못하다. 소스가 분리되는 원인은 여러 가지가 있을 수 있는데, 기본적인 원인은 다음과 같은 몇 가지로 압축된다. 첫째 달걀이나 버터에 미치는 온도가 너무 높거나 낮은 경우다. 둘째, 달걀의 유화준비가 덜된 상태에서 버터를 첨가하였을 때, 셋째, 버터를 너무 빨리 첨가하였을 경우와 거품기로 충분히 섞어 주지 못하였을 때 이러한 현상이 일어난다. 넷째, 달걀양에 비하여 버터가 지나치게 많을 경우다.

홀랜다이즈 소스가 분리되었을 때에는 어떠한 이유 때문인지를 인식하고 어떤 방법으로 새롭게 생산할 것인지를 결정하여야 한다. 물론, 소스나 볼의 온도가 너무 높은 경우는 온도를 적절하게 조절해 주어야 하고, 온도가 낮은 경우에는 불의 세기를 조절하여 중탕되는 물의 온도를 높혀 주어야 한다.

만약, 1L의 홀랜다이즈소스를 생산하던 중 분리가 되었을 때에는 깨끗한 스테인레스 볼에 미지근한 물 15ml 정도를 넣고 위퍼로 세차게 휘젓다가 분리된 소스를 조금씩 첨가하면 다시 유화를 시킬 수 있다. 또한 달걀에 비하여 버터가 너무 많이 첨가되었을 때에는 다시 시작할 때에 물과 달걀 노른자를 더 섞어 주고 분리된 소스를 첨가하면 된다.

(3) 홀랜다이즈 파생 소스

※ 베어나즈 소스(Bearnaise sauce) : 홀랜다이즈 소스 + 다진 샬롯 + 식초 + 각종 향신료(타라곤)

※ 쵸오론 소스(Choron sauce) : 베어나즈 소스 + 토마토 페이스트 + 생크림

※ 찬틸리 소스(Chantilly sauce) : 홀랜다이즈 소스 + 생크림 휘핑한 것

※ 포욧 소스(Foyot sauce) : 베어나즈 소스 + 그라스비안

※ 말타아즈 소스(Maltaise sauce) : 홀랜다이즈 소스 + 오렌지 주스 + 오렌지 제스트

6) 기타 모체소스

(1) 베흐블랑 소스(Beurre blanc Sauce) / 화이트 버터 소스(White Butter Sauce)

버터의 유화작용을 이용하지만 달걀을 사용하지 않는다는 점에서 홀랜다이즈 소스와 다르다. 수분 속에 포함되어 있는 소량의 유화제와의 자연결합작용에 의해 이 소스가 생산된다. 만들어지는 과정은 홀랜다이즈 소스와 비슷하지만 파생되는 응용소스는 적다. 농도는 홀랜다이즈·베어나즈 소스보다 연하고 생크림보다는 약간 더 진하다. 주재료는 샬롯, 화이트 와인 또는 로즈 와인, 버터인데, 샬롯과 와인은 향을 제공하는 역할을 하며, 버터는 소스를 형성하는 역할을 한다. 파생 소스는 주로 이 소스에 허브나 야채 퓨레 등을 섞어 풍미를 더 첨가하는 방식으로 만들어진다.

베르블랑(Beurre Blanc)/버터 소스(Butter Sauce) 만드는 과정

① 백포도주에 다진 양파, 통후추, 월계수 잎, 파슬리 줄기 등을 넣고 졸인다.
② 졸여진 국물에 생크림을 넣고 졸인 후 말랑말랑한 버터를 넣고 약한 불에서
　저어 주면 유화를 시켜 만든다.
③ 유화된 소스에 소금 간을 한 후 소창(Cheese Cloth)에 거른다.
④ 완성된 소스는 중탕으로 40~50℃ 정도 온도에 보관한다.

(2) 팬 그레비 소스(Pan gravy sauce)

팬을 이용해 즉석에서 생산하는 소스를 직설적으로 표현한 것이다. 소고기, 돼지고기, 양고기, 가금류 등의 육류를 팬에 구울 때 팬 그레비 소스도 동시에 생산되는데, 이 육류들을 구워 낼 때 발생하는 육즙에 와인을 넣고 데글레이징(Deglazing)한 후 루(Roux)나 크림을 넣어 맛을 내는 것이 일반적이다. 이 소스를 만들 때 가장 중요한 것은 육류의 향이 소스에 스미게 하는 것이다.

(3) 꾸울리 소스(Coulis sauce)

야채나 과일을 퓨레 형식으로 만들어 소스로 사용하는 것을 말한다. (디저트 소스)찬 요리, 더운 요리를 막론하고 갑각류, 육류, 가금류, 야채 등 어떠한 요리와도 잘 어울린다. 꾸울리를 만들 때는 일반적으로 한 가지 야채만을 선택하여 그 향을 사용하는 것이 좋은데, 예로써 브로컬리, 토마토, 피망 등을 양파나 마늘, 샬롯, 허브 등과 같이 퓨레를 만들어 요리와 함께 제공되는 것을 들 수 있다. 재료가 농도를 유지하지 못할 경우는 스톡, 물, 크림, 알콜 음료와 같은 액체를 섞어 농도를 조절한다. 신선한 과일이나 냉동된 과일(딸기 종류와 같이 냉동을 하여도 그 차이가 크지 않은 종류의 과일)을 이용하여 후식용 소스로 많이

이용된다. 꾸울리는 주재료의 맛과 색상을 유지하는 것이 매우 중요한데, 다른 허브나 향을 첨가한다 할지라도 본래의 맛을 상실시켜서는 안 되고 서로 조화를 이룰 수 있도록 한다.

7) 샐러드 소스

샐러드 소스 분류

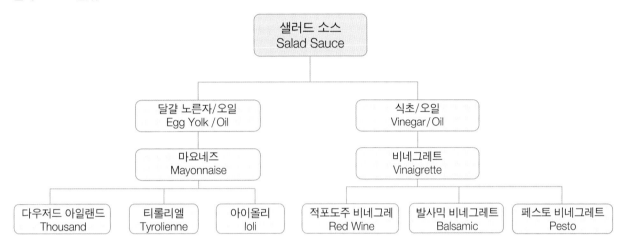

(1) 비네그렛트 소스(Vinaigrette sauce)

볼에 화이트 와인 비네거와 각종 향신료, 흰 후추, 소금을 넣고 섞은 뒤 올리브 오일을 조금씩 넣어 주면서 거품기로 살살 저어 주면 점점 되직한 농도로 변한다. 그린 샐러드(Green salad)에 어울리는 소스이다.

① 비네그렛트(Vinaigrette sauce) 파생 소스(드레싱)

＊ 간장 드레싱(Soy sauce dressing) : 볼에 간장, 레몬주스, 다진 마늘, 고춧가루, 올리브 오일, 설탕을 넣고 섞어서 설탕이 녹으면 마지막에 식초를 넣고 잘 섞어 준다.

(2) 마요네즈 소스(Mayonnaise sauce)

마요르카 섬의 마온에서 유래된 것으로 '마온풍' 소스라는 뜻이다. 18세기에 프랑스에서 처음으로 만들어졌다. 볼에 달걀 노른자와 식초, 소금, 흰 후추, 머스타드를 넣고 섞은 뒤 올리브 오일을 조금씩 넣어 가면서 거품기로 고르게 섞어 주면 점점 걸쭉한 상태의 농도가 되는데, 어느 정도 되직해지면 레몬즙 몇 방울을 넣어 마무리한다.

① 마요네즈(Mayonnaise sauce) 파생 소스(드레싱)

  ＊ 카레 드레싱(Curry dressing) : 플레인 요거트와 마요네즈를 섞고 카레가루를 잘 푼 다음 레몬즙, 다진 파슬리를 넣고 소금과 후춧가루로 맛을 낸다.

  ＊ 크림 양파 드레싱(Cream onion dressing) : 마요네즈에 다진 양파와 생크림, 다진 마늘을 넣고 식초, 설탕, 소금, 후춧가루로 맛을 낸다. 상큼한 맛이 특징이다.

8) 디저트 소스

디저트는 식사가 끝나고 식욕도 충족된 상태에서 마지막으로 식사의 끝맺음을 우아하고 향기롭게, 눈을 즐겁게 해주는 것이다. 맛있는 요리를 먹는다는 것은 즐거운 것이다. 즉, 디저트는 그 즐거움을 위해 만들어진 요리의 꽃이라고 할 수 있다.

디저트는 일반적으로 식사 후에 제공되는 요리를 뜻하는데, 디저트는 단맛(Sweet), 풍미(Flavor), 과일(Fruit)의 3요소가 모두 포함되어야 훌륭한 디저트라 할 수 있으며, 이러한 디저트에 맛과 향, 질감과 시각적인 아름다움을 더해 주는 것이 디저트 소스이다.

디저트 소스 분류

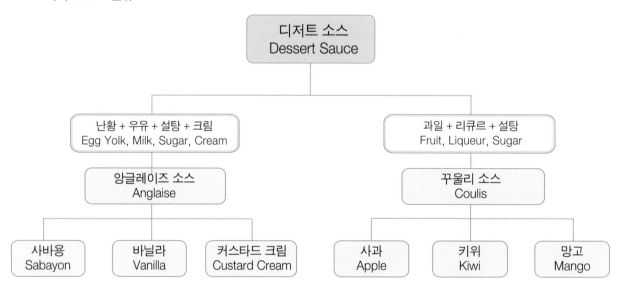

Memo

Chapter *11*
기본 수프
Basic Soup

··· **학습목표**
• 수프(Soup)의 개념을 이해하고 수프의 역사적 발전배경, 수프의 외국어 명칭, 수프의 구성요소(Ingredient of Soup) 등을 학습한다.
• 수프의 분류를 농도(Concentration), 재료(ingredient), 온도(Temperature), 지역(Region)에 따라 분류하고 만드는 방법과 순서, 특성, 용도, 등을 학습하여 소스 만드는 기초기술 능력을 향상시키고 실기에 적절히 응용하는 데 있다.

1
수프의 개요
Summary of Soup

수프의 기원은 여러 가지 설이 있지만 그 중 프랑스에서 전해져 오는 포타쥬(potage)생산에 사용되는 빵의 일종이 변하여 수프로 되었다는 것이 가장 설득력이 있다.

고대 로마에서는 빵에 포도주를 적셔서 먹기도 하였는데, 이 당시에는 빵 만드는 기술이 현대와 같이 발전되지 못한 관계로 조금만 시간이 흘러도 단단해지기 때문에 단단해진 빵을 와인이나 육즙에 담가 부드러워진 다음에 먹은 것으로 보인다.

요리의 양이 많고 장시간 동안 요리가 제공되던 프랑스에서는 수프 먹는 시간을 충분하게 주어 수프를 매우 천천히 먹었고 수프를 먹는 동안 서로 간에 대화를 나누는 것도 바로 수프의 특징 중의 하나였다.

영어의 수프(Soup) 원래 의미는 불어 포타쥬(Potage;'Pot에서 익혀 먹다'는 어원적 뜻이 있음)라고 한다. 원래 수페(Soup)는 포타쥬나 부이용에 빵조각을 적셔 먹는 것을 의미했다고 한다. 17세기까지 프랑스에서 수페(Soup;Souper)와 포타쥬(Potage)가 각각 분리되어 쓰였다고 한다. 그러던 것이 18세기 이후에 포타쥬(Potage)는 영어의 수프(Soup)와 불어의 수페(Soup)로 불리게 된다.

현대에 와서 수프(soup)와 포타주(potage)가 동의어로 사용되는 경우가 있지만 예전에는 야채나 생선, 육류를 이용하여 만든 맑은 수프에는 빵 이나 파스타(pasta), 잡곡류를 곁들여 내는 것이 일반화되어 있었다. 뿐만이 아니라 지역적으로 상류층 계급에서 항상 수프에 빵을 함께 제공 하는 것이 현대에 전해져 오는 전통적인 프랑스식 양파수프인 것이다.

수프는 스톡 즉 퐁드(Fond)나 부이용(Bouillon)을 기초로 하여 육류, 생선, 채소, 가금, 야조류 등을 단독 또는 조합으로 결합하여 만든 국물요리의 일종이다. 국물(스톡)을 다시 조리하거나 또는 곁들임을 첨가하여 만든 국물요리의 일종이다. 국물이 주(主)가 되는 것과 건더기가 주가 되는 것이 있다. 수프 다음에 제공될 앙뜨레와 연관을 지어 전채(Appetizer)의 성격을 살려야 한다. 유명한 프랑스 요리사 '카레미'와 '에스코피어'는, 메뉴 중간에 제공되는 수프를 전채를 일부로 취급하여 왔다.

8~9세기 로마에서는 냄비에 내용물을 넣고 익혀 먹었는데, 이때 감칠맛 나는 국물을 따로 먹었다. 르네상스(Renaissance) 시대에 프랑스인은 포타쥬(Potage)의 토대가 되는 국물(Bouillon)을 만들어 이용하였다. 당시에 국물과 건더기를 따로 먹던 이들은, 나중에 국물에 건더기를 섞은 즉, 마시는 것이 아니라 먹는 독립된 하나의 요리로 발전하였다.

우리의 한식에는 미음, 죽, 탕, 국 등이 있으며 주식으로도 애용하여 왔다. 탕은 궁중요리에 많이 나오며, 고급스런 국을 의미하기도 한다. 서양수프의 퓨레(Puree)에 해당하는 죽과 미음은 환자나 어린이 그리고 노인식으로 애용한다.

중국에는 채소를 이용하는 소탕과 육류를 이용하는 혼탕이 있다. 일본 요리에는 계절에 따라 적절한 작은 덩어리의 내용물을 넣어 먹기도 하는 다시가 있다.

수프는 다음에 먹는 주 요리와 조화를 이루어야 하며, 이러한 관점에서 전채의 성격이 있어야 한다. 그러나 때로는 우리나라의 칼국수나 떡국, 또는 만두국처럼 주식이 되는 경우도 있다. 예컨대, 러시안 야채수프, 잉글리쉬 클램 차우다, 헝가리안 굴라쉬 수프 등이 주식으로 사용되기도 하는 수프인 것이다.

[2]
수프의 구성요소
Ingredient of Soup

1) 육수(Stock)

육수는 수프의 맛을 좌우하는 가장 기본이 되는 요소라고 할 수 있다. 소고기(Beef), 닭고기(Chicken), 생선(Fish), 야채(Vegetable)와 같은 재료의 본 맛을 낸 국물로써 요리본래의 깊은 맛을 낼 수 있도록 생산되어져야 한다.

스톡이 만들어지면 얼마 동안 보관하며 필요할 때마다 사용하게 되는데 보관 시 이물질이나 다른 향이 스며들지 않도록 각별히 주의해야 한다.

2) 크림(Cream)

한국이나 일본에서는 생크림을 유지방 18% 이상을 포함한 것이라고 규정하고 있으나 서양에서는 더 세분화하여 분류하며, 분류는 나라에 따라서 다르다. 일반적으로 커피용은 20% 정도의 유지방을 포함하고 있고 그보다 더 적은 함량의 것은 테이블 크림(table cream)이라고 한다.

케이크나 과일용은 30~50% 정도의 지방을 함유하고 있는 것으로, 거품을 내어 쓰므로 휘핑크림(Whipped cream)이라고도 한다. 영국에서는 지방 48% 이상의 것을 더블크림(double cream)이라고 하며 주로 거품을 내어 사용한다. 미국에서는 30% 이상을 휘핑크림, 36% 이상을 헤비휘핑크림이라고 한다.

생크림을 발효시켜 신맛이 나게 한 것이 사워크림(sour cream)이며, 주로 샐러드·수프 등을 만드는데 쓰인다. 미국·유럽의 요리에서는 수프나 생선·채소 요리용의 소스, 디저트 등을 비롯해 모든 요리에 크림이

맛의 기초가 되므로 이용범위가 넓다. 근래에는 분말로 된 제품이 시판되어 보급되었다.

3) 빵(Bread)

① 바게트(Baguette)

외피가 딱딱한 바게트는 프랑스식 양파 수프(French onion soup)에 곁들여진다. 주로 1cm정도의 두께로 슬라이스 되어 파마산 치즈를 그 위에 얹은 뒤 소스에 넣고 오븐에서 그라탱 시키면 치즈가 녹아 프랑스식 양파 수프가 완성된다.

② 크루통(Bread Croutons)

수프에 띄우는 튀긴 빵조각. 식빵을 1cm 정육면체 모양으로 썰어 기름에 튀기거나, 토스트하여 버터를 발라 구운 것을 말하며, 크림수프의 건더기로 먹기 직전 위에 띄우거나 샐러드 등에 섞기도 한다.

4) 수프에 사용되는 주재료

수프를 만들기 위한 재료들을 나열하면 그 끝이 보이지 않을 정도로 많을 것이다.

바꾸어 말하면 수프의 재료에는 제한이 없다는 말이다. 하지만 수프를 만들기 위해서는 여러 가지 재료들을 조합하게 되는데, 그 중에서 야채는 거의 모든 수프에서 빠지지 않는다고 볼 수 있는데, 이는 야채들이 수프에 기초 향을 부여하는데 싫증을 느끼지 않고 깊은 맛을 낼 수 있다는 장점 때문으로 풀이된다.

좋은 수프를 생산하기 위해서는 평상시에 재료를 준비하는 습관을 갖는 것이 매우 중요하다. 가정이나 전문식당 할 것 없이 흔하게 사용하고 있는 닭이나 생선의 뼈 등 을 냉동보관 해두었다가 수프를 생산하기 전날 해동하여 야채의 줄기나 쓰다 남은 양파, 당근, 셀러리 등을 모아서 사용하면 경제적인 면이나 재료들을 새로이 구입하는 것 이상으로 좋은 효과를 볼 수 있다.

3
수프의 종류
kind of Soup

수프의 분류

수프(Soup) 포타쥬(Potage)	농도(Concentration)	맑은 수프(Clear Soup)	콘소메 수프(Consomme Soup)
		진한 수프(Thick Soup)	크림 수프류(Cream Soup) 퓨레 수프류(Puree Soup) 비스큐 수프류(Bisque Soup)
	온도(Temperature)	뜨거운 수프(Hot Soup)	대부분의 진한 수프나 맑은 수프
		차가운 수프(Cold Soup)	차가운 콘소메 수프(Cold Consomme Soup) 가스파쵸 수프류(Gazpacho Soup) 차가운 오이 수프(Cold Cucumber Soup)
	재료(Ingredient)	고기 수프(Beef Soup)	보르시치 수프(Borscht Soup) 굴라쉬 수프(Goulash Soup)
		채소 수프(Vegetable Soup)	미네스트로네 수프(Minestrone Soup)
		생선 수프(Fish Soup)	부야베스 수프(Bouillabaisse Soup)
	지역(Region)	국가적(National Soup)	헝가리안 굴라쉬 수프(Hungarian Goulash Soup)
		지역적(Regional Soup)	체다치즈 수프(Cheddar Cheese Soup)

1) 맑은 수프(Clear soup)

전통적으로 맑은 수프는 그 국물 안에 맛이 스며들어 있고 색깔도 고객으로 하여금 맛을 느낄 수 있도록 깔끔하고 투명한 색을 지니고 있다.

야채의 향을 뽑아낸 수프에는 오이를 가늘게 썰거나 당근을 살짝 데쳐서 사용하면 좋고 프랑스식양파 수프와 같이 소고기의 진한 맛에 그뤼에치즈를 쿠루통과 함께 제공하는 것이 전통이다.

대부분의 맑은 수프는 그 자체로 포만감을 느끼기보다는 다른 요리와 함께 제공되는데, 매우 고급스러운 분위기를 연출할 수 있다.

맑은 수프를 마무리 할 땐 야채나 신선한 허브로 작고 예쁜 장식을 만들어 곁들이는 것이 좋다.

(1) 콘소메 수프(Consomme soup)

소고기 또는 해산물과 야채를 채 썰어서 볶은 뒤 파슬리 줄기 등의 향신료와 함께 은은한 불에서 끓이다가 달걀 흰자를 넣고 다시 한번 조심스럽게 끓여서 걸러낸 수프이다. 마치 보리차 같이 매우 맑은 것이 특징이며, 맛도 깔끔하고 시원하다.

●●●● **준비재료**

- 소고기 간 것(Ground Beef) ·········· 600g
- 양파(Onion) ·········· 120g
- 당근(Carrot) ·········· 60g
- 셀러리(Celery) ·········· 60g
- 토마토(Tomato) ·········· 130g
- 달걀흰자(Egg White) ·········· 5ea
- 소고기육수(Beef Stock) ·········· 2.5L
- 월계수 잎(Bay Leaf) ·········· 1ea
- 통후추(Hall Pepper) ·········· 2g
- 파슬리(Parsley) ·········· 5g
- 정향(Clove) ·········· 1g
- 소금(Salt) ·········· 4g
- 오니온 브흐리(Onion Brule) ·········· 20g

만드는 과정

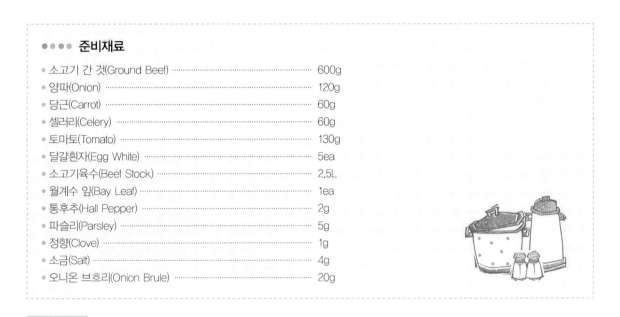

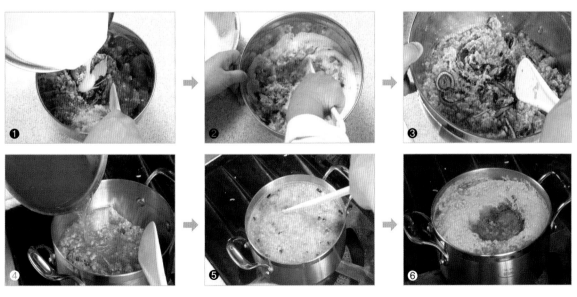

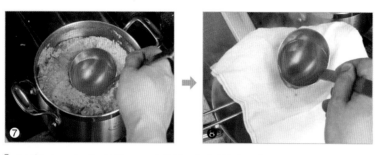

① 갈은 소고기, 미르포와(Mirepoix), 향신료에 달걀흰자를 넣는다.
② 달걀흰자와 모든 재료를 고루 잘 섞는다.
③ 오니언 브흐리(Onion Brulee)를 넣고 섞어준다.
④⑤ 스톡을 붓고 저어주면서 끓이다가 온도가 70~75℃ 정도가 되어 응고되기 시작하면 불을 약하게 하고 중앙
    에 구멍을 뚫어 주어 끓을 수 있는 숨구멍을 만들고 은은한 불에서 끓인다.
⑥ 약한 불로 시머링(Simmering)한다.
⑦⑧ 조심스럽게 떠서 고운소창이나 융에 거른다.

(2) 프랑스식 양파 수프(French onion soup)

채썬 양파의 결이 부서지지 않게 조심스레 갈색이 될 때까지 볶는다. 양파가 갈색이 되면 육수를 붓고 끓이는데, 중간에 생기는 거품을 걷어낸다. 다진 마늘과 다진 파슬리를 섞은 버터를 빵에 바르고 팬에서 살짝 지져 마늘빵을 만든 후 먹기 직전에 수프에 얹어 낸다.

(3) 야채 맑은 수프(clear Vegetable soup)

양파, 당근, 샐러리, 감자를 1cm의 정육면체 모양으로 썰어 볶은 후 스톡을 붓고 30분간 은근히 끓이다가 맛이 우러나면 마지막에 소금과 흰 후추로 간을 맞춘다. 각종 야채의 향과 맛이 조화 있게 우러난 수프이다.

(4) 로얄 수프(Royal soup)

정식 정찬에 나오는 훌륭한 수프이다. 고기를 들기 전에 입가심으로 가볍게 먹을 수 있는 맑은 수프이다. 비프 콘소메를 우려내 달걀찜을 안에 넣는다. 달걀찜의 담백한 맛이 비프 콘소메의 깔끔한 맛과 어울린다.

2) 진한 수프(Thick soup)

맛이 부드럽고 감촉이 좋은 크림수프는 우리나라 사람들에게 가장 대중적으로 알려져 있는 수프의 일종이기도 하다. 크림수프는 주재료 자체로 농도를 내거나 그렇지 않을 경우 다른 재료를 이용해 농도를 조절하는 방법을 사용하였는데 농도를 내는 재료, 즉 리애종(Liaison)은 주재료의 맛을 최대한 보존하면서 농도를 조절할 수 있는 것이 가장 이상적이다.

(1) 감자 크림수프(Cream of Potato soup)

삶은 감자를 으깨서 물을 조금 붓고 끓이다가 뭉근해지면 생크림을 넣고 농도조절 및 풍미를 준 후 버터 몽데(Monder au Beurre)로 마무리 한다. 내기 전 크루통을 위에 조금 얹어 낸다. 감자의 풍부한 담백한 맛과 버터의 향긋한 향이 잘 어울린다.

(2) 당근 크림수프(Cream of Carrot soup)

당근을 잘게 썰어 소금을 조금 넣고 잘 삶아서 으깨어 체로 거르고 루를 볶아 스톡을 조금씩 치면서 끓여 부드러운 소스가 되면 당근간 것을 섞은 후 잠깐 끓인다. 이 때 소금 후춧가루로 조미하고, 우유를 섞어 따끈하게 데워서 수프 접시에 담는다. 그 위에 크래커 부순 것이나 크루통 등을 띄운다

(3) 아스파라거스 크림수프(cream of Asparagus soup)

아스파라거스는 깨끗이 씻어서 껍질을 벗기고 약 3~4분 동안 삶아서 물기를 없앤 후 썰어서 베샤멜소스에 넣고 약 30분간 끓여서 고운체에 거른다. 불 위에 올려놓고 육수로 농도를 조절한 후 생크림을 첨가하고 소금과 후추로 조미한다. 마무리로 아스파라거스 끝부분을 잘게 잘라서 위에 띄운다.

3) 비스큐수프(Bisques soup)

바닷가재나 새우 등 껍질이 있는 갑각류의 껍질을 으깨 야채와 함께 맛이 완전히 우러날 수 있도록 히고 마무리 시에는 크림이나 다른 재료를 너무 많이 첨가하여 맛을 변화시키지 않도록 해야 한다.

(1) 새우 비스큐수프(Shrimp Bisque soup)

● ● ● ● **준비재료**

• 새우머리 및 껍질(Shrimp Head & Skin)	450g
• 버터(Butter)	80g
• 다진 양파(Chopped Onion)	120g
• 다진 마늘(Chopped Garlic)	5g
• 토마토 페스트(Tomato Paste)	30g
• 헝가리안 파프리카 파우더(Hungarian Paprika Powder)	10g
• 브랜디(Brandy)	30ml
• 밀가루(Flour)	90g
• 생선스톡(Fish Stock)	1.5L
• 생크림(Fresh Cream)	360ml
• 세리와인(Sherry Wine)	40ml
• 소금(Salt)	3g
• 후추(Pepper)	1g

① 새우 비스큐수프를 만들 때 필요한 식재료 준비
② 팬이나 자루냄비에 버터를 넣고 다진 양파를 볶는다.
③ 새우머리와 껍질을 볶다가 브랜디로 후람베한 후 밀가루를 넣고 볶는다.
④ 토마토 패스트를 넣고 볶는다.
⑤ 파프리카 파우더를 넣고 볶는다.
⑥⑦ 생선스톡을 붓고 저어주면서 끓이고 표면위로 떠오르는 거품은 걷어내지 않는
　　다.(거품을 걷어내면 비스큐수프 특유의 색보다 연한색이 된다.)
⑧ 충분히 우러나며 거른다.
⑨ 생크림을 넣고 완성한다.

4) 차가운 수프(Cold soup)

　　유럽이나 미주에서는 수프를 차게 해서 계절에 관계없이 식탁에 자주 올린다. 서양요리를 하는 사람들
은 차가운 수프하면 우선적으로 오이, 토마토, 양파, 피망, 빵가루에 올리브

　　오일과 마늘을 곁들여 얼음과 함께 서브되는 스패니쉬 수프(Spanish soup)인 가즈파쵸(Gazpacho)를
떠올릴 것이다. 가즈파쵸의 원래 뜻은 "물에 불린 빵"으로 그것이 발전되어 다른 재료들을 포함하여 먹기
좋게 수프의 형식을 빌린 것이다.

(1) 가즈파쵸 수프(Gazpacho sauce)

　　오이와 토마토는 손질한 후 올리브유를 첨가하고 고운체에 걸러 약1시간 동안 차게 보관한다. 이 야채 퓨레에 마요네즈와 케첩을 합쳐서 거품기로 섞으면서 소금, 후추로 조미하고 눈금이 고운체에 거른다. 피망, 양파, 토마토, 오이, 크루톤을 띄워서 서브한다.

●●●● **준비재료**

* 토마토 콘카세(Tomato Concasse) ·· 400g
* 청피망(Green Pimento) ·· 140g
* 오이(Cucumber) ··· 140g
* 셀러리(Celery) ·· 140g
* 바질(Basil) ··· 5g
* 치킨 스톡(Chicken Stock) ·· 500ml
* 토마토 주스(Tomato Juice) ·· 500ml
* 올리브유(Olive Oil) ·· 30ml
* 마늘(Garlic) ·· 5g
* 빵가루(Bread Crumb) ·· 50g

만드는 과정

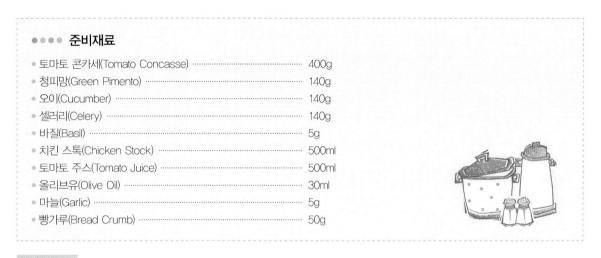

① 가즈파쵸 수프 만들기 위해 필요한 식재료 준비
②③ 모든 재료를 믹서기에 넣고 토마토 주스를 부어주면서 간다.
④ 올리브유를 넣고 유화시킨다.(올리브유는 넣지 않아도 된다.)
⑤ 고운체에 거른다.
⑥⑦ 소금, 후추로 간하고 접시에 담는다.

(2) 찬 감자 수프(Cold potato soup/Vichyssoise)

감자는 껍질을 벗긴 후 얇게 썰고 대파의 흰 부분도 깨끗이 손질하여 얇게 썬다. 대파와 감자를 버터에 색이나지 않게 볶다가 스톡을 붓고 30분간 뭉근히 끓인다. 감자가 완전히 익으면 믹서에 곱게 갈아서 고운체에 거른다. 차게 식혀 생크림으로 농도를 조절하고 간하여 잘게 썬 실파를 띄워서 서브한다.

5) 스페셜 수프(Special soup)

특별한 수프는 특정지역에 기원이 있는 것으로 훌륭한 전통과 역사가 있는 것이 많다. 알맹이가 들어 있는 것으로 오니언 그라탱수프(프랑스) 클램 차우더(미국) 보르시치(러시아) 미네스트로네(이탈리아) 등이 대표적이다. 소고기와 야채의 보르시치는 소고기와 양배추, 파, 셀러리, 당근, 빨강순무에 물을 붓고 푹 삶은 뒤, 삶은 국물을 거르고, 야채류는 적당한 크기로 잘라 넣는다. 빨강순무는 즙을 내어 국물에 넣으며 먹을 때 수프에 넣는다.

6) 식사대용 수프(Hearty soup)

식사대용 수프는 일반적으로 수프의 양보다 많고 재료도 여러 가지를 혼합하여 만들기 때문에 수프만으로도 하나의 요리가 된다. 대부분의 수프가 내용물보다는 육수가 많은 부분을 차지하는데 반하여 하티 수프는 걸쭉해서 마치 스튜(stew)에 가깝다고 볼 수 있다.

최근에는 이러한 수프가 유행하게 되었는데 그 이유는 바쁜 일상생활에서 시간을 절약하고 먹기도 편리하다는 점 때문이다.

지중해식 해산물 수프(Seafood Soup)는 올리브 오일을 두른 팬에 마늘, 베질, 고추, 꽃게를 넣고 볶아 와인을 넣는다. 다른 팬에 올리브 오일을 두르고 마늘, 베질, 고추를 볶다가, 홍합, 연어, 농어, 새우, 한치살을 넣고 볶아 화이트 와인을 넣는다. 끓으면 토마토소스와 표고버섯을 넣고 소금과 후추로 간한다.

4

수프 생산을 위한 기초기술

Techniques of Soup Making

앞에서는 수프가 비교적 간단하다고 하였다 하지만 아무리 간단한 기술이라 할지라도 기본에 게을리하면 고객이 만족하는 수프를 생산할 수가 없고, 비용이 가중된다. 수프를 처음부터 서브 될 때까지 그 과정을 검토하여 보면 대부분이 다음과 같은 다섯 단계를 거치게 된다.

첫째, 재료를 적당하게 손질하는 단계.

둘째, 익히거나 맛을 들게 하는 단계

셋째, 퓨레 형식 또는 곱게 하는 단계.

넷째, 맛을 부드럽게 하기 위하여 마무리 하는 단계

다섯째, 그릇에 담고 장식하는 단계를 거쳐서 완성된다.

재료를 손질할 때에는 수프의 특성을 살릴 수 있는 모양이나 재료의 부분이 손상되지 않도록 함은 물론이고 조리 시 골고루 열이 전달될 수 있도록 크기나 두께를 고려하여 작업하는 것이 시간을 낭비하지 않고 좋은 수프를 만들 수 있다.

익히거나 맛을 들이는 단계에서는 수프를 처음 시작시 양파나 마늘을 버터에 볶는 작업을 주로하게 되는데 이때에 재료들이 부분적으로 타거나 덜 익게 되면 수프가 완성이 되어서도 향이 제대로 나지 않고 부자연스러운 맛을 내게 됨으로 특히 주의를 기울여야한다.

수프를 입안에서 잔존하는 기간을 늘리려면 크림타입으로 만들어 깊은 맛까지 느끼도록 해주는 것이 맛이 좋다. 그러나 경우에 따라서 수프의 모양이나 영양소의 손실을 막기 위하여 굵은 퓨레를 만들어 수프를 생산하기도 하는데 이때에 수프의 특성에 따라서 갈아주는 속도나 시간을 적절하게 조절하여야 한다. 또한 매우 부드러운 입자를 원하는 수프는 고운체를 사용하여 걸러주면 보다 더 부드러운 수프를 얻을 수 있다.

수프생산은 네 번째 단계인 마무리 작업이 그 무엇보다 중요한데 이때에는 수프가 어느 정도 형성되어 있는 상태로 수프입자들이 온도나 다른 재료의 사용에 대단히 민감하게 작용한다.

예를 들어 버터(Butter)나 생크림(Fresh Cream)을 잘못사용하거나 지나치게 온도가 높게 형성되면 수프가 분리(Breakdown)될 수 있으므로 조심스럽게 다루어야한다. 일반적으로 버터나 생크림을 첨가한 후에는 센불은 피하고 낮은 불에서 짧은 시간내에 은근하게 끓여주는 것이 영양소 파괴를 최소화하고 수프가 분리되는 것을 막을 수 있다.

마지막으로는 수프의 모양내기(Garnish)단계에서는 곁들임은 수프의 맛을 돋구어줄 수 있는 재료를 사용하는 것이 좋은데 해당 수프와의 조화와 어울림을 고려하여 선정하는 것이 바람직하다. 때로는 수프의 명칭이 가니쉬에 따오기도 하며, 수프를 만들 때 사용한 육류나 생선, 야채나 향신료를 적절한 모양과 크기로 자른 다음 제공하는 것이 일반적이다.

곁들임 야채는 신선한 것으로 선정하고 일정한 모양으로 자른 다음 살짝 데치거나 튀겨 사용한다. 당근, 양파, 샐러리, 파슬리, 대파, 휀넬 등과 같이 향이 많고 감미가 있는 것이 좋다. 흔히 빵에는 향신료와 소금 ,후추로 간을 하여 올리브 오일을 발라 구워 사용한다거나 토틸티아 같은 콘칩, 야채를 보기 좋게 썰거나 튀겨서 놓기도 한다. 이외에는 기초 재료의 내용물을 알 수 없는 맑은 수프나 크림 수프일 경우 사용된 기초재료를 보기 좋게 수프의 위나 중앙에 뿌려 고객이 알아 볼 수 있도록 하는 것도 좋은 방법 중에 하나이다.

수프 조리 단계

1 단계	→	재 료 손 질
2 단계	→	맛 들이기
3 단계	→	질감 선택
4 단계	→	마무리 작업
5 단계	→	접시 담기 및 장식

수프를 생산한다는 것은 자신의 개성을 보여주는 것과 같아 재료라 할지라도 만드는 조리사의 능력이나 성격에 따라서 그 맛이나 품위가 달라지므로 만드는 사람이 조금만 주의를 기울이면 자신의 조리언어를 수프로 표현할 수 있다.

곁들임의 크기는 작을수록 좋으며, 크루통(Croutons), 파슬리, 달걀요리, 덤블링(Dumpling), 팬 케이크(Pan Cake), 싸워 크림(Sour Cream), 휘핑크림(Whipping Cream), 송노버섯(Truffle) 등이 이용되기도 한다.

Memo

Chapter 12
기본 샐러드와 드레싱
Basic Salad & Dressing

··· **학습목표**
• 샐러드(Salad)와 드레싱(Dressing)의 개념을 이해하고 샐러드의 기본 요소(Basic Ingredient of Salad), 채소의 손질 방법 등을 학습한다.
• 샐러드와 드레싱을 분류하고 만드는 방법과 용도, 특성, 기본재료 등을 학습하여 채소다루는 방법과 드레싱 만드는 기술적인 능력 향상과 현장에서 응용능력을 향상 시키는 데 있다.

1

샐러드
Salad

1) 샐러드의 개요(Summary of Salad)

샐러드는 기원전 그리스·로마 시대부터 먹던 음식으로, 생채소에 소금만을 뿌려먹었던 습관이 있었던 데서 시작됐다. 샐러드의 어원인 라틴어의 '살(sal)' 또한 소금이라는 뜻이다. 얼마 전까지만 해도 메인 요리를 먹을 때 전채나 곁들임으로 먹는 것이 일반적이었지만, 지금은 샐러드가 완성된 하나의 요리로 독립한 상태. 샐러드만으로도 훌륭한 한 끼 식사가 될 만큼 그 재료와 먹는 방법이 다양해지고 있다. 고기와 채소는 맛에서도 조화를 이루지만, 고기는 산성이 강한 식품이므로 샐러드를 먹는 것은 알칼리성이 강한 생채소를 먹음으로써 중화시킬 수 있다는 영양학적인 의미를 가진다. 대개 고기요리를 전부 먹고 난 다음 샐러드를 먹기도 하는데 고기와 샐러드는 번갈아 먹는 것이 더욱 효과적이다. 영국과 미국인들은 샐러드를 고기요리와 같이 먹거나 그 전에 먹는 반면, 프랑스인들은 고기요리가 끝난 다음에 먹는 습관이 있다고 한다.

샐러드는 일반적으로 주재료와 끼얹어 먹는 소스인 드레싱(Dressing), 제일 위에 고명처럼 얹어 시각적인 맛을 돋우는 가니쉬(Garnish)로 구분된다. 주재료로는 기본적인 잎채소와 함께 과일, 파스타, 고기, 해산물 등이 쓰인다. 옷을 입힌다는 뜻의 '드레싱'이라는 말은 유럽에서 유래된 것으로, 샐러드의 맛을 결정하는데 매우 중요한 역할을 한다. 올리브 오일과 발사믹 식초(Balsamic Vinegar)를 사용하는 것이 기본이지만, 과일즙이나 향신료 등 드레싱 재료와 방법은 적용하기 나름이다. 가니쉬는 샐러드를 하나의 요리로 완성시켜주는 것으로 땅콩, 호두 등의 견과류를 많이 사용한다.

샐러드의 이용범위는 정확히 정해지지는 않았지만 육류섭취와 함께 먹는 것이 일반적이다. 현재는 주식으로서 샐러드를 많이 먹고 있다. 미용효과로도 쓰이고 필수 지방산과 미네랄을 섭취하는 데 많은 도움을 주고 있다.

어떤 샐러드이건 재료가 좋아야 하며, 재료는 가능한 유기적으로 생산된 재료들을 사용하여 키운 식물이 좋다. 만약 재료가 계절적으로 한정되어 있다면 다른 신선한 채소를 사용해야 한다. 왜냐하면 신선한 채소만이 비타민, 미네랄 등이 파괴되지 않고 저장되어있기 때문이다. 이런 무기질은 열에 매우 민감하기 때문에 익히지 않고 생으로 먹는 것이 좋다. 잎이 있는 채소, 과일, 양배추, 싹, 뿌리 식물들은 씻은 후 잘라서 보관하거나 샐러드에 사용하면 되고, 샐러드에는 먹을 수 있는 모든 부분들은 사용할 수 있는데 뿌리, 줄기, 잎, 봉오리, 씨를 포함하여 딱딱한 부분들이 채소의 귀중한 영양소를 포함하고 있으며, 섬유질도 상당히 많이 포함되어 있다. 단, 푸른콩이나 감자는 생으로 먹을 수 없는 것들입니다. 오늘날 영어에서도 생으로 먹는 음식을 "raw food"으로 표현하는데 이 단어에는 상당히 부정적인 의미로 인식하고 있으므로, raw food대신에 "fresh food"라는 말을 쓰는 것이 좋겠다.

2) 샐러드의 기본요소(Basic Ingredient of Soup)

샐러드는 4가지 기본적인 요소 즉 본체와 바탕 그리고 곁들임과 드레싱으로 구성되어 있다. 본체는 샐러드를 구성하고 있는 중심 재료가 되며, 정확한 조리법에 따라 요리되어야 한다. 바탕은 그 바닥에 놓는 양상추나 그린 채소를 의미하며, 그릇을 채워주는 역할과 사용된 본체와 색대비를 위한 것이다.

＊ **바탕(base)** : 바탕은 일반적으로 잎상추, 로메인레터스와 같은 샐러드 채소로 구성된다. 목적은 그릇을 채워주는 역할과 사용된 본체와의 색의 대비를 이루는 것이다.

＊ **본체(body)** : 본체는 샐러드의 중요한 부분이다. 샐러드의 종류는 사용된 재료의 종류에 따라 결정된다. 본체는 좋은 샐러드를 만들기 위해 지켜져야만 하는 법칙들을 준수하여 요리해야 한다.

＊ **드레싱(Dressing)** : 드레싱은 일반적으로 모든 종류의 샐러드와 함께 차려낸다. 드레싱은 요리의 전반적인 성공여부에 매우 중요한 역할을 한다. 또한 맛을 증가시키고 가치를 돋보이게 하며 소화를 도와줄 뿐만 아니라 몇몇 경우에 있어서는 곁들임의 역할도 한다.

＊ **가니쉬(Garnish)** : 곁들임의 주목적은 완성된 제품을 아름답게 보이도록 하는 것이지만 몇몇 경우에 있어서는 형태를 개선시키고 맛을 증가시키는 역할도 한다. 곁들임은 기본 샐러드 재료의 일부분일 수도 있으며, 본체와 혼합되는 첨가항목일 수도 있다. 곁들임은 항상 단순해야 하며, 손님의 관심을 끌고 식욕을 자극하는 데 도움을 주어야 한다. 주로 사용되는 곁들임은 흔히 특수 채소라고 불리우고 있는데, 예전에는 종류가 많지 않았지만 지금은 품종을 개량해서 100여 종에 가깝게 한국에서도 생산되고 있다.

양상추 손질 과정

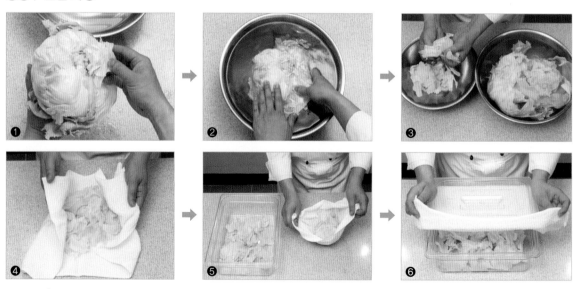

① 양상추의 꼭지부분을 제거한다.
③ 적당한 크기로 자른다.
⑥ 냉장 보관한다.

② 찬물에 담가 놓고 세척한다.
④⑤ 양상추의 수분을 제거하여 용기에 담는다.

3) 샐러드의 분류(Classification of Salad)

일반적으로 샐러드하면 신선한 푸른 채소와 향신 채소를 이용하여 만드는 것으로 알려져 있다. 잎사귀 샐러드의 많은 종류 외에도 다양한 타입의 과일과 채소들을 사용할 수 있다. 생으로 먹는 것, 신속하게 조리된 것 또는 데쳐진 것 등 고기, 생선, 해산물, 치즈, 달걀 그리고 쌀, 국수, 곡물 등이다.

샐러드는 심플 샐러드와 복합 샐러드 그리고 아메리칸 샐러드로 구분하며, 심플 샐러드는 Set Menu의 구성이 되는 샐러드이고 복합 샐러드는 뷔페식 샐러드를 말한다. 근래에 와서는 그린(green), 심플(simple), 복합(compound), 과일(fruit), 생선(fish), 육류(beef) 등으로 세분하여 분류하기도 한다.

복합샐러드(composed salads)는 한꺼번에 재료를 토스하는 것이 아니라 접시에 조심스레 각 재료들을 늘어놓음으로 인해 만들어지는 샐러드를 말한다. 이는 주로 장식이라기보다 메인코스로 나가는 샐러드나 전채요리인 경우가 많다. 복합 샐러드를 만드는 데는 어떤 특별한 공식이 있는 것은 아니지만 다음과 같은 기준을 고려하는 것이 좋다.

- 각 재료가 다른 재료와 얼마나 잘 어울리는지를 고려한다. 맛이 서로 대조를 이루면 의아한 느낌이 들고 맛이 서로 안 어울리는 경우에는 실패작이 된다.
- 색과 맛의 반복은 그것이 전체적인 접시 모양에 도움이 될 경우 성공적인 일이다. 하지만 너무 좋은 것이 많아져 버리면 때론 모자라는 것만 못하게 되어 버릴 수도 있다.
- 접시의 각 요소는 완전하게 준비되어야 하고 제구실을 적절하게 수행해야 한다. 하지만 각 요소는 다른 요소와의 결합을 통한 상승 작용으로 더욱 돋보이게 된다.
- 각 구성요소를 배치할 때는 음식의 질감과 색상이 눈에 가장 끌릴 수 있도록 배열한다.

4) 샐러드용 채소 손질(Handling of Vegetable)

(1) 채소세척(Clean)

채소를 씻을 때는 샐러드를 행군 물바닥에 모래나 흙 등이 전혀 없을 때 까지 필요로 할 때 마다 물을 갈아 준다. 수경재배로 키운 야채나 바로 먹을 수 있게 준비된 혼합 샐러드나 미리 씻어 놓은 시금치 등은 찬물에 잠깐 담가서 쓰기만 하면 된다.

상추나 다른 꼭지가 달린 야채는 몸통에서 잎을 하나씩 떼어낸다. 꼭지를 잎 다발로부터 떼어내면 각각의 잎들은 쉽게 분리될 수 있다. 잎 가운데 굵은 줄기나 속대는 필요에 따라 다듬는다.

상추의 심지를 제거할 때에는 가볍게 밑둥을 두들겨 심지를 뽑으면 잎과 속대가 잘 분리 된다. 속대가 단단한 경우에는 페어링 나이프(paring knife)로 심지를 도려낸다.

위 싱크대를 찬물로 채우고 야채를 낱개로 뜯은 잎을 물에 담근다. 야채를 손바닥을 이용해 가볍게 찰랑찰랑 쳐주어 모래가 떨어지도록 한다.

(2) 채소 다듬기(Cutting)

전통적인 샐러드를 만드는 매뉴얼에 따르면 상추(lettuce)를 자를 때는 색이 변하고, 멍들고 잎이 치일 수 있으므로 칼보다는 되도록 손을 쓰라고 가르치고 있다. 손을 쓰느냐 칼을 쓰느냐는 각자 개성과 취향에 맡길 일이지만 오늘날과 같이 고탄소 스테인리스강으로 만들어진 칼은 변색에 크게 영향을 미치지 않는다. 날이 제대로 갈리고 칼을 잘 쓰기만 한다면 잎은 잘 썰어질 것이다.

(3) 채소의 수분제거(Dry)

샐러드드레싱은 잘 마른 야채에 잘 무쳐진다. 게다가 보관하기 전에 잘 말려진 야채는 냉장고에서도 더 오래간다. 많은 용량을 한꺼번에 작업 알 때는 대형 기계식 스피너를, 적은 양을 나눠서 준비할 때는 수동 스피너를 쓴다. 스피너는 매번 쓸 때마다 잘 씻고 소독해 보관한다.

(4) 채소를 용기에 보관하기(Store)

일간 야채를 씻어서 말린 경우에는 야채를 드레싱에 무쳐 서비스하기 바로 전 까지 냉장고에서 보관하고 하루나 이틀을 넘기지 않는다.

야채를 담을 때는 자체의 무게에 의해 잎이 상하는 경우가 있으므로 너무 깊은 통에 쌓아 담지 않도록 한다.

위 마르는 것을 방지하기 위해 젖은 타월로 느슨하게 위를 덮어 준다.

(5) 샐러드 버무리기(Mixed)

드레싱은 모든 맛을 살리기 위해 뿌려지므로 드레싱의 맛은 샐러드 재료와 궁합이 맞아야한다. 순한 맛을 가진 야채에는 순한 드레싱, 강한 맛을 가진 야채에는 더 강렬한 맛의 드레싱을 사용하는 것이 일반적이며 드레싱의 무게와 표면 접착도도 고려해야 할 대상이다. 비네그레트는 가볍지만 골고루 옷을 입는 반면 이보다 더 농도가 짙은 형태의 비네그레트나 가벼운 느낌의 마요네즈는 한꺼번에 재료에 더 많이 달라붙는 경향이 있다.

샐러드를 버무릴 때는 채소를 토스하듯이 위로 부드럽게 들어 올리는 동작을 반복해야 채소가 상하지 않고 드레싱도 골고루 잘 무쳐진다.

(6) 접시담기(Plating)

샐러드에 사용되는 재료의 질감이나 형태, 양 등에 따라 접시의 크기가 결정되며, 깔끔하고 심플하게 담는 것이 좋다.

(7) 장식하기(Decoration)

고명은 계절에 따라 또는 원하는 연출에 따라서 필요한 대로 선택한다. 고명은 드레싱을 무칠 때 야채와 함께 버무려 질 수도 있고 비네그레트(Vinaigrette)에 따로 마요네즈에 사용되기도 하며 버무린 후 샐러드 위에 얹어 마무리하여 제공한다.

샐러드 손질과정

① 찬물에 담가 세척한다.
③ 채소의 물기를 제거한다.
⑤⑥ 채소를 드레싱에 버무린다.
⑧샐러드에 장식을 한다.

② 적당한 크기로 다듬는다.
④ 젖은 행주로 덮어 냉장고에 보관한다.
⑦ 샐러드를 접시에 담는다.

샐러드 작업 순서

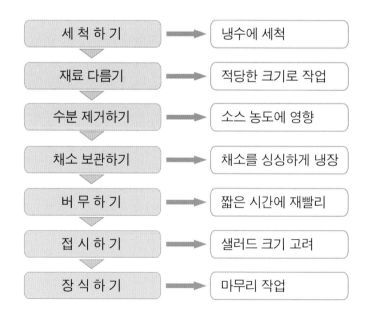

세 척 하 기	⟶	냉수에 세척
재료 다름기	⟶	적당한 크기로 작업
수분 제거하기	⟶	소스 농도에 영향
채소 보관하기	⟶	채소를 싱싱하게 냉장
버 무 하 기	⟶	짧은 시간에 재빨리
접 시 하 기	⟶	샐러드 크기 고려
장 식 하 기	⟶	마무리 작업

2
드레싱
Dressing

1) 드레싱의 개요(Summery of Dressing)

드레싱이라고 하는 것은 여자의 옷이 부드럽게 입혀지는 것처럼 채소에 옷을 입힌다는 뜻으로 쓰인 것이다. 소스의 일종인 드레싱은 재료를 끓이지 않고 혼합하여 만드는 것이므로 냉소스로 분류된다. 유럽에서는 드레싱이라는 말을 쓰지 않고 소스라고 하며, 드레싱의 가장 중요한 목적은 샐러드의 맛을 증가시키고 소화를 도와주는 것이다. 드레싱의 종류는 많지만 드레싱의 기본은 두 가지로 나눌 수 있습니다. 식초와 식용유를 주로 한 프랜치 드레싱과 달걀노른자, 식용유, 식초 등으로 만든 마요네즈 드레싱이 있다.

여름에는 식초를 더 넣어 새콤하게 만들고 겨울에는 샐러드오일을 더 넣은 편이 한결 맛이 좋습니다. 샐러드드레싱에 주로 쓰이는 오일은 식물성이어야 한다. 맛과 향으로는 올리브유가 가장 좋지만 면실유, 채종유, 콩기름, 낙화생유, 참기름 같이 잘 정제되고 냄새가 없는 기름을 써도 무난하다. 드레싱은 샐러드의 영혼이라고도 하는데, 미식가들도 맛이 있는 드레싱에 커다란 가치를 둔다.

2) 드레싱의 종류(Kind of Dressing)

드레싱은 아래와 같이 2가지로 분류할 수 있다.

(1) Oil And Vinegar Dressing(Vinaigrette Dressing)

기름과 식초 드레싱(대부분이 걸쭉하지 않다). 가장 기본적인 프렌치드레싱은 기름, 식초, 소금, 후추가 일시적으로 유화되는 드레싱으로 오일과 식초는 3 : 1 비율로 만드는 것이 기본이고 적 포도주, 비네그레트, 발사믹 비네그레트, 페스토 비네그레트 등이 있다.

(2) Mayonnaise-Based Dressing

마요네즈가 기초인 드레싱으로 대부분이 걸쭉한 농도를 가지고 있으며 다우전드 아일랜드 드레싱, 티롤리엔느 드레싱, 아이올리 등이 있다.

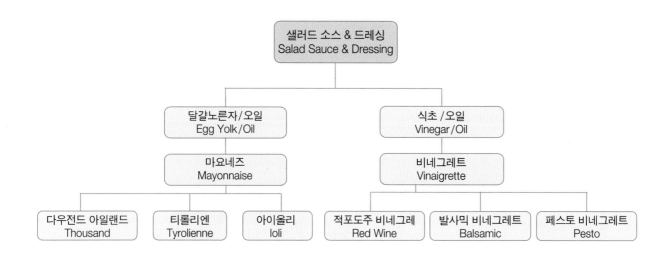

(3) 비네그레트 드레싱(Vinaigrette Dressing) 산출량 23L

●●●● 준비재료

- 샐러드 오일(Salad oil) ⋯⋯⋯⋯⋯⋯⋯⋯⋯⋯ 15L
- 식초(Vinegar) ⋯⋯⋯⋯⋯⋯⋯⋯⋯⋯⋯⋯ 5L
- 다진 양파(Onion chopped) ⋯⋯⋯⋯⋯⋯⋯⋯ 500g
- 다진 피클(Pickles chopped) ⋯⋯⋯⋯⋯⋯⋯ 500g
- 다진 삶은 달걀(Hard boiled eggs chopped) ⋯⋯ 600g
- 다진 파슬리(Parsley chopped) ⋯⋯⋯⋯⋯⋯ 200g
- 다진 그린올리브(Green Olives chopped) ⋯⋯⋯ 300g
- 다진 적 피망(Red bell pepper chopped) ⋯⋯⋯ 500g
- 다진 청 피망(Greed bell peppers chopped) ⋯⋯ 500g
- 소금(Salt) ⋯⋯⋯⋯⋯⋯⋯⋯⋯⋯⋯⋯⋯ 20g
- 후추(Pepper) ⋯⋯⋯⋯⋯⋯⋯⋯⋯⋯⋯⋯ 6g
- 설탕(Sugar) ⋯⋯⋯⋯⋯⋯⋯⋯⋯⋯⋯⋯ 10g

●●●● 만드는 방법

① 위의 모든 재료를 일정한 모양으로 잘 썬다.
② 용기에 넣고 식용유와 식초를 넣고 거품기로 혼합한다.
③ 파슬리 다진 것을 제외한 모든 재료를 넣고 잘 섞어 준다.
④ 비네그레트 드레싱의 맛을 내기 위해서는 설탕을 첨가할 수 있으며 소금과 후추의 양도 잘 조절해야 한다.
⑤ 냉장고에 차게 보관해야 제 맛을 느낄 수 있다.

●●●● 참고

설탕의 단맛은 식초의 톡 쏘는 맛을 강화시켜 주므로 소량을 넣으면 보다 상큼한 맛을 낼 수 있다.

(4) 발사믹 비네그레트(Balsamic Vinaigrette) 산출량 4.2L

●●●● 준비재료

- 올리브오일(Olive oil) ·································· 2.5 L
- 발사믹 비네가(Balsamic vinegar) ·················· 1 L
- 치킨스톡(Chicken stock) ·························· 500ml
- 곱게다진 양파(Onion, finely chopped) ············ 120g
- 다진 차이브(Chive chopped) ······················ 60g
- 소금(Salt) ··· 5g
- 후추(Pepper) ······································ 2g

●●●● 만드는 방법

① 양파는 매우 곱게 다진 후에 찬물에 넣어 여러 번 헹구어 준다.
② 차이브도 곱게 썰어서 물기를 제거한다.
③ 올리브오일과 발사믹 식초를 2.5:1로 정확하게 계량한다.
④ 차가운 치킨스톡과 위의 오일과 발사믹 식초를 함께 섞어준다.
⑤ 소금, 후추로 조미한다.

●●●● 참고

양파의 즙을 제거하면 드레싱의 맛이 더욱 깨끗해지며, 저장성을 높일 수 있다.

① 믹싱볼에 양파다진 것, 치킨스톡, 차이브 다진 것, 소금, 후추 등을 넣고 준비한다.
② 발사믹 식초를 넣는다.
③ 올리브 오일을 부으면서 거품기로 저어 잘 섞어준다.

(5) 시저 드레싱(Caesar Dressing) 산출량 2.8L

●●●● 준비재료

- 올리브 오일(Olive oil) ···························· 2L
- 적포도주 식초(Red wine vinegar) ················· 400ml
- 디종 머스타드(Dijon mustard) ····················· 40g
- 달걀노른자(Egg yolk) ······························ 6ea
- 다진 마늘(Garlic chopped) ·························· 30g
- 다진 파슬리(Parsley chopped) ······················ 10g
- 다진 양파(Onion chopped) ·························· 60g
- 다진 앤초비살(Anchovy fillet chopped) ·············· 20g

- 레몬주스(Lemon juice fresh) ·················· 10ml
- 타바스코(Tabasco) ·························· 20ml
- 갈은 파마산치즈(Parmersan cheese powder) ·········· 160g
- 우스타소스(Worcestershire sauce) ·············· 6ml
- 소금(Salt) ······························· 3g
- 후추(Pepper) ···························· 1g

●●●● 만드는 방법

① 양파를 비롯한 마늘과 파슬리, 앤초비 등을 다진다.
② 달걀노른자에 겨자를 넣고 거품기로 휘핑한다.
③ 올리브 오일을 조금씩 넣어가면서 거품기로 올려주며 식초도 조금씩 첨가한다.
④ 거의 올라오면 야채 다진 것을 넣어 섞어준다.
⑤ 여기에 타바스코와 우스터소스를 넣어준다.
⑥ 소금, 후추로 간을 한다.

시저드레싱은 로메인(Romaine Lettuce)과 함께 버무려야 제 맛을 느낄 수가 있다. 가니쉬는 Crispy Bacon, Parmesan shaved, Croutons이 어울린다.

(6) 페스토 비네그레트(Pesto Vinaigrette) 산출량 1~1.5L

●●●● 준비재료

- 페스토(Pesto)(조리법 아래참조) ················ 115g
- 소금(Salt) ······························· 5g
- 후추 ································· 1g
- 적포도주 식초(Red Wine Vinegar) ············· 240ml
- 올리브유 또는 식용유(Olive or Salad Oil) ········ 720ml

●●●● 만드는 방법

① 페스토(pesto), 소금, 후추, 식초를 섞는다.
② 오일을 가는 줄기로 점차 부어 섞어준다. 소금, 후추로 간한다.
③ 즉시 서브하거나 다음에 사용하기 위해서 냉장고에 보관

페스토(Pesto) 산출량 115g

●●●● 준비재료

- 바질 잎(Basil Leaves) ···················· 60g
- 토스트한 잣(Toast Pine Nut) ················· 45ml
- 마늘 페이스트(Garlic Paste) ················· 7g
- 소금(Salt) ······························· 7g
- 올리브유(Olive Oil) ······················ 60~120ml
- 파마산 치즈 갈은 것(Ground Parmesan Cheese) ······ 60g

●●●● 만드는 방법

① 바질을 잘 헹군 뒤 완전히 말리고 거칠게 다진다. 푸드프로세서나 절구와 방망이로 옮겨 바질과 잣과 마늘, 소금, 오일을 넣고 거품이 생기고 소스처럼 생긴 걸쭉한 페이스트가 되도록 간다.

② 소금으로 간한 뒤 가능한 한 서브할 시간이 되면 파마산 치즈를 뿌린다.

---

3) 드레싱의 기본재료(Basic ingredient of Dressing)

(1) 오일(Oil)

여러 종류의 기름이 사용되고 있다. 연하고 자연스러운 맛이 나는 Canola, Corn, Cottonseed, Soybean 등이 비교적 가격이 싸서 주로 사용된다.

* 옥수수기름 : 드레싱에 많이 사용되고 맛이 거의 없으며 연한 황금색이다.
* 면실유, 카놀라유, 콩기름 : 시장에서는 샐러드기름으로 판매되고 있으며 가장 대중적이다.
* 땅콩기름 : 부드럽고 독특한 맛이 있으나 비싸다.
* 올리브기름 : 그린색으로 과일향과 풍미가 난다. 가장 좋은 올리브오일은 Virgin이나 Extra Virgin 이라 부른다. 즉 올리브를 첫 번째 압착하여 짠 기름이라는 뜻이다. 독특한 맛 때문에 모든 Salad 에 사용하지는 않고 Caesar Salad와 같은 특수 샐러드의 드레싱에 사용한다.
* 호두기름 : 비싸며 독특한 맛이 있다.

(2) 식초(Vinegar)

* 사이다 식초(Cider Vinegar) : 사과로 만들며 갈색이면서 가벼운 단맛이 있고 사과 맛이 난다.
* 증류식초(Distilled Vinegar) : 곡주를 증류하여 만든 식초이기 때문에 중성적인 맛이다.
* 와인식초(Wine Vinegar) : 포도주향을 가지고 있다.
* 향미식초(Flavored Vinegar) : 타라곤, 마늘, 로즈마리 등을 첨가한 식초이다.
* 쉐리식초(Sherry Vinegar) : 쉐리와인으로 만들어 독특한 향이 있다.
* 발사믹식초(Balsamic Vinegar) : 나무통에 숙성시킨 특수 와인 식초로 연한 갈색을 띠며 약간의 단 맛이 있다.
* 레몬주스(Lemon Juice) : 식초 대신에 레몬을 쓰기도 한다.

(3) 달걀노른자(Egg Yolk)

마요네즈나 다른 드레싱의 유화제로 필수적이다. 꼭 신선한 달걀을 사용하여야 한다.

Chapter *13*
서양 조식
Western Breakfast

··· **학습목표**
• 우리나라와 차이가 있는 서양 조식(Western Breakfast)의 개념을 이해하고 지역별, 나라별, 제공형태별로 서양 조식을 분류하여 특징과 제공되는 음식의 종류, 외국어로 된 명칭을 학습한다.
• 서양 조식에 제공되는 음식의 종류(Kind of Western Breakfast Cooking)와 만드는 방법, 사용용도, 제공 방법 등을 학습하여 만드는 기술적인 능력 향상과 실기 응용 능력을 향상시키는 데 있다.

[1] 서양 조식의 개요
Summery of Western Breakfast

아침식사란 뜻의 영어 'Breakfast'는 깨다(Break)와 단식(fast)의 의미가 합쳐져 긴 밤 동안의 단식을 깬다는 뜻이다. 아침식사는 전날 저녁식사로부터 대략 10~12시간의 공백을 둔 상태이기 때문에, 아침식사의 내용은 위에 부담을 주지 않는 부드러운 메뉴가 바람직하다. 아침식사는 하루 일과 중 시작으로 충분한 열량과 고른 영양섭취가 필요하므로 매우 중요하다. 조식요리는 주스류, 과일류, 곡물류, 달걀요리, 빵류, 생선, 커피와 티를 포함한 음료 등이 있다. 또한 채식주의자(Vegetarian)를 위한 메뉴와 건강에 관심이 있는 고객들을 위한 건강식 메뉴도 구성되어 있다.

종류는 미국식 조찬(American Breakfast), 유럽식 조찬(Continental Breakfast), 영국식 조찬(English Breakfast), 건강식 조찬(Healthy Breakfast), 뷔페식 조찬(Breakfast Buffet)이 있다.

2
서양 조식의 종류
Kind of Western Breakfast

1) 미국식 조찬(American Breakfast)

미국식 조찬은 커피나 홍차, 주스, 토스트나 모닝 빵류, 달걀요리에 감자는 기본으로 제공되고 주스류와 베이컨, 햄, 소세지는 선택적으로 주어진다. 요즘 호텔에서는 업 세일(Up-Sale)차원에서 요구르트나 시리얼을 추가로 제공하기도 한다.

American Breakfast의 구성과 제공순서

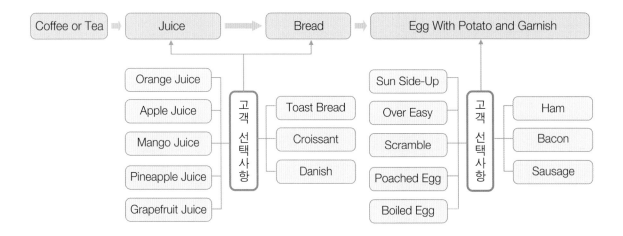

2) 유럽식 조찬(Continental Breakfast)

유럽식 조찬을 섬나라 영국식 조찬과 구별하기 위하여 대륙식 조찬이라 하기도 한다. 유럽식 조찬은 주스, 데니쉬나 크로와상 등의 빵 종류와 커피나 홍차로 구성된 간단한 아침식사이다.

Continental Breakfast의 구성과 제공순서

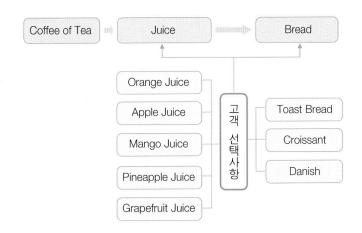

3) 영국식 조찬(English Breakfast)

미국식 조찬과 유사하나 생선구이나 포치한 생선 혹은 작은 스테이크(minute steak)가 추가된다. 달걀요리는 일반적으로 한 알이 생선이나 스테이크와 함께 제공된다. 생선은 주로 연어, 광어, 솔 등이 이용되며 80~100g 정도 제공된다. 스테이크 역시 일반 식사와는 달리 100~120g 정도 제공된다.

English Breakfast의 구성과 제공순서

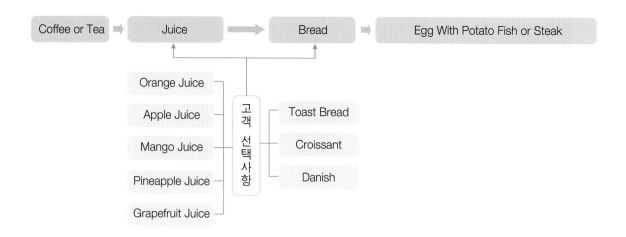

4) 건강식 조찬(Healthy Breakfast)

채식주의자나 건강에 관심이 있는 고객들을 위한 건강식 메뉴로 채소, 생과일, 생과일주스, 플래인 요구르트 버터가 많이 들어 있지 않은 빵류, 카페인을 제거한 커피나 차 등으로 구성되어 미네랄과 비타민이 풍부하고 저지방인 식품으로 구성된 조찬이다.

각종 샐러드와 드레싱

5) 뷔페식 조찬(Breakfast Buffet)

호텔의 객실을 이용하는 고객을 위하여 주로 제공하는 조식의 형태이다. 업무나 관광을 목적으로 하는 투숙객들이 짜여진 일정에 따라 바쁘게 움직이는 점에 착안하여, 제공되는 여러 가지 음식을 뷔페로 제공한다. 고객의 취향에 맞추어 마음껏 선택하여 식사할 수 있는 셀프 서비스(self service)를 기본으로 하고 있으며, 전 세계적으로 뷔페식 조찬은 보편화되고 있다. 제공되는 요리는 빵(breads), 달걀요리(egg dishes), 주스류(fruit juices)를 기본으로 각종

호텔 조식뷔페 전경(리츠칼튼 호텔)

야채(vegetables), 과일(fruits), 곡류(cereals), 고기류(meats) 등이 제공되며 가짓수는 일반 뷔페보다는 적은 약 40~50여 가지 품목들로 구성되었으며, 각 나라마다 그 나라의 전통적인 음식들을 제공한다.

[3]
서양 조식요리의 종류
Kind of Western Breakfast Cooking

1) 달걀요리(Egg)

아침식사의 달걀요리는 대개 1인분에 2알로 한다. 오믈렛 또는 특별한 경우는 3알을 사용하는 경우도 있다. 달걀요리는 프라이드 에그, 서니사이드업, 스크램블드 에그, 보일드 에그, 포치드 에그, 그리고 오믈렛 등이 있으며, 일반적으로 달걀요리에 감자는 기본으로 제공되고 베이컨, 햄, 소세지는 선택적으로 고객의 취향에 따라 주문에 의해 제공된다.

(1) 프라이드 에그(Fride Egg)

팬이나 그리들(Griddle)에 버터를 약간 두르고 110~120℃ 정도가 되면 달걀 2알을 넣고 프라이한다. 달걀을 넣을 때 노른자가 파손되지 않도록 팬에 넣을 때나 뒤집을 때 주의해야 한다. 일반적으로 호텔에서 프라이드 에그는 오버 이지를 말하는데 세부적으로 나누어 보면 다음과 같다. 오버 이지(Over easy), 오버 미디움(Over medium), 오버 하드(Over hard : over well- done)

로 나눌 수 있고 고객의 선택에 따라 요리한다.

① 오버 이지(Over easy)

달걀 2개를 깊이가 있는 볼에 껍질을 깨서 담고 프라이팬이나 그리들(Griddle)에 샐러드 오일이나 버터를 바르고 조심스럽게 넣어 흰자가 어느 정도 익었을 때 뒤집는다. 흰자만 익고 노른자는 익지 않은 상태이다. 중요한 것은 노른자가 깨지지 않아야 하므로 뒤집을 때 기술적으로 조심해야 한다.

② 오버 미디움(Over medium)

달걀 2개를 오버이지와 같은 방법으로 하는데 노른자를 반 정도 익히는 것이다.

③ 오버 하드(Over hard : over well-done)

달걀 2개를 오버 이지와 같은 방법으로 하는데 뒤집기 전에 노른자를 깨뜨려 완전히 익은 상태에서 뒤집어 요리하거나 노른자를 반 정도 익힌 후에 뒤집어 완전히 익혀 요리하기도 한다.

(2) 서니사이드업(Sunny-side up)

달걀 2개를 깊이가 있는 볼에 껍질을 깨서 담고 프라이팬이나 그리들(Griddle)에 샐러드 오일이나 버터를 바르고 조심스럽게 넣어 흰자만 익혀 태양이 떠오르는 것처럼 선명하게 요리하는 것을 말한다. 요리할 때 온도가 너무 높으면 달걀 흰자가 질겨지고 버터를 사용하였을 때 잘못하면 버터가 타서 달걀이 지저분하게 될 수도 있어 온도가 130℃가 넘지 않도록 유의 하여야 한다.

(3) 스크램블드 에그(Scrambled Egg)

스크램블드 에그는 달걀을 믹싱볼에 깨뜨려 넣고 거품기(Whisk)로 노른자와 흰자를 잘 섞은 다음 달걀 2개 분량에 우유나 생크림을 15~20ml 정도를 혼합하여 프라이팬에 샐러드오일이나 버터를 두르고 가열한 후에 달걀을 넣고 빨리 휘저어야 덩어리가 생기지 않고 부드러운 스크램블이 만들어진다. 너무 오랫동안 조리하면 단단해지므로 부드러워졌을 때에 조리를 마무리해야 하며, 우유나 생크림을 많이 첨가하면 부드럽기는 하나 시간이 조

금 지나면 탈수 현상이 일어나 수분과 달걀이 분리되므로 유의해야 한다. 스크램블드 에그를 '부서진 달걀'이라 불리기도 하는데, 쉬운 달걀요리법이며 많은 양의 달걀을 요리하는 경우에 가장 적합한 요리법이다.

(4) 포치드 에그(Poached Egg)

포치드 에그는 조식 달걀요리로 에그 보헤미안(Egg Bohemian), 에그 베네딕트(Egg benedictine) 에그 찬틸리(Egg Chantilly) 같은 달걀요리에 사용하기도 한다. 포치드 에그는 달걀은 신선한 것을 사용해야 모양이 흐트러지지 않고 예쁘게 만들어 진다. 만드는 방법은 냄비에 물 2리터에 소금 1/2테이블스푼과 식초 1 테이블스푼을 넣고, 물의 온도를 92~95℃ 정도로 약하게 끓이는 것이 좋다. 너무 강하게 끓이면 달걀의 흰자가 풀어질 염려가 있다. 달걀을 넣을 때는 작은 그릇에 옮겨 놓았다가 물이 뜨거

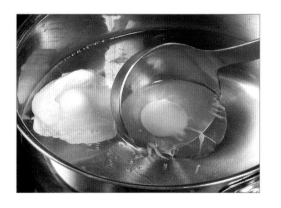

워지면 살며시 넣어야 한다. 식초를 첨가하는 이유는 단백질의 응고를 도와 흰자가 노른자 주위에서 딱딱하게 응고되도록 하여 흰자의 퍼짐을 억제시키기 위해서다. 대개 손님에게 제공될 때는 작은 접시나 토스트 위에 얹는다.

달걀을 넣고 2~3분 정도 삶으면 소프트 포치드 에그(Soft Poached egg), 4~5분 삶으면 미디움 포치드 에그(Medium Poached Egg), 7~8분이 지나면 하드 포치드 에그(Hard Poached Egg)가 된다.

(5) 보일드 에그(Boiled Egg)

보일드 에그는 소량의 소금과 식초를 넣은 끓는 물에서 달걀을 통째로 삶은 달걀요리이다. 서브할 때 에그 스탠드(egg stand)와 달걀 속을 떠먹기 위한 티스푼(tea spoon)이 필요하다. 달걀의 크기에 따라 다소의 차이가 있으나, 고객의 주문에 의해 소프트(soft Boiled Egg)는 끓는 물에 3~4분 정도, 미디움(medium Boiled Egg)은 5~6분 정도, 그리고 하드(hard Boiled Egg)는 10~12분 정도로 익힌다. 현재 호텔에서는 자동기계를 사용하기도 한다. 이 기계는 달걀을 넣고, 원하는 시간을 조절하여 놓은

후에, 조리시간이 종료되면 달걀이 자동적으로 위로 올라오게 되어 있다. 서양사람들은 자기 식성에 맞는 보일드 에그를 주문하기 때문에, 시간이 경과되면 좋아하지 않으므로, 정확히 시간을 맞춰야 한다.

(6) 오믈렛(Omelet)

오믈렛은 달걀요리 가운데 인기 있는 요리로 지름이 7인치 정도 되는 프라이팬을 이용해 휘저은 달걀을 럭비볼 모양으로 만들면서 익히는 요리이다. 달걀요리 중에 기술적으로 가장 어려운 요리로 조리방법도 숙지해야 되겠지만, 많은 연습이 필요하다. 특히 만들 때는 프라이팬의 온도를 잘 조절해야 하며 달걀이 굳기 전 적당한 시점에 둥글게 말아야 하므로 정확한 타임 또한 중요하다.

오믈렛은 3개의 달걀로 만들어 지며, 들어가는 내용물과 소스에 따라 명칭이 달라진다. 스페니쉬오믈렛 이외에도 베이컨오믈렛, 플로렌스식의 오믈렛(Florence style omelette), 쉬리프오믈렛, 파머식의 오믈렛(farmer style omelette), 헝가리안식의 오믈렛, 멕시칸식의 오믈렛, 그리고 그린 배지터블오믈렛(green vegetables omelette)이 있다.

(7) 에그 베네딕틴(Eggs Benedictine)

베네딕트 수도원식 달걀요리로, 토스트한 잉글리시 머핀(English muffin)위에 햄과 수란 2알(two poached egg)을 올려놓고, 홀랜다이즈 소스(hollandaise sauce)를 끼얹어서 살라만더(salamander)로 소스의 색깔을 연갈색으로 낸 후 완성한다.

2) 조찬용 빵(Breakfast breads)

아침식사에 사용되는 빵은 다양하게 이용하고 있다. 토스트 브레드(toast bread), 크로와상(croissant), 데니쉬 패스트리(danish pastry : sweet roll), 프렌치 브레드 (French bread : baguette), 보리빵(rye bread), 잉글리시 머핀(english muffin) 등 매우 다양하며, 그 외에 와플이나 핫 케이크 등이 있다.

(1) 조찬용 빵의 종류

- 토스트 브레드(Toast bread)
- 데니쉬 패스트리(Danish Pastry : Sweet Roll)
- 크로와상(Croissant)
- 베이글(Bagel)
- 잉글리시 머핀(English Muffin)
- 블루베리 머핀(Blueberry Muffin)
- 브리오쉬(Brioche) ※ 호밀빵(Rye Bread)
- 아침 롤빵(Breakfast Roll, Hard Roll, Soft Roll)

✳ 도넛(Doughnut)

✳ 프렌치 브레드(French Bread : Baguette)

✳ 핫 비스킷(Hot Biscuit)

✳ 와플(Waffle)

✳ 팬 케이크(Pancake)

✳ 프렌치 토스트(French toast)

  일반적으로 샌드위치 빵을 삼각형으로 절단하고, 달걀에 우유, 설탕, 바닐라 향 등을 넣어 만든 달걀 물에 적셔 그릴 또는 프라이팬에 색을 내 오븐에서 익현 낸 것이다.

✳ 계피향 토스트(Cinnamon toast)

  프렌치 토스트용 샌드위치 빵에 버터와 설탕, 계피 가루를 발라서 구운 빵이다.

  아침식사에서 빵이 제공될 때는 딸기잼, 오렌지 마멀레이드 등 여러 가지 잼과 꿀, 그리고 버터가 함께 제공되며, 와플이나 팬 케이크에는 메이플 시럽 등이 제공된다.

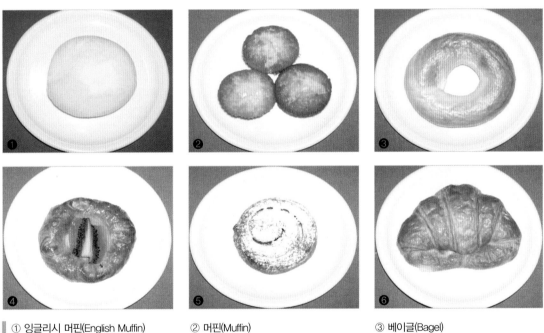

  ① 잉글리시 머핀(English Muffin)　　② 머핀(Muffin)　　③ 베이글(Bagel)
  ④ 데니쉬 패스트리(Danish Pastry)　　⑤ 스위트 롤(Sweet Roll)　　⑥ 크로와상(Croissant)

팬 케이크(Pancake) 5인분 기준

●●●● **준비재료**

• Flour	250g
• Sugar	100g
• Egg	4ea
• Milk	400ml
• Butter	20g
• Baking Powder	8g
• Salt	5g

●●●● **만드는 방법**

밀가루와 베이킹파우더를 섞어서 고운체에 거르고 설탕, 소금, 달걀을 우유에 섞은 후 녹인 버터를 섞어 준다. 팬이나 그리들 (Griddle)을 가열한 후 약한 온도에서 서서히 갈색을 내며 구운 다음 메이플 시럽(maple syrup)또는 버터를 곁들여 낸다. 가니 쉬는 계절 과일로 선택하여 몇 조각 곁들여 낸다.

와플(Waffle) 5인분 기준

●●●● **준비재료**

• Flour	250g
• Sugar	30g
• Egg	2ea
• Milk	200ml
• Butter	120g
• Baking Powder	8g
• Salt	5g
• Vanilla essence	10g

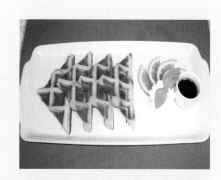

●●●● **만드는 방법**

밀가루와 베이킹파우더를 섞어서 고운체에 거르고 설탕, 소금, 달걀을 우유에 섞은 후 녹인 버터를 섞어 준다. 와플 기계를 코팅한 다음 재료를 넣고 서서히 구운 다음 메이플 시럽(maple syrup) 또는 버터를 곁들여 낸다. 가나쉬는 계절 과일로 선택 하여 몇 조각 곁들인다.

프렌치 토스트(French toast) 2인분 기준

●●●● **준비재료**

• Toast bread	4ea
• Egg	2ea
• Milk	50ml
• Sugar	5g
• Vanilla essence	3g
• Cinnamon Powder	2g

●●●● **만드는 방법**

토스트 브레드를 삼각형이 되도록 2cm정도의 두께로 4장으로 자르고 달걀에 우유, 설탕, 바닐라 에센스를 넣고 잘 섞은 다음 빵을 충분히 적신 후 팬이나 그리들(Griddle)에서 색을 낸 후 오븐에서 익혀낸다. 가나쉬는 계절 과일로 선택하여 몇 조각 곁들인다.

3) 시리얼류(Cereals : 곡물류)

시리얼류는 쌀, 귀리, 밀, 옥수수, 기장 등으로 무기질, 비타민, 탄수화물, 단백질과 같은 영양소가 골고루 함유하고 있으며, 대개 아침과 점심식사에 먹는 곡물 요리로 더운 시리얼과 찬 시리얼이 있다.

(1) 더운 시리얼류(Hot Cereals)

더운 시리얼은 우유나 스톡으로 가열 조리하여 죽처럼 만든 것으로 종류로는 오트밀(oat meal : 귀리죽), 크림 오브 위트(Cream of wheat : 밀죽), 크림 비프(cream beef : 소고기죽) 등이 있으며, 뜨거운 우유를 같이 제공하고 취향에 따라 얇게 썬 생과일을 곁들이기도 한다.

오트밀(Oatmeal) 4인분 기준

●●●● **준비재료**
- Dry Oatmeal ··· 120g
- Water ··· 200ml
- Milk ·· 100ml
- Salt ·· 4g

●●●● **만드는 방법**
우유와 물을 냄비에 끓인 다음 오트밀을 넣고 저으면서 5분 정도 끓인 후 우유로 농도를 조절하고 소금으로 간을 맞춘다.

(2) 찬 시리얼류(Cold cereals)

찬 시리얼류는 각종 곡류를 가열 조리하지 않고 먹을 수 있도록 가공된 것으로 찬 우유나 설탕, 등을 같이 제공하고 취향에 따라 얇게 썬 생과일을 곁들이기도 한다. 일반적인 찬 시리얼류는 다음과 같다.

① **콘플레이크(corn flakes)** : 옥수수 낱알을 얇게 으깨고 가공한 것

② **레이진 블랜(raisin bran)** : 밀기울을 으깨어 가공하고 건포도와 섞은 것

③ **올브랜(all bran)** : 밀기울을 으깨어 가공한 것

④ **라이스 크리스피(rice crispy)** : 쌀을 바삭바삭하게 튀긴 것

⑤ **쉬레디드 위트(shredded wheat)** : 밀을 조각내고 으깨어 가공한 것

⑥ **비르쉐 무슬리(bircher muesli)** : 스위스 아침 곡물로 신선한 과일(사과 및 딸기)과 벌꿀, 호두, 요구르트, 건포도 등을 넣어서 만든 건강식 오트밀

⑦ 그 외 **발리 플레이크(barley flakes)**와 **퍼프 라이스(puffed rice)** 등이 있다.

버처 무슬리(Bircher Muessli) 4인분 기준

●●●● **준비재료**

• Oat	100g	• Apple	80g
• Sugar	50g	• Milk	120ml
• Peach	80g	• Apricot	80g
• Pineapple	80g	• Sour cherry	30g
• Raisins	40g	• Hazel nut	40g
• Walnut	40g	• Honey	80ml
• Whipping cream	100ml		

●●●● **만드는 방법**

오트(oat)를 용기에 넣은 다음 우유에 섞어서 10분 정도 불리고 과일은 파리지엔(parisienne)이나 작은 주사위형으로 썰고 개암(hazel nut)과 호두(walnut)는 다진 다음 모든 재료를 넣고 섞은 다음 휘핑크림은 나중에 넣고 살짝 저어 완성한다.

4) 과일(Fruit)

아침 식사용 과일에는 신선한 과일(fresh fruits)과 통조림 과일이 있으며, 통조림 과일로는 설탕절임 과일(fruits compote)과 스튜과일(stewed fruits)이 있다. 일반적으로 아침 식사시 과일은 식사 전에 제공되어 이른 아침 빈속의 부담을 덜어줄 뿐만 아니라 기분을 상쾌하게 하며, 식욕 촉진을 돕기도 한다.

(1) 선선한 과일

* **반쪽 자몽** : 반으로 자른 자몽을 스푼으로 떠먹기 좋게 칼로 손질한 후 얼음이 채워진 전용 그릇에 넣어 차게 제공한다.
* **신선한 계절과일 접시** : 오렌지, 귤, 참외, 머스크멜론, 딸기, 수박, 포도, 감, 사과, 배, 복숭아 등을 계절에 따라 제공한다.

(2) 통조림 과일

스튜 서양자도(stewed prune), 스튜 무화과(stewed figs), 복숭아 콤포트(peach compote), 파인애플 콤포트(pineapple compote), 혼합과일 콤포트(fruit cocktail compote) 등이 있다.

5) 과일 주스류(Fruit juice)

과일 주스로는 생즙 주스류와 통조림 주스류가 있으며, 신선도 유지 및 보관의 효율적 관리와 고객층의 수준 및 메뉴가격 등을 고려하여 선택적으로 제공할 수 있다.

(1) 신선한 생 주스류

대체로 일반 시장에서 유통 거래되는 과일이며 모두 생즙 주스가 가능하며, 평상시 고객층의 선호도에 따라 필요한 과일을 확보하여 주문 시 즉시 즙을 내어 서브하는 것이 바람직하다. 아침에 주로 제공되는 생즙 주스는 다음과 같다.

- 사과 생 주스(freshly squeezed apple juice)
- 당근 생 주스(freshly squeezed carrot juice)
- 자몽 생 주스(freshly squeezed grapefruit juice)
- 토마토 생 주스(freshly squeezed tomato juice)
- 오렌지 생 주스(freshly squeezed orange juice)
- 키위 생 주스(freshly squeezed kiwi juice)
- 파인애플 생 주스(freshly squeezed Pineapple juice)

(2) 캔 주스류

보관 관리상의 편리성으로 인해 주로 캔 가공이 가능한 대부분의 과일 주스들을 많이 확보하여 제공할 수 있는데, 아침에 주로 제공되는 캔 주스는 다음과 같다.

- 토마토 주스(tomato juice)
- 사과 주스(apple juice)
- 자몽 주스(grapefruit juice)

- 오렌지 주스(orange juice)
- 파인애플 주스(pineapple juice)
- 야채 주스(vegetable juice)
- 포도 주스(grape juice)
- 자두 주스(prune juice)
- 망고 주스(Mango juice)

6) 차와 음료(Tea and Beverage)

아침에 제공되는 음료로는 대부분 커피, 홍차, 우유, 초콜릿 등이 있으며, 커피나 홍차의 경우는 일반적으로 고객의 취향이나 서비스 방식에 따라 제일 먼저 제공되는 식사가 끝날 때까지 계속 제공되는 것이 보통이다. 일반적으로 아침에 제공되는 음료는 다음과 같다.

- 커피(freshly brewed coffee)
- 홍차(yellow lipton tea)
- 카페오레(cafe au lait)
- 녹차(green tea)더운 우유(hot milk)
- 인삼차(ginseng tea)
- 다즐링 차(darjeeling tea)
- 더운 초콜릿(hot chocolate)
- 찬 초콜릿(cold chocolate)
- 찬 우유(fresh milk)
- 요구르트(Yoghurt)

Memo

Chapter *14*
테린 및 빠테 & 접시담기
Terrine/Pate & Food Presentation

··· **학습목표**
• 전시요리의 기본이라 할 수 있는 테린(Terrine) 및 빠테(Pate), 갈란틴(Galantine)의 기본 개념을 이해하고 구성
 요소와 재료, 만드는 방법, 순서, 사용용도 등을 학습하여 만드는 조리기술을 향상시키고 요리전시회에 대비할
 수 있는 능력을 갖추는 데 있다.
• 접시담기와 가니쉬(Food Presentation & Garnish)의 개념을 이해하고 만들어 놓은 음식에 젤라틴 처리하는 방
 법과 접시담기와 가니쉬의 기본과 원칙(Basic Principles of Platter Presentation)을 학습하므로 접시에 음식물을
 예술적으로 담을 수 있는 능력을 갖추는 데 있다.

Pate와 Terrine은 오래전부터 요리의 진수로서 우리에게 사랑을 받아왔으며 옛 이태리 Catherine de Medici 가 시대부터 각종 연회에서 예술적인 아름다움과 만드는 공정의 복잡함으로 유명하였다. 그 기원을 살펴보면 돼지를 도살하여 햄이나 소세지 등 기타 식육을 사용하고 남은 부산물을 이용하여 Pate 또는 Terrine을 만들기 시작하였다 한다.

Pate와 Terrine은 만드는 공정이나 내용물(ForceMeats)이 유사하여 종종 혼돈하는 경우가 있으며 그 한계가 불분명하여 어떤 지역에서는 Pate를 Terrine이라고 부르는 경우도 있다. Pate와 Terrine의 차이를 구분한다면 Pate는 일반적으로 Pastry Dough로 Force Meat를 싸서 굽는 반면 Terrine은 Pork Fat 이나 호일 또는 몰드를 이용해서 굽거나 찌거나 삶아서 익힌다.

1

포스미트
Force Meats

포스미트는 Pate나 Terrine, Galantine의 Meat Filling 재료를 의미하는 것으로 포스미트는 유화를 이루기 위해 살코기에 지방과 양념을 함께 넣어 갈아서 만들어진다. 만드는 과정은 육류나 어류의 살코기를 분쇄하는 과정부터 재료의 온도나 배합 비율 등 조리가 기술적으로 어려운 편이다. 포스미트(force meats)에는 4가지가 있다. 무슬린 형태의 포스미트(Mousseline Forcemeats)는 연어나 닭 같은 섬세한 고기에 크림과 달걀을 혼합하여 만든다. 스트레이트 포스미트(Straight Forcemeats)는 기름기 없는 살코기를 돼지기름과 같이 갈아서 만든다. 컨트리 스타일의 포스미트(Country-Style Forcemeats)는 다른 포스미트에 비해 거친 질감이 있으나, 보통 간을 포함한다. 그라탱 포스미트(Gratin Forcemeats)는 스트레이트 포스미트와 유사하나 다음과 같은 차이가 있다. 고기의 일부가 다른 재료와 갈기 전에, 그을려져 있고 식혀져 있어야 하며 다른 것들과 간 후에 포스미트는 일정하고, 자를 수 있는 질감이 될 때 까지 충분히 섞여진다. 4가지 모두의 포스미트는 전문 주방에서 수많은 응용을 할 수 있다.

포스미트를 만들 때는 다음 사항을 주의해야 한다.

- 모든 식재료는 매우 신선해야 하며, 냉동 식재료는 가급적 피해야 한다.
- 사용되는 모든 식재료와 기구는 냉장고에 잠시 넣어 차게 식힌 후 에 사용한다. 식재료를 차게 하는 이유는 재료의 온도가 12℃ 이상이 되면 지방과 육질이 분리가 되기 때문이다.
- 고기는 사전에 소금을 뿌려 둔다. 소금은 단백질의 활동을 도와 육질의 결착력을 높인다.

- 육류의 경우에는 되도록 큐브로 자른 후 적당한 양의 소금과 양념으로 혼합한 후에 고기를 냉장고에서 4시간 동안 양념이 배도록 한다.
- 식재료를 다지는 기구의 칼날을 날카롭게 만들어 고기가 고르고 곱게 분쇄되도록 한다.
- 달걀이나 크림은 차게 해서 사용하고 때로는 고기를 분쇄하고 섞는 동안 마찰열이 발생하였을 때 잘게 부순 얼음을 사용하여 온도를 떨어 뜨려야 한다.

1) 기본 폭 포스미트(Basic Pork forceMeats)

●●●● **준비재료**

돼지고기(Lean Pork)	500g	백포도주(White Wine)	60ml
돼지지방(Pork Fat)	500g	소금(Salt)	3g
달걀(Egg)	3ea	월계수 잎(Bay Leaves)	2ea
생크림(Fresh Cream)	100ml	샬롯(Shallot)	60g
브랜디(Brandy)	30ml	빠테 스파이스(Pate Spice)	2g

2) 기본 치킨 포스미트(Basic Chicken forceMeats)

●●●● **준비재료**

닭고기(Chicken Meat)	250g	백포도주(White Wine)	60ml
돼지고기(Lean Pork)	250g	소금(Salt)	3g
돼지지방(Pork Fat)	400g	월계수 잎(Bay Leaves)	2ea
달걀(Egg)	3ea	샬롯(Shallot)	60g
생크림(Fresh Cream)	100ml	빠테 스파이스(Pate Spice)	2g
브랜디(Brandy)	30ml		

3) 기본 소고기 포스미트(Basic Beef forceMeats)

●●●● **준비재료**

소고기(Beef)		적포도주(Red Wine)	60ml
돼지고기(Lean Pork)	250g	소금(Salt)	3g
돼지지방(Pork Fat)	400g	월계수 잎(Bay Leaves)	2ea
달걀(Egg)	3ea	샬롯(Shallot)	60g
생크림(Fresh Cream)	100ml	빠테 스파이스(Pate Spice)	2g
브랜디(Brandy)	30ml		

스트레이트 포스미트(Straight Forcemeats) 만드는 과정

① 포스미트(ForceMeats)에 사용될 돼지고기에 백포도주, 향신료, 등을 넣고 4시간 이상 마리네이드(marinade) 한다.

② 냉장고에서 냉각시킨다.

③ 민지머신(Mince Machine)을 얼음물에 냉각시킨다.

④⑤ 민지머신에 고기를 간다.

⑥ 차핑 머신(Chopping Machine)칼날과 볼을 냉장고나 얼음물에서 냉각시킨다.

⑦ 차핑머신 믹싱볼에 다지기위해 넣은 고기

⑧ 다지면서 먼저 소금을 넣는다.

⑨ 달걀을 넣고 계속 다진다.

⑩ 마지막으로 크림을 넣고 다진다.

빠테에 사용하는 닭간 조리방법

① 닭간을 적포도주, 향신료, 우유 등을 넣고 6시간 정도 마리네이드(Marinade)한다.
② 액체를 제거한다.
③ 팬에 버터를 넣고 녹인다.(샐러드유를 사용하면 높은 열에서 소테할 수 있다.)
④ 소테한다.
⑤⑥ 브랜디로 후람베 한다.

무슬리 포스미트(Mousseline Forcemeats) 만드는 과정

① 포스미트(ForceMeats)에 사용될 돼지고기에 백포도주, 향신료 등을 넣고 4시간 이상 마리네이드(marinade)한다.
② 후드 프로세서(Food process)를 냉장고에서 냉각시킨다.
③ 먼저 소금을 넣고 간다. 소금은 단백질의 활동을 도와 육질의 결착력을 높이기 때문이다.
④ 달걀을 넣고 간다.
⑤ 생크림를 넣고 유화 시킨다. 무스린 포스미트는 스트레이트 포스미트 보다 생크림을 더 넣고 만든다.
⑥ 고운체에 내려 사용한다.

2

빠테

Pate

빠떼(Pate)의 원 의미는 밀가루에 싸다, 옷을 입히다. 란 뜻으로 빠떼라는 단어를 프랑스에서는 Pates 또는 Pates en Croute 등으로 쓰이고 있으나 거의 같은 의미이다. 영어사전에는 '파이(pie)의 일종으로서 파이보다는 훨씬 고급 요리' 라고 기술되어 있다. 테린(Terrine) 만드는 방법과 흡사하나 빠테 도우(Pate dough)를 씌우고 굽는 것이 테린과 다른 점이며 고기와 도우(Dough) 사이에 젤라틴을 넣어 차게 식혀 사용하는 것이 보통이나 뜨겁게 제공하는 경우도 있다. 빠테는 육류, 가금육, 각종 간(liver), 생선 등을 분쇄기에 소금, 후추, 달걀, 휘핑크림과 각종 허브 등을 넣고 곱게 갈아 포스미트를 만든 다음 일반적으로 돼지 지방이나 베이컨으로 감싼 후 도우를 입혀 오븐에 구워서 만든다.

폭 빠테(Pork Pate) 1kg

●●●● 준비재료

- 돼지고기(Lean Pork) ·············· 500g
- 돼지지방(Pork Fat) ·············· 500g
- 닭간(Chicken Livers) ·············· 120g
- 달걀(Egg) ·············· 2ea
- 피스타치오(Pistachio) ·············· 70g
- 건포도(Raisins) ·············· 70g
- 우유(Milk) ·············· 50ml
- 생크림 ·············· 100ml

- 양파 다진 것(Chopped Onion) ·············· 60g
- 브랜디(Brandy) ·············· 30ml
- 버터(Butter) ·············· 20g
- 월계수 잎(Bay Leaves) ·············· 2ea
- 백포도주(White wine) ·············· 60ml
- 소금(Salt) ·············· 13g
- 흰 후추(White Pepper) ·············· 1g
- 빠테 스파이스(Pate Spice) ·············· 3g

빠테(Pate) 만드는 과정

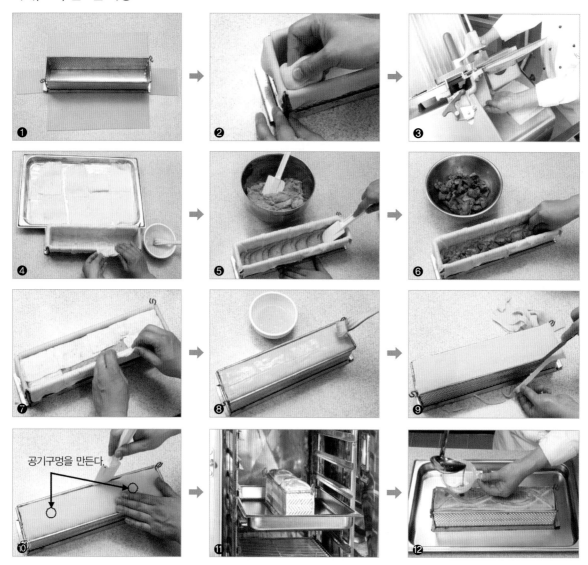

① 빠테 반죽은 빠테틀을 기준으로 그림과 같이 십자형으로 자른다. 반죽의 두께는 약 0.3cm 정도로 밀어서 사용한다.
② 도우를 틀안에 넣고 모서리부분은 그림과 같이 도우를 뭉쳐서 눌러준다.
③ 빠테에 사용할 돼지지방을 슬라이스 머신(Slice Machine)에 두께 0.2cm 정도로 슬라이스 한다.
④ 얇게 썬은 돼지지방을 도우 안쪽에 넣는다.
⑤ 포스미트를 넣고 공기층을 없애기 위해 고무주걱으로 눌러준다.
⑥ 닭간 소테(Saute)한 것을 중앙에 넣는다.
⑦ 닭간 위에 포스미트를 채우고 지방으로 감싼다.
⑧ 지방을 도우로 감싼 후 달걀노른자에 생크림을 섞어 바른다.
⑨ ⑧ 위에 도우를 얹고 그림과 같이 틀에 맞게 자른다.
⑩ 도우위쪽 가장자리를 그림과 같이 정리하고 공기구멍을 만든다.
⑪ 170~180℃ 오븐에서 약 50~60분 정도 익힌다. 굽는 과정에서 도우 색이 너무 진하게 나면 쿠킹호일로 덮어 더
    이상 색이 나지 않도록 한다.
⑫ 익혀낸 빠테는 충분히 식힌 다음 냉장고에 두었다가 그림과 같이 와인젤리를 넣어 준다.

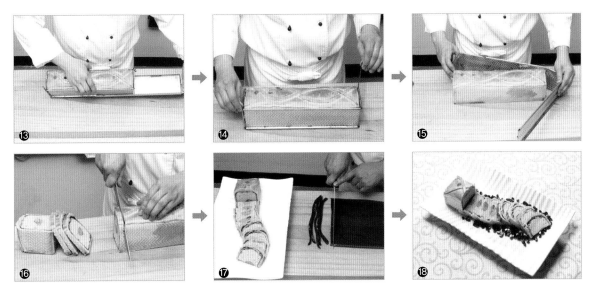

⑬ 틀에 밑판을 제거한다.
⑭ 틀에 핀을 제거한다.
⑮ 틀을 제거한다.
⑯ 원하는 두께로 썬다.
⑰ 접시에 담고 와인젤리를 준비한다.
⑱ 빠테와 와인젤리를 접시에 담아 놓은 모습

• 인젤리는 적포도주 1L 젤라틴 30g 설탕 15g 소금 5g 을 넣고 중탕으로 녹여 사용한다.

버터 빠테 도우(Butter Pate Dough)

●●●● **준비재료**

• 밀가루(Flour) ·························· 500g
• 버터(Butter) ·························· 125g
• 물(Water) ·························· 50㎖

• 소금(Salt) ·························· 15g
• 달걀(Egg) ·························· 2ea

●●●● **만드는 방법**

① 밀가루와 소금을 잘 섞어서 체로 거른다.
② 물, 달걀, 버터와 잘 혼합한다.
③ 2시간 동안 상온에서 보관하였다가 얇게 밀어서 사용
④ 이것으로 만든 빠떼는 Cold 또는 hot으로 제공할 수 있다.

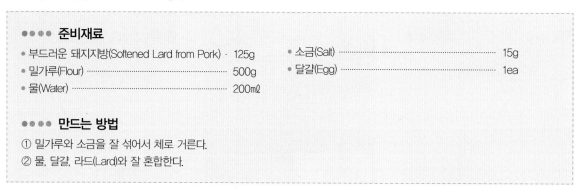

라드 빠떼 도우(Lard Pate Dough)

●●●● 준비재료
- 부드러운 돼지지방(Softened Lard from Pork) · 125g
- 밀가루(Flour) ················· 500g
- 물(Water) ················· 200㎖
- 소금(Salt) ················· 15g
- 달걀(Egg) ················· 1ea

●●●● 만드는 방법
① 밀가루와 소금을 잘 섞어서 체로 거른다.
② 물, 달걀, 라드(Lard)와 잘 혼합한다.

●●●● 빠테 스파이스(Pate Spice)
검은 또는 흰 후추, 정향, 넛멕, 생강, 카이엔느 페퍼, 월계수 잎, 다임, 마조람, 등의 향신료를 섞어 곱게 믹서기에 갈아 고운체에 내려 사용한다.

[3]
테린
Terrine

　테린(Terrine)이란 원래 질그릇 단지, 항아리를 뜻하는 말인데 테린에는 주 식재료 외에 여러 가지 육류와 양념이 첨가되면 전에는 간을 첨가하는 경우가 많았다고 하지만 지금은 그렇지만도 않다. 또한 예전에는 재료를 혼합해 부드럽게 갈아 각종 장식과 함께 단지 또는 항아리에 담아 식탁에 제공하게 되면서 테린이라고 명명하게 되었다고 한다. 현대에 와서는 육류나 생선 등으로 만든 포스미트(Force Meat) 각종 형틀 또는 케이스에 넣어 오븐에서 중탕으로 익힌 후 식혀 적당한 크기로 잘라 각종 파티나 요리대회에 많이 사용하고 있다.

연어 테린(Salmon Terrine)

● ● ● ● **준비재료**

- 연어(Salmon) ···································· 800g
- 달걀(Egg) ·· 3ea
- 생크림(Fresh Cream) ······················ 400ml
- 브랜디(Brandy) ································· 20ml
- 레몬주스(Lemon Juice) ···················· 10ml
- 흰 후추(White Pepper) ······················ 1g

- 소금(Salt) ·· 3g
- 당근(Carrot) ····································· 70g
- 애호박(Zucchini) ······························· 50g
- 표고버섯(Siitake Mushroom) ··············· 50g
- 김(Seaweed) ······································ 20g

연어테린(Salmon Terrine)을 둥글게 만드는 과정

① 연어 테린에 사용할 연어를 큐브(Cube)로 썰어 냉장고에서 냉각 시킨다.
② 테린 만들 기구(Food Process)를 냉장고에서 냉각 시킨다.
③ 후드프로세스에 냉각된 연어를 넣고 먼저 소금을 넣고 간다.(소금은 단백질의 활동을 도와 육질의 결착력을 높이기
　　때문에 가장 먼저 넣는다)
④ 달걀을 넣고 계속 갈아준다.
⑤ 생크림을 넣고 간 후에 테린 반죽을 완성한다.
⑥ 둥근형태의 테린을 만들기 위해 바닥에 랩이나 비닐을 깔고 그림과 같이 테린 반죽을 얇게 편다.
⑦ 반죽위에 김을 놓고 그 위에 내용물을 넣는다.
⑧⑨ 비닐을 들어 둥글게 말아준다.

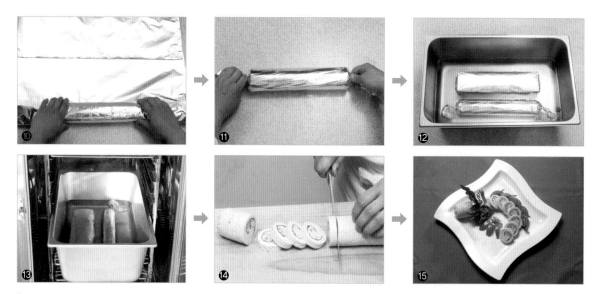

⑩⑪ 다시 호일로 만다.
⑫⑬ 약 85℃ 정도 되는 물에 중탕하여 컨벡션 오븐에서 스팀으로 익힌다.
⑭ 익혀낸 테린을 식힌 후 원하는 두께로 자른다.
⑮ 테린을 접시에 담은 모습

연어테린(Salmon Terrine)을 틀을 이용해 만드는 과정

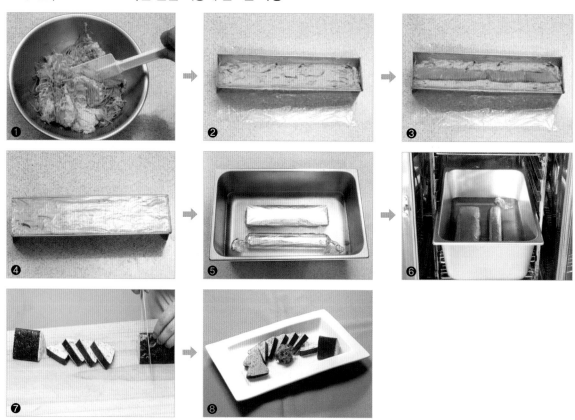

① 틀에 넣을 테린 반죽을 준비
② 틀 안쪽에 물기를 묻히고 랩이나 비닐을 깔고 반죽을 넣고 바닥에다 약간의 충격을 가해 공기를 뺀다.
③ 그림과 같이 안쪽에 원하는 내용물을 넣는다.
④ 비닐을 덮은 후 쿠킹호일로 감싼다.
⑤⑥ 약 85℃ 정도 온도의 물에 중탕하여 컨벡션 오븐에서 스팀으로 익힌다.
⑦ 원하는 두께로 썬다.
⑧ 썰어 접시에 담아 완성된 모습

갈란틴
Galantine

갈란틴은 불어의 Galant란 단어에서 유래하였으며 우아한, 멋진이란 뜻으로 매우 오래전인 중세부터 만들어 먹어 왔다. 갈란틴은 닭이나 오리의 껍질을 이용하여 안에 포스미트(Force Meat)를 넣어 소세지 형태로 만들어 끓는 육수 또는 Bain Marie(중탕)하여 익히는 방법을 사용하여 만든다.

치킨 갈란틴(Chicken Galantine)

●●●● **준비재료**

- 통째로 뼈 제거한 닭(Bone out Chicken) ······· 2.5kg
- 닭 포스미트(Chicken Force Meat) ·············· 450g
- 소금(Salt) ·· 3g
- 흰 후추(White Pepper) ··························· 1g
- 브랜디(Brandy) ··································· 10ml
- 햄(Smoked Ham) ································· 70g

- 석이버섯 ··· 30g
- 피스타치오(Pistachio) ························· 70g
- 당근(Carrot) ····································· 70g
- 치킨스톡 또는 물(Chicken Stock or Water)
  ································· 포치하기 필요한 양

치킨 갈란틴(Chicken Galantine) 만드는 과정

① 그림과 같이 랩이나 비닐 위에 닭을 펴 놓는다.(닭 손질방법은 p. 336 참조)
② 갈란틴 속에 채워질 재료
③ 내용물을 섞어 닭 위에 넣는다.
④ 그림과 같이 둥글게 만다.
⑤ 쿠킹 호일로 감싼다.
⑥ 약 85℃ 정도 온도의 물에 중탕하여 컨벡션 오븐에서 스팀으로 익힌다.
⑦⑧ 원하는 두께로 자른 다음 접시에 담은 모습

5
아스픽
Aspic

아스픽은 동물의 뼈, 근육, 껍질 등을 푹 고았을 때 우러나오는 연골의 콜라겐성분의 국물을 정제 한 것이라 볼 수 있다. 아스픽은 음식물을 결합하거나 코팅시키기 위해 사용하는 것으로 음식에 아스픽 처리를 하는 목적은 만들어 놓은 음식이 공기와의 접촉으로 건조되는 것을 막아 색상이 변하는 것을 방지, 코팅을 시킴으로 윤기가 나고 외관상 보기 좋게 하고, 향을 보존 시키는 데 있다. 음식에 젤라틴을 입히는 것은 특별한 경우로 테린, 빠테, 갈란틴 등을 코팅하여 음식을 전시하기 위해 또는 특별한 향을 본존하고 윤기가 나게 하여 판매음식의 부가가치를 높이기 위해서이다.

사용 용도에 따른 젤라틴 배합 비율

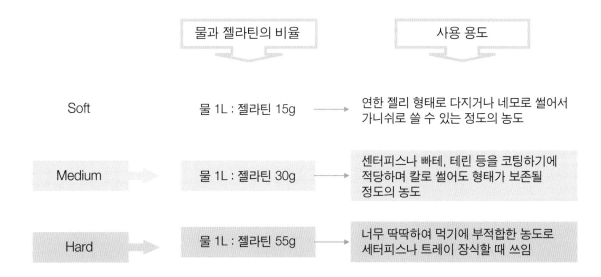

	물과 젤라틴의 비율	사용 용도
Soft	물 1L : 젤라틴 15g	연한 젤리 형태로 다지거나 네모로 썰어서 가니쉬로 쓸 수 있는 정도의 농도
Medium	물 1L : 젤라틴 30g	센터피스나 빠테, 테린 등을 코팅하기에 적당하며 칼로 썰어도 형태가 보존될 정도의 농도
Hard	물 1L : 젤라틴 55g	너무 딱딱하여 먹기에 부적합한 농도로 세터피스나 트레이 장식할 때 쓰임

① 젤라틴을 찬물에 불린다.
② 중탕으로 젤라틴을 녹이면서 표면위로 뜨는 거품을 제거한다.
③ 젤라틴을 음식물에 코팅하는 온도는 섭씨 33~35℃정도가 좋다.
④ 코팅할 식재료의 물기를 제거하고 코팅할 식재료가 작을 때는 그림과 같이 꼬지를 이용하여 젤라틴을 묻힌다.
⑤ 꼬지를 이용할 때는 그림과 같이 무를 이용해서 고정하는 것이 좋다.
⑥ 고기류나 코팅할 식재료가 큼직할 때는 붓을 이용하여 코팅하는 것이 좋고, 코팅한 식재료를 움직일 때는 그림과 같이 비닐장갑을 착용하고 작업을 한다.

[6]
접시담기와 가니쉬
Food Presentation & Garnish

요리를 만드는 것이 과학적으로 이루어진다면 요리를 접시에 담는 것은 예술행위에 일종이라 할 수 있다. 요리를 접시에 아름답게 담는다고 하는 것은 요리를 만들어 내는 동안 쏟은 정열을 조리사의 언어로 표현한다고 할 수 있다. 접시에 잘 담는다고 하는 것은 요리에 맛, 색, 모양 등을 조화롭게 배열함으로써 고객이 요리를 음미하도록 유도하는 고도로 발달된 기술이라 할 수 있다. 그렇기 때문에 접시담기는 오랜 동안 연구한 경력과 요리사 자신만이 가지고 있는 개성이 요구된다.

1) 접시(Plate)

접시담기에서 접시는 가장 기본구성요소이다. 같은 음식이라도 접시의 선택에 따라 분위기와 모양 등이 달라질 수 있기 때문에 음식에 맞는 어울리는 접시선택이 중요하다. 접시선택의 기준은 식재료, 크기, 모양, 농도, 색상 등에 따라 선택되며, 풍부한 경험과 개인의 미적감각은 접시선택에 도움이 된다. 접시의 종류는 매우 다양하나 일반적으로 원형, 정사각형, 타원형, 직사각형, 삼각형 등이 많이 사용되며, 테두리가 있는 것과 없는 것, 깊이가 있는 것과 없는 것 등으로 구분할 수 있다.

접시의 종류

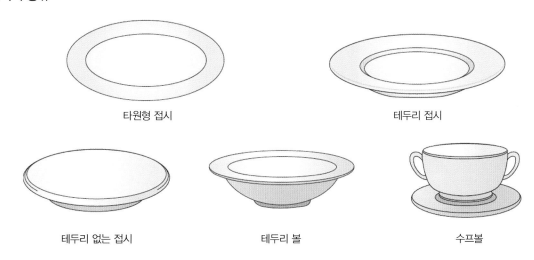

타원형 접시   테두리 접시

테두리 없는 접시   테두리 볼   수프볼

2) 가니쉬(Garnish)

가니쉬는 프랑스어로 꾸미다, 장식하다, 완성하다, 공급하다. 라는 뜻으로 우리나라 말로는 고명이라고 생각하면 된다. 보통 양식에서 많이 쓰이는데 요리를 보기 좋게 하기 위해 음식 옆에 혹은 위에 파슬리나 레몬으로 장식하는 것 말한다. 가니쉬는 정해진 틀인 있는 것이 아닌 개인에 따라 다양한 형태로 표현할 수 있는 것이다. 중요한 것은 장식성이 있는 만큼 모양이나 색을 고려해서 재료를 택하는 것이 좋다.

가니쉬를 접시에 놓을 때는 같은 재료의 중복사용과 동일모양을 사용하지 말아야 하며, 크기는 접시의 크기를 고려하고 색상은 되도록 대비되는 색상을 선택하는 것이 좋으나 영양적인면도 고려해야 한다. 지나친 복잡성을 피하고 서브하는데 불편을 주어서도 않된다.

3) 접시담기 기본(Basic of Food Presentation)

접시담기에 필요한 기본요소는 균형(Balance), 색상(Color), 모양(Shape), 질감(Texture), 향(Flavor) 크기(Size) 등을 고려하는 것이 기본이다.

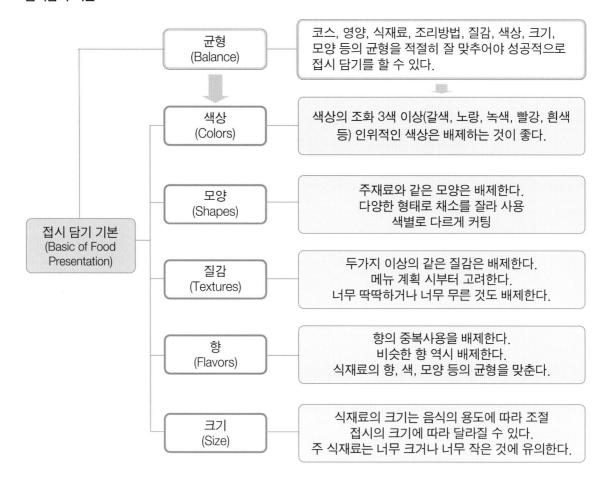

4) 접시담기 기본원칙(Basic Principles of Platter Presentation)

접시담기에서 고려해야 할 상항으로 주재료와 곁들임 재료의 위치선정과 식사하는 사람의 편리성, 음식의 외관과 원가를 고려하고, 재료의 크기, 접시의 크기 등을 고려하여 다음과 같은 접시담기 원칙을 준수해야 한다.

- 접시의 내원을 벗어나지 않게 담는다.
- 담기는 고객의 편리성에 우선 초점을 두어 담는다.
- 재료별 특성을 이해하고 일정한 공간을 두어 담는다.
- 너무 획일적이지 않은 일정한 질서와 간격을 두어 담는다.
- 불필요한 가니쉬를 배제하고 주 요리와 같은 수로 담는다.
- 소스 사용으로 음식의 색상이나 모양이 망가지지 않게 유의해서 담는다.
- 너무 복잡하고 만들기 힘든 가니쉬는 피하고 간결하면서도 심플하게 담는다.

5) 콜 플레이트 담기(Cold Food Platter Presentation)

콜 플레이트 담기의 3요소로는 센터피스(Center Piece), 주 요리의 서빙포션(The Slices or Serving Portions of Main food Item), 가니쉬(Garnish)이다. 콜 플레이트 담기에 고려해야 할 사항으로는 콜 플레이트 담기 3요소를 충족해야 하며 식재료 간에 성격을 고려하고, 식재료의 특성에 따른 접시선택과 접시 면적을 고려해야 한다. 또한 식재료를 접시에 놓을 때는 1회 작업으로 마무리해야 접시에 자욱이 남지 않아 깨끗하게 Plating이 되며, 서빙시에 다른 식재료에 영향을 주어서는 안된다.

콜 플레이트의 3요소

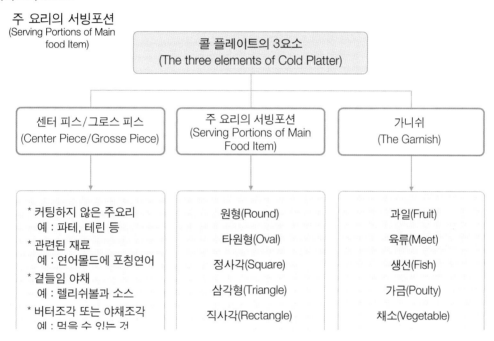

콜 플레이트 담기 순서

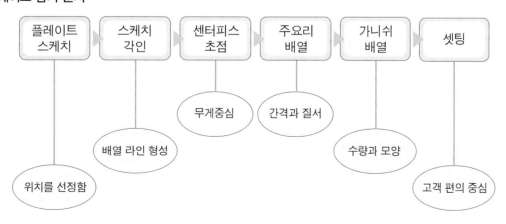

플레이트(Plate)위 올려지는 각각의 음식들은 고유한 모양과 크기, 잘려진 표면, 테두리의 형태 등을 가지고 있다. 이러한 개개의 음식들을 플레이트(Plate)위에 선, 면, 공간 등을 표현할 때 생동감 있고 예술적 감각을 나타내기 위해서는 접시담기 기본원칙과 담기 순서 등을 준수하며 자기개발의 부단한 노력이 필요하다.

사각 콜 플레이트 담기 예

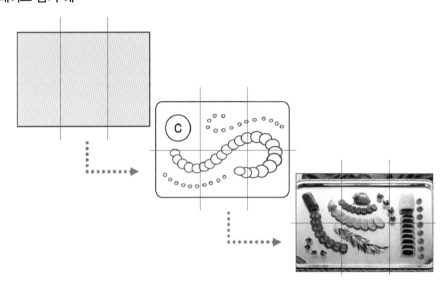

직사각 콜 플레이트 담기 예

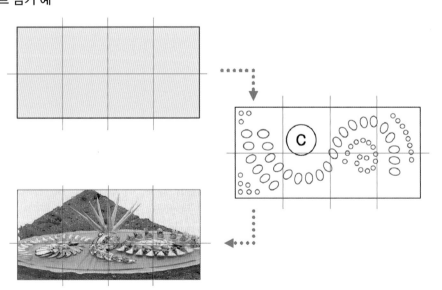

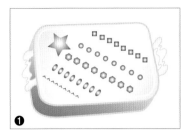  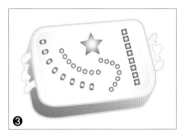

① 스트레이트 라인(Straight Lines): 세터피스를 플레이트 모서리 쪽에 놓고 재료를 대각선을 배열한 형태
② 다양한 직선 라인(Variation of Straight Lines): 직선라인을 다양한 방향으로 배열한 형태
③ 곡선과 직선이 혼합된 라인(Curved Lines and Straight Lines): 곡선과 직선을 혼합하여 배열한 형태

 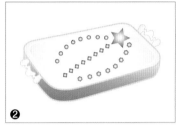 

① 스트레이트 라인(Straight Lines): 세터피스를 플레이트 모서리 쪽에 놓고 재료를 대각선을 배열한 형태
② 다양한 직선 라인(Variation of Straight Lines): 직선라인을 다양한 방향으로 배열한 형태
③ 곡선과 직선이 혼합된 라인(Curved Lines and Straight Lines): 곡선과 직선을 혼합하여 배열한 형태

원형 콜 플레이트 담기 예

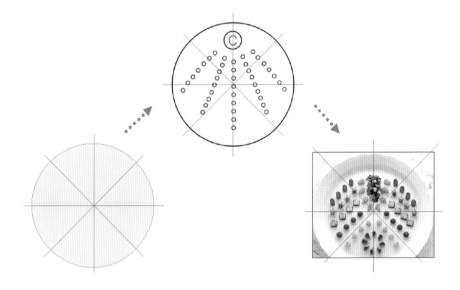

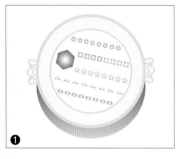 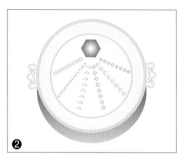 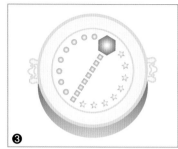

① 스트레이트 라인(Straight Lines): 센터피스를 플레이트 모서리 쪽에 놓고 재료를 대각선을 배열한 형태

② 다양한 직선 라인(Variation of Straight Lines): 직선라인을 다양한 방향으로 배열한 형태

③ 곡선과 직선이 혼합된 라인(Curved Lines and Straight Lines): 곡선과 직선을 혼합하여 배열한 형태

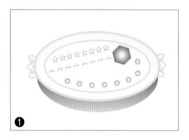 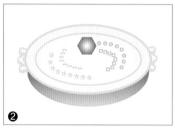 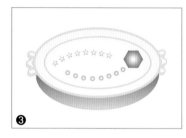

① 곡선과 직선이 혼합된 라인(Curved Lines and Straight Lines): 곡선과 직선을 혼합하여 배열한 형태

② 곡선라인(Curved Lines): 센터피스를 중심으로 곡선으로 배열한 형태

③ 곡선라인(Curved Lines): 센터피스를 중심으로 곡선으로 배열한 형태

3부
서양요리 조리기능사 실기

Cheese Omelet

치즈 오믈렛
Cheese Omelet

시험시간 **20**분

요구사항

※ 주어진 재료를 사용하여 다음과 같이 **치즈 오믈렛**을 만드시오.

가. 치즈는 사방 0.5cm 정도로 자르시오.

나. 치즈가 들어가 있는 것을 알 수 있도록 하고, 익지 않은 달걀이 흐르지 않도록 만드시오.

다. 나무젓가락과 팬을 이용하여 타원형으로 만드시오.

수험자 유의사항

1. 만드는 순서에 유의하며, 위생과 숙련된 기능평가를 위하여 조리작업 시 맛을 보지 않는다.
2. 지정된 수험자지참준비물 이외의 조리기구나 재료를 시험장 내에 지참할 수 없다.
3. 지급재료는 시험 전 확인하여 이상이 있을 경우 시험위원으로부터 조치를 받고 시험 중에는 재료의 교환 및 추가지급은 하지 않는다.
4. 요구사항의 규격은 "정도"의 의미를 포함하며, 지급된 재료의 크기에 따라 가감하여 채점한다.
5. 위생복, 위생모, 앞치마를 착용하여야 하며, 시험장비·조리도구 취급 등 안전에 유의한다.
6. 다음 사항에 대해서는 채점대상에서 제외하니 특히 유의한다.
   가. 기권 – 수험자 본인이 시험 도중 시험에 대한 포기 의사를 표현하는 경우
   나. 실격
   　(1) 가스레인지 화구 2개 이상(2개 포함) 사용한 경우
   　(2) 불을 사용하여 만든 조리작품이 작품특성에 벗어나는 정도로 타거나 익지 않은 경우
   　(3) 위생복, 위생모, 앞치마를 착용하지 않은 경우
   　(4) 시험 중 시설·장비(칼, 가스레인지 등) 사용 시 시험위원 및 타수험자의 시험 진행에 위협이 될 것으로 시험위원 전원이 합의하여 판단한 경우
   다. 미완성
   　(1) 시험시간 내에 과제 두 가지를 제출하지 못한 경우
   　(2) 문제의 요구사항대로 과제의 수량이 만들어지지 않은 경우
   라. 오작
   　(1) 구이를 조림 등으로 조리하여 완성품을 요구사항과 다르게 만든 경우
   　(2) 해당 과제의 지급재료 이외의 재료를 사용하거나 석쇠 등 요구사항의 조리도구를 사용하지 않은 경우
   마. 요구사항에 표시된 실격, 미완성, 오작에 해당하는 경우
7. 항목별 배점은 위생상태 및 안전관리 5점, 조리기술 30점, 작품의 평가 15점이다.
8. 시험시작 전 가벼운 몸 풀기(스트레칭) 동작으로 긴장을 풀고 시험을 시작한다.

지급재료목록

재료명	규격	단위	수량	비고
달걀		개	3	
치즈	가로세로 8cm 정도	장	1	
버터	무염	g	30	
식용유		ml	20	
생크림	조리용	ml	20	
소금	정제염	g	2	

만드는 방법 및 순서

코팅이 잘된 오믈렛 팬, 나무젓가락, 고운 체, 믹싱볼, 거품기 등 조리기구를 준비한다.

❶ 치즈를 사방 0.5㎝ 정도로 썰어서 준비하여 놓는다.

❷ 믹싱볼에 달걀 3개를 깨뜨려 넣고 소금과 생크림을 첨가하여 흰자와 노른자가 잘 섞이도록 풀어서 고운 체에 거른 다음 치즈를 넣는다.

❸ 오믈렛 팬에 버터를 두른 다음 풀어놓은 달걀을 넣고 팬을 움직이면서 고르게 반숙이 되도록 나무젓가락으로 빠르게 잘 저어 준다.

❹ 프라이팬 손잡이의 반대편 쪽인 팬 앞쪽으로 달걀 반숙이 모이게 스크램블을 하고 반숙된 상태에서 타원형이 되도록 만든다.

❺ 완성된 치즈 오믈렛 표면에 버터를 바르고 접시에 담아 제출한다.

Spanish Omelet

스페니시 오믈렛
Spanish Omelet

시험시간 **30**분

요구사항

※ 주어진 재료를 사용하여 다음과 같이 **스페니시 오믈렛**을 만드시오.

가. 토마토, 양파, 청피망, 양송이, 베이컨은 0.5cm 정도의 크기로 썰어 오믈렛 소를 만드시오.

나. 소가 흘러나오지 않도록 하시오.

다. 소를 넣어 나무젓가락과 팬을 이용하여 타원형으로 만드시오.

수험자 유의사항

1. 만드는 순서에 유의하며, 위생과 숙련된 기능평가를 위하여 조리 작업 시 맛을 보지 않는다.
2. 지정된 수험자지참준비물 이외의 조리기구나 재료를 시험장 내에 지참할 수 없다.
3. 지급재료는 시험 전 확인하여 이상이 있을 경우 시험위원으로부터 조치를 받고 시험 중에는 재료의 교환 및 추가지급은 하지 않는다.
4. 요구사항의 규격은 "정도"의 의미를 포함하며, 지급된 재료의 크기에 따라 가감하여 채점한다.
5. 위생복, 위생모, 앞치마를 착용하여야 하며, 시험장비·조리도구 취급 등 안전에 유의한다.
6. 다음 사항에 대해서는 채점대상에서 제외하니 특히 유의한다.
   가. 기권 – 수험자 본인이 시험 도중 시험에 대한 포기 의사를 표현하는 경우
   나. 실격
   　(1) 가스레인지 화구 2개 이상(2개 포함) 사용한 경우
   　(2) 불을 사용하여 만든 조리작품이 작품특성에 벗어나는 정도로 타거나 익지 않은 경우
   　(3) 위생복, 위생모, 앞치마를 착용하지 않은 경우
   　(4) 시험 중 시설·장비(칼, 가스레인지 등) 사용 시 시험위원 및 타수험자의 시험 진행에 위협이 될 것으로 시험위원 전원이 합의하여 판단한 경우
   다. 미완성
   　(1) 시험시간 내에 과제 두 가지를 제출하지 못한 경우
   　(2) 문제의 요구사항대로 과제의 수량이 만들어지지 않은 경우
   라. 오작
   　(1) 구이를 조림 등으로 조리하여 완성품을 요구사항과 다르게 만든 경우
   　(2) 해당 과제의 지급재료 이외의 재료를 사용하거나 석쇠 등 요구사항의 조리도구를 사용하지 않은 경우
   마. 요구사항에 표시된 실격, 미완성, 오작에 해당하는 경우
7. 항목별 배점은 위생상태 및 안전관리 5점, 조리기술 30점, 작품의 평가 15점이다.
8. 시험시작 전 가벼운 몸 풀기(스트레칭) 동작으로 긴장을 풀고 시험을 시작한다.

지급재료목록

재료명	규격	단위	수량	비고
토마토	중(150g 정도)	개	1/4	
양파	중(150g 정도)	개	1/6	
청피망	중(75g 정도)	개	1/6	
양송이		g	10	1개
베이컨	길이 25~30cm	조각	1/2	
토마토케첩		g	20	
검은 후춧가루		g	2	
소금	정제염	g	5	
달걀		개	3	
식용유		ml	20	
버터	무염	g	20	
생크림	조리용	ml	20	

만드는 방법 및 순서

코팅이 잘된 오믈렛 팬, 나무젓가락, 고운 체, 믹싱볼, 나무주걱, 거품기 등 조리기구를 준비하고 채소는 깨끗이 씻어 준비해 놓는다.

❶ 양파, 청피망, 토마토를 가로세로 0.5cm×0.5cm로 썰어 놓는다.

❷ 양송이를 줄기와 삿갓 부분으로 분리하여 작은 네모 썰기를 한다. (양송이는 볶을 때 수축되므로 다른 채소보다 약간 크게 썬다.)

❸ 베이컨도 지방이 녹아 수축되는 것을 감안하여 채소보다 약간 크게 썬다.

❹ 믹싱볼에 달걀 3개를 깨뜨려 넣고 소금과 생크림을 첨가하여 흰자와 노른자가 잘 섞이도록 풀어서 체로 걸러 놓는다.

❺ 프라이팬을 달군 다음 약간의 식용유를 두르고 베이컨을 넣고 볶다가 채소를 잠시 볶은 후 토마토케첩을 넣어 볶고 소금, 후추로 간을 하여 소스(소)를 만든다.

❻ 오믈렛 팬에 버터를 두른 다음 풀어놓은 달걀을 넣고 팬을 움직이면서 고르게 반숙이 되도록 나무젓가락으로 빠르게 잘 저어 준다.

❼ 프라이팬 손잡이의 반대쪽인 팬 앞쪽으로 달걀 반숙이 모이게 스크램블을 하고 반숙된 상태의 달걀 중앙에 스페니시 소스(소)를 넣고 타원형으로 만든다.

❽ 완성된 스페니시 오믈렛 표면에 버터를 바르고 접시에 담아 제출한다.

Shrimp Canape

쉬림프카나페
Shrimp Canape

시험시간 **30**분

요구사항

※ 주어진 재료를 사용하여 다음과 같이 **쉬림프카나페**를 만드시오.

가. 새우는 내장을 제거한 후 미르포아(Mirepoix)를 넣고 삶아서 껍질을 제거하시오.

나. 달걀은 완숙으로 삶아 사용하시오.

다. 식빵은 직경 4cm 정도의 원형으로 하고, 쉬림프카나페는 4개 제출하시오.

수험자 유의사항

1. 만드는 순서에 유의하며, 위생과 숙련된 기능평가를 위하여 조리 작업 시 맛을 보지 않는다.
2. 지정된 수험자지참준비물 이외의 조리기구나 재료를 시험장 내에 지참할 수 없다.
3. 지급재료는 시험 전 확인하여 이상이 있을 경우 시험위원으로부터 조치를 받고 시험 중에는 재료의 교환 및 추가지급은 하지 않는다.
4. 요구사항의 규격은 "정도"의 의미를 포함하며, 지급된 재료의 크기에 따라 가감하여 채점한다.
5. 위생복, 위생모, 앞치마를 착용하여야 하며, 시험장비·조리도구 취급 등 안전에 유의한다.
6. 다음 사항에 대해서는 채점대상에서 제외하니 특히 유의한다.
   가. 기권 – 수험자 본인이 시험 도중 시험에 대한 포기 의사를 표현하는 경우
   나. 실격
   　(1) 가스레인지 화구 2개 이상(2개 포함) 사용한 경우
   　(2) 불을 사용하여 만든 조리작품이 작품특성에 벗어나는 정도로 타거나 익지 않은 경우
   　(3) 위생복, 위생모, 앞치마를 착용하지 않은 경우
   　(4) 시험 중 시설·장비(칼, 가스레인지 등) 사용 시 시험위원 및 타수험자의 시험 진행에 위협이 될 것으로 시험위원 전원이 합의하여 판단한 경우
   다. 미완성
   　(1) 시험시간 내에 과제 두 가지를 제출하지 못한 경우
   　(2) 문제의 요구사항대로 과제의 수량이 만들어지지 않은 경우
   라. 오작
   　(1) 구이를 조림 등으로 조리하여 완성품을 요구사항과 다르게 만든 경우
   　(2) 해당 과제의 지급재료 이외의 재료를 사용하거나 석쇠 등 요구사항의 조리도구를 사용하지 않은 경우
   마. 요구사항에 표시된 실격, 미완성, 오작에 해당하는 경우
7. 항목별 배점은 위생상태 및 안전관리 5점, 조리기술 30점, 작품의 평가 15점이다.
8. 시험시작 전 가벼운 몸 풀기(스트레칭) 동작으로 긴장을 풀고 시험을 시작한다.

지급재료목록

재료명	규격	단위	수량	비고
새우	30~40g/마리당	마리	4	
식빵	샌드위치용	조각	1	제조일로부터 하루 경과한 것
달걀		개	1	
파슬리	잎, 줄기 포함	줄기	1	
버터	무염	g	30	
토마토케첩		g	10	
소금	정제염	g	5	
흰 후춧가루		g	2	
레몬		개	1/8	길이(장축)로 등분
이쑤시개		개	1	
당근		g	15	둥근 모양이 유지되게 등분
셀러리		g	15	
양파	중(150g 정도)	개	1/8	

만드는 방법 및 순서

프라이팬, 자루냄비, 달걀 커터기, 꼬지 등 조리기구를 준비하고 채소는 깨끗이 씻어 찬물에 담가 놓는다.

❶ 자루냄비에 달걀이 충분히 잠길 정도의 물을 넣고 끓으면 소금을 넣은 다음 달걀을 넣어 노른자가 중앙으로 오도록 굴려 가면서 12~13분 동안 삶아 꺼내고 찬물에 담가 식혀 놓는다.

❷ 꼬지를 이용해 새우의 내장을 제거한 후 자루냄비에 양파, 당근, 셀러리, 파슬리 줄기, 레몬즙을 넣어 채소의 향이 우러나면 새우를 껍질째 삶아 놓는다. (너무 오래 삶지 않도록 하고 새우가 떠오르면 건진다.)

❸ 식빵은 4등분하여 각진 부분을 잘라내고 4.5cm 정도 크기의 원형으로 만든 다음 은근히 달구어진 팬에 앞뒷면을 골든 브라운색으로 구워 놓는다. (요구사항은 4cm이나 구우면 줄어드는 것을 감안한다. 호텔에서는 식빵을 원형 커터기로 절단하여 오븐에 은근히 구워 사용한다.)

❹ 삶은 달걀은 껍질을 벗겨 달걀 커터기로 잘라 놓는다. (달걀이 충분히 식은 후에 자르는 것이 좋다.)

❺ 버터를 구운 식빵에 바른 후 그 위에 달걀을 올린다.

❻ 삶은 새우는 구부린 상태에서 등 쪽에 칼집을 넣어 모양을 만들어 구운 식빵 위에 올린 후 가운데에 토마토케첩을 뿌리고 파슬리로 장식한다.

Tuna Tartar with Salad Bouquet and Vegetable Vinaigrette

샐러드부케를 곁들인 참치타르타르와 채소 비네그레트

Tuna Tartar with Salad Bouquet and Vegetable Vinaigrette

시험시간 **30**분

요구사항

※ 주어진 재료를 사용하여 다음과 같이 **샐러드부케를 곁들인 참치타르타르와 채소 비네그레트**를 만드시오.

가. 참치는 꽃소금을 사용하여 해동하고, 3~4mm 정도의 작은 주사위 모양으로 썰어 양파, 그린올리브, 케이퍼, 처빌 등을 이용하여 타르타르를 만드시오.

나. 채소를 이용하여 샐러드부케를 만드시오.

다. 참치타르타르는 테이블 스푼 2개를 사용하여 퀜넬(quenelle)형태로 3개를 만드시오.

라. 비네그레트는 양파, 붉은색과 노란색의 파프리카, 오이를 가로세로 2mm 정도의 작은 주사위 모양으로 썰어서 사용하고 파슬리와 딜은 다져서 사용하시오.

수험자 유의사항

1. 만드는 순서에 유의하며, 위생과 숙련된 기능평가를 위하여 조리작업 시 맛을 보지 않는다.
2. 지정된 수험자지참준비물 이외의 조리기구나 재료를 시험장 내에 지참할 수 없다.
3. 지급재료는 시험 전 확인하여 이상이 있을 경우 시험위원으로부터 조치를 받고 시험 중에는 재료의 교환 및 추가지급은 하지 않는다.
4. 요구사항의 규격은 "정도"의 의미를 포함하며, 지급된 재료의 크기에 따라 가감하여 채점한다.
5. 위생복, 위생모, 앞치마를 착용하여야 하며, 시험장비·조리도구 취급 등 안전에 유의한다.
6. 다음 사항에 대해서는 채점대상에서 제외하니 특히 유의한다.
   가. 기권 – 수험자 본인이 시험 도중 시험에 대한 포기 의사를 표현하는 경우
   나. 실격
   (1) 가스레인지 화구 2개 이상(2개 포함) 사용한 경우
   (2) 불을 사용하여 만든 조리작품이 작품특성에 벗어나는 정도로 타거나 익지 않은 경우
   (3) 위생복, 위생모, 앞치마를 착용하지 않은 경우
   (4) 시험 중 시설·장비(칼, 가스레인지 등) 사용 시 시험위원 및 타수험자의 시험 진행에 위협이 될 것으로 시험위원 전원이 합의하여 판단한 경우
   다. 미완성
   (1) 시험시간 내에 과제 두 가지를 제출하지 못한 경우
   (2) 문제의 요구사항대로 과제의 수량이 만들어지지 않은 경우
   라. 오작
   (1) 구이를 조림 등으로 조리하여 완성품을 요구사항과 다르게 만든 경우
   (2) 해당 과제의 지급재료 이외의 재료를 사용하거나 석쇠 등 요구사항의 조리도구를 사용하지 않은 경우
   마. 요구사항에 표시된 실격, 미완성, 오작에 해당하는 경우
7. 항목별 배점은 위생상태 및 안전관리 5점, 조리기술 30점, 작품평가 15점이다.
8. 시험시작 전 가벼운 몸 풀기(스트레칭) 동작으로 긴장을 풀고 시험을 시작한다.

지급재료목록

재료명	규격	단위	수량	비고
붉은색 참치살		g	80	냉동 지급
양파	중(150g 정도)	개	1/8	
그린올리브		개	2	
케이퍼		개	5	
올리브오일		ml	25	
레몬		개	1/4	길이(장축)로 등분
핫소스		ml	5	
처빌		줄기	2	fresh
소금	꽃소금	g	5	
흰 후춧가루		g	3	
차이브		줄기	5	fresh(실파로 대체 가능)
롤라로사(Lollo Rossa)		잎	2	잎상추로 대체 가능
그린치커리		줄기	2	fresh
붉은색 파프리카	150g 정도	개	1/4	5~6cm 정도 길이
노란색 파프리카	150g 정도	개	1/8	5~6cm 정도 길이
오이	가늘고 곧은 것(20cm 정도)	개	1/10	길이로 반을 갈라 10등분
파슬리	잎, 줄기 포함	줄기	1	
딜		줄기	3	fresh
식초		ml	10	
★지참 준비물 추가	테이블스푼	개	2	퀜넬용, 머릿부분 가로 6cm, 세로(폭) 3.5~4cm 정도

만드는 방법 및 순서

❶ 참치는 (붉은색) 냉동참치를 꽃소금을 이용하여 물에 녹인 후 해동시킨다. 해동을 한 후 물기를 키친타월을 이용하여 닦는다.

❷ 1번을 해동하는 동안에 채소를 깨끗하게 씻어서 물에 담가 놓는다.

❸ 붉은색 참치살을 가로세로 3mm 정도의 크기로 자른 후 깨끗한 마른 행주에 싸서 물기를 제거한다.

❹ 양파, 그린올리브, 케이퍼, 처빌은 다져서 준비해 놓는다.

❺ 둥그런 볼에 물기 제거한 참치와 4번에 다져 놓은 재료를 섞고, 레몬주스, 올리브오일, 핫소스, 소금, 후추를 넣고 Tuna Tartar를 만든다.

❻ 차이브나 실파는 끓는 물에 살짝 데쳐 식혀 놓고 붉은 파프리카는 가늘고 길게 잘라 놓는다.

❼ 채소의 물기를 제거한 다음 붉은색 파프리카를 가운데 놓고, 물냉이, 그린치커리를 롤라로사로 감싸준 후 데쳐 낸 차이브(실파)를 이용하여 동그랗게 묶어 준다.

❽ 양파, 붉은색과 노란색 파프리카, 오이, 파슬리, 딜은 가로세로 1~2mm 정도 크기로 다져 놓는다.

❾ 둥근 볼에 다진 채소를 넣고 올리브오일, 식초, 소금, 후추를 넣고 채소 비네그레트를 완성한다.

❿ 접시 가운데 샐러드부케를 놓고 스푼 2개를 사용하여 처음 스푼 위에 참치 양념을 얹고, 다른 스푼으로 동그랗게 눌러 가면서 삼각 타원형(Quennel 형태)으로 3개를 만들어 부케 주변으로 예쁘게 돌려놓고 채소 비네그레트를 뿌려 제출한다.

Potato Cream Soup

포테이토 크림수프
Potato Cream Soup

시험시간 **30**분

요구사항

※ 주어진 재료를 사용하여 다음과 같이 **포테이토 크림수프**를 만드시오.

가. 크루톤(crouton)의 크기는 사방 0.8~1cm 정도로 만들어 버터에 볶아 수프에 띄우시오.

나. 익힌 감자는 체에 내려 사용하시오.

다. 수프의 색과 농도에 유의하고 200mL 이상 제출하시오.

수험자 유의사항

1. 만드는 순서에 유의하며, 위생과 숙련된 기능평가를 위하여 조리 작업 시 맛을 보지 않는다.
2. 지정된 수험자지참준비물 이외의 조리기구나 재료를 시험장 내에 지참할 수 없다.
3. 지급재료는 시험 전 확인하여 이상이 있을 경우 시험위원으로부터 조치를 받고 시험 중에는 재료의 교환 및 추가지급은 하지 않는다.
4. 요구사항의 규격은 "정도"의 의미를 포함하며, 지급된 재료의 크기에 따라 가감하여 채점한다.
5. 위생복, 위생모, 앞치마를 착용하여야 하며, 시험장비·조리도구 취급 등 안전에 유의한다.
6. 다음 사항에 대해서는 채점대상에서 제외하니 특히 유의한다.
   가. 기권 – 수험자 본인이 시험 도중 시험에 대한 포기 의사를 표현하는 경우
   나. 실격
   (1) 가스레인지 화구 2개 이상(2개 포함) 사용한 경우
   (2) 불을 사용하여 만든 조리작품이 작품특성에 벗어나는 정도로 타거나 익지 않은 경우
   (3) 위생복, 위생모, 앞치마를 착용하지 않은 경우
   (4) 시험 중 시설·장비(칼, 가스레인지 등) 사용 시 시험위원 및 타수험자의 시험 진행에 위협이 될 것으로 시험위원 전원이 합의하여 판단한 경우
   다. 미완성
   (1) 시험시간 내에 과제 두 가지를 제출하지 못한 경우
   (2) 문제의 요구사항대로 과제의 수량이 만들어지지 않은 경우
   라. 오작
   (1) 구이를 조림 등으로 조리하여 완성품을 요구사항과 다르게 만든 경우
   (2) 해당 과제의 지급재료 이외의 재료를 사용하거나 석쇠 등 요구사항의 조리도구를 사용하지 않은 경우
   마. 요구사항에 표시된 실격, 미완성, 오작에 해당하는 경우
7. 항목별 배점은 위생상태 및 안전관리 5점, 조리기술 30점, 작품의 평가 15점이다.
8. 시험시작 전 가벼운 몸 풀기(스트레칭) 동작으로 긴장을 풀고 시험을 시작한다.

지급재료목록

재료명	규격	단위	수량	비고
감자	200g 정도	개	1	
대파	흰부분(10cm 정도)	토막	1	
양파	중(150g 정도)	개	1/4	
버터	무염	g	15	
치킨스톡		ml	270	물로 대체 가능
생크림	조리용	ml	20	
식빵	샌드위치용	조각	1	
소금	정제염	g	2	
흰 후춧가루		g	1	
월계수잎		잎	1	

만드는 방법 및 순서

자루냄비, 고운 체, 나무주걱, 거품기 등 조리기구를 준비하고 채소는 깨끗이 씻어 준비해 놓는다.

❶ 감자의 껍질을 벗겨 얇게 썬 후 잠시 물에 담가 두었다가 물기를 빼놓는다.

❷ 양파와 파(흰 부분)를 잘게 썰어 준비하여 놓는다.

❸ 자루냄비에 버터를 두르고 잘게 썰어 놓은 양파와 파(흰 부분)를 넣고 색이 나지 않게 볶다가 썰어 놓은 감자를 넣어 충분히 볶은 다음 닭육수를 붓고 월계수잎을 넣어 은근히 끓여 준다. (조리기능사 실기시험에서 닭육수가 생략되는 경우에는 물로 대신한다.)

❹ 감자가 익고 있는 동안 식빵을 가로세로 0.8~1cm 정도의 주사위형으로 썰어서 팬에 색을 내면서 구워낸다. (연한 불에서 버터를 넣어가며 색을 낸다.)

❺ 감자가 충분히 익었으면 고운 체에 걸러서 육수와 감자를 분리해 놓고 감자는 고운 체에 내려서 냄비에 담고 분리해 놓은 육수를 붓고 적당한 농도가 되면 소금, 흰 후추로 간을 하고 생크림을 넣은 다음 살짝 끓인다.

❻ 수프를 볼에 담고 크루통을 수프에 띄워 제출한다.

Fish Chowder Soup

피시 차우더 수프
Fish Chowder Soup

시험시간 **30**분

요구사항

※ 주어진 재료를 사용하여 다음과 같이 **피시 차우더 수프**를 만드시오.

가. 차우더 수프는 화이트 루(roux)를 이용하여 농도를 맞추시오.

나. 채소는 0.7cm x 0.7cm x 0.1cm, 생선은 1cm x 1cm x 1cm 정도 크기로 써시오.

다. 대구살을 이용하여 생선스톡을 만들어 사용하시오.

라. 수프는 200ml 이상 제출하시오.

수험자 유의사항

1. 만드는 순서에 유의하며, 위생과 숙련된 기능평가를 위하여 조리작업 시 맛을 보지 않는다.
2. 지정된 수험자지참준비물 이외의 조리기구나 재료를 시험장 내에 지참할 수 없다.
3. 지급재료는 시험 전 확인하여 이상이 있을 경우 시험위원으로부터 조치를 받고 시험 중에는 재료의 교환 및 추가지급은 하지 않는다.
4. 요구사항의 규격은 "정도"의 의미를 포함하며, 지급된 재료의 크기에 따라 가감하여 채점한다.
5. 위생복, 위생모, 앞치마를 착용하여야 하며, 시험장비·조리도구 취급 등 안전에 유의한다.
6. 다음 사항에 대해서는 채점대상에서 제외하니 특히 유의한다.
   가. 기권 – 수험자 본인이 시험 도중 시험에 대한 포기 의사를 표현하는 경우
   나. 실격
   (1) 가스레인지 화구 2개 이상(2개 포함) 사용한 경우
   (2) 불을 사용하여 만든 조리작품이 작품특성에 벗어나는 정도로 타거나 익지 않은 경우
   (3) 위생복, 위생모, 앞치마를 착용하지 않은 경우
   (4) 시험 중 시설·장비(칼, 가스레인지 등) 사용 시 시험위원 및 타수험자의 시험 진행에 위협이 될 것으로 시험위원 전원이 합의하여 판단한 경우
   다. 미완성
   (1) 시험시간 내에 과제 두 가지를 제출하지 못한 경우
   (2) 문제의 요구사항대로 과제의 수량이 만들어지지 않은 경우
   라. 오작
   (1) 구이를 조림 등으로 조리하여 완성품을 요구사항과 다르게 만든 경우
   (2) 해당 과제의 지급재료 이외의 재료를 사용하거나 석쇠 등 요구사항의 조리도구를 사용하지 않은 경우
   마. 요구사항에 표시된 실격, 미완성, 오작에 해당하는 경우
7. 항목별 배점은 위생상태 및 안전관리 5점, 조리기술 30점, 작품의 평가 15점이다.
8. 시험시작 전 가벼운 몸 풀기(스트레칭) 동작으로 긴장을 풀고 시험을 시작한다.

지급재료목록

재료명	규격	단위	수량	비고
대구살		g	50	해동 지급
감자	150g 정도	개	1/4	
베이컨	길이 25~30cm	조각	1/2	
양파	중(150g 정도)	개	1/6	
셀러리		g	30	
버터	무염	g	20	
밀가루	중력분	g	15	
우유		ml	200	
소금	정제염	g	2	
흰 후춧가루		g	2	
정향		개	1	
월계수잎		잎	1	

만드는 방법 및 순서

자루냄비, 나무주걱, 고운 체, 소창 등 조리기구를 준비하고 채소는 깨끗이 씻어 준비해 놓는다.

❶ 대구살은 가로세로 약 1cm로 썰어 물에 삶아서 건져내고 그 국물을 소창에 걸러 생선스톡으로 사용한다.

❷ 감자, 양파, 셀러리는 가로세로 0.7cm 두께 0.1cm로 썰어 준다. (변색방지를 위해서 감자는 물에 담가 둔다.)

❸ 베이컨은 가로세로 1cm 정도로 썰어 끓는 물에 데쳐서 기름기를 뺀다.

❹ 버터에 양파와 셀러리를 색이 나지 않게 연하게 볶아 놓는다.

❺ 자루냄비에 버터 1, 밀가루 1의 비율로 넣어 화이트 루(White Roux)를 만들고 우유를 조금씩 부어 가면서 덩어리가 생기지 않게 잘 풀어주고 생선스톡과 월계수잎, 정향을 넣고 은근하게 끓인 후 소창으로 걸러준다.

❻ 걸러 낸 수프에 데친 양파, 셀러리, 감자, 베이컨을 넣고 끓여 익으면 생선살은 맨 마지막에 넣고 끓으면 수프볼에 담는다. (데쳐 놓은 생선살은 매우 부드러워서 채소와 같이 끓이면 살이 흐트러지므로 완성되기 직전에 넣는 것이 좋다.)

Beef Consomme

비프 콘소메
Beef Consomme

시험시간 **40**분

※ 주어진 재료를 사용하여 다음과 같이 **비프 콘소메**를 만드시오.

가. 어니언 브루리(onion brulee)를 만들어 사용하시오.

나. 양파를 포함한 채소는 채 썰어 향신료, 소고기, 달걀흰자 머랭과 함께 섞어 사용하시오.

다. 수프는 맑고 갈색이 되도록 하여 200ml 이상 제출하시오.

수험자 유의사항

1. 만드는 순서에 유의하며, 위생과 숙련된 기능평가를 위하여 조리 작업 시 맛을 보지 않는다.
2. 지정된 수험자지침준비물 이외의 조리기구나 재료를 시험장 내에 지참할 수 없다.
3. 지급재료는 시험 전 확인하여 이상이 있을 경우 시험위원으로부터 조치를 받고 시험 중에는 재료의 교환 및 추가지급은 하지 않는다.
4. 요구사항의 규격은 "정도"의 의미를 포함하며, 지급된 재료의 크기에 따라 가감하여 채점한다.
5. 위생복, 위생모, 앞치마를 착용하여야 하며, 시험장비·조리도구 취급 등 안전에 유의한다.
6. 다음 사항에 대해서는 채점대상에서 제외하니 특히 유의한다.
   가. 기권 – 수험자 본인이 시험 도중 시험에 대한 포기 의사를 표현하는 경우
   나. 실격
   　(1) 가스레인지 화구 2개 이상(2개 포함) 사용한 경우
   　(2) 불을 사용하여 만든 조리작품이 작품특성에 벗어나는 정도로 타거나 익지 않은 경우
   　(3) 위생복, 위생모, 앞치마를 착용하지 않은 경우
   　(4) 시험 중 시설·장비(칼, 가스레인지 등) 사용 시 시험위원 및 타수험자의 시험 진행에 위협이 될 것으로 시험위원 전원이 합의하여 판단한 경우
   다. 미완성
   　(1) 시험시간 내에 과제 두 가지를 제출하지 못한 경우
   　(2) 문제의 요구사항대로 과제의 수량이 만들어지지 않은 경우
   라. 오작
   　(1) 구이를 조림 등으로 조리하여 완성품을 요구사항과 다르게 만든 경우
   　(2) 해당 과제의 지급재료 이외의 재료를 사용하거나 석쇠 등 요구사항의 조리도구를 사용하지 않은 경우
   마. 요구사항에 표시된 실격, 미완성, 오작에 해당하는 경우
7. 항목별 배점은 위생상태 및 안전관리 5점, 조리기술 30점, 작품의 평가 15점이다.
8. 시험시작 전 가벼운 몸 풀기(스트레칭) 동작으로 긴장을 풀고 시험을 시작한다.

지급재료목록

재료명	규격	단위	수량	비고
소고기	살코기	g	70	갈은 것
양파	중(150g 정도)	개	1	
당근		g	40	둥근 모양이 유지되게 등분
셀러리		g	30	
달걀		개	1	
소금	정제염	g	2	
검은 후춧가루		g	2	
검은 통후추		개	1	
파슬리	잎, 줄기 포함	줄기	1	
월계수잎		잎	1	
토마토	중(150g 정도)	개	1/4	
비프스톡(육수)		ml	500	물로 대체 가능
정향		개	1	

만드는 방법 및 순서

프라이팬, 자루냄비, 나무주걱, 소창, 거품기, 믹싱볼 등 조리기구를 준비하고 채소는 깨끗이 씻어 준비해 놓는다.

❶ 양파, 당근, 셀러리는 잘게 채 썰고 토마토는 잘게 썬다. 파슬리 줄기를 썰어 준비해 놓는다.

❷ 팬을 달군 후 양파의 밑동을 원형으로 썰어 색이 나도록 태워 놓는다(약 10g 정도).

❸ 믹싱볼에 달걀 흰자를 분리하여 넣고 거품기를 이용하여 부피가 최대가 될 때까지 저어준다.

❹ 거품을 낸 달걀 흰자에 채소 썬 것과 소고기 간 것, 월계수잎, 정향, 통후추를 으깨서 넣어 골고루 잘 섞는다.

❺ 준비된 자루냄비에 혼합된 재료를 넣고 찬 소고기육수를 붓는다. (냄비는 폭이 좁고 깊은 것이 좋다. 조리기능사 실기시험에서 소고기육수가 생략되는 경우 물로 대신한다.)

❻ 색을 낸 양파를 넣은 후 불에 올려 70~75℃ 정도가 될 때까지 바닥을 서서히 저어주고 응고되기 시작하면 불을 약하게 하고 중앙에 구멍을 뚫어 끓을 수 있는 숨구멍을 만들고 은은한 불에서 끓인다(Simmering).

❼ 콘소메가 맑고 투명한 갈색이 되면 조심스럽게 면보에 걸러 기름을 제거하고 소금으로 간을 하여 콘소메볼에 담아 제출한다.

French Onion Soup

프렌치어니언 수프

French Onion Soup

시험시간 **30**분

요구사항

※ 주어진 재료를 사용하여 다음과 같이 **프렌치어니언 수프**를 만드시오.

가. 양파는 5cm 크기의 길이로 일정하게 써시오.

나. 바게트빵에 마늘버터를 발라 구워서 따로 담아내시오.

다. 수프의 양은 200ml 이상 제출하시오.

수험자 유의사항

1. 만드는 순서에 유의하며, 위생과 숙련된 기능평가를 위하여 조리 작업 시 맛을 보지 않는다.
2. 지정된 수험자지참준비물 이외의 조리기구나 재료를 시험장 내에 지참할 수 없다.
3. 지급재료는 시험 전 확인하여 이상이 있을 경우 시험위원으로부터 조치를 받고 시험 중에는 재료의 교환 및 추가지급은 하지 않는다.
4. 요구사항의 규격은 "정도"의 의미를 포함하며, 지급된 재료의 크기에 따라 가감하여 채점한다.
5. 위생복, 위생모, 앞치마를 착용하여야 하며, 시험장비·조리도구 취급 등 안전에 유의한다.
6. 다음 사항에 대해서는 채점대상에서 제외하니 특히 유의한다.
   가. 기권 – 수험자 본인이 시험 도중 시험에 대한 포기 의사를 표현하는 경우
   나. 실격
     (1) 가스레인지 화구 2개 이상(2개 포함) 사용한 경우
     (2) 불을 사용하여 만든 조리작품이 작품특성에 벗어나는 정도로 타거나 익지 않은 경우
     (3) 위생복, 위생모, 앞치마를 착용하지 않은 경우
     (4) 시험 중 시설·장비(칼, 가스레인지 등) 사용 시 시험위원 및 타수험자의 시험 진행에 위협이 될 것으로 시험위원 전원이 합의하여 판단한 경우
   다. 미완성
     (1) 시험시간 내에 과제 두 가지를 제출하지 못한 경우
     (2) 문제의 요구사항대로 과제의 수량이 만들어지지 않은 경우
   라. 오작
     (1) 구이를 조림 등으로 조리하여 완성품을 요구사항과 다르게 만든 경우
     (2) 해당 과제의 지급재료 이외의 재료를 사용하거나 석쇠 등 요구사항의 조리도구를 사용하지 않은 경우
   마. 요구사항에 표시된 실격, 미완성, 오작에 해당하는 경우
7. 항목별 배점은 위생상태 및 안전관리 5점, 조리기술 30점, 작품의 평가 15점이다.
8. 시험시작 전 가벼운 몸 풀기(스트레칭) 동작으로 긴장을 풀고 시험을 시작한다.

지급재료목록

재료명	규격	단위	수량	비고
양파	중(150g 정도)	개	1	
바게트빵		조각	1	
버터	무염	g	20	
소금	정제염	g	2	
검은 후춧가루		g	1	
파마산 치즈가루		g	10	
백포도주		ml	15	
마늘	중(깐 것)	쪽	1	
파슬리	잎, 줄기 포함	줄기	1	
맑은 스톡 (비프스톡 또는 콘소메)		ml	270	물로 대체 가능

만드는 방법 및 순서

자루냄비, 나무주걱 등 조리기구를 준비하고 채소는 깨끗이 씻어 준비해 놓는다

❶ 양파를 곱게 채 썰어 준비하고 마늘은 곱게 다져 놓는다. (양파는 얇고 균일하게 썰어야 하고 반드시 결 방향으로 썰어야 한다. 만약 결 반대방향으로 썰어 볶으면 양파가 뭉그러진다.)

❷ 자루냄비에 버터를 조금 넣고 먼저 마늘을 볶다가 양파를 넣고 갈색이 될 때까지 볶는다. 볶는 과정에서 냄비에 양파즙이 눌어붙어 갈색으로 되는데 이때 백포도주를 조금씩 넣어 우려내는 방법(Deglazing)을 반복하여 양파의 향과 색이 충분히 우러나도록 한다. (와인이 부족할 때는 물을 사용한다.)

❸ 갈색으로 낸 양파에 육수(Stock)를 약 250ml 정도 붓고 은은한 불에서 끓이다가 백포도주를 넣고, 소금, 후추로 간을 한다. (조리기능사 실기시험에서 소고기육수가 생략되는 경우에는 물로 대신한다.)

❹ 파슬리는 곱게 다져서 소창에 싸서 흐르는 물에 헹군 후 꼭 짜서 준비해 놓는다.

❺ 버터에 다진 마늘, 다진 파슬리, 파마산 치즈가루, 소금, 후추를 넣고 마늘버터를 만든다.

❻ 바게트빵에 마늘버터를 발라 팬에 갈색이 나도록 구워 놓는다.

❼ 완성된 수프를 볼에 담고 바게트빵과 따로 제출한다.

Minestrone Soup

미네스트로니 수프

Minestrone Soup

시험시간 **30**분

요구사항

※ 주어진 재료를 사용하여 다음과 같이 **미네스트로니 수프**를 만 드시오.

가. 채소는 사방 1.2cm, 두께 0.2cm 정도로 써시오.

나. 스트링빈스, 스파게티는 1.2cm 정도의 길이로 써시오.

다. 국물과 고형물의 비율을 3:1로 하시오.

라. 전체 수프의 양은 200ml 이상으로 하고 파슬리 가루를 뿌려 내시오.

수험자 유의사항

1. 만드는 순서에 유의하며, 위생과 숙련된 기능평가를 위하여 조리 작업 시 맛을 보지 않는다.
2. 지정된 수험자지참준비물 이외의 조리기구나 재료를 시험장 내에 지참할 수 없다.
3. 지급재료는 시험 전 확인하여 이상이 있을 경우 시험위원으로부터 조치를 받고 시험 중에는 재료의 교환 및 추가지급은 하지 않는다.
4. 요구사항의 규격은 "정도"의 의미를 포함하며, 지급된 재료의 크기 에 따라 가감하여 채점한다.
5. 위생복, 위생모, 앞치마를 착용하여야 하며, 시험장비·조리도구 취 급 등 안전에 유의한다.
6. 다음 사항에 대해서는 채점대상에서 제외하니 특히 유의한다.
   가. 기권 – 수험자 본인이 시험 도중 시험에 대한 포기 의사를 표 현하는 경우
   나. 실격
   　(1) 가스레인지 화구 2개 이상(2개 포함) 사용한 경우
   　(2) 불을 사용하여 만든 조리작품이 작품특성에 벗어나는 정 도로 타거나 익지 않은 경우
   　(3) 위생복, 위생모, 앞치마를 착용하지 않은 경우
   　(4) 시험 중 시설·장비(칼, 가스레인지 등) 사용 시 시험위원 및 타수험자의 시험 진행에 위협이 될 것으로 시험위원 전원 이 합의하여 판단한 경우
   다. 미완성
   　(1) 시험시간 내에 과제 두 가지를 제출하지 못한 경우
   　(2) 문제의 요구사항대로 과제의 수량이 만들어지지 않은 경우
   라. 오작
   　(1) 구이를 조림 등으로 조리하여 완성품을 요구사항과 다르게 만든 경우
   　(2) 해당 과제의 지급재료 이외의 재료를 사용하거나 석쇠 등 요구사항의 조리도구를 사용하지 않은 경우
   마. 요구사항에 표시된 실격, 미완성, 오작에 해당하는 경우
7. 항목별 배점은 위생상태 및 안전관리 5점, 조리기술 30점, 작품의 평가 15점이다.
8. 시험시작 전 가벼운 몸 풀기(스트레칭) 동작으로 긴장을 풀고 시험 을 시작한다.

지급재료목록

재료명	규격	단위	수량	비고
양파	중(150g 정도)	개	1/4	
셀러리		g	30	
당근		g	40	둥근 모양이 유지되게 등분
무		g	10	
양배추		g	40	
버터	무염	g	5	
스트링빈스		줄기	2	냉동, 채두 대체 가능
완두콩		알	5	
토마토	중(150g 정도)	개	1/8	
스파게티		가닥	2	
토마토 페이스트		g	15	
파슬리	잎, 줄기 포함	줄기	1	
베이컨	길이 25~30cm	조각	1/2	
마늘	중(깐 것)	쪽	1	
소금	정제염	g	2	
검은 후춧가루		g	2	
치킨 스톡		ml	200	물로 대체 가능
월계수잎		잎	1	
정향		개	1	

만드는 방법 및 순서

자루냄비, 나무주걱, 소창 등 조리기구를 준비하고 채소는 깨끗이 씻어서 준비해 놓는다.

❶ 스파게티 국수를 끓는 물에 넣어 약 10분 정도 삶아 놓는다.

❷ 베이컨은 가로세로 1.5cm 정도의 크기로 잘라 놓는다.

❸ 마늘은 곱게 다져 놓고 양파, 셀러리, 당근, 양배추, 무는 가로세로 1.2cm, 두께는 0.2cm로(Paysanne) 썰어 놓는다.

❹ 파슬리는 곱게 다져 소창에 싸서 흐르는 물에 씻은 후 꼭 짜서 사 용한다.

❺ 토마토는 껍질을 벗겨 씨를 제거한 후 양파와 같은 크기로 썰어 놓는다.

❻ 삶은 스파게티와 줄기콩은 약 1.2cm 정도 크기로 썰어 놓는다.

❼ 팬에 베이컨을 넣고 기름기가 빠질 때까지 볶아 놓는다.

❽ 냄비에 버터를 두르고 마늘을 볶다가 단단한 채소(당근, 무, 셀러리, 양파, 양배추)부터 볶은 후 베이컨을 넣은 다음 토마토 페이스트를 넣어 볶는다.

❾ 볶아 놓은 채소에 육수를 넣고 부케가르니(향료 다발 묶음)를 넣어 끓이면서 떠오르는 거품이나 기름을 걷어낸다.

❿ 어느 정도 끓으면 나머지 채소(토마토, 줄기콩, 완두콩, 스파게티)를 넣고 끓인다.

⓫ 마지막으로 소금, 후추로 간을 하고 부케가르니를 빼낸 후 수프볼 에 담고 파슬리 다진 것을 약간 뿌려 제출한다.

French Fried Shrimp

프렌치프라이드 쉬림프

French Fried Shrimp

시험시간 **25**분

요구사항

※ 주어진 재료를 사용하여 다음과 같이 **프렌치프라이드 쉬림프**를 만드시오.

가. 새우는 꼬리쪽에서 1마디 정도 껍질을 남겨 구부러지지 않게 튀기시오.

나. 새우튀김은 4개를 제출하시오.

다. 레몬과 파슬리를 곁들이시오.

수험자 유의사항

1. 만드는 순서에 유의하며, 위생과 숙련된 기능평가를 위하여 조리 작업 시 맛을 보지 않는다.
2. 지정된 수험자지참준비물 이외의 조리기구나 재료를 시험장 내에 지참할 수 없다.
3. 지급재료는 시험 전 확인하여 이상이 있을 경우 시험위원으로부터 조치를 받고 시험 중에는 재료의 교환 및 추가지급은 하지 않는다.
4. 요구사항의 규격은 "정도"의 의미를 포함하며, 지급된 재료의 크기에 따라 가감하여 채점한다.
5. 위생복, 위생모, 앞치마를 착용하여야 하며, 시험장비·조리도구 취급 등 안전에 유의한다.
6. 다음 사항에 대해서는 채점대상에서 제외하니 특히 유의한다.
   가. 기권 – 수험자 본인이 시험 도중 시험에 대한 포기 의사를 표현하는 경우
   나. 실격
   (1) 가스레인지 화구 2개 이상(2개 포함) 사용한 경우
   (2) 불을 사용하여 만든 조리작품이 작품특성에 벗어나는 정도로 타거나 익지 않은 경우
   (3) 위생복, 위생모, 앞치마를 착용하지 않은 경우
   (4) 시험 중 시설·장비(칼, 가스레인지 등) 사용 시 시험위원 및 타수험자의 시험 진행에 위협이 될 것으로 시험위원 전원이 합의하여 판단한 경우
   다. 미완성
   (1) 시험시간 내에 과제 두 가지를 제출하지 못한 경우
   (2) 문제의 요구사항대로 과제의 수량이 만들어지지 않은 경우
   라. 오작
   (1) 구이를 조림 등으로 조리하여 완성품을 요구사항과 다르게 만든 경우
   (2) 해당 과제의 지급재료 이외의 재료를 사용하거나 석쇠 등 요구사항의 조리도구를 사용하지 않은 경우
   마. 요구사항에 표시된 실격, 미완성, 오작에 해당하는 경우
7. 항목별 배점은 위생상태 및 안전관리 5점, 조리기술 30점, 작품의 평가 15점이다.
8. 시험시작 전 가벼운 몸 풀기(스트레칭) 동작으로 긴장을 풀고 시험을 시작한다.

지급재료목록

재료명	규격	단위	수량	비고
새우	50~60g	마리	4	
밀가루	중력분	g	80	
백설탕		g	2	
달걀		개	1	
소금	정제염	g	2	
흰 후춧가루		g	2	
식용유		ml	500	
레몬		개	1/6	길이(장축)로 등분
파슬리	잎, 줄기 포함	줄기	1	
냅킨	흰색, 기름제거용	장	2	
이쑤시개		개	1	

만드는 방법 및 순서

튀김냄비, 믹싱볼, 거품기, 꼬지 등 조리기구를 준비하고 파슬리는 깨끗이 씻어 찬물에 담가 놓는다.

❶ 새우의 머리를 떼고 꼬리쪽 1마디만 남기고 껍질을 벗긴 후 꼬리 부분이 떨어지지 않도록 하며 꼬리 끝부분을 V자 형태로 잘라내고 꼬지(이쑤시개)를 이용하여 내장을 제거한다. 배 쪽에 칼집을 4~5군데 넣어 튀길 때 구부러지지 않게 하고 소금과 흰 후추로 간을 한 다음 레몬주스를 뿌려 놓는다.

❷ 달걀의 흰자와 노른자를 분리한 후 믹싱볼을 준비하여 흰자를 넣고 거품기로 거품을 최대 부피까지 만들어 놓는다.

❸ 달걀 노른자에 밀가루, 소금, 설탕, 찬물을 넣고 약간 되직하게 반죽을 만든다. (나중에 달걀 흰자가 들어가면 묽어지기 때문에 약간 되게 만든다.)

❹ 준비해 놓은 새우에 밀가루를 묻히고 튀김옷을 입혀 약 170℃ 온도의 기름에 튀겨 준다.

❺ 새우의 꼬리가 접시의 중앙으로 향하게 하여 접시에 가지런히 담고 레몬과 파슬리로 장식하여 제출한다.

Seafood Salad

해산물 샐러드
Seafood Salad

시험시간 **30**분

요구사항

※ 주어진 재료를 사용하여 다음과 같이 **해산물 샐러드**를 만드시오.

가. 미르포아(mirepoix), 향신료, 레몬을 이용하여 쿠르부용(court bouillon)을 만드시오.

나. 해산물은 손질하여 쿠르부용(court bouillon)에 데쳐 사용하시오.

다. 샐러드 채소는 깨끗이 손질하여 싱싱하게 하시오.

라. 레몬 비네그레트는 양파, 레몬즙, 올리브 오일 등을 사용하여 만드시오.

수험자 유의사항

1. 만드는 순서에 유의하며, 위생과 숙련된 기능평가를 위하여 조리 작업 시 맛을 보지 않는다.
2. 지정된 수험자지참준비물 이외의 조리기구나 재료를 시험장 내에 지참할 수 없다.
3. 지급재료는 시험 전 확인하여 이상이 있을 경우 시험위원으로부터 조치를 받고 시험 중에는 재료의 교환 및 추가지급은 하지 않는다.
4. 요구사항의 규격은 "정도"의 의미를 포함하며, 지급된 재료의 크기에 따라 가감하여 채점한다.
5. 위생복, 위생모, 앞치마를 착용하여야 하며, 시험장비·조리도구 취급 등 안전에 유의한다.
6. 다음 사항에 대해서는 채점대상에서 제외하니 특히 유의한다.
   가. 기권 – 수험자 본인이 시험 도중 시험에 대한 포기 의사를 표현하는 경우
   나. 실격
   (1) 가스레인지 화구 2개 이상(2개 포함) 사용한 경우
   (2) 불을 사용하여 만든 조리작품이 작품특성에 벗어나는 정도로 타거나 익지 않은 경우
   (3) 위생복, 위생모, 앞치마를 착용하지 않은 경우
   (4) 시험 중 시설·장비(칼, 가스레인지 등) 사용 시 시험위원 및 타수험자의 시험 진행에 위협이 될 것으로 시험위원 전원이 합의하여 판단한 경우
   다. 미완성
   (1) 시험시간 내에 과제 두 가지를 제출하지 못한 경우
   (2) 문제의 요구사항대로 과제의 수량이 만들어지지 않은 경우
   라. 오작
   (1) 구이를 조림 등으로 조리하여 완성품을 요구사항과 다르게 만든 경우
   (2) 해당 과제의 지급재료 이외의 재료를 사용하거나 석쇠 등 요구사항의 조리도구를 사용하지 않은 경우
   마. 요구사항에 표시된 실격, 미완성, 오작에 해당하는 경우
7. 항목별 배점은 위생상태 및 안전관리 5점, 조리기술 30점, 작품의 평가 15점이다.
8. 시험시작 전 가벼운 몸 풀기(스트레칭) 동작으로 긴장을 풀고 시험을 시작한다.

지급재료목록

재료명	규격	단위	수량	비고
새우	30~40g	마리	3	
관자살	개당 50~60g 정도	개	1	해동 지급
피홍합	길이 7cm 이상	개	3	
중합	지름 3cm 정도	개	3	
양파	중(150g 정도)	개	1/4	
마늘	중(깐 것)	쪽	1	
실파		g	20	1뿌리
그린치커리		줄기	2	
양상추		g	10	
롤라로사(Lollo Rossa)		잎	2	잎상추로 대체 가능
올리브오일		ml	20	
레몬		개	1/4	길이(장축)로 등분
식초		ml	10	
딜		줄기	2	fresh
월계수잎		잎	1	
셀러리		g	10	
흰 통후추		개	3	검은 통후추 대체 가능
소금	정제염	g	5	
흰 후춧가루		g	5	
당근		g	15	둥근 모양이 유지되게 등분

만드는 방법 및 순서

자루냄비, 믹싱볼, 고운 체 등 조리기구를 준비하고 채소를 깨끗이 씻어 준비해 놓는다.

❶ 그린치커리, 롤라로사, 양상추, 그린비타민을 깨끗하게 씻어서 물에 담가 놓는다.

❷ 쿠르부용(Court-Bouillon) 준비하기: 양파, 당근, 셀러리, 흰 통후추, 소금, 월계수잎, 레몬, 물 300ml 정도를 넣고 냄비에서 끓인다.

❸ 새우는 꼬치를 사용하여 내장을 제거하며 관자는 껍질을 제거하고 내장을 다듬어 낸다. 관자는 냉동을 사용할 경우 손질이 거의 되어 있는 상태이기 때문에 그냥 사용해도 되며 홍합은 껍질에 붙어있는 흡착이를 제거한다.

❹ 쿠르부용에 새우, 관자를 먼저 데쳐낸 후 꺼내서 식히고 피홍합과 중합이 입을 열 때까지 데친 다음 꺼내서 식힌다.

❺ 레몬 비네그레트 드레싱 준비하기: 드레싱볼에 레몬에서 짜낸 주스를 넣고, 다진 마늘, 다진 딜, 식초, 소금, 후춧가루를 거품기로 저으면서 잘 섞은 다음, 올리브오일을 조금씩 천천히 부어 주면서 거품기로 잘 섞이도록 혼합한다.

❻ 양파는 곱게 다지고 실파의 파란 부분을 둥근 모양이 살아 있게 썰어 놓는다.

❼ 데친 관자, 새우는 적당한 크기로 3등분한다. 중합과 홍합에서 껍질을 제거한 다음 6번을 넣고 드레싱을 붓고 잘 버무린다.

❽ 롤라로사를 접시 위쪽에 놓고 양상추를 3~4cm 크기로 손으로 뜯어 위에 놓고 그 위에 그린치커리를 놓는다.

❾ 채소 위에 드레싱에 버무린 해산물 샐러드를 놓고 여분의 레몬, 딜, 실파로 장식하여 제출한다.

Potato Salad

포테이토 샐러드
Potato Salad

시험시간 **30**분

요구사항

※ 주어진 재료를 사용하여 다음과 같이 **포테이토 샐러드**를 만드시오.

가. 감자는 껍질을 벗긴 후 1cm 정도의 정육면체로 썰어서 삶으시오.

나. 양파는 곱게 다져 매운맛을 제거하시오.

다. 파슬리는 다져서 사용하시오.

수험자 유의사항

1. 만드는 순서에 유의하며, 위생과 숙련된 기능평가를 위하여 조리 작업 시 맛을 보지 않는다.
2. 지정된 수험자지참준비물 이외의 조리기구나 재료를 시험장 내에 지참할 수 없다.
3. 지급재료는 시험 전 확인하여 이상이 있을 경우 시험위원으로부터 조치를 받고 시험 중에는 재료의 교환 및 추가지급은 하지 않는다.
4. 요구사항의 규격은 "정도"의 의미를 포함하며, 지급된 재료의 크기에 따라 가감하여 채점한다.
5. 위생복, 위생모, 앞치마를 착용하여야 하며, 시험장비·조리도구 취급 등 안전에 유의한다.
6. 다음 사항에 대해서는 채점대상에서 제외하니 특히 유의한다.
   가. 기권 – 수험자 본인이 시험 도중 시험에 대한 포기 의사를 표현하는 경우
   나. 실격
   　(1) 가스레인지 화구 2개 이상(2개 포함) 사용한 경우
   　(2) 불을 사용하여 만든 조리작품이 작품특성에 벗어나는 정도로 타거나 익지 않은 경우
   　(3) 위생복, 위생모, 앞치마를 착용하지 않은 경우
   　(4) 시험 중 시설·장비(칼, 가스레인지 등) 사용 시 시험위원 및 타수험자의 시험 진행에 위협이 될 것으로 시험위원 전원이 합의하여 판단한 경우
   다. 미완성
   　(1) 시험시간 내에 과제 두 가지를 제출하지 못한 경우
   　(2) 문제의 요구사항대로 과제의 수량이 만들어지지 않은 경우
   라. 오작
   　(1) 구이를 조림 등으로 조리하여 완성품을 요구사항과 다르게 만든 경우
   　(2) 해당 과제의 지급재료 이외의 재료를 사용하거나 석쇠 등 요구사항의 조리도구를 사용하지 않은 경우
   마. 요구사항에 표시된 실격, 미완성, 오작에 해당하는 경우
7. 항목별 배점은 위생상태 및 안전관리 5점, 조리기술 30점, 작품의 평가 15점이다.
8. 시험시작 전 가벼운 몸 풀기(스트레칭) 동작으로 긴장을 풀고 시험을 시작한다.

지급재료목록

재료명	규격	단위	수량	비고
감자	150g 정도	개	1	
양파	중(150g 정도)	개	1/6	
파슬리	잎, 줄기 포함	줄기	1	
소금	정제염	g	5	
흰 후춧가루		g	1	
마요네즈		g	50	

만드는 방법 및 순서

자루냄비, 믹싱볼, 고운 체, 꼬지 등 조리기구를 준비하고 채소는 깨끗이 씻어 준비해 놓는다.

❶ 감자는 가로세로 약 1cm 정도의 주사위형으로 고르게 썰어 물에 담가 씻은 후 소금을 첨가한 물에 삶는다.

❷ 감자가 충분히 익으면 수분을 최소화하여 접시에 펴서 식혀 놓는다. (감자를 식히려고 찬물에 헹구어서는 안 된다. 꼬지를 이용하여 익은 정도를 확인한다. 너무 오래 삶으면 뭉그러지므로 오래 삶지 않아야 한다.)

❸ 양파는 다진 후 소창에 넣고 꼭 짜서 수분과 매운맛을 제거한다.

❹ 파슬리는 다져 소창에 싸서 흐르는 찬물에 씻어낸 후 물기를 꼭 짜서 준비하여 놓는다.

❺ 믹싱볼에 삶은 감자, 다진 양파를 넣고 알맞은 양의 마요네즈를 넣어 혼합하면서 소금, 흰 후추로 간을 한다.

❻ 샐러드 접시에 양상추잎을 깔고 잘 혼합된 포테이토 샐러드를 정결하게 담고 파슬리 다진 것을 뿌려 완성한다.

Waldorf Salad

월도프샐러드
Waldorf Salad

시험시간 **20**분

요구사항

※ 주어진 재료를 사용하여 다음과 같이 **월도프샐러드**를 만드시오.

가. 사과, 셀러리, 호두알을 1cm 정도의 크기로 써시오.

나. 사과의 껍질을 벗겨 변색되지 않게 하고, 호두알의 속껍질을 벗겨 사용하시오.

다. 상추위에 월도프샐러드를 담아내시오.

수험자 유의사항

1. 만드는 순서에 유의하며, 위생과 숙련된 기능평가를 위하여 조리 작업 시 맛을 보지 않는다.
2. 지정된 수험자지참준비물 이외의 조리기구나 재료를 시험장 내에 지참할 수 없다.
3. 지급재료는 시험 전 확인하여 이상이 있을 경우 시험위원으로부터 조치를 받고 시험 중에는 재료의 교환 및 추가지급은 하지 않는다.
4. 요구사항의 규격은 "정도"의 의미를 포함하며, 지급된 재료의 크기에 따라 가감하여 채점한다.
5. 위생복, 위생모, 앞치마를 착용하여야 하며, 시험장비·조리도구 취급 등 안전에 유의한다.
6. 다음 사항에 대해서는 채점대상에서 제외하니 특히 유의한다.

    가. 기권 – 수험자 본인이 시험 도중 시험에 대한 포기 의사를 표현하는 경우

    나. 실격
    (1) 가스레인지 화구 2개 이상(2개 포함) 사용한 경우
    (2) 불을 사용하여 만든 조리작품이 작품특성에 벗어나는 정도로 타거나 익지 않은 경우
    (3) 위생복, 위생모, 앞치마를 착용하지 않은 경우
    (4) 시험 중 시설·장비(칼, 가스레인지 등) 사용 시 시험위원 및 타수험자의 시험 진행에 위협이 될 것으로 시험위원 전원이 합의하여 판단한 경우

    다. 미완성
    (1) 시험시간 내에 과제 두 가지를 제출하지 못한 경우
    (2) 문제의 요구사항대로 과제의 수량이 만들어지지 않은 경우

    라. 오작
    (1) 구이를 조림 등으로 조리하여 완성품을 요구사항과 다르게 만든 경우
    (2) 해당 과제의 지급재료 이외의 재료를 사용하거나 석쇠 등 요구사항의 조리도구를 사용하지 않은 경우

    마. 요구사항에 표시된 실격, 미완성, 오작에 해당하는 경우
7. 항목별 배점은 위생상태 및 안전관리 5점, 조리기술 30점, 작품의 평가 15점이다.
8. 시험시작 전 가벼운 몸 풀기(스트레칭) 동작으로 긴장을 풀고 시험을 시작한다.

지급재료목록

재료명	규격	단위	수량	비고
사과	200~250g 정도	개	1	
셀러리		g	30	
호두	중 (겉껍질 제거한 것)	개	2	
레몬		개	1/4	길이(장축)로 등분
소금	정제염	g	2	
흰 후춧가루		g	1	
마요네즈		g	60	
양상추		g	20	2잎 정도, 잎상추로 대체 가능
이쑤시개		개	1	

만드는 방법 및 순서

자루냄비, 믹싱볼, 꼬지 등 조리기구를 준비하고 채소는 깨끗이 씻어 준비해 놓는다.

❶ 소량의 물을 끓여 그릇에 붓고 호두를 넣어 불려 놓는다.

❷ 사과의 껍질을 벗기고 씨를 제거한 후 가로세로 1cm의 주사위형 (Macedoine)으로 썰고 갈변을 방지하기 위하여 설탕과 레몬즙을 넣은 물에 사과를 담가 놓는다.

❸ 셀러리도 껍질을 벗기고 가로세로 1cm의 주사위형으로 썰어 놓는다.

❹ 불린 호두의 껍질을 꼬지(이쑤시개)를 이용하여 벗긴 다음 썰어 놓는다.

❺ 사과, 셀러리, 호두를 믹싱볼에 넣고 알맞은 양의 마요네즈, 설탕, 레몬즙을 넣어 골고루 혼합한다.

❻ 샐러드 접시에 양상추잎을 놓은 다음 잘 혼합된 샐러드를 정결하게 놓고 고명으로 호두를 올린다.

Caesar Salad

시저샐러드
Caesar Salad

시험시간 **35** 분

※ 주어진 재료를 사용하여 다음과 같이 **시저샐러드**를 만드시오.

가. 마요네즈(100g), 시저드레싱(100g), 시저샐러드(전량)를 만들어 3가지를 각각 별도의 그릇에 담아 제출하시오.

나. 마요네즈(mayonnaise)는 달걀노른자, 카놀라오일, 레몬즙, 디존 머스타드, 화이트와인식초를 사용하여 만드시오.

다. 시저드레싱(caesar dressing)은 마요네즈, 마늘, 앤초비, 검은 후춧가루, 파미지아노 레기아노, 올리브오일, 디존 머스터드, 레몬즙을 사용하여 만드시오.

라. 파미지아노 레기아노는 강판이나 채칼을 사용하시오.

마. 시저샐러드(caesar salad)는 로메인 상추, 곁들임(크루통(1cm× 1cm), 구운 베이컨(폭 0.5cm), 파미지아노 레기아노), 시저드레싱을 사용하여 만드시오.

수험자 유의사항

1. 만드는 순서에 유의하며, 위생과 숙련된 기능평가를 위하여 조리 작업 시 맛을 보지 않는다.
2. 지정된 수험자지참준비물 이외의 조리기구나 재료를 시험장 내에 지참할 수 없다.
3. 지급재료는 시험 전 확인하여 이상이 있을 경우 시험위원으로부터 조치를 받고 시험 중에는 재료의 교환 및 추가지급은 하지 않는다.
4. 요구사항의 규격은 "정도"의 의미를 포함하며, 지급된 재료의 크기에 따라 가감하여 채점한다.
5. 위생복, 위생모, 앞치마를 착용하여야 하며, 시험장비·조리도구 취급 등 안전에 유의한다.
6. 다음 사항에 대해서는 채점대상에서 제외하니 특히 유의한다.
   가. 기권 – 수험자 본인이 시험 도중 시험에 대한 포기 의사를 표현하는 경우
   나. 실격
   　(1) 가스레인지 화구 2개 이상(2개 포함) 사용한 경우
   　(2) 불을 사용하여 만든 조리작품이 작품특성에 벗어나는 정도로 타거나 익지 않은 경우
   　(3) 위생복, 위생모, 앞치마를 착용하지 않은 경우
   　(4) 시험 중 시설·장비(칼, 가스레인지 등) 사용 시 시험위원 및 타수험자의 시험 진행에 위협이 될 것으로 시험위원 전원이 합의하여 판단한 경우
   다. 미완성
   　(1) 시험시간 내에 과제 두 가지를 제출하지 못한 경우
   　(2) 문제의 요구사항대로 과제의 수량이 만들어지지 않은 경우
   라. 오작
   　(1) 구이를 조림 등으로 조리하여 완성품을 요구사항과 다르게 만든 경우
   　(2) 해당 과제의 지급재료 이외의 재료를 사용하거나 석쇠 등 요구사항의 조리도구를 사용하지 않은 경우
   마. 요구사항에 표시된 실격, 미완성, 오작에 해당하는 경우
7. 항목별 배점은 위생상태 및 안전관리 5점, 조리기술 30점, 작품의 평가 15점이다.
8. 시험시작 전 가벼운 몸 풀기(스트레칭) 동작으로 긴장을 풀고 시험을 시작한다.

지급재료목록

재료명	규격	단위	수량	비고
달걀	60g 정도	개	2	상온에 보관한 것
디존 머스타드		g	10	
레몬		개	1	
로메인 상추		g	50	
마늘		쪽	1	
베이컨		g	15	
앤초비		개	3	
올리브오일	extra virgin	mL	20	
카놀라오일		mL	300	
식빵	슬라이스	개	1	
검은 후춧가루		g	5	
파미지아노 레기아노	덩어리	g	20	
화이트와인식초		mL	20	
소금		g	10	

만드는 방법 및 순서

믹싱볼, 프라이팬, 거품기 등 조리기구를 준비하고 채소는 깨끗이 씻어 준비해 놓는다.

❶ 로메인 상추는 찬물에 담그어 싱싱하게 한다. 물기를 제거하고 먹기 좋은 크기로 손질해 놓는다.

❷ 지급된 식빵은 가로세로 1cm 정도의 주사위 형태로 잘라 올리브오일을 발라 프라이팬에서 연갈색으로 구워 크루통을 만든다.

❸ 엔초비와 마늘은 다져 놓고 파미지아노 레기아노 치즈는 강판이나 채칼로 갈아 놓는다.

❹ 베이컨은 가로세로 1cm 크기로 잘라 프라이팬에서 기름기가 빠질 정도로 구워 키친타월을 사용하여 기름기를 제거한다.

❺ 달걀은 노른자와 흰자를 분리한다.

❻ 둥근 믹싱볼에 달걀노른자 2개, 디존 머스타드 10g, 레몬주스 10ml, 소금 5g, 식초 20ml를 함께 넣고 소금이 녹을 때까지 잘 섞어준 다음 카놀라오일을 조금씩 넣어주며 거품기로 저어주며 마요네즈를 만든다. (마요네즈를 만들면서 농도를 보아가며 너무 되직해지면 레몬주스와 식초를 첨가하여 농도를 맞춘다.)

❼ 별도로 제출할 마요네즈 100g 정도를 남겨놓고 마요네즈에 마늘 다진 것, 엔초비 다진 것, 디존 머스터드, 소금, 파미지아노 레기아노 치즈 20g을 넣고 시저 드레싱을 만든다.

❽ 둥근 믹싱볼에 로메인 상추를 넣고 시저 드레싱으로 부드럽게 버무린다. 버무리면서 검은 후춧가루와 베이컨을 1/2 정도 함께 넣는다.

❾ 접시에 시저 샐러드를 담고 샐러드 위에 파미지아노 레기아노 치즈, 베이컨, 크루통을 얹어 마무리한다.

❿ 마요네즈 100g, 시저 드레싱 100g, 시저 샐러드를 함께 제출한다.

Sirloin Steak

서로인 스테이크

Sirloin Steak

시험시간 **30**분

요구사항

※ 주어진 재료를 사용하여 다음과 같이 **서로인 스테이크**를 만드시오.

가. 스테이크는 미디움(medium)으로 구우시오.

나. 더운 채소(당근, 감자, 시금치)를 각각 모양 있게 만들어 함께 내시오.

수험자 유의사항

1. 만드는 순서에 유의하며, 위생과 숙련된 기능평가를 위하여 조리작업 시 맛을 보지 않는다.
2. 지정된 수험자지참준비물 이외의 조리기구나 재료를 시험장 내에 지참할 수 없다.
3. 지급재료는 시험 전 확인하여 이상이 있을 경우 시험위원으로부터 조치를 받고 시험 중에는 재료의 교환 및 추가지급은 하지 않는다.
4. 요구사항의 규격은 "정도"의 의미를 포함하며, 지급된 재료의 크기에 따라 가감하여 채점한다.
5. 위생복, 위생모, 앞치마를 착용하여야 하며, 시험장비·조리도구 취급 등 안전에 유의한다.
6. 다음 사항에 대해서는 채점대상에서 제외하니 특히 유의한다.
   가. 기권 – 수험자 본인이 시험 도중 시험에 대한 포기 의사를 표현하는 경우
   나. 실격
   　(1) 가스레인지 화구 2개 이상(2개 포함) 사용한 경우
   　(2) 불을 사용하여 만든 조리작품이 작품특성에 벗어나는 정도로 타거나 익지 않은 경우
   　(3) 위생복, 위생모, 앞치마를 착용하지 않은 경우
   　(4) 시험 중 시설·장비(칼, 가스레인지 등) 사용 시 시험위원 및 타수험자의 시험 진행에 위협이 될 것으로 시험위원 전원이 합의하여 판단한 경우
   다. 미완성
   　(1) 시험시간 내에 과제 두 가지를 제출하지 못한 경우
   　(2) 문제의 요구사항대로 과제의 수량이 만들어지지 않은 경우
   라. 오작
   　(1) 구이를 조림 등으로 조리하여 완성품을 요구사항과 다르게 만든 경우
   　(2) 해당 과제의 지급재료 이외의 재료를 사용하거나 석쇠 등 요구사항의 조리도구를 사용하지 않은 경우
   마. 요구사항에 표시된 실격, 미완성, 오작에 해당하는 경우
7. 항목별 배점은 위생상태 및 안전관리 5점, 조리기술 30점, 작품의 평가 15점이다.
8. 시험시작 전 가벼운 몸 풀기(스트레칭) 동작으로 긴장을 풀고 시험을 시작한다.

지급재료목록

재료명	규격	단위	수량	비고
소고기 등심	등심	g	200	덩어리
감자	150g 정도	개	1/2	
당근		g	70	둥근 모양이 유지되게 등분
시금치		g	70	
소금	정제염	g	2	
검은 후춧가루		g	1	
식용유		ml	150	
버터	무염	g	50	
백설탕		g	25	
양파	중(150g 정도)	개	1/6	

만드는 방법 및 순서

프라이팬, 자루냄비, 고운 체, 뒤집개, 나무주걱, 나무젓가락 등 기구를 준비하고 채소는 깨끗이 씻어 준비해 놓는다.

❶ 등심을 손질한 후 소금, 후추를 뿌려 간을 하여 놓는다.

❷ 당근을 7mm 두께의 원형으로 잘라 모서리를 깎아 비행접시 모양을 만들어 물에 소금과 설탕을 넣고 삶은 다음 팬에 버터, 소금, 설탕, 당근 삶은 물을 조금 넣고 졸여서 윤기 나게 한다.

❸ 감자는 껍질을 벗기고 1cm×1cm×5cm 정도의 크기로 썰어 물에 소금을 넣고 2/3 정도 삶아 낸 다음 체에 걸러 물기를 제거하고 180℃ 정도 온도의 기름에 튀긴 후 소금으로 간을 한다.

❹ 시금치를 다듬어 소금을 넣은 끓는 물에 데쳐 찬물에 씻은 후 물기를 짜서 반으로 썰어 놓고 소량의 양파를 다져 놓는다. 팬에 버터를 넣고 다진 양파, 데친 시금치 순으로 넣어 볶다가 소금, 후추로 간을 하여 볶아 놓는다. (모든 채소는 삶거나 데쳐서 준비해 놓고 접시에 담기 직전에 졸이거나(당근) 튀기거나(감자) 볶거나(시금치) 한다.)

❺ 두터운 팬을 달군 후 식용유를 두르고 등심의 양면이 연한 갈색이 되도록 미디엄(Medium)으로 구워 낸다.

❻ 주요리 접시를 준비하고 더운 채소요리(Hot Vegetable)를 균형 있게 놓은 다음 구운 등심 스테이크를 담아 제출한다. (더운 채소를 접시에 담을 때 왼쪽부터 감자, 시금치, 당근 순으로 놓는 것이 기본이다.)

Salisbury Steak

살리스버리 스테이크

Salisbury Steak

시험시간 **40**분

※ 주어진 재료를 사용하여 다음과 같이 **살리스버리 스테이크**를 만드시오.

가. 살리스버리 스테이크는 타원형으로 만들어 고기 앞, 뒤의 색을 갈색으로 구우시오.

나. 더운 채소(당근, 감자, 시금치)를 각각 모양 있게 만들어 곁들여 내시오.

수험자 유의사항

1. 만드는 순서에 유의하며, 위생과 숙련된 기능평가를 위하여 조리 작업 시 맛을 보지 않는다.
2. 지정된 수험자지참준비물 이외의 조리기구나 재료를 시험장 내에 지참할 수 없다.
3. 지급재료는 시험 전 확인하여 이상이 있을 경우 시험위원으로부터 조치를 받고 시험 중에는 재료의 교환 및 추가지급은 하지 않는다.
4. 요구사항의 규격은 "정도"의 의미를 포함하며, 지급된 재료의 크기에 따라 가감하여 채점한다.
5. 위생복, 위생모, 앞치마를 착용하여야 하며, 시험장비·조리도구 취급 등 안전에 유의한다.
6. 다음 사항에 대해서는 채점대상에서 제외하니 특히 유의한다.
   가. 기권 – 수험자 본인이 시험 도중 시험에 대한 포기 의사를 표현하는 경우
   나. 실격
   (1) 가스레인지 화구 2개 이상(2개 포함) 사용한 경우
   (2) 불을 사용하여 만든 조리작품이 작품특성에 벗어나는 정도로 타거나 익지 않은 경우
   (3) 위생복, 위생모, 앞치마를 착용하지 않은 경우
   (4) 시험 중 시설·장비(칼, 가스레인지 등) 사용 시 시험위원 및 타수험자의 시험 진행에 위협이 될 것으로 시험위원 전원이 합의하여 판단한 경우
   다. 미완성
   (1) 시험시간 내에 과제 두 가지를 제출하지 못한 경우
   (2) 문제의 요구사항대로 과제의 수량이 만들어지지 않은 경우
   라. 오작
   (1) 구이를 조림 등으로 조리하여 완성품을 요구사항과 다르게 만든 경우
   (2) 해당 과제의 지급재료 이외의 재료를 사용하거나 석쇠 등 요구사항의 조리도구를 사용하지 않은 경우
   마. 요구사항에 표시된 실격, 미완성, 오작에 해당하는 경우
7. 항목별 배점은 위생상태 및 안전관리 5점, 조리기술 30점, 작품의 평가 15점이다.
8. 시험시작 전 가벼운 몸 풀기(스트레칭) 동작으로 긴장을 풀고 시험을 시작한다.

지급재료목록

재료명	규격	단위	수량	비고
소고기	살코기	g	130	갈은 것
양파	중(150g 정도)	개	1/6	
달걀		개	1	
우유		ml	10	
빵가루	마른 것	g	20	
소금	정제염	g	2	
검은 후춧가루		g	2	
식용유		ml	150	
감자	150g 정도	개	1/2	
당근		g	70	둥근 모양이 유지되게 등분
시금치		g	70	
백설탕		g	25	
버터	무염	g	50	

만드는 방법 및 순서

자루냄비, 프라이팬, 믹싱볼, 튀김냄비, 뒤집개, 나무젓가락 등 조리기구를 준비하고 채소는 깨끗이 씻어서 준비해 놓는다.

❶ 양파를 곱게 다져서 팬에 버터를 넣고 볶아 식혀 놓는다. (시금치에 사용할 양파는 조금 남겨 놓는다.)

❷ 믹싱볼에 소고기 간 것, 볶은 양파와 빵가루, 소량의 달걀, 소금, 후추를 넣어 끈기가 있도록 충분히 치대어 1cm 정도의 두께로 원하는 크기보다 조금 크게 (구우면 줄어들기 때문) 타원형으로 만들어 놓는다. (우유는 빵가루에 조금 적셔 고기에 첨가한다.)

❸ 당근을 0.7cm 두께의 원형으로 잘라 모서리를 깎아 비행접시 모양을 만들어 물에 소금과 설탕을 넣고 삶은 다음 팬에 버터, 소금, 설탕, 당근 삶은 물을 조금 넣고 졸여서 윤기 나게 한다.

❹ 감자는 껍질을 벗기고 1cm×1cm×5cm 정도로 썰어 물에 소금을 넣고 2/3 정도 삶은 다음 체에 걸러 물기를 제거하고 180℃ 정도 온도의 기름에 튀긴 후 소금으로 간을 한다.

❺ 시금치를 다듬어 소금을 넣은 끓는 물에 데쳐 찬물에 헹군 후 물기를 짜서 반으로 썰어 놓고 소량의 양파를 다져 놓는다. 팬에 버터를 넣고 다진 양파, 데친 시금치 순으로 넣어 볶다가 소금, 후추로 간을 하여 볶아 놓는다. (모든 채소는 삶거나 데쳐서 준비해 놓고 접시에 담기 직전에 졸이거나(당근) 튀기거나(감자) 볶거나(시금치) 한다.)

❻ 두터운 팬에 식용유를 두르고 은근히 가열한 다음 타원형 고기의 앞뒷면을 연한 갈색이 되도록 구워 익힌다. (고기가 색이 나면 불을 약하게 하여 은근하게 속까지 익힌다.)

❼ 주요리 접시를 준비하고 더운 채소요리(Hot Vegetable)를 정갈하게 놓은 다음 구운 고기를 담아 제출한다. (더운 채소를 접시에 담을 때 왼쪽부터 감자, 시금치, 당근 순으로 놓는 것이 기본이다.)

Beef Stew

비프스튜
Beef Stew

시험시간 **40**분

※ 주어진 재료를 사용하여 다음과 같이 **비프스튜**를 만드시오.

가. 완성된 소고기와 채소의 크기는 1.8cm 정도의 정육면체로 하시오.

나. 브라운 루(brown roux)를 만들어 사용하시오.

다. 파슬리 다진 것을 뿌려 내시오.

수험자 유의사항

1. 만드는 순서에 유의하며, 위생과 숙련된 기능평가를 위하여 조리작업 시 맛을 보지 않는다.
2. 지정된 수험자지참준비물 이외의 조리기구나 재료를 시험장 내에 지참할 수 없다.
3. 지급재료는 시험 전 확인하여 이상이 있을 경우 시험위원으로부터 조치를 받고 시험 중에는 재료의 교환 및 추가지급은 하지 않는다.
4. 요구사항의 규격은 "정도"의 의미를 포함하며, 지급된 재료의 크기에 따라 가감하여 채점한다.
5. 위생복, 위생모, 앞치마를 착용하여야 하며, 시험장비·조리도구 취급 등 안전에 유의한다.
6. 다음 사항에 대해서는 채점대상에서 제외하니 특히 유의한다.
   가. 기권 – 수험자 본인이 시험 도중 시험에 대한 포기 의사를 표현하는 경우
   나. 실격
   　(1) 가스레인지 화구 2개 이상(2개 포함) 사용한 경우
   　(2) 불을 사용하여 만든 조리작품이 작품특성에 벗어나는 정도로 타거나 익지 않은 경우
   　(3) 위생복, 위생모, 앞치마를 착용하지 않은 경우
   　(4) 시험 중 시설·장비(칼, 가스레인지 등) 사용 시 시험위원 및 타수험자의 시험 진행에 위협이 될 것으로 시험위원 전원이 합의하여 판단한 경우
   다. 미완성
   　(1) 시험시간 내에 과제 두 가지를 제출하지 못한 경우
   　(2) 문제의 요구사항대로 과제의 수량이 만들어지지 않은 경우
   라. 오작
   　(1) 구이를 조림 등으로 조리하여 완성품을 요구사항과 다르게 만든 경우
   　(2) 해당 과제의 지급재료 이외의 재료를 사용하거나 석쇠 등 요구사항의 조리도구를 사용하지 않은 경우
   마. 요구사항에 표시된 실격, 미완성, 오작에 해당하는 경우
7. 항목별 배점은 위생상태 및 안전관리 5점, 조리기술 30점, 작품의 평가 15점이다.
8. 시험시작 전 가벼운 몸 풀기(스트레칭) 동작으로 긴장을 풀고 시험을 시작한다.

지급재료목록

재료명	규격	단위	수량	비고
소고기	살코기	g	100	덩어리
당근		g	70	둥근 모양이 유지되게 등분
양파	중(150g 정도)	개	1/4	
셀러리		g	30	
감자	150g 정도	개	1/3	
마늘	중(깐 것)	쪽	1	
토마토 페이스트		g	20	
밀가루	중력분	g	25	
버터	무염	g	30	
소금	정제염	g	2	
검은 후춧가루		g	2	
파슬리	잎, 줄기 포함	줄기	1	
월계수잎		잎	1	
정향		개	1	

만드는 방법 및 순서

자루냄비, 프라이팬, 고운 체, 나무주걱, 소창 등 조리기구를 준비하고 채소는 깨끗이 씻어서 준비해 놓는다.

❶ 소고기를 가로세로 2cm의 주사위형으로 썰어 소금, 후추로 간을 해 놓는다.

❷ 마늘은 곱게 다져 놓고, 당근, 감자, 셀러리, 양파는 손질 후 가로세로 1.8cm의 크기로 썰어 놓는다. (당근, 감자, 셀러리의 각진 부분을 다듬어도 된다. 감자는 물에 담가 놓는다.)

❸ 자루냄비에 밀가루와 버터를 동량으로 넣고 브라운 루를 만든 다음 토마토 페이스트를 넣고 볶은 후 육수를 붓고 부케가르니(월계수잎, 정향, 파슬리 등)를 넣어 끓이면서 소스를 만든다. (조리기능사 시험에서 소고기육수가 지급되지 않는 경우 물을 대신 사용한다.)

❹ 프라이팬에 버터를 두르고 가열하여 다진 마늘을 넣어 볶고 소고기를 넣고 색을 낸 후 소스에 넣고 끓인다.

❺ 프라이팬에 버터를 넣고 채소를 볶은 후 소스에 넣고 끓인다. 되도록이면 양파와 셀러리는 조금 나중에 넣는 것이 좋다. (비프스튜는 질긴 고기를 충분히 끓여 고기는 부드럽게 조리하되 채소는 형태가 으깨지지 않아야 하는 요리이므로 고기를 먼저 넣어 끓이고 채소는 단단한 채소에서 연한 채소 순으로 넣어 끓인다.)

❻ 소스가 끓고 있는 동안 파슬리는 곱게 다져 소창에 싸서 흐르는 물에 씻은 후 꼭 짜서 준비한다.

❼ 스튜를 은근히 끓이면서 소금, 후추로 간을 하고 부케가르니를 건져낸 다음 고기, 채소의 익은 상태, 소스의 농도를 확인하고 깊이가 있는 접시에 담고 파슬리 다진 것을 뿌려 제출한다. (파슬리를 뿌리지 않으면 오작 처리될 수 있음. 소스의 농도는 고기나 채소에 입힐 정도가 좋다.)

Barbecued Pork Chop

바비큐 폭찹
Barbecued Pork Chop

시험시간 **40**분

요구사항

※ 주어진 재료를 사용하여 다음과 같이 **바비큐 폭찹**을 만드시오.

가. 고기는 뼈가 붙은 채로 사용하고 고기의 두께는 1cm 정도로 하시오. (단 지급재료에 따라 가감한다.)

나. 양파, 셀러리, 마늘은 다져 소스로 만드시오.

다. 완성된 소스는 농도에 유의하고 윤기가 나도록 하시오.

수험자 유의사항

1. 만드는 순서에 유의하며, 위생과 숙련된 기능평가를 위하여 조리 작업 시 맛을 보지 않는다.

2. 지정된 수험자지참준비물 이외의 조리기구나 재료를 시험장 내에 지참할 수 없다.

3. 지급재료는 시험 전 확인하여 이상이 있을 경우 시험위원으로부터 조치를 받고 시험 중에는 재료의 교환 및 추가지급은 하지 않는다.

4. 요구사항의 규격은 "정도"의 의미를 포함하며, 지급된 재료의 크기에 따라 가감하여 채점한다.

5. 위생복, 위생모, 앞치마를 착용하여야 하며, 시험장비·조리도구 취급 등 안전에 유의한다.

6. 다음 사항에 대해서는 채점대상에서 제외하니 특히 유의한다.

　가. 기권 – 수험자 본인이 시험 도중 시험에 대한 포기 의사를 표현하는 경우

　나. 실격
　　(1) 가스레인지 화구 2개 이상(2개 포함) 사용한 경우
　　(2) 불을 사용하여 만든 조리작품이 작품특성에 벗어나는 정도로 타거나 익지 않은 경우
　　(3) 위생복, 위생모, 앞치마를 착용하지 않은 경우
　　(4) 시험 중 시설·장비(칼, 가스레인지 등) 사용 시 시험위원 및 타수험자의 시험 진행에 위협이 될 것으로 시험위원 전원이 합의하여 판단한 경우

　다. 미완성
　　(1) 시험시간 내에 과제 두 가지를 제출하지 못한 경우
　　(2) 문제의 요구사항대로 과제의 수량이 만들어지지 않은 경우

　라. 오작
　　(1) 구이를 조림 등으로 조리하여 완성품을 요구사항과 다르게 만든 경우
　　(2) 해당 과제의 지급재료 이외의 재료를 사용하거나 석쇠 등 요구사항의 조리도구를 사용하지 않은 경우

　마. 요구사항에 표시된 실격, 미완성, 오작에 해당하는 경우

7. 항목별 배점은 위생상태 및 안전관리 5점, 조리기술 30점, 작품의 평가 15점이다.

8. 시험시작 전 가벼운 몸 풀기(스트레칭) 동작으로 긴장을 풀고 시험을 시작한다.

지급재료목록

재료명	규격	단위	수량	비고
돼지갈비	살두께 5cm 이상, 뼈를 포함한 길이 10cm	g	200	
토마토케첩		g	30	
우스터 소스		ml	5	
황설탕		g	10	
양파	중(150g 정도)	개	1/4	
소금	정제염	g	2	
검은 후춧가루		g	2	
셀러리		g	30	
핫소스		ml	5	
버터	무염	g	10	
식초		ml	10	
월계수잎		잎	1	
밀가루	중력분	g	10	
레몬		개	1/6	길이(장축)로 등분
마늘	중(깐 것)	쪽	1	
비프스톡(육수)		ml	200	물로 대체 가능
식용유		ml	30	

만드는 방법 및 순서

자루냄비, 프라이팬, 뒤집개, 나무주걱, 나무젓가락, 소창 등 조리 기구를 준비하고 채소는 깨끗이 씻어서 준비해 놓는다.

❶ 폭찹을 다듬고 고기에 잔 칼집을 넣어 소금, 후추로 간을 하여 놓는다.

❷ 마늘, 양파, 셀러리를 곱게 다져서 놓는다.

❸ 소스팬에 버터를 넣고 다진 마늘, 양파, 셀러리 순으로 넣어 볶은 후 식초와 황설탕을 넣고 졸인 다음 토마토케첩을 넣고 볶는다. 여기에 핫소스, 우스터 소스, 레몬즙, 소고기육수, 월계수잎을 넣고 끓인다. (조리기능사 시험에서 소고기육수가 지급되지 않는 경우 물로 대신한다.)

❹ 팬에 식용유를 두르고 달군 후 양념한 폭찹에 밀가루를 묻혀 색이 나게 구워 놓는다.

❺ 소스에 구운 폭찹을 넣어 끓이면서 소스는 알맞은 농도로 졸여 준다. (구운 등심을 넣고 소스를 졸일 때 스푼으로 소스를 끼얹으면서 졸인다.)

❻ 주요리 접시를 준비하고 폭찹을 가지런히 담고 고기 위에 알맞은 양의 소스를 끼얹어 제출한다.

Chicken Ala King

치킨 알라킹
Chicken Ala King

시험시간 **30**분

※ 주어진 재료를 사용하여 다음과 같이 **치킨 알라킹**을 만드시오.

가. 완성된 닭고기와 채소, 버섯의 크기는 1.8cm×1.8cm 정도로 균일하게 하시오.

나. 닭뼈를 이용하여 치킨 육수를 만들어 사용하시오.

다. 화이트 루(roux)를 이용하여 베사멜소스(bechamel sauce)를 만들어 사용하시오.

수험자 유의사항

1. 만드는 순서에 유의하며, 위생과 숙련된 기능평가를 위하여 조리 작업 시 맛을 보지 않는다.
2. 지정된 수험자지참준비물 이외의 조리기구나 재료를 시험장 내에 지참할 수 없다.
3. 지급재료는 시험 전 확인하여 이상이 있을 경우 시험위원으로부터 조치를 받고 시험 중에는 재료의 교환 및 추가지급은 하지 않는다.
4. 요구사항의 규격은 "정도"의 의미를 포함하며, 지급된 재료의 크기에 따라 가감하여 채점한다.
5. 위생복, 위생모, 앞치마를 착용하여야 하며, 시험장비·조리도구 취급 등 안전에 유의한다.
6. 다음 사항에 대해서는 채점대상에서 제외하니 특히 유의한다.
   가. 기권 – 수험자 본인이 시험 도중 시험에 대한 포기 의사를 표현하는 경우
   나. 실격
   (1) 가스레인지 화구 2개 이상(2개 포함) 사용한 경우
   (2) 불을 사용하여 만든 조리작품이 작품특성에 벗어나는 정도로 타거나 익지 않은 경우
   (3) 위생복, 위생모, 앞치마를 착용하지 않은 경우
   (4) 시험 중 시설·장비(칼, 가스레인지 등) 사용 시 시험위원 및 타수험자의 시험 진행에 위협이 될 것으로 시험위원 전원이 합의하여 판단한 경우
   다. 미완성
   (1) 시험시간 내에 과제 두 가지를 제출하지 못한 경우
   (2) 문제의 요구사항대로 과제의 수량이 만들어지지 않은 경우
   라. 오작
   (1) 구이를 조림 등으로 조리하여 완성품을 요구사항과 다르게 만든 경우
   (2) 해당 과제의 지급재료 이외의 재료를 사용하거나 석쇠 등 요구사항의 조리도구를 사용하지 않은 경우
   마. 요구사항에 표시된 실격, 미완성, 오작에 해당하는 경우
7. 항목별 배점은 위생상태 및 안전관리 5점, 조리기술 30점, 작품의 평가 15점이다.
8. 시험시작 전 가벼운 몸 풀기(스트레칭) 동작으로 긴장을 풀고 시험을 시작한다.

지급재료목록

재료명	규격	단위	수량	비고
닭다리	한 마리 1.2kg 정도	개	1	허벅지살 포함 / 반마리 지급 가능
청피망	중(75g 정도)	개	1/4	
홍피망	중(75g 정도)	개	1/6	
양파	중(150g 정도)	개	1/6	
양송이		g	20	2개
버터	무염	g	20	
밀가루	중력분	g	15	
우유		ml	150	
정향		개	1	
생크림	조리용	ml	20	
소금	정제염	g	2	
흰 후춧가루		g	2	
월계수		잎	1	

만드는 방법 및 순서

프라이팬, 자루냄비, 고운 체, 나무주걱, 나무젓가락 등 조리기구를 준비하고 채소는 깨끗이 씻어서 준비한다

❶ 닭뼈는 살을 잘 발라내고 물에 잠시 담가 핏물을 뺀다.

❷ 발라낸 살은 껍질을 벗긴 후 2cm 정도의 크기로 썰어 소금, 후추로 간을 해 놓는다.

❸ 자루냄비에 뼈와 찬물을 넣고 끓이면서 거품이나 기름기는 제거하고 여분의 채소가 있으면 넣고 닭고기육수(Chicken Stock)를 만든다. (실무에서는 닭뼈, 양파, 당근, 셀러리, 향료를 넣어 닭고기육수를 끓이는 것이 일반적이나 조리기능사 시험에서는 위의 채소가 별도로 지급되지 않으므로 상대메뉴의 손질 후 남은 채소들(양파, 당근, 셀러리 중)을 육수에 넣어 끓이는 것이 좋다.)

❹ 양파, 청피망, 홍피망은 가로세로 약 1.8cm 정도의 크기로 썰어 놓는다.

❺ 양송이는 껍질을 벗기고 4등분하여 놓는다. (닭고기와 양송이는 수축되는 것을 감안하여 다른 채소보다 약간 크게 썰어 놓는다.)

❻ 자루냄비에 버터를 녹인 후 밀가루를 넣어 화이트 루(White Roux)를 만들고 우유를 조금씩 부어 가면서 덩어리가 생기지 않게 잘 풀어주고 닭고기육수와 월계수잎, 정향을 양파에 꽂아 넣고 은근하게 끓인다. (덩어리가 있을 경우에는 고운 체에 걸러서 사용한다.)

❼ 프라이팬에 버터를 넣고 닭고기를 볶다가 채소를 넣고 빠르게 볶아낸 후 소스에 넣고 끓인다. (버터가 타지 않게 하고 프라이팬이 깨끗한 상태에서 빠르게 볶아주어야 한다. 그렇지 않으면 소스의 색이 검어질 수도 있다. 푸른 피망은 변색이 되므로 조금 늦게 넣어 주는 것이 좋다.)

❽ 고기와 채소가 완전히 익고 소스의 농도가 적당할 때 생크림을 넣고 소금·후추로 간을 하고 마무리한 후 그릇에 담아 제출한다.

Chicken Cutlet

치킨 커틀릿
Chicken Cutlet

※ 주어진 재료를 사용하여 다음과 같이 **치킨 커틀릿**을 만드시오.

가. 닭은 껍질채 사용하시오.

나. 완성된 커틀릿의 색에 유의하고 두께는 1cm 정도로 하시오.

다. 딥팻프라이(deep fat frying)로 하시오.

수험자 유의사항

1. 만드는 순서에 유의하며, 위생과 숙련된 기능평가를 위하여 조리 작업 시 맛을 보지 않는다.
2. 지정된 수험자지참준비물 이외의 조리기구나 재료를 시험장 내에 지참할 수 없다.
3. 지급재료는 시험 전 확인하여 이상이 있을 경우 시험위원으로부터 조치를 받고 시험 중에는 재료의 교환 및 추가지급은 하지 않는다.
4. 요구사항의 규격은 "정도"의 의미를 포함하며, 지급된 재료의 크기에 따라 가감하여 채점한다.
5. 위생복, 위생모, 앞치마를 착용하여야 하며, 시험장비·조리도구 취급 등 안전에 유의한다.
6. 다음 사항에 대해서는 채점대상에서 제외하니 특히 유의한다.
   가. 기권 – 수험자 본인이 시험 도중 시험에 대한 포기 의사를 표현하는 경우
   나. 실격
      (1) 가스레인지 화구 2개 이상(2개 포함) 사용한 경우
      (2) 불을 사용하여 만든 조리작품이 작품특성에 벗어나는 정도로 타거나 익지 않은 경우
      (3) 위생복, 위생모, 앞치마를 착용하지 않은 경우
      (4) 시험 중 시설·장비(칼, 가스레인지 등) 사용 시 시험위원 및 타수험자의 시험 진행에 위협이 될 것으로 시험위원 전원이 합의하여 판단한 경우
   다. 미완성
      (1) 시험시간 내에 과제 두 가지를 제출하지 못한 경우
      (2) 문제의 요구사항대로 과제의 수량이 만들어지지 않은 경우
   라. 오작
      (1) 구이를 조림 등으로 조리하여 완성품을 요구사항과 다르게 만든 경우
      (2) 해당 과제의 지급재료 이외의 재료를 사용하거나 석쇠 등 요구사항의 조리도구를 사용하지 않은 경우
   마. 요구사항에 표시된 실격, 미완성, 오작에 해당하는 경우
7. 항목별 배점은 위생상태 및 안전관리 5점, 조리기술 30점, 작품의 평가 15점이다.
8. 시험시작 전 가벼운 몸 풀기(스트레칭) 동작으로 긴장을 풀고 시험을 시작한다.

지급재료목록

재료명	규격	단위	수량	비고
닭다리	한 마리 1.2kg 정도	개	1	허벅지살 포함 / 반마리 지급 가능
달걀		개	1	
밀가루	중력분	g	30	
빵가루	마른 것	g	50	
소금	정제염	g	2	
검은 후춧가루		g	2	
식용유		ml	500	
냅킨	흰색, 기름제거용	장	2	

만드는 방법 및 순서

프라이팬, 나무젓가락, 두드림 망치 등 조리기구를 준비한다.

❶ 닭은 뼈를 발라낸 후 도톰한 부위에 칼집을 2/3 정도 넣어 닭살의 두께가 고르게 되게 펴 놓는다. (닭 껍질을 함께 사용하여야 하기 때문에 껍질 쪽에 칼 끝부분을 사용하여 칼집을 많이 넣어야 튀겼을 때 뒤틀림을 방지할 수 있다.)

❷ 닭살에 비닐을 대고 두드림 망치를 이용하여 고르게 두들긴 후 튀길 때 수축되지 않게 칼집을 고루 넣고 소금, 후추로 간을 하여 놓는다. (닭다리살이 지급되었을 때에는 닭 가슴살보다 칼집을 더 많이 넣어 주는 것이 좋다. 되도록이면 타원형으로 만드는 것이 좋다.)

❸ 양념된 닭고기를 밀가루, 풀어놓은 달걀, 빵가루 순으로 입혀 놓는다.

❹ 프라이팬에 기름은 넉넉히 두르고 딥팻프라이로 하고 튀김기름의 온도를 170℃ 정도로 가열한 후 황금색이 되도록 튀겨 주요리 접시에 담아 제출한다.

Brown Stock

브라운 스톡
Brown Stock

시험시간 **30**분

※ 주어진 재료를 사용하여 다음과 같이 **브라운 스톡**을 만드시오.

가. 스톡은 맑고 갈색이 되도록 하시오.

나. 소뼈는 찬물에 담가 핏물을 제거한 후 구워서 사용하시오.

다. 향신료로 사세 데피스(sachet d'epice)를 만들어 사용하시오.

라. 완성된 스톡의 양이 200ml 이상 되도록 하여 볼에 담아내시오.

1. 만드는 순서에 유의하며, 위생과 숙련된 기능평가를 위하여 조리 작업 시 맛을 보지 않는다.
2. 지정된 수험자지참준비물 이외의 조리기구나 재료를 시험장 내에 지참할 수 없다.
3. 지급재료는 시험 전 확인하여 이상이 있을 경우 시험위원으로부터 조치를 받고 시험 중에는 재료의 교환 및 추가지급은 하지 않는다.
4. 요구사항의 규격은 "정도"의 의미를 포함하며, 지급된 재료의 크기에 따라 가감하여 채점한다.
5. 위생복, 위생모, 앞치마를 착용하여야 하며, 시험장비·조리도구 취급 등 안전에 유의한다.
6. 다음 사항에 대해서는 채점대상에서 제외하니 특히 유의한다.
   가. 기권 – 수험자 본인이 시험 도중 시험에 대한 포기 의사를 표현하는 경우
   나. 실격
   (1) 가스레인지 화구 2개 이상(2개 포함) 사용한 경우
   (2) 불을 사용하여 만든 조리작품이 작품특성에 벗어나는 정도로 타거나 익지 않은 경우
   (3) 위생복, 위생모, 앞치마를 착용하지 않은 경우
   (4) 시험 중 시설·장비(칼, 가스레인지 등) 사용 시 시험위원 및 타수험자의 시험 진행에 위협이 될 것으로 시험위원 전원이 합의하여 판단한 경우
   다. 미완성
   (1) 시험시간 내에 과제 두 가지를 제출하지 못한 경우
   (2) 문제의 요구사항대로 과제의 수량이 만들어지지 않은 경우
   라. 오작
   (1) 구이를 조림 등으로 조리하여 완성품을 요구사항과 다르게 만든 경우
   (2) 해당 과제의 지급재료 이외의 재료를 사용하거나 석쇠 등 요구사항의 조리도구를 사용하지 않은 경우
   마. 요구사항에 표시된 실격, 미완성, 오작에 해당하는 경우
7. 항목별 배점은 위생상태 및 안전관리 5점, 조리기술 30점, 작품의 평가 15점이다.
8. 시험시작 전 가벼운 몸 풀기(스트레칭) 동작으로 긴장을 풀고 시험을 시작한다.

지급재료목록

재료명	규격	단위	수량	비고
소뼈		g	150	2~3cm 정도, 자른 것
양파	중(150g 정도)	개	1/2	
당근		g	40	둥근 모양이 유지되게 등분
셀러리		g	30	
검은 통후추		개	4	
토마토	중(150g 정도)	개	1	
파슬리	잎, 줄기 포함	줄기	1	
월계수잎		잎	1	
정향		개	1	
버터	무염	g	5	
식용유		ml	50	
면실		cm	30	
다임	fresh	g	2	1줄기
다시백	10cm x 12cm	개	1	

만드는 방법 및 순서

자루냄비, 나무주걱, 소창, 고운 체 등 조리기구를 준비하고 채소는 깨끗이 씻어서 준비해 놓는다.

❶ 소뼈는 물에 잠시 담가 핏물을 뺀다.

❷ 양파, 당근, 셀러리, 파슬리 줄기를 얇게 썰어 놓고, 토마토는 콩카세로 썬다.

❸ 다시백에 월계수잎, 정향, 통후추, 다임, 파슬리 줄기를 넣어 향신료 주머니(sachet d'epice)를 만들어 놓는다. ※향신료 주머니(sachet d'epice) 229페이지 참조

❹ 팬에 식용유를 두르고 1의 소뼈를 넣어 갈색이 나도록 고르게 구워 놓는다. (실무에서는 소뼈를 약 190℃ 오븐에서 갈색이 되도록 고르게 굽고, 양파, 당근, 셀러리를 도톰하게 썰어 팬에서 갈색이 되도록 충분히 볶은 다음 함께 끓이지만, 조리기능사 시험에서는 오븐을 사용할 수 없으므로 팬에 소뼈를 구워 사용한다.)

❺ 팬에 버터를 넣고 채소들을 갈색이 되도록 볶으면서 마지막에 토마토도 같이 넣어 볶는다.

❻ 자루냄비에 갈색으로 색을 낸 소뼈와 향신료 주머니(sachet d'epice)를 찬물에 넣고 끓으면 거품과 기름을 걷어내고 볶은 채소를 넣어 은근하게 끓인다. (끓일 때 생기는 거품과 기름은 수시로 걷어 낸다.)

❼ 브라운 스톡이 완성되면 소창에 걸러 약 200ml를 볼에 담아 제출한다. (거를 때 여러 겹의 소창이나 키친타월을 여러 장 사용하여 거르면 더욱 맑은 육수를 얻을 수 있다.)

Brown Gravy Sauce

브라운 그래비 소스
Brown Gravy Sauce

시험시간 **30**분

요구사항

※ 주어진 재료를 사용하여 다음과 같이 **브라운 그래비 소스**를 만드시오.

가. 브라운 루(brown roux)를 만들어 사용하시오.

나. 소스의 양은 200ml 이상 만드시오.

수험자 유의사항

1. 만드는 순서에 유의하며, 위생과 숙련된 기능평가를 위하여 조리작업 시 맛을 보지 않는다.
2. 지정된 수험자지참준비물 이외의 조리기구나 재료를 시험장 내에 지참할 수 없다.
3. 지급재료는 시험 전 확인하여 이상이 있을 경우 시험위원으로부터 조치를 받고 시험 중에는 재료의 교환 및 추가지급은 하지 않는다.
4. 요구사항의 규격은 "정도"의 의미를 포함하며, 지급된 재료의 크기에 따라 가감하여 채점한다.
5. 위생복, 위생모, 앞치마를 착용하여야 하며, 시험장비·조리도구 취급 등 안전에 유의한다.
6. 다음 사항에 대해서는 채점대상에서 제외하니 특히 유의한다.
   가. 기권 – 수험자 본인이 시험 도중 시험에 대한 포기 의사를 표현하는 경우
   나. 실격
   　(1) 가스레인지 화구 2개 이상(2개 포함) 사용한 경우
   　(2) 불을 사용하여 만든 조리작품이 작품특성에 벗어나는 정도로 타거나 익지 않은 경우
   　(3) 위생복, 위생모, 앞치마를 착용하지 않은 경우
   　(4) 시험 중 시설·장비(칼, 가스레인지 등) 사용 시 시험위원 및 타수험자의 시험 진행에 위협이 될 것으로 시험위원 전원이 합의하여 판단한 경우
   다. 미완성
   　(1) 시험시간 내에 과제 두 가지를 제출하지 못한 경우
   　(2) 문제의 요구사항대로 과제의 수량이 만들어지지 않은 경우
   라. 오작
   　(1) 구이를 조림 등으로 조리하여 완성품을 요구사항과 다르게 만든 경우
   　(2) 해당 과제의 지급재료 이외의 재료를 사용하거나 석쇠 등 요구사항의 조리도구를 사용하지 않은 경우
   마. 요구사항에 표시된 실격, 미완성, 오작에 해당하는 경우
7. 항목별 배점은 위생상태 및 안전관리 5점, 조리기술 30점, 작품의 평가 15점이다.
8. 시험시작 전 가벼운 몸 풀기(스트레칭) 동작으로 긴장을 풀고 시험을 시작한다.

지급재료목록

재료명	규격	단위	수량	비고
밀가루	중력분	g	20	
브라운 스톡		ml	300	물로 대체 가능
소금	정제염	g	2	
검은 후춧가루		g	1	
버터	무염	g	30	
양파	중(150g 정도)	개	1/6	
셀러리		g	20	
당근		g	40	둥근 모양이 유지되게 등분
토마토 페이스트		g	30	
월계수잎		잎	1	
정향		개	1	

만드는 방법 및 순서

자루냄비, 프라이팬, 고운 체, 나무주걱 등 조리기구를 준비하고 채소는 깨끗이 씻어서 준비해 놓는다.

❶ 양파, 당근, 셀러리를 얇게 썰어 자루냄비에 버터를 넣고 채소들을 갈색이 되도록 볶아 놓는다.

❷ 자루냄비에 밀가루와 버터를 동량으로 넣고 브라운 루를 볶은 다음 토마토 페이스트를 넣고 볶은 후 브라운 스톡을 조금씩 부어가며 잘 풀어 준다. (토마토 페이스트를 볶아주면 신맛이 감소된다. 조리기능사 시험에서는 별도의 브라운 스톡이 지급되지 않을 시 물을 대신하여 사용한다.)

❸ 2번에 갈색으로 낸 채소와 부케가르니(월계수잎, 정향)를 넣어 끓인다. 끓이면서 생기는 거품과 기름은 수시로 걷어낸다.

❹ 농도가 알맞게 되면 소금, 후추로 간을 하고 고운 체에 거른 후 소스볼에 약 200ml 정도 담아 제출한다.

Hollandaise Sauce

홀랜다이즈 소스
Hollandaise Sauce

시험시간 **25**분

※ 주어진 재료를 사용하여 다음과 같이 **홀랜다이즈 소스**를 만드시오.

가. 양파, 식초를 이용하여 허브에센스(herb essence)를 만들어 사용하시오.

나. 정제 버터를 만들어 사용하시오.

다. 소스는 중탕으로 만들어 굳지 않게 그릇에 담아내시오.

라. 소스는 100㎖ 이상 제출하시오.

수험자 유의사항

1. 만드는 순서에 유의하며, 위생과 숙련된 기능평가를 위하여 조리작업 시 맛을 보지 않는다.
2. 지정된 수험자지참준비물 이외의 조리기구나 재료를 시험장 내에 지참할 수 없다.
3. 지급재료는 시험 전 확인하여 이상이 있을 경우 시험위원으로부터 조치를 받고 시험 중에는 재료의 교환 및 추가지급은 하지 않는다.
4. 요구사항의 규격은 "정도"의 의미를 포함하며, 지급된 재료의 크기에 따라 가감하여 채점한다.
5. 위생복, 위생모, 앞치마를 착용하여야 하며, 시험장비·조리도구 취급 등 안전에 유의한다.
6. 다음 사항에 대해서는 채점대상에서 제외하니 특히 유의한다.
   가. 기권 – 수험자 본인이 시험 도중 시험에 대한 포기 의사를 표현하는 경우
   나. 실격
   　(1) 가스레인지 화구 2개 이상(2개 포함) 사용한 경우
   　(2) 불을 사용하여 만든 조리작품이 작품특성에 벗어나는 정도로 타거나 익지 않은 경우
   　(3) 위생복, 위생모, 앞치마를 착용하지 않은 경우
   　(4) 시험 중 시설·장비(칼, 가스레인지 등) 사용 시 시험위원 및 타수험자의 시험 진행에 위협이 될 것으로 시험위원 전원이 합의하여 판단한 경우
   다. 미완성
   　(1) 시험시간 내에 과제 두 가지를 제출하지 못한 경우
   　(2) 문제의 요구사항대로 과제의 수량이 만들어지지 않은 경우
   라. 오작
   　(1) 구이를 조림 등으로 조리하여 완성품을 요구사항과 다르게 만든 경우
   　(2) 해당 과제의 지급재료 이외의 재료를 사용하거나 석쇠 등 요구사항의 조리도구를 사용하지 않은 경우
   마. 요구사항에 표시된 실격, 미완성, 오작에 해당하는 경우
7. 항목별 배점은 위생상태 및 안전관리 5점, 조리기술 30점, 작품의 평가 15점이다.
8. 시험시작 전 가벼운 몸 풀기(스트레칭) 동작으로 긴장을 풀고 시험을 시작한다.

지급재료목록

재료명	규격	단위	수량	비고
달걀		개	2	
양파	중(150g 정도)	개	1/8	
식초		㎖	20	
검은 통후추		개	3	
버터	무염	g	200	
레몬		개	1/4	길이(장축)로 등분
월계수잎		잎	1	
파슬리	잎, 줄기 포함	줄기	1	
소금	정제염	g	2	
흰 후춧가루		g	1	

만드는 방법 및 순서

자루냄비, 믹싱볼, 거품기, 소창, 고운 체 등 조리기구를 준비하고 채소는 깨끗이 씻어서 준비해 놓는다.

❶ 버터를 그릇에 담아 따끈한 물에 중탕으로 정제버터를 만들고 위에 뜨는 거품과 불순물은 걷어낸다.

❷ 양파는 다져 놓고 파슬리 줄기는 잘게 썰어 놓는다.

❸ 자루냄비에 물 100㎖, 식초 20㎖, 다진 양파와 파슬리 줄기, 월계수잎, 으깬 통후추를 넣고 약 30㎖ 정도의 양이 되도록 졸여서 소창에 걸러 준비해 놓는다. (호텔에서는 졸인 국물을 만들 때 백포도주, 식초, 타라곤, 양파, 파슬리 줄기, 월계수잎, 통후추 으깬 것을 넣고 졸여 사용한다.)

❹ 스테인리스 볼에 2개의 달걀 노른자에 향료 졸인 국물 약 15㎖를 넣고 물의 온도가 약 90℃ 정도 되는 물에 중탕하여 거품기로 빠르게 저어 덩어리가 생기지 않게 하고 달걀 노른자가 연한 크림상태가 되면 뜨거운 물에서 분리(너무 뜨거운 상태에서 버터를 첨가하면 수분과 버터가 분리된다)한 다음 정제시켜 놓은 버터를 조금씩 넣고 저어주면서 유화시킨다. (상태를 보아가며 향료 졸인 국물을 첨가하면서 만들고 소스의 농도가 됨직할 때 그 국물로 농도를 맞추는 것이 좋다.)

❺ 노란색으로 홀랜다이즈 소스가 완성되면 소금으로 간을 하고 약간의 레몬주스를 짜서 넣고 혼합한 후 볼에 담아 제출한다. (소스에 덩어리가 있을 경우는 고운 소창에 걸러 사용하고 **제출할 때 따끈한 물에 중탕해서 제출한다.**)

Italian Meat Sauce

이탈리안 미트소스
Italian Meat Sauce

시험시간 **30**분

요구사항

※ 주어진 재료를 사용하여 다음과 같이 **이탈리안 미트소스**를 만드시오.

가. 모든 재료는 다져서 사용하시오.

나. 그릇에 담고 파슬리 다진 것을 뿌려내시오.

다. 소스는 150㎖ 이상 제출하시오.

수험자 유의사항

1. 만드는 순서에 유의하며, 위생과 숙련된 기능평가를 위하여 조리 작업 시 맛을 보지 않는다.
2. 지정된 수험자지참준비물 이외의 조리기구나 재료를 시험장 내에 지참할 수 없다.
3. 지급재료는 시험 전 확인하여 이상이 있을 경우 시험위원으로부터 조치를 받고 시험 중에는 재료의 교환 및 추가지급은 하지 않는다.
4. 요구사항의 규격은 "정도"의 의미를 포함하며, 지급된 재료의 크기에 따라 가감하여 채점한다.
5. 위생복, 위생모, 앞치마를 착용하여야 하며, 시험장비·조리도구 취급 등 안전에 유의한다.
6. 다음 사항에 대해서는 채점대상에서 제외하니 특히 유의한다.
   가. 기권 – 수험자 본인이 시험 도중 시험에 대한 포기 의사를 표현하는 경우
   나. 실격
   　(1) 가스레인지 화구 2개 이상(2개 포함) 사용한 경우
   　(2) 불을 사용하여 만든 조리작품이 작품특성에 벗어나는 정도로 타거나 익지 않은 경우
   　(3) 위생복, 위생모, 앞치마를 착용하지 않은 경우
   　(4) 시험 중 시설·장비(칼, 가스레인지 등) 사용 시 시험위원 및 타수험자의 시험 진행에 위협이 될 것으로 시험위원 전원이 합의하여 판단한 경우
   다. 미완성
   　(1) 시험시간 내에 과제 두 가지를 제출하지 못한 경우
   　(2) 문제의 요구사항대로 과제의 수량이 만들어지지 않은 경우
   라. 오작
   　(1) 구이를 조림 등으로 조리하여 완성품을 요구사항과 다르게 만든 경우
   　(2) 해당 과제의 지급재료 이외의 재료를 사용하거나 석쇠 등 요구사항의 조리도구를 사용하지 않은 경우
   마. 요구사항에 표시된 실격, 미완성, 오작에 해당하는 경우
7. 항목별 배점은 위생상태 및 안전관리 5점, 조리기술 30점, 작품의 평가 15점이다.
8. 시험시작 전 가벼운 몸 풀기(스트레칭) 동작으로 긴장을 풀고 시험을 시작한다.

지급재료목록

재료명	규격	단위	수량	비고
양파	중(150g 정도)	개	1/2	
소고기	살코기	g	60	갈은 것
마늘	중(깐 것)	쪽	1	
캔 토마토	고형물	g	30	
버터	무염	g	10	
토마토 페이스트		g	30	
월계수잎		잎	1	
파슬리	잎, 줄기 포함	줄기	1	
소금	정제염	g	2	
검은 후춧가루		g	2	
셀러리		g	30	

만드는 방법 및 순서

자루냄비, 나무주걱, 국자 등 조리기구를 준비하고 채소는 깨끗이 씻어서 준비해 놓는다.

❶ 마늘과 양파, 셀러리는 곱게 다져 놓는다.

❷ 캔 토마토는 가로세로 0.5cm 정도의 크기로 썰어 놓는다(Tomato Concasse).

❸ 파슬리잎을 곱게 다져 소창에 싸서 물에 씻어낸 다음 물기를 꼭 짜서 준비해 놓는다.

❹ 자루냄비에 식용유를 두르고, 마늘과 소고기 간 것을 넣고 볶다가 양파, 셀러리를 넣어 볶은 후 토마토 페이스트를 넣어 볶는다. (자루냄비는 오일 코팅을 해서 쓰는 것이 좋다.)

❺ 썰어 놓은 토마토와 소고기육수를 넣고 월계수잎을 넣어 나무주걱으로 저어주면서 은근하게 끓인다. (끓일 때 생기는 거품과 기름은 수시로 걷어주고, 조리기능사 시험에서는 별도의 소고기육수가 지급되지 않으므로 물을 대신하여 사용한다.)

❻ 소스의 농도가 걸쭉해지면 소금, 후추로 간을 하고 소스볼에 약 200㎖ 정도의 양을 담고 파슬리 다진 것을 뿌려 제출한다. (파슬리를 뿌리지 않으면 오작 처리될 수 있음)

Tartar Sauce

타르타르 소스

Tartar Sauce

시험시간 **20**분

요구사항

※ 주어진 재료를 사용하여 다음과 같이 **타르타르 소스**를 만드시오.

가. 다지는 재료는 0.2cm 정도의 크기로 하고 파슬리는 줄기를 제거하여 사용하시오.

나. 소스는 농도를 잘 맞추어 100ml 이상 제출하시오.

수험자 유의사항

1. 만드는 순서에 유의하며, 위생과 숙련된 기능평가를 위하여 조리작업 시 맛을 보지 않는다.
2. 지정된 수험자지참준비물 이외의 조리기구나 재료를 시험장 내에 지참할 수 없다.
3. 지급재료는 시험 전 확인하여 이상이 있을 경우 시험위원으로부터 조치를 받고 시험 중에는 재료의 교환 및 추가지급은 하지 않는다.
4. 요구사항의 규격은 "정도"의 의미를 포함하며, 지급된 재료의 크기에 따라 가감하여 채점한다.
5. 위생복, 위생모, 앞치마를 착용하여야 하며, 시험장비·조리도구 취급 등 안전에 유의한다.
6. 다음 사항에 대해서는 채점대상에서 제외하니 특히 유의한다.
   가. 기권 – 수험자 본인이 시험 도중 시험에 대한 포기 의사를 표현하는 경우
   나. 실격
   (1) 가스레인지 화구 2개 이상(2개 포함) 사용한 경우
   (2) 불을 사용하여 만든 조리작품이 작품특성에 벗어나는 정도로 타거나 익지 않은 경우
   (3) 위생복, 위생모, 앞치마를 착용하지 않은 경우
   (4) 시험 중 시설·장비(칼, 가스레인지 등) 사용 시 시험위원 및 타수험자의 시험 진행에 위협이 될 것으로 시험위원 전원이 합의하여 판단한 경우
   다. 미완성
   (1) 시험시간 내에 과제 두 가지를 제출하지 못한 경우
   (2) 문제의 요구사항대로 과제의 수량이 만들어지지 않은 경우
   라. 오작
   (1) 구이를 조림 등으로 조리하여 완성품을 요구사항과 다르게 만든 경우
   (2) 해당 과제의 지급재료 이외의 재료를 사용하거나 석쇠 등 요구사항의 조리도구를 사용하지 않은 경우
   마. 요구사항에 표시된 실격, 미완성, 오작에 해당하는 경우
7. 항목별 배점은 위생상태 및 안전관리 5점, 조리기술 30점, 작품의 평가 15점이다.
8. 시험시작 전 가벼운 몸 풀기(스트레칭) 동작으로 긴장을 풀고 시험을 시작한다.

지급재료목록

재료명	규격	단위	수량	비고
마요네즈		g	70	
오이피클	개당 25~30g짜리	개	1/2	
양파	중(150g 정도)	개	1/10	
파슬리	잎, 줄기 포함	줄기	1	
달걀		개	1	
소금	정제염	g	2	
흰 후춧가루		g	2	
레몬		개	1/4	길이(장축)로 등분
식초		ml	2	

만드는 방법 및 순서

자루냄비, 나무주걱, 소창, 고운 체 등 조리기구를 준비하고 채소를 깨끗이 씻어서 준비해 놓는다.

❶ 자루냄비에 달걀이 충분히 잠길 정도의 물을 넣고 끓으면 소금을 넣은 후 달걀이 깨지지 않게 조심스럽게 넣어 12~13분 동안 삶아 꺼내어 찬물에 담가 식혀 놓는다.

❷ 양파를 0.2cm 정도의 크기로 다져서 소창에 싸서 꼭 짜 놓는다.

❸ 오이피클을 0.2cm 정도의 크기로 다져서 준비하여 놓는다.

❹ 삶은 달걀은 노른자, 흰자를 분리하여 0.2cm 정도의 크기로 다져 준비하여 놓는다.

❺ 파슬리잎을 곱게 다진 후 소창에 싸서 흐르는 물에 씻어낸 다음 물기를 꼭 짜서 준비해 놓는다.

❻ 믹싱볼에 마요네즈를 넣고 다진 양파, 오이피클, 파슬리 다진 것, 달걀 흰자를 넣고 약간의 레몬즙, 식초, 소금, 흰 후추를 넣어 골고루 잘 섞는다.

❼ 마지막으로 달걀 노른자를 넣고 조심스럽게 저어준 다음 그릇에 담고 파슬리 다진 것을 뿌려서 제출한다. (달걀 노른자는 소스의 색에 영향을 주기 때문에 맨 나중에 첨가한다.)

Thousand Island Dressing

사우전드 아일랜드 드레싱
Thousand Island Dressing

시험시간 **20**분

요구사항

※ 주어진 재료를 사용하여 다음과 같이 **사우전드 아일랜드 드레싱**를 만드시오.

가. 드레싱은 핑크빛이 되도록 하시오.

나. 다지는 재료는 0.2cm 정도의 크기로 하시오.

다. 드레싱은 농도를 잘 맞추어 100ml 이상 제출하시오.

수험자 유의사항

1. 만드는 순서에 유의하며, 위생과 숙련된 기능평가를 위하여 조리작업 시 맛을 보지 않는다.
2. 지정된 수험자지참준비물 이외의 조리기구나 재료를 시험장 내에 지참할 수 없다.
3. 지급재료는 시험 전 확인하여 이상이 있을 경우 시험위원으로부터 조치를 받고 시험 중에는 재료의 교환 및 추가지급은 하지 않는다.
4. 요구사항의 규격은 "정도"의 의미를 포함하며, 지급된 재료의 크기에 따라 가감하여 채점한다.
5. 위생복, 위생모, 앞치마를 착용하여야 하며, 시험장비·조리도구 취급 등 안전에 유의한다.
6. 다음 사항에 대해서는 채점대상에서 제외하니 특히 유의한다.
   가. 기권 – 수험자 본인이 시험 도중 시험에 대한 포기 의사를 표현하는 경우
   나. 실격
   　(1) 가스레인지 화구 2개 이상(2개 포함) 사용한 경우
   　(2) 불을 사용하여 만든 조리작품이 작품특성에 벗어나는 정도로 타거나 익지 않은 경우
   　(3) 위생복, 위생모, 앞치마를 착용하지 않은 경우
   　(4) 시험 중 시설·장비(칼, 가스레인지 등) 사용 시 시험위원 및 타수험자의 시험 진행에 위협이 될 것으로 시험위원 전원이 합의하여 판단한 경우
   다. 미완성
   　(1) 시험시간 내에 과제 두 가지를 제출하지 못한 경우
   　(2) 문제의 요구사항대로 과제의 수량이 만들어지지 않은 경우
   라. 오작
   　(1) 구이를 조림 등으로 조리하여 완성품을 요구사항과 다르게 만든 경우
   　(2) 해당 과제의 지급재료 이외의 재료를 사용하거나 석쇠 등 요구사항의 조리도구를 사용하지 않은 경우
   마. 요구사항에 표시된 실격, 미완성, 오작에 해당하는 경우
7. 항목별 배점은 위생상태 및 안전관리 5점, 조리기술 30점, 작품의 평가 15점이다.
8. 시험시작 전 가벼운 몸 풀기(스트레칭) 동작으로 긴장을 풀고 시험을 시작한다.

지급재료목록

재료명	규격	단위	수량	비고
마요네즈		g	70	
오이피클	개당 25~30g짜리	개	1/2	
양파	중(150g 정도)	개	1/6	
토마토케첩		g	20	
소금	정제염	g	2	
흰 후춧가루		g	1	
레몬		개	1/4	길이(장축)로 등분
달걀		개	1	
청피망	중(75g 정도)	개	1/4	
식초		ml	10	

만드는 방법 및 순서

믹싱볼, 자루냄비, 거품기, 소창 등 조리기구를 준비하고 채소는 깨끗이 씻어서 준비한다.

❶ 자루냄비에 달걀이 충분히 잠길 정도의 물을 넣고 끓으면 소금을 넣은 후 달걀이 깨지지 않게 조심스럽게 넣어 12~13분 동안 삶아 꺼내고 찬물에 담가 식혀 놓는다.

❷ 양파, 피망은 0.2cm 크기로 다진 후 소창에 싸서 물기를 제거한다.

❸ 오이피클도 0.2cm 크기로 다져서 준비하여 놓는다.

❹ 삶은 달걀은 노른자와 흰자를 분리해서 0.2cm 크기로 다져 준비하여 놓는다.

❺ 믹싱볼에 마요네즈와 케첩을 섞어서 진한 핑크색이 되도록 한다.

❻ 소스에 양파, 피망, 오이피클, 달걀 흰자를 넣고 식초와 레몬즙을 첨가하여 골고루 잘 섞어준 후 오이피클 국물로 농도를 맞춘다. (식초는 맛을 보아가며 넣는다.)

❼ 마지막으로 달걀 노른자를 넣고 조심스럽게 저어준 다음 그릇에 담아 제출한다.(달걀 노른자는 드레싱 색에 영향을 주기 때문에 맨 나중에 첨가한다.)

Bacon, Lettuce, Tomato Sandwich

BLT 샌드위치

Bacon, Lettuce, Tomato Sandwich

시험시간 **30**분

※ 주어진 재료를 사용하여 다음과 같이 **BLT 샌드위치**를 만드시오.

가. 빵은 구워서 사용하시오.

나. 토마토는 0.5cm 정도의 두께로 썰고, 베이컨은 구워서 사용하시오.

다. 완성품은 4조각으로 썰어 전량을 제출하시오.

수험자 유의사항

1. 만드는 순서에 유의하며, 위생과 숙련된 기능평가를 위하여 조리 작업 시 맛을 보지 않는다.
2. 지정된 수험자지참준비물 이외의 조리기구나 재료를 시험장 내에 지참할 수 없다.
3. 지급재료는 시험 전 확인하여 이상이 있을 경우 시험위원으로부터 조치를 받고 시험 중에는 재료의 교환 및 추가지급은 하지 않는다.
4. 요구사항의 규격은 "정도"의 의미를 포함하며, 지급된 재료의 크기에 따라 가감하여 채점한다.
5. 위생복, 위생모, 앞치마를 착용하여야 하며, 시험장비·조리도구 취급 등 안전에 유의한다.
6. 다음 사항에 대해서는 채점대상에서 제외하니 특히 유의한다.
   가. 기권 – 수험자 본인이 시험 도중 시험에 대한 포기 의사를 표현하는 경우
   나. 실격
   (1) 가스레인지 화구 2개 이상(2개 포함) 사용한 경우
   (2) 불을 사용하여 만든 조리작품이 작품특성에 벗어나는 정도로 타거나 익지 않은 경우
   (3) 위생복, 위생모, 앞치마를 착용하지 않은 경우
   (4) 시험 중 시설·장비(칼, 가스레인지 등) 사용 시 시험위원 및 타수험자의 시험 진행에 위협이 될 것으로 시험위원 전원이 합의하여 판단한 경우
   다. 미완성
   (1) 시험시간 내에 과제 두 가지를 제출하지 못한 경우
   (2) 문제의 요구사항대로 과제의 수량이 만들어지지 않은 경우
   라. 오작
   (1) 구이를 조림 등으로 조리하여 완성품을 요구사항과 다르게 만든 경우
   (2) 해당 과제의 지급재료 이외의 재료를 사용하거나 석쇠 등 요구사항의 조리도구를 사용하지 않은 경우
   마. 요구사항에 표시된 실격, 미완성, 오작에 해당하는 경우
7. 항목별 배점은 위생상태 및 안전관리 5점, 조리기술 30점, 작품의 평가 15점이다.
8. 시험시작 전 가벼운 몸 풀기(스트레칭) 동작으로 긴장을 풀고 시험을 시작한다.

지급재료목록

재료명	규격	단위	수량	비고
식빵	샌드위치용	조각	3	
양상추		g	20	2잎 정도, 잎상추로 대체 가능
토마토	중(150g 정도)	개	1/2	둥근 모양이 되도록 잘라서 지급
베이컨	길이 25~30cm	조각	2	
마요네즈		g	30	
소금	정제염	g	3	
검은 후춧가루		g	1	

만드는 방법 및 순서

프라이팬 등 조리기구를 준비하고 채소는 깨끗이 씻어서 준비해 놓는다.

❶ 팬에 빵을 넣고 은은한 불에서 연한 갈색이 나도록 앞뒤로 구워 준다.

❷ 양상추는 물기를 제거하고 칼등으로 두들겨서 펴놓고, 토마토는 0.5cm 두께의 4조각으로 썰어서 준비하여 놓는다.

❸ 베이컨은 프라이팬에서 구워 놓는다.

❹ 버터를 크림 상태로 만들어 놓는다.

❺ 노릇노릇하게 구워진 빵의 한쪽 면에 마요네즈를 바르고 중간에 들어가는 빵은 양쪽 면을 바른 후 **빵**-양상추-베이컨-**빵**-양상추-토마토-**빵** 순으로 놓고 샌드위치를 만든다.

❻ 잘 드는 칼로 가장자리 부분의 4면을 조금씩 잘라내고 모서리와 모서리를 잇는 십자형태로 4등분하여 접시에 쓰러지지 않게 정갈하게 담아낸다.

Hamburger Sandwich

햄버거 샌드위치
Hamburger Sandwich

시험시간 **30**분

※ 주어진 재료를 사용하여 다음과 같이 **햄버거 샌드위치**를 만드시오.

가. 빵은 버터를 발라 구워서 사용하시오.

나. 고기는 미디움 웰던(medium wellden)으로 굽고, 구워진 고기의 두께는 1cm 정도로 하시오.

다. 토마토, 양파는 0.5cm 정도의 두께로 썰고 양상추는 빵크기에 맞추시오.

라. 샌드위치는 반으로 잘라 내시오.

수험자 유의사항

1. 만드는 순서에 유의하며, 위생과 숙련된 기능평가를 위하여 조리작업 시 맛을 보지 않는다.
2. 지정된 수험자지참준비물 이외의 조리기구나 재료를 시험장 내에 지참할 수 없다.
3. 지급재료는 시험 전 확인하여 이상이 있을 경우 시험위원으로부터 조치를 받고 시험 중에는 재료의 교환 및 추가지급은 하지 않는다.
4. 요구사항의 규격은 "정도"의 의미를 포함하며, 지급된 재료의 크기에 따라 가감하여 채점한다.
5. 위생복, 위생모, 앞치마를 착용하여야 하며, 시험장비·조리도구 취급 등 안전에 유의한다.
6. 다음 사항에 대해서는 채점대상에서 제외하니 특히 유의한다.
   가. 기권 – 수험자 본인이 시험 도중 시험에 대한 포기 의사를 표현하는 경우
   나. 실격
   (1) 가스레인지 화구 2개 이상(2개 포함) 사용한 경우
   (2) 불을 사용하여 만든 조리작품이 작품특성에 벗어나는 정도로 타거나 익지 않은 경우
   (3) 위생복, 위생모, 앞치마를 착용하지 않은 경우
   (4) 시험 중 시설·장비(칼, 가스레인지 등) 사용 시 시험위원 및 타수험자의 시험 진행에 위협이 될 것으로 시험위원 전원이 합의하여 판단한 경우
   다. 미완성
   (1) 시험시간 내에 과제 두 가지를 제출하지 못한 경우
   (2) 문제의 요구사항대로 과제의 수량이 만들어지지 않은 경우
   라. 오작
   (1) 구이를 조림 등으로 조리하여 완성품을 요구사항과 다르게 만든 경우
   (2) 해당 과제의 지급재료 이외의 재료를 사용하거나 석쇠 등 요구사항의 조리도구를 사용하지 않은 경우
   마. 요구사항에 표시된 실격, 미완성, 오작에 해당하는 경우
7. 항목별 배점은 위생상태 및 안전관리 5점, 조리기술 30점, 작품의 평가 15점이다.
8. 시험시작 전 가벼운 몸 풀기(스트레칭) 동작으로 긴장을 풀고 시험을 시작한다.

지급재료목록

재료명	규격	단위	수량	비고
소고기 방심	살코기	g	100	
양파	중(150g 정도)	개	1	
빵가루	마른 것	g	30	
셀러리		g	30	
소금	정제염	g	3	
검은 후춧가루		g	1	
양상추		g	20	
토마토	중(150g 정도)	개	1/2	둥근 모양이 되도록 잘라서 지급
버터	무염	g	15	
햄버거 빵		개	1	
식용유		ml	20	
달걀		개	1	

만드는 방법 및 순서

프라이팬, 뒤집개, 믹싱볼, 거품기, 나무주걱 등 조리기구를 준비하고 채소는 깨끗이 씻어서 준비해 놓는다.

❶ 양파와 셀러리를 곱게 다져서 프라이팬에 버터를 넣고 볶은 후 식혀 놓는다.

❷ 빵을 옆으로 반을 갈라 프라이팬에서 노릇노릇하게 토스트 한다.

❸ 분쇄한 고기의 수분을 제거하고 칼로 잘게 다진 후 양파, 셀러리, 빵가루, 달걀, 소금, 후추를 넣어 골고루 섞고 끈기가 있게 잘 치대어 놓는다.

❹ 고기반죽을 빵 크기보다 1cm가량 더 크게 원형으로 만든다. (구우면 줄어드는 것을 감안하여 조금 크게 한다.)

❺ 프라이팬에 기름을 두르고 원형으로 만든 고기를 갈색이 나게 굽는다. 둥글게 썬 양파와 토마토를 버터에 살짝 볶아서 준비한다.

❻ 크림상태의 버터를 노릇노릇하게 구워진 햄버거 빵에 바른 다음 빵 위에 양상추, 고기, 토마토, 양파, 빵 순으로 올려서 완성한 후 반으로 잘라 접시에 담아 제출한다. (일반적으로 판매되는 햄버거 샌드위치에 머스터드버터(머스터드와 버터를 섞은 것)를 빵에 발라 준다.)

Seafood Spaghetti Tomato Sauce

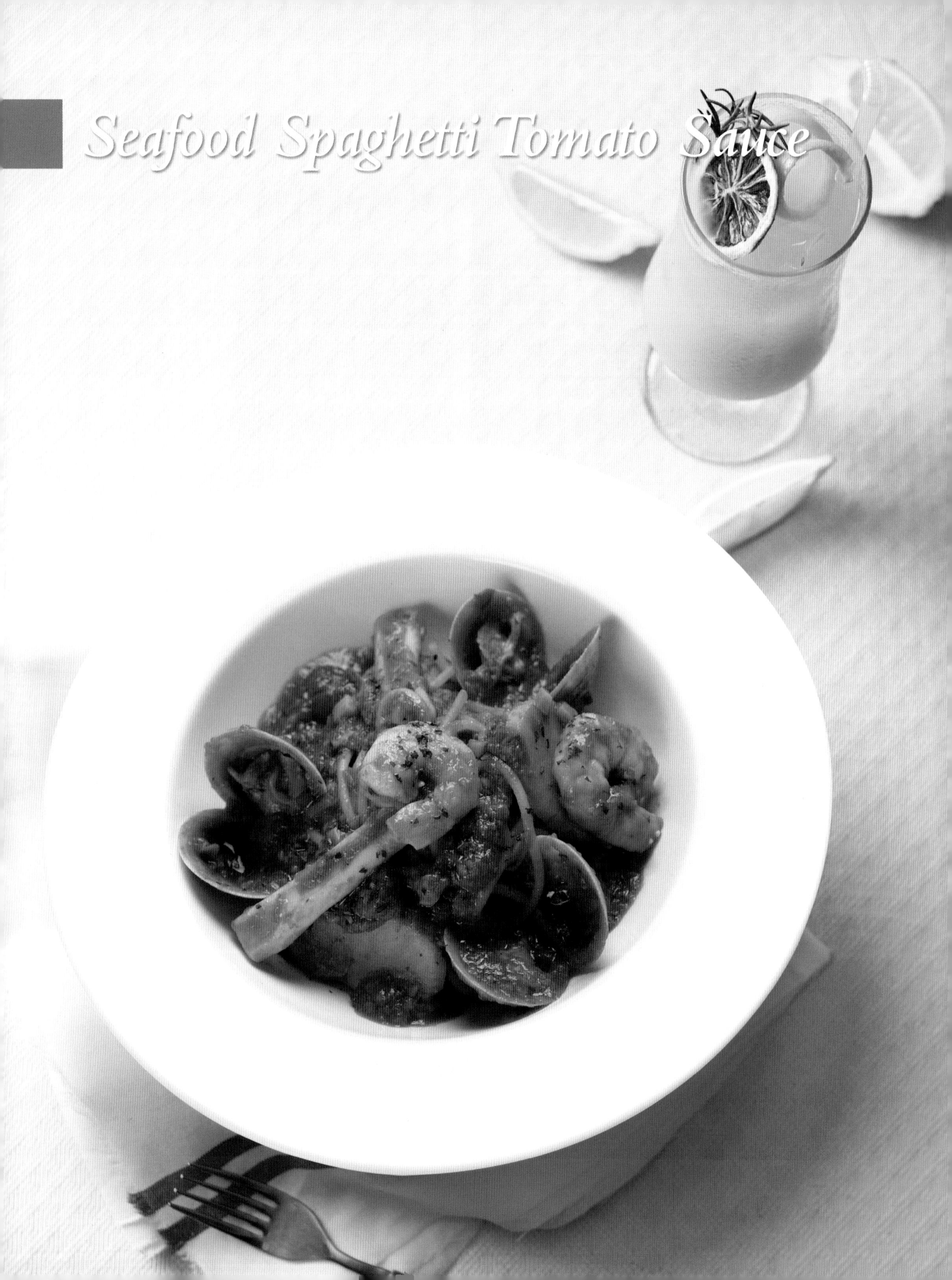

토마토소스 해산물 스파게티

시험시간 **35** 분

Seafood Spaghetti Tomato Sauce

요구사항

※ 주어진 재료를 사용하여 다음과 같이 **토마토소스 해산물 스파게티**를 만드시오.

가. 스파게티 면은 al dante(알 단테)로 삶아서 사용하시오.
나. 조개는 껍질째, 새우는 껍질을 벗겨 내장을 제거하고, 관자살은 편으로 썰고, 오징어는 0.8cm x 5cm 정도 크기로 썰어 사용하시오.
다. 해산물은 화이트와인을 사용하여 조리하고, 마늘과 양파는 해산물 조리와 토마토소스조리에 나누어 사용하시오.
라. 바질을 넣은 토마토소스를 만들어 사용하시오.
마. 스파게티는 토마토소스에 버무리고 다진 파슬리와 슬라이스한 바질을 넣어 완성하시오.

수험자 유의사항

1. 만드는 순서에 유의하며, 위생과 숙련된 기능평가를 위하여 조리작업 시 맛을 보지 않는다.
2. 지정된 수험자지참준비물 이외의 조리기구나 재료를 시험장 내에 지참할 수 없다.
3. 지급재료는 시험 전 확인하여 이상이 있을 경우 시험위원으로부터 조치를 받고 시험 중에는 재료의 교환 및 추가지급은 하지 않는다.
4. 요구사항의 규격은 "정도"의 의미를 포함하며, 지급된 재료의 크기에 따라 가감하여 채점한다.
5. 위생복, 위생모, 앞치마를 착용하여야 하며, 시험장비·조리도구 취급 등 안전에 유의한다.
6. 다음 사항에 대해서는 채점대상에서 제외하니 특히 유의한다.
   가. 기권 – 수험자 본인이 시험 도중 시험에 대한 포기 의사를 표현하는 경우
   나. 실격
      (1) 가스레인지 화구 2개 이상(2개 포함) 사용한 경우
      (2) 불을 사용하여 만든 조리작품이 작품특성에 벗어나는 정도로 타거나 익지 않은 경우
      (3) 위생복, 위생모, 앞치마를 착용하지 않은 경우
      (4) 시험 중 시설·장비(칼, 가스레인지 등) 사용 시 시험위원 및 타수험자의 시험 진행에 위협이 될 것으로 시험위원 전원이 합의하여 판단한 경우
   다. 미완성
      (1) 시험시간 내에 과제 두 가지를 제출하지 못한 경우
      (2) 문제의 요구사항대로 과제의 수량이 만들어지지 않은 경우
   라. 오작
      (1) 구이를 조림 등으로 조리하여 완성품을 요구사항과 다르게 만든 경우
      (2) 해당 과제의 지급재료 이외의 재료를 사용하거나 석쇠 등 요구사항의 조리도구를 사용하지 않은 경우
   마. 요구사항에 표시된 실격, 미완성, 오작에 해당하는 경우
7. 항목별 배점은 위생상태 및 안전관리 5점, 조리기술 30점, 작품의 평가 15점이다.
8. 시험시작 전 가벼운 몸 풀기(스트레칭) 동작으로 긴장을 풀고 시험을 시작한다.

지급재료목록

재료명	규격	단위	수량	비고
스파게티면	건조 면	g	70	
토마토(캔)	홀필드, 국물 포함	g	300	
마늘		쪽	3	
양파	중(150g 정도)	개	1/2	
바질	신선한 것	잎	4	
파슬리	잎, 줄기 포함	줄기	1	
방울토마토	붉은색	개	2	
올리브 오일		ml	40	
새우	껍질 있는 것	마리	3	
모시조개	지름 3cm 정도	개	3	바지락 대체 가능
오징어	몸통	g	50	
관자살	50g 정도	개	1	작은 관자 3개 정도
화이트 와인		ml	20	
소금		g	5	
흰 후춧가루		g	5	
식용유		ml	20	

만드는 방법 및 순서

자루냄비, 나무젓가락, 고운체 등 조리기구를 준비하고 야채를 깨끗이 씻어서 준비해 놓는다.

❶ 스파게티 면은 끓는 물에 7분 정도 삶아 체에 밭쳐 물기를 제거하고 올리브오일에 버무려놓는다.

❷ 파슬리는 찬물에 살려 물기를 제거하여 다진 후 소창에 넣어 물에 헹궈낸 다음 꼭 짜서 물기를 없앤다.

❸ 양파는 0.3cm로 다지고 마늘은 곱게 다져 놓는다.

❹ 토마토홀은 약간은 거칠게 다져 놓는다.

❺ 소스팬에 올리브 오일 20mm에 마늘 다진 것 볶다가 양파 다진 것 넣고 볶은 다음 토마토홀을 넣고 끓이면서 바질 썰은 것을 넣고 소금, 후추로 간을 한다.

❻ 오징어는 껍질을 제거하고 가로세로 3×1cm로 썰고 새우는 내장과 껍질을 제거 한다.

❼ 관자는 0.8cm로 자르고 모시조개는 흐르는 물에 깨끗이 씻어 놓는다.

❽ 프라이팬에 올리브 오일 10mm 정도 넣고 마늘, 양파 다진 것 넣고 볶다가 해산물 넣고 볶은 화이트 와인으로 플람베를 하여 와인의 신맛을 없앤다.

❾ 해산물 볶은 팬에 토마토소스를 넣고 스파게티 면을 넣고 끓이면서 파슬리 다진 것과 바질 슬라이스 넣고 소금, 후추 간을 하고 마무리한다.

❿ 스파게티는 포크를 이용해 말아서 접시중앙에 담고 해산물과 소스를 스파게티를 중심으로 보기 좋게 담는다.

Spaghetti Carbonara

스파게티 카르보나라
Spaghetti Carbonara

시험시간 **30**분

요구사항

※ 주어진 재료를 사용하여 다음과 같이 **스파게티 카르보나라**를 만드시오.

가. 스파게티 면은 al dante(알 단테)로 삶아서 사용하시오.

나. 파슬리는 다지고 통후추는 곱게 으깨서 사용하시오.

다. 베이컨은 1cm 정도 크기로 썰어, 으깬 통후추와 볶아서 향이 잘 우러나게 하시오.

라. 생크림은 달걀노른자를 이용한 리에종(liaison)과 소스에 사용하시오.

수험자 유의사항

1. 만드는 순서에 유의하며, 위생과 숙련된 기능평가를 위하여 조리 작업 시 맛을 보지 않는다.
2. 지정된 수험자지참준비물 이외의 조리기구나 재료를 시험장 내에 지참할 수 없다.
3. 지급재료는 시험 전 확인하여 이상이 있을 경우 시험위원으로부터 조치를 받고 시험 중에는 재료의 교환 및 추가지급은 하지 않는다.
4. 요구사항의 규격은 "정도"의 의미를 포함하며, 지급된 재료의 크기에 따라 가감하여 채점한다.
5. 위생복, 위생모, 앞치마를 착용하여야 하며, 시험장비·조리도구 취급 등 안전에 유의한다.
6. 다음 사항에 대해서는 채점대상에서 제외하니 특히 유의한다.
    가. 기권 – 수험자 본인이 시험 도중 시험에 대한 포기 의사를 표현하는 경우
    나. 실격
    　(1) 가스레인지 화구 2개 이상(2개 포함) 사용한 경우
    　(2) 불을 사용하여 만든 조리작품이 작품특성에 벗어나는 정도로 타거나 익지 않은 경우
    　(3) 위생복, 위생모, 앞치마를 착용하지 않은 경우
    　(4) 시험 중 시설·장비(칼, 가스레인지 등) 사용 시 시험위원 및 타수험자의 시험 진행에 위협이 될 것으로 시험위원 전원이 합의하여 판단한 경우
    다. 미완성
    　(1) 시험시간 내에 과제 두 가지를 제출하지 못한 경우
    　(2) 문제의 요구사항대로 과제의 수량이 만들어지지 않은 경우
    라. 오작
    　(1) 구이를 조림 등으로 조리하여 완성품을 요구사항과 다르게 만든 경우
    　(2) 해당 과제의 지급재료 이외의 재료를 사용하거나 석쇠 등 요구사항의 조리도구를 사용하지 않은 경우
    마. 요구사항에 표시된 실격, 미완성, 오작에 해당하는 경우
7. 항목별 배점은 위생상태 및 안전관리 5점, 조리기술 30점, 작품의 평가 15점이다.
8. 시험시작 전 가벼운 몸 풀기(스트레칭) 동작으로 긴장을 풀고 시험을 시작한다.

지급재료목록

재료명	규격	단위	수량	비고
스파게티면	건조 면	g	80	
올리브오일		ml	20	
버터	무염	g	20	
생크림		ml	180	
베이컨	길이 15~20cm	개	2	
달걀		개	1	
파마산 치즈가루		g	10	
파슬리	잎, 줄기 포함	줄기	1	
소금	정제염	g	5	
검은 통후추		개	5	
식용유		ml	20	

만드는 방법 및 순서

자루냄비, 나무젓가락, 고운체 등 조리기구를 준비하고 야채를 깨끗이 씻어서 준비해 놓는다.

❶ 스파게티 면은 끓는 물에 7정도 삶아 체에 밭쳐 물기를 제거하고 올리브오일에 버무려놓는다.

❷ 파슬리는 찬물에 살려 물기를 제거하여 다진 후 소창에 넣어 물에 헹궈낸 다음 꼭 짜서 물기를 없앤다.

❸ 난황 1개와 휘핑크림 60mm을 함께 섞은 후 파마산 가루치즈 5g를 넣어 리에종을 만들어 놓는다.

❹ 통후추는 칼등으로 으깨놓고 베이컨은 가로세로 1cm 크기로 썰어 팬에서 식용유로 브라운 색이나도록 볶은 후 스파게티 면을 넣고 같이 볶아준다.(베이컨을 볶은 후 기름이 너무 많으면 조금 덜어낸다)

❺ 4번에 리에종 만들고 남은 휘핑크림을 넣고 끓으면 리에종을 넣으며 소스농도를 조절하고 소금으로 간을 하고 파슬리 다진 것도 조금 넣어 마무리한다.

❻ 스파게티는 포크를 이용해 말아서 접시중앙에 담고 팬에 있는 소스를 스파게티위에 부어준다.

❼ 스파게티위에 파슬리 다진 것, 파마산치즈 가루, 으깬 통후추로 가니쉬하고 마무리한다

●●●● **서양요리 조리기능사 실기 30문제**

작품 유형	작품명	시험시간
조식요리	1. 치즈 오믈렛(Cheese Omelet)	20분
	2. 스페니시 오믈렛(Spanish Omelet)	30분
전채요리	3. 쉬림프카나페(Shrimp Canape)	30분
	4. 샐러드 부케를 곁들인 참치타르타르와 채소 비네그레트(Tuna Tartar with Salad Bouquet and Vegetable Vinaigrette)	30분
수프	5. 포테이토 크림수프(Potato Cream Soup)	30분
	6. 피시 차우더 수프(Fish Chowder Soup)	30분
	7. 비프 콘소메(Beef Consomme)	40분
	8. 프렌치어니언 수프(French Onion Soup)	30분
	9. 미네스트로니 수프(Minestrone Soup)	30분
생선요리	10. 프렌치프라이드 쉬림프(French Fried Shrimp)	25분
샐러드	11. 해산물 샐러드(Seafood Salad)	30분
	12. 포테이토 샐러드(Potato Salad)	30분
	13. 월도프 샐러드(Waldorf Salad)	20분
	14. 시저샐러드(Caesar Salad)	35분
소고기요리	15. 서로인 스테이크(Sirloin Steak)	30분
	16. 살리스버리 스테이크(Salisbury Steak)	40분
	17. 비프스튜(Beef Stew)	40분
돼지고기요리	18. 바비큐 폭찹(Barbecued Pork Chop)	40분
닭고기요리	19. 치킨 알라킹(Chicken Ala King)	30분
	20. 치킨 커틀릿(Chicken Cutlet)	30분
육수	21. 브라운 스톡(Brown Stock)	30분
온소스	22. 브라운 그래비 소스(Brown Gravy Sauce)	30분
	23. 홀랜다이즈 소스(Hollandaise Sauce)	25분
	24. 이탈리안 미트소스(Italian Meat Sauce)	30분
냉소스	25. 타르타르 소스(Tartar Sauce)	20분
	26. 사우전드 아일랜드 드레싱(Thousand Island Dressing)	20분
샌드위치	27. BLT 샌드위치(Bacon, Lettuce, Tomato Sandwich)	30분
	28. 햄버거 샌드위치(Hamburger Sandwich)	30분
스파게티	29. 토마토소스 해산물 스파게티(Seafood Spaghetti Tomato Sauce)	35분
	30. 스파게티 카르보나라(Spaghetti Carbonara)	30분

조리기능사, 조리산업기사, 조리기능장 자격증 취득 안내

1. 개요

한식, 양식, 중식, 일식, 복어 조리부문에 배속되어 제공될 음식에 대한 계획을 세우고, 조리할 재료를 선정, 구입, 검수하고 선정된 재료를 적정한 조리 기구를 사용하여 조리 업무를 수행하며, 음식을 제공하는 장소에서 조리시설 및 기구를 위생적으로 관리·유지하고, 필요한 각종 재료를 구입하여 위생학적, 영양학적으로 저장 관리하면서 제공될 음식을 조리·제공하기 위한 전문 인력을 양성하기 위하여 자격제도를 제정하였다.

2. 수행직무

각각의 조리부문에 배속되어 제공될 음식에 대한 계획을 세우고, 조리할 재료를 선정, 구입, 검수하고 선정된 재료를 적정한 조리 기구를 사용하여 조리 업무를 수행하며, 음식을 제공하는 장소에서 조리시설 및 기구를 위생적으로 관리·유지하고, 필요한 각종 재료를 구입하며 위생학적, 영양학적으로 저장 관리하면서 제공될 음식을 조리하여 제공하는 직종이다.

3. 취득 방법

① **시행처** : 한국산업인력공단(☎ 1644-8000)

② **관련학과** : 전문대학 이상의 식품영양학과 및 식생활학과, 조리 관련학과 등

③ **시험과목**
   - 필기 : 1. 재료관리   2. 음식조리 및 위생관리
   - 실기 : 조리 실무

④ **검정 방법**
   - 필기 : 객관식 4지 택일형, 60문항(60분)
   - 실기 : 작업형(70분 정도)

⑤ **합격기준** : 100점 만점에 60점 이상

⑥ **응시자격** : 제한 없음

4. 출제 경향

① 요구 작업 내용

지급된 재료를 가지고 요구하는 작품을 시험 시간 내에 1인분을 만들어 내는 작업이다.

② 주요 평가 내용

- 위생 상태(개인 및 조리 과정)
- 조리의 기술(기구 취급, 동작, 순서, 재료 다듬기 방법)
- 작품의 평가
- 정리정돈 및 청소

5. 진로 및 전망

① 식품접객업 및 집단 급식소 등에서 조리사로 근무하거나 운영이 가능하다.

② 업체 간, 지역 간의 이동이 많은 편이고 고용과 임금에 있어서 안정적이지는 못한 편이지만, 조리에 대한 전문가로 인정받게 되면 높은 수익과 직업적 안정성을 보장받게 된다.

③ 식품위생법상 대통령령이 정하는 식품접객영업자(복어조리, 판매영업 등)와 집단급식소의 운영자는 조리사 자격을 취득하고, 시장·군수·구청장의 면허를 받은 조리사를 두어야 한다. (관련법 : 식품위생법 제34조, 제36조, 같은법 시행령 제18조, 같은법 시행규칙 제46조)

6. 진행 방법 및 유의사항

① 정해진 실기시험 일자와 장소, 시간을 정확히 확인한 후 시험 30분 전 수검자 대기실에 도착하여 시험 준비요원의 지시를 받는다.

② 가운과 앞치마, 모자 또는 머리 수건을 단정히 착용한 후 준비요원의 호명에 따라(또는 선착순으로) 수험표와 주민등록증을 확인하고, 등 번호를 교부받아 실기 시험장으로 향한다.

③ 자신의 등 번호가 위치해 있는 조리대로 가서 실기시험 문제를 확인한 후 준비해 간 도구 중 필요한 도구를 꺼내 정리한다.

④ 실기 시험장에서는 감독의 허락 없이 시작하지 않도록 하고, 주의사항을 경청하여 실기시험에 실수하지 않도록 한다.

⑤ 지급된 재료를 재료 목록표와 비교, 확인하여 부족하거나 상태가 좋지 않은 재료는 즉시 지급 받는다(재료는 1회에 한하여 지급되며 재 지급되지 않는다).

⑥ 두 가지 과제의 요구사항을 꼼꼼히 읽은 후 시험에서 요구하는 대로 작품을 만들어 정해진 시간 안에 등 번호와 함께 정해진 위치에 제출한다.

⑦ 작품을 제출할 때는 반드시 시험장에서 제시된 그릇에 담아낸다.

⑧ 정해진 시간 안에 작품을 제출하지 못했을 경우 시간 초과로 채점 대상에서 제외된다.

⑨ 요구 작품이 2가지인 경우 1가지 작품만 만들었을 때에는 미완성으로 채점 대상에서 제외된다.

⑩ 시험에 지급된 재료 이외의 재료를 사용하거나, 작업 도중 음식의 간을 보면 감점 처리된다.

⑪ 불을 사용하여 만든 조리작품이 불에 익지 않은 경우에는 미완성으로 채점 대상에서 제외된다.

⑫ 작품을 제출한 후 테이블, 세정대 및 가스레인지 등을 깨끗이 청소하고, 사용한 기구들도 제자리에 배치한다.

■ 채점 기준표

항목	세부 항목	내용	최대배점	비고
위생상태 및 안전관리	개인위생	위생복 착용, 두발, 손톱상태	3	공통배점 총 10점
	조리위생	재료와 조리기구의 취급	4	
	뒷정리	조리대의 청소상태	3	
조리기술	재료손질	재료다듬기 및 씻기	3	작품별 45점 총 90점
	조리조작	썰기와 조리하기	27	
작품평가	작품의 맛	간 맞추기	6	
	작품의 색	색의 유지 정도	5	
	담기	그릇과 작품의 조화	4	

7. 위생상태 및 안전관리 세부기준

① 개인위생상태 세부기준

순번	구분	세부기준
1	위생복	• 상의 : 흰색, 긴팔 • 하의 : 색상무관, 긴바지 • 안전사고 방지를 위하여 반바지, 짧은 치마, 폭넓은 바지 등 작업에 방해가 되는 모양이 아닐 것
2	위생모 (머리수건)	• 흰색 • 일반 조리장에서 통용되는 위생모
3	앞치마	• 흰색 • 무릎아래까지 덮이는 길이
4	위생화 또는 작업화	• 색상 무관 • 위생화, 작업화, 발등이 덮이는 깨끗한 운동화 • 미끄러짐 및 화상의 위험이 있는 슬리퍼류, 작업에 방해가 되는 굽이 높은 구두, 속 굽 있는 운동화가 아닐 것
5	장신구	• 착용 금지 • 시계, 반지, 귀걸이, 목걸이, 팔찌 등 이물, 교차오염 등의 식품위생 위해 장신구는 착용하지 않을 것
6	두발	• 단정하고 청결할 것 • 머리카락이 길 경우, 머리카락이 흘러내리지 않도록 단정히 묶거나 머리망 착용할 것
7	손톱	• 길지 않고 청결해야 하며 매니큐어, 인조손톱부착을 하지 않을 것

※ 위생복, 위생모, 앞치마 미착용 시 채점 대상에서 제외됩니다.
※ 개인위생 및 조리도구 등 시험장내 모든 개인물품에는 기관 및 성명 등의 표시가 없을 것

② 안전관리 세부기준

- 조리장비 · 도구의 사용 전 이상 유무 점검
- 칼 사용(손 빔) 안전 및 개인 안전사고 시 응급조치 실시
- 튀김기름 적재장소 처리 등

8. 준비물

양식조리기능사

순번	재료명	규격	단위	수량	비고
1	거품기(whipper)	중	EA	1	자동 및 반자동 제외
2	계량스푼	사이즈별	SET	1	
3	계량컵	200㎖	EA	1	
4	고무주걱	소	EA	1	
5	나무젓가락	40~50cm 정도	SET	1	
6	나무주걱	소	EA	1	
7	냄비	조리용	EA	1	시험장에도 준비되어 있음
8	다시백	10×12cm 정도	EA	1	
9	도마	흰색 또는 나무도마	EA	1	시험장에도 준비되어 있음
10	랩, 호일	조리용	EA	1	
11	볼(bowl)	크기 제한 없음	EA	1	시험장에도 준비되어 있음
12	소창 또는 면보	30×30cm 정도	장	1	
13	쇠조리(혹은 체)	조리용	EA	1	시험장에도 준비되어 있음
14	앞치마	백색(남녀공용)	EA	1	
15	연어나이프	–	EA	1	필요시 지참, 일반조리용칼로 대체 가능
16	위생모 또는 머리수건	백색	EA	1	
17	위생복	상의－백색, 하의－긴바지(색상무관)	벌	1	★위생복장을 제대로 갖추지 않을 경우는 감점처리됩니다★
18	위생타월	면	매	1	
19	이쑤시개	–	EA	1	
20	종이컵	–	EA	1	
21	칼	조리용칼, 칼집포함	EA	1	눈금표시칼 사용 불가
22	키친타월(종이)	주방용(소 18×20cm)	장	1	
23	테이블스푼	–	EA	2	숟가락으로 대체 가능

24	프라이팬	소형	EA	1	시험장에도 준비되어 있음
25	강판	조리용	EA	1	
26	채칼(box grater)	중	EA	1	시저샐러드용으로만 사용
27	상비의약품	손가락 골무, 밴드 등			가벼운 상처 치료용

※ 지참준비물의 수량은 최소 필요수량으로 수험자가 필요시 추가지참 가능합니다.

※ 길이를 측정할 수 있는 눈금표시가 있는 조리기구는 사용불가합니다.

한식조리기능사

순번	재료명	규격	단위	수량	비고
1	가위	조리용	EA	1	
2	강판	조리용	EA	1	
3	계량스푼	15ml, 5ml	SET	1	
4	계량컵	200㎖	EA	1	
5	공기	소	EA	1	
6	국대접	소	EA	1	
7	김발	20cm 정도	EA	1	
8	냄비	조리용	EA	1	시험장에도 준비되어 있음
9	도마	흰색 또는 나무도마	EA	1	시험장에도 준비되어 있음
10	뒤집개	–	EA	1	
11	랩, 호일	조리용	EA	1	
12	밀대	소	EA	1	
13	비닐봉지, 비닐백	소형	장	3	
14	비닐팩	–	EA	1	
15	석쇠	조리용	EA	1	시험장에도 준비되어 있음
16	소창 또는 면보	30×30cm 정도	장	1	
17	쇠조리(혹은 체)	조리용	EA	1	시험장에도 준비되어 있음
18	숟가락	스테인리스제	SET	1	
19	앞치마	백색(남녀공용)	EA	1	
20	위생모 또는 머리수건	백색	EA	1	
21	위생복	상의-백색, 하의-긴바지(색상무관)	벌	1	★위생복장을 제대로 갖추지 않을 경우는 감점처리됩니다★
22	위생타월	면 또는 키친타월 등	매	1	
23	이쑤시개	–	EA	1	
24	튀김젓가락	나무 재질	EA	1	
25	종이컵	–	EA	1	
26	칼	조리용칼, 칼집포함	EA	1	눈금표시칼 사용 불가

27	키친페이퍼	–	EA	1	
28	프라이팬	소형	EA	1	시험장에도 준비되어 있음
29	과도	소형	EA	1	
30	행주	면	EA	1	
31	주걱	나무 재질	EA	1	
32	국자	스테인리스	EA	1	
33	접시	중	EA	1	
33	상비의약품	손가락 골무, 밴드 등			가벼운 상처 치료용

※ 지참준비물의 수량은 최소 필요수량으로 수험자가 필요시 추가지참 가능합니다.

※ 길이를 측정할 수 있는 눈금표시가 있는 조리기구는 사용불가합니다.

9. 수검 절차 안내

1) 응시자격

조리기능장	다음 각 호의 어느 하나에 해당하는 사람 1. 응시하려는 종목이 속하는 동일 및 유사 직무분야의 산업기사 또는 기능사 자격을 취득한 후 「근로자직업능력 개발법」에 따라 설립된 기능대학의 기능장과정을 마친 이수자 또는 그 이수예정자 2. 산업기사 등급 이상의 자격을 취득한 후 응시하려는 종목이 속하는 동일 및 유사 직무분야에서 5년 이상 실무에 종사한 사람 3. 기능사 자격을 취득한 후 응시하려는 종목이 속하는 동일 및 유사 직무분야에서 7년 이상 실무에 종사한 사람 4. 응시하려는 종목이 속하는 동일 및 유사 직무분야에서 9년 이상 실무에 종사한 사람 5. 응시하려는 종목이 속하는 동일 및 유사직무분야의 다른 종목의 기능장 등급의 자격을 취득한 사람 6. 외국에서 동일한 종목에 해당하는 자격을 취득한 사람
조리산업기사	다음 각 호의 어느 하나에 해당하는 사람 1. 기능사 등급 이상의 자격을 취득한 후 응시하려는 종목이 속하는 동일 및 유사 직무분야에 1년 이상 실무에 종사한 사람 2. 응시하려는 종목이 속하는 동일 및 유사 직무분야의 다른 종목의 산업기사 등급 이상의 자격을 취득한 사람 3. 관련학과의 2년제 또는 3년제 전문대학졸업자 등 또는 그 졸업예정자 4. 관련학과의 대학졸업자 등 또는 그 졸업예정자 5. 동일 및 유사 직무분야의 산업기사 수준 기술훈련과정 이수자 또는 그 이수예정자 6. 응시하려는 종목이 속하는 동일 및 유사 직무분야에서 2년 이상 실무에 종사한 사람 7. 고용노동부령으로 정하는 기능경기대회 입상자 8. 외국에서 동일한 종목에 해당하는 자격을 취득한 사람
조리기능사	응시자격 제한 없음

2) 검정방법

- 자격을 취득 조리기능사 및 조리기능장 : 필기 시험자나 면제자에 한하여 실기시험

3) 검정시행 형태 및 합격결정 기준

조리기능사	필기	객관식 4지 택일형, 100점 만점에서 60점 이상자 합격
	실기	100점 만점에 60점 이상 합격
조리기능장	필기	객관식 4지 택일형, 100점 만점에서 60점 이상자 합격
	실기	주관식 필기시험에 또는 실기, 100점 만점에 60점 이상 합격

4) 원서접수 안내

(1) 수험원서 접수방법(인터넷, 모바일앱)

- 원서접수 홈페이지 : q-net.or.kr

(2) 수험원서 접수시간

- 접수시간은 회별 원서접수 첫날 10:00부터 마지막 날 18:00까지

(3) 수험원서 접수기간

- 수검일정계획에 따라 매년 초에 공고

(4) 합격자 발표

- 인터넷(http://q-net.or.kr/)에서 로그인 후 확인(발표일로부터 2개월간 안내)
- ARS 자동응답전화(☎1666-0510)에서 수험번호 누르고 조회(실기시험은 7일간 안내)
- CBT 필기시험은 시험종료 즉시 합격여부가 발표되므로 별도의 ARS 자동응답전화를 통한 합격자 발표 미운영

– 필기시험

구분		합격자 발표	비고
1~21회	1~8부	시험종료 즉시	※ ARS 발표 없음

– 실기시험

실기시험은 당회 시험 종료 후 다음 주 수요일 09:00 발표

5) 원서접수 시 유의사항

- 스마트폰, 태블릿PC 사용자는 모바일앱 프로그램을 설치한 후 접수 및 취소/환불 서비스를 이용

① 접수가능한 사진 범위 등 변경사항

구분	내용
접수가능사진	• 6개월 이내 촬영한 (3×4cm) 칼라사진, 상반신 정면, 탈모, 무 배경
접수 불가능사진	• 스냅 사진, 선글라스, 스티커 사진, 측면 사진, 모자착용, 혼란한 배경사진, 기타 신분확인이 불가한 사진 ※Q-net 사진등록, 원서접수 사진 등록 시 등 상기에 명시된 접수 불가 사진은 컴퓨터 자동인식 프로그램에 의해서 접수가 거부될 수 있다.
본인사진이 아닐 경우 조치	• 연예인 사진, 캐릭터 사진 등 본인사진이 아니고, 신분증 미지참시 시험응시 불가(퇴실)조치 – 본인사진이 아니고 신분증 지참자는 사진 변경등록 각서 징구후 시험 응시
수험자 조치사항	• 필기시험 사진상이자는 신분확인시까지 실기원서접수가 불가하므로 원서접수 지부(사)로 본인이 신분증, 사진을 지참 후 확인 받아야 한다.

• 필기시험 사진상이자는 신분확인 시까지 실기원서접수가 불가하므로 원서접수 지부(사)로 본인이 신분증 및 규격사진(화일)을 지참 후 확인 받아야 한다.

• 장애인 수험자는 원서접수 시 장애유형 및 편의요청사항을 선택하여 접수하고, 장애인 증빙서류를 제출해야 편의제공을 받을 수 있다.

② 신분증 인정범위(모든 수험자 적용)

국가기술자격검정(한국산업인력공단 시행)에 응시하는 수험자는 시험 시 아래 "규정신분증"을 반드시 지참하여야 하며, 일체 훼손·변형이 없는 경우만 유효·인정

※ 주의사항: 신분증은 사진·주민등록번호(최소 생년월일)·성명·발급기관 직인이 있는 경우만 인정

성인	① 주민등록증(주민등록증발급신청확인서 포함) ② 운전면허증(경찰청 발행) ③ 건설기계조종사면허증 ④ 여권 ⑤ 공무원증 ⑥ 장애인등록증, 복지카드 ⑦ 국가유공자증 ⑧ 국가기술자격증 ☞ 국가기술자격법에 의거 한국산업인력공단 등 8개 기관에서 발행된 것

중고등학생	① 학생증 　☞ 사진·주민등록번호(생년월일)·성명·학교장 직인이 표기·날인된 것 ② 재학증명서 　☞ NEIS에서 발행하고 사진·주민등록번호(생년월일)·성명·발급기관 직인이 날인된 것 ③ 여권 ④ 청소년증(청소년증발급신청확인서 포함) ⑤ 국가자격증(국가기술자격증 포함) 　☞ 국가공인자격 및 민간자격은 불인정 ⑥ 학교발행 '신분확인증명서' 　☞ "별지서식1"에 따라 학교장이 발행하고 직인이 날인된 것 　＊주민등록증(주민등록증발급신청확인서), 운전면허증(경찰청 발행), 건설기계조종사면허증 　　소지자 가능
초등학생	① 재학증명서 　☞ NEIS에서 발행하고 사진·주민등록번호(생년월일)·성명·발급기관 직인이 날인된 것 ② 여권 ③ 청소년증(청소년증발급신청확인서 포함) ④ 국가자격증(국가기술자격증 포함) 　☞ 국가공인자격 및 민간자격은 불인정 ⑤ 학교발행 '신분확인증명서' 　☞ "별지서식1"에 따라 학교장이 발행하고 직인이 날인된 것
미취학 아동	① 여권 ② 국가자격증(국가기술자격증 포함) 　☞ 국가공인자격 및 민간자격은 불인정 ③ 우리공단 발행 '자격시험용 임시신분증' 　☞ "별지서식2"에 따라 우리 공단이 발행하고 직인이 날인된 것
사병(군인)	① 부대장 발행 '신분확인증명서' 　☞ "별지서식1"에 따라 소속부대장이 발행하고 직인이 날인된 것
외국인	① 여권 ② 외국인등록증 ③ 외국국적동포국내거소신고증 ④ 영주증 ⑤ 국가기술자격증 　☞ 국가기술자격법에 의거 한국산업인력공단 등 8개 기관에서 발행된 것

6) 결혼이민자를 위한 다국어 시험 안내

• "다문화가족 사회적응 지원정책"의 일환으로 시행되는 다국어시험에 대해서는 주무부처 협의를 거쳐 별도 시행계획을 수립·공고

7) 산업수요 맞춤형 고등학교 및 특성화고등학교 필기면제자 시험 안내

• 산업수요 맞춤형 고등학교 및 특성화고등학교 필기면제자 검정은 제3회로 별도의 회차를 지정하여 접수신청

- 필기시험 면제자 신청서류를 원서접수 전까지 관할 검정원 지사(출장소)로 제출
- 필기시험 면제자 신청서류 접수 및 검정원 지사(출장소)의 승인 후 인터넷 원서접수 가능

- 재학자
  - 실기시험 원서접수 마감일을 기준으로 훈련과정의 70%를 이수한 자

- 졸업자
  - 해당 과정을 이수한 날부터 2년이 경과되지 아니한 자
    - ❖ 단, 해당 과정을 이수한 날부터 2년 동안 2회 미만으로 검정이 시행된 종목 해당자의 경우에는 그 다음에 이어지는 1회를 면제
  - 「전문계고등학교 필기시험면제자 검정」에 기 접수한 사실이 있었던 졸업자의 경우는 정기 기능사 제3회 검정을 제외한 정기 기능사 실기접수로만 응시 가능